中国农业科学院创新工程科技经费项目"果品质量安全控制技术"（CAAS-ASTIP-2021-ZFRI）
脱贫攻坚项目"河北省阜平县农产品产地环境质量调查与评估"（2014—2016）
脱贫攻坚项目"河北省阜平县农产品及产地环境跟踪监测与质量安全数据库建立"（2018—2020）

土壤基础养分及重金属污染物统计分析
（2014—2020）

庞荣丽　王瑞萍　郭琳琳　谢汉忠　李　君　等著

U0226529

黄河水利出版社

·郑州·

内 容 提 要

本书共分 13 章,系统地介绍了研究区域内土壤 pH、有机质、全氮、有效磷、速效钾等基础肥力指标及铜、锌、铅、镉、镍、铬、汞、砷等重金属指标的研究情况,指出了土壤 5 个基本肥力指标、8 个重金属元素的基本特征及主要影响因素,按耕地土壤及林地土壤分类分析了 5 个基本肥力指标及 8 个重金属元素的基本统计量,按耕地土壤及林地土壤分类绘制了 5 个基本肥力指标及 8 个重金属元素频数分布图,展示了研究区域内土壤 pH 及 8 个重金属元素空间分布状况。本书提供的这一套基础的土壤环境资料,将为农产品产地土壤环境评价、土壤可持续利用及重金属污染修复、农用地合理利用区划、绿色食品及无公害农产品产地环境认证等提供依据。

本书兼具理论性、资料性及实践性,可供从事环境保护、环境监测、农林业生产等相关领域的科研、生产等人员使用。

图书在版编目(CIP)数据

土壤基础养分及重金属污染物统计分析:2014—2020/庞荣丽等著. —郑州:黄河水利出版社,2021. 6
ISBN 978-7-5509-3041-4

Ⅰ.①土… Ⅱ.①庞… Ⅲ.①土壤有效养分-研究②土壤污染-重金属污染-统计分析 Ⅳ.①S158.3②X53

中国版本图书馆 CIP 数据核字(2021)第 142035 号

组稿编辑:王志宽 电话:0371-66024331 E-mail:wangzhikuan83@ 126. com

出 版 社:黄河水利出版社 网址:www.yrcp.com
　　　　　地址:河南省郑州市顺河路黄委会综合楼 14 层 邮政编码:450003
发行单位:黄河水利出版社
　　　　　发行部电话:0371-66026940、66020550、66028024、66022620(传真)
　　　　　E-mail:hhslcbs@ 126. com
承印单位:广东虎彩云印刷有限公司
开本:787 mm×1 092 mm　1/16
印张:22
字数:510 千字　　　　　　　印数:1—1 000
版次:2021 年 6 月第 1 版　　印次:2021 年 6 月第 1 次印刷
定价:145.00 元

本书作者（按姓氏笔画排序）

马玉慧　　王　芳　　王书言　　王建英　　王彩霞
王瑞萍　　田发军　　冯　浩　　乔成奎　　任彦慧
刘光东　　刘济伟　　齐建军　　杨志国　　李　发
李　君　　李　颖　　李晓光　　芦俊锋　　张　强
张颖杰　　陈如霞　　庞　涛　　庞荣丽　　姚好朵
姜玉琴　　耿三存　　袁国军　　顾胜军　　顾新颖
党　琪　　郭琳琳　　高业清　　高新民　　谢汉忠
解　鑫　　蔡爱萍　　潘芳芳

前 言

土壤是构成生态系统的基本环境要素,既是人类赖以生存的物质基础,也是经济社会发展不可或缺的重要资源。耕地等农用地土壤质量直接关系到食品安全及人类健康,但是长期不合理利用导致土壤质量退化较为严重,给可持续发展带来了不利影响。目前,我国土壤肥力持续下降,土壤生产潜力持续透支,土壤养分贫瘠与污染等直接威胁粮食安全和人类健康。在此背景下,党的十八届五中全会通过的"十三五"规划提出,坚持最严格的耕地保护制度,坚守耕地等农用地红线,大力发展生态友好型农业,全面推广测土配方施肥,开展耕地质量保护与提升行动,开展农业面源污染综合防治。为了响应我国"十三五"规划号召,本团队数年来在中国农业科学院科技创新工程、脱贫攻坚等项目资助下,主攻农产品产地环境条件研究,在土壤基础肥力评价及重金属污染评估等方面积累了大量的一手资料。为了将这些成果与社会共享,并给后人留下一份历史资料,本团队将土壤基础数据整理并撰写成《土壤基础养分及重金属污染物统计分析(2014—2020)》并出版。

该书汇总了研究区域内农产品产地土壤基础养分及重金属含量水平数据,全面反映了区域内耕地土壤及林地土壤质量安全状况。其中,主要运用 SPSS 软件进行数据统计处理,并绘制土壤 pH、有机质、全氮、有效磷、速效钾等基础肥力指标及铜、锌、铅、镉、镍、铬、汞、砷等重金属频数分布图;运用 ArcGIS 软件,采用地统计学和地理信息系统相结合的方法,绘制 pH 及土壤铜、锌、铅、镉、镍、铬、汞、砷等重金属空间分布图,直观分析各种成分的分布状况,对土壤的可持续利用和生态修复具有参考价值。这些结果可为区域土壤科技规划制定、产业结构调整和产业升级发展等提供科学依据。

本书凝聚了中国农业科学院"果品质量安全控制技术"创新团队全体成员的辛勤劳动,并得到了河北省阜平县农业农村和水利局相关部门的鼎力相助,出版过程中黄河水利出版社给予了大力的支持与帮助,在此一并表示感谢!

本书数据量庞大,作者水平有限,不妥之处在所难免,恳请各位同行和读者不吝赐教。

作 者

2021 年 2 月

目　录

第 1 章　土壤 pH

1.1　土壤酸碱度及主要影响因素

1.1.1　土壤酸碱度基本概念

土壤酸碱度是指土壤呈酸性或碱性的反应,以及酸碱性的程度,是土壤的一项重要化学性质,对植物生长、土壤生产力及土壤污染与净化都有着较大的影响。土壤 pH 是土壤酸碱度常用表示方式,是土壤性质的主要变量之一,对土壤的许多化学反应和化学过程都有很大影响,对植物所需营养元素的有效性也有显著影响,如在 pH>7 的情况下,一些元素,特别是微量金属的阳离子(如 Zn^{2+}、Fe^{3+} 等)的溶解度降低,植物生长会由于此类元素缺乏而受到不利影响;而当 pH<5.0 时,铝、锰及众多重金属的溶解度提高,则会对许多植物产生毒害。因此,土壤中 pH 在一定范围内才有利于植物生长。

1.1.2　我国土壤 pH 分布规律及分级指标

土壤 pH 代表与土壤固相处于平衡的溶液中 H^+ 浓度的负对数,当 pH 为 7 时,溶液中 H^+ 和 OH^- 的浓度相等,等于 10^{-7} mol/L。我国土壤酸碱反应大多数在 pH 为 4.5~8.5 时,在地理分布上具有"南酸北碱"的地带分布性特点,即由南向北 pH 逐渐增大,长江以南多数为强酸性,如华南、西南地区的红壤、砖红壤和黄壤的 pH 多为 4.5~5.5,华北、华中地区的红壤 pH 多为 5.5~6.5。而长江以北的土壤多数为中性和碱性土壤,如华北、西北的土壤含碳酸钙,pH 一般为 7.5~8.5,部分碱土的 pH 在 8.5 以上,少数 pH 高达 10.5,为强碱性土壤。

在 pH 分级方面,因研究目的不同,各国的分级标准不完全一致。我国根据 pH 大小一般将土壤的酸碱度分为五级(见表 1-1)。但在我国第二次土壤普查中,为方便绘制土壤养分图,将土壤 pH 分为六级(见表 1-2)。我国土壤及河北省土壤 pH 背景值统计量见表 1-3。

表 1-1　我国土壤酸碱度分级指标
(引自熊毅等,1987)

土壤酸碱度分级	pH 范围
强酸性	<5.0
酸性	5.0~6.5
中性	6.5~7.5
碱性	7.5~8.5
强碱性	>8.5

表 1-2　我国土壤酸碱度分级指标

(引自我国第二次土壤普查数据)

土壤酸碱度分级	pH 范围
强酸	<4.5
酸性	4.5~5.5
微酸	5.5~6.5
中性	6.5~7.5
弱碱	7.5~8.5
碱性	>8.5

表 1-3　我国土壤及河北省土壤 pH 背景值统计量

(引自中国环境监测总站,1990)

土壤层	区域	统计量				
		范围	中位值	算术平均值	几何平均值	95%范围值
A 层	全国	3.1~10.6	6.8	6.7±1.48	6.5±1.26	4.1~10.4
	河北省	5.7~8.9	8.1	7.9±0.70	7.9±1.10	—

1.1.3　土壤酸碱主要来源

土壤中 H^+ 的补给途径主要包括水的解离、碳酸的解离、有机酸的解离、土壤中铝的活化及交换性 Al^{3+} 和 H^+ 解离、酸的沉降,以及农业生产中施肥和灌溉等其他来源。另外,土壤碱性反应及碱性土壤形成也是自然成土条件和土壤内在因素综合作用的结果,碱性土壤的主要碱性物质主要是钙、镁、钠的碳酸盐及重碳酸盐,以及胶体表面吸附的交换性钠,形成碱性反应的主要机制是碱性物质的水解反应,如碳酸钙的水解、碳酸钠的水解及交换性钠的水解等。

1.1.4　土壤酸碱度主要影响因素

土壤酸碱度的主要影响因素包括土壤胶体和性质、土壤吸附阳离子组成和盐基饱和度、土壤空气 CO_2 分压、土壤水分含量、土壤氧化还原条件等。

1.2　pH 空间分布图

阜平县耕地土壤 pH 空间分布如图 1-1 所示。

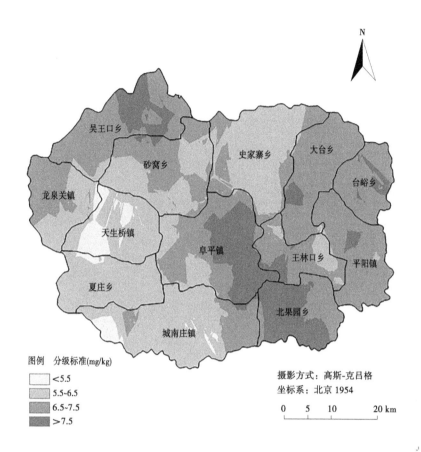

图 1-1　阜平县耕地土壤 pH 空间分布

1.3　pH 频数分布图

1.3.1　阜平县土壤 pH 频数分布图

阜平县土壤 pH 原始数据频数分布如图 1-2 所示。

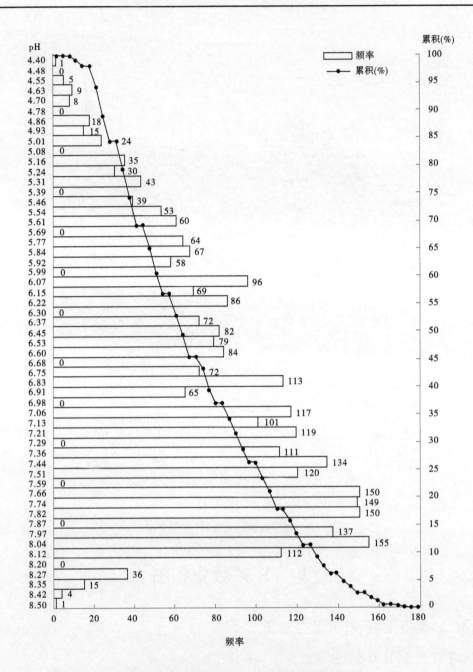

图 1-2　阜平县耕地土壤 pH 原始数据频数分布

1.3.2　乡镇土壤 pH 值频数分布图

阜平镇林地土壤 pH 原始数据频数分布如图 1-3 所示。

城南庄镇土壤 pH 原始数据频数分布如图 1-4 所示。

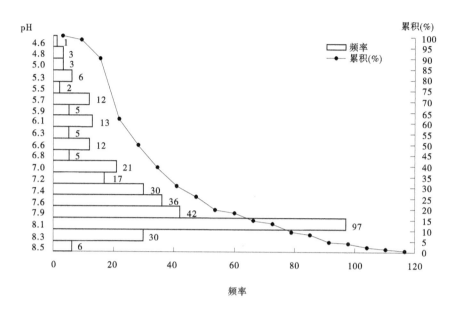

图 1-3　阜平镇土壤 pH 原始数据频数分布

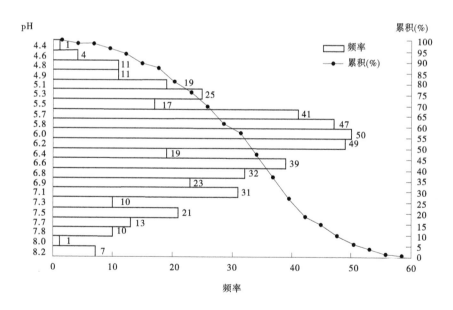

图 1-4　城南庄镇土壤 pH 原始数据频数分布

北果园乡土壤 pH 原始数据频数分布如图 1-5 所示。

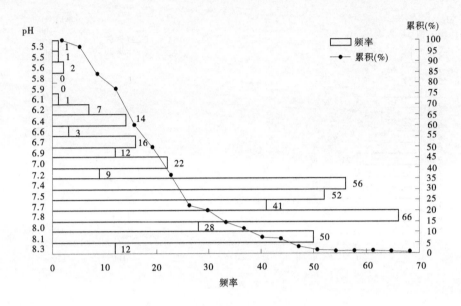

图 1-5　北果园乡土壤 pH 原始数据频数分布

夏庄乡土壤 pH 原始数据频数分布如图 1-6 所示。

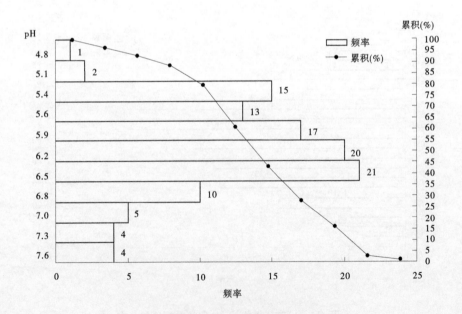

图 1-6　夏庄乡土壤 pH 原始数据频数分布

天生桥镇土壤 pH 原始数据频数分布如图 1-7 所示。

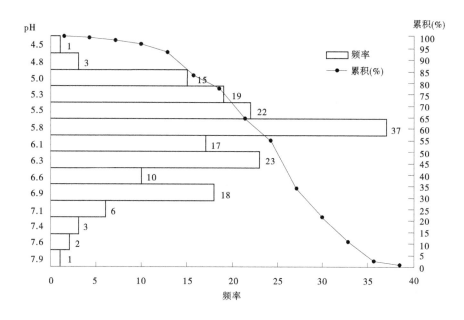

图 1-7　天生桥镇土壤 pH 原始数据频数分布

龙泉关镇土壤 pH 原始数据频数分布如图 1-8 所示。

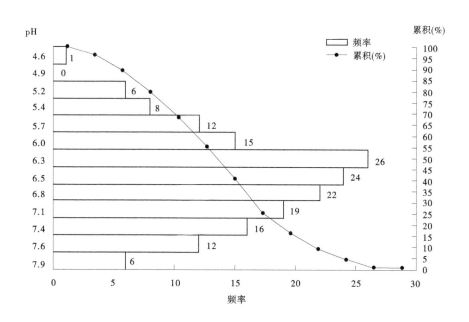

图 1-8　龙泉关镇土壤 pH 原始数据频数分布

砂窝乡土壤 pH 原始数据频数分布如图 1-9 所示。

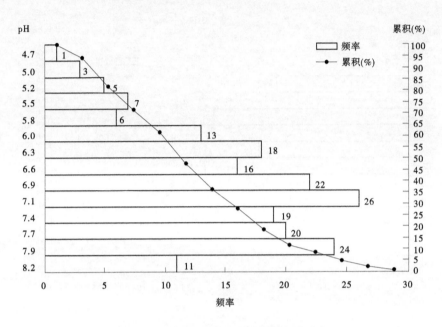

图 1-9　砂窝乡土壤 pH 原始数据频数分布

吴王口乡土壤 pH 原始数据频数分布如图 1-10 所示。

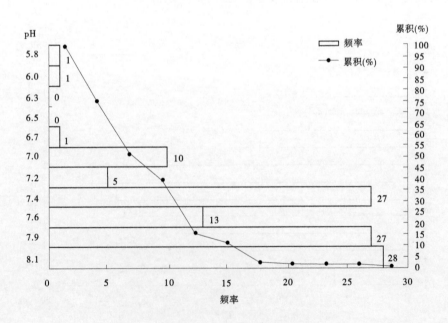

图 1-10　吴王口乡土壤 pH 原始数据频数分布

平阳镇土壤 pH 原始数据频数分布如图 1-11 所示。

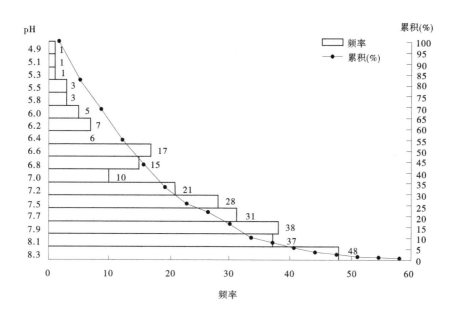

图 1-11　平阳镇土壤 pH 原始数据频数分布

王林口乡土壤 pH 原始数据频数分布如图 1-12 所示。

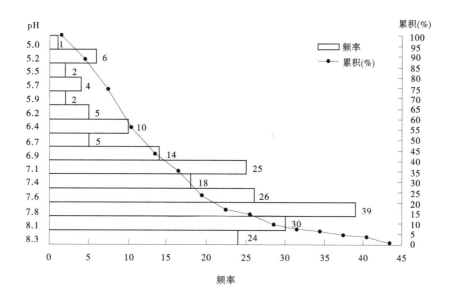

图 1-12　王林口乡土壤 pH 原始数据频数分布

台峪乡土壤 pH 原始数据频数分布如图 1-13 所示。

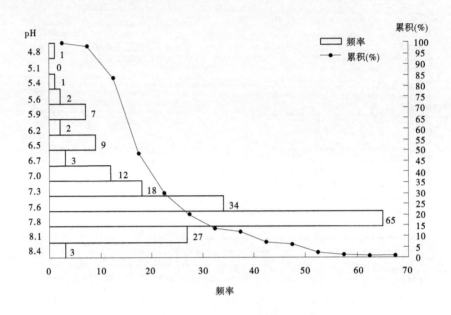

图 1-13 台峪乡土壤 pH 原始数据频数分布

大台乡土壤 pH 原始数据频数分布如图 1-14 所示。

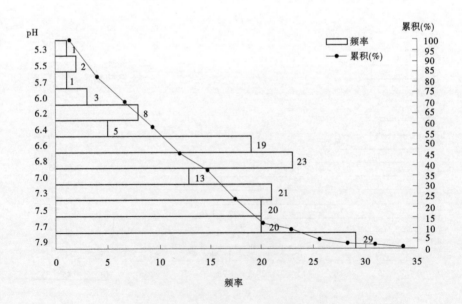

图 1-14 大台乡土壤 pH 原始数据频数分布

史家寨乡土壤 pH 原始数据频数分布如图 1-15 所示。

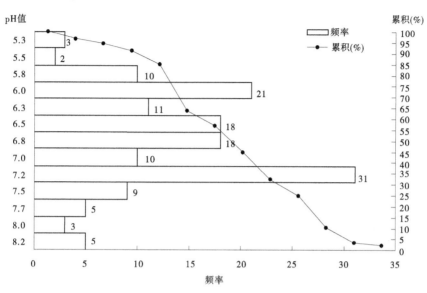

图 1-15　史家寨乡土壤 pH 原始数据频数分布

1.4　土壤 pH 统计量

1.4.1　阜平县土壤 pH 的统计量

阜平县耕地、林地土壤 pH 分别如表 1-4、表 1-5 所示。

表 1-4　阜平县耕地土壤 pH

区域	样本数(个)	最小值	最大值	中位值	平均值	标准差	变异系数（%）	5%	95%
阜平县	1 708	4.5	8.5	6.9	6.7	0.9	13.9	5.1	8.0
阜平镇	232	4.6	8.5	7.8	7.5	0.8	10.7	5.6	8.1
城南庄镇	293	4.5	8.2	6.0	6.1	0.9	14.2	4.9	7.7
北果园乡	105	5.5	8.1	7.8	7.7	0.4	5.8	6.7	8.0
夏庄乡	71	4.9	7.6	5.9	5.9	0.5	9.0	5.2	6.8
天生桥镇	132	4.5	7.5	5.7	5.7	0.6	10.8	4.8	6.8
龙泉关镇	120	4.6	7.9	6.5	6.4	0.7	11.1	5.2	7.5
砂窝乡	144	4.7	8.1	6.6	6.6	0.7	11.3	5.2	7.7
吴王口乡	70	5.9	8.0	7.5	7.5	0.4	5.6	6.8	8.0
平阳镇	152	4.9	8.0	7.3	7.1	0.7	10.0	5.7	7.8
王林口乡	85	5.0	7.8	7.1	6.8	0.8	12.2	5.2	7.7
台峪乡	122	4.8	8.3	7.5	7.2	0.7	9.3	5.9	7.9
大台乡	95	5.4	7.9	7.3	7.2	0.5	7.5	6.1	7.8
史家寨乡	87	5.3	8.2	6.4	6.5	0.6	9.9	5.6	7.4

表 1-5　阜平县林地土壤 pH

区域	样本数（个）	最小值	最大值	中位值	平均值	标准差	变异系数（%）	5%	95%
阜平县	1 249	4.4	8.4	7.2	7.1	0.8	11.4	5.5	8.1
阜平镇	113	4.8	8.2	7.3	7.1	0.9	12.8	5.3	8.0
城南庄镇	188	4.4	7.8	6.3	6.3	0.7	10.4	5.3	7.3
北果园乡	288	5.3	8.3	7.4	7.4	0.5	7.3	6.3	8.1
夏庄乡	41	4.8	7.5	6.4	6.3	0.7	10.5	5.1	7.3
天生桥镇	45	4.8	7.9	6.1	6.2	0.7	11.2	5.1	7.3
龙泉关镇	47	5.0	7.7	6.5	6.5	0.7	10.7	5.3	7.7
砂窝乡	47	4.8	8.2	7.7	7.5	0.6	7.8	6.7	8.1
吴王口乡	43	5.8	8.1	7.7	7.6	0.4	5.8	6.8	8.1
平阳镇	120	6.5	8.3	8.0	7.8	0.4	5.5	6.9	8.2
王林口乡	126	6.3	8.3	7.8	7.6	0.5	7.0	6.6	8.2
台峪乡	62	5.9	8.4	7.7	7.7	0.4	5.3	7.0	8.1
大台乡	70	5.3	7.9	6.8	6.9	0.6	8.7	5.9	7.9
史家寨乡	59	5.3	8.2	6.9	6.9	0.6	9.1	5.8	8.0

1.4.2　乡镇土壤 pH 的统计量

1.4.2.1　阜平镇土壤 pH

阜平县耕地、林地土壤 pH 分别如表 1-6、表 1-7 所示。

表 1-6　阜平镇耕地土壤 pH

乡镇	村名	样本数（个）	最小值	最大值	中位值	平均值	标准差	变异系数（%）	5%	95%
阜平镇	阜平镇	232	4.6	8.5	7.8	7.5	0.8	10.7	5.6	8.1
	青沿村	4	8.0	8.1	8.1	8.1	0.1	0.7	8.0	8.1
	城厢村	2	7.1	7.7	7.4	7.4	0.4	5.7	7.1	7.7
	第一山村	1	7.9	7.9	7.9	7.9	—	—	—	—
	照旺台村	5	7.9	8.0	8.0	8.0	0.0	0.6	7.9	8.0
	原种场村	2	7.9	7.9	7.9	7.9	0.0	0.0	7.9	7.9
	白河村	2	7.5	7.6	7.6	7.6	0.1	0.9	7.5	7.6
	大元村	4	7.6	8.1	7.9	7.9	0.2	3.0	7.6	8.1
	石湖村	2	6.1	6.9	6.5	6.5	0.6	8.7	6.1	6.9

续表 1-6

乡镇	村名	样本数（个）	最小值	最大值	中位值	平均值	标准差	变异系数（％）	5%	95%
阜平镇	高阜口村	10	6.0	8.1	8.0	7.7	0.7	8.8	6.5	8.1
	大道村	11	6.9	8.1	8.0	7.9	0.3	4.4	7.4	8.1
	小石坊村	5	7.9	8.0	8.0	8.0	0.1	0.7	7.9	8.0
	大石坊村	10	7.9	8.1	8.0	8.0	0.1	0.8	7.9	8.1
	黄岸底村	6	7.9	8.1	8.0	8.0	0.1	1.0	7.9	8.1
	槐树庄村	10	7.8	8.1	8.0	8.0	0.1	1.1	7.8	8.1
	崞路头村	10	7.1	7.9	7.7	7.6	0.3	3.9	7.1	7.9
	海沿村	10	7.4	8.0	7.9	7.8	0.2	2.5	7.4	8.0
	燕头村	10	7.6	8.0	7.9	7.9	0.1	1.7	7.7	8.0
	西沟村	5	7.0	8.4	7.9	7.8	0.5	7.0	7.1	8.3
	各达头村	10	7.0	8.5	7.9	7.9	0.5	6.6	7.1	8.5
	牛栏村	6	7.7	8.3	8.1	8.1	0.2	2.6	7.8	8.3
	苍山村	10	5.5	7.8	6.9	6.9	0.7	10.2	5.9	7.7
	柳树底村	12	6.6	8.1	7.7	7.6	0.4	5.2	7.0	8.1
	土岭村	4	7.6	8.1	7.9	7.9	0.2	2.7	7.6	8.1
	法华村	10	7.0	8.0	7.8	7.7	0.4	4.6	7.1	8.0
	东漕岭村	9	5.8	8.0	7.8	7.5	0.7	9.6	6.2	8.0
	三岭会村	5	7.8	8.2	8.0	8.0	0.2	2.0	7.8	8.2
	楼房村	6	6.8	8.3	7.5	7.5	0.6	7.6	6.9	8.2
	木匠口村	13	5.2	7.1	5.7	5.8	0.6	10.6	5.2	7.0
	龙门村	26	4.6	7.9	6.8	6.6	1.0	15.1	5.0	7.8
	色岭口村	12	5.4	7.9	6.9	7.0	0.7	10.4	6.0	7.9

表 1-7 阜平镇林地土壤 pH

乡镇	村名	样本数（个）	最小值	最大值	中位值	平均值	标准差	变异系数（％）	5%	95%
阜平镇	阜平镇	113	4.8	8.2	7.3	7.1	0.9	12.8	5.3	8.0
	高阜口村	2	7.7	7.9	7.8	7.8	0.1	1.8	7.7	7.9
	大石坊村	7	7.5	8.0	8.0	7.9	0.2	2.5	7.6	8.0
	小石坊村	6	7.6	8.0	8.0	7.9	0.2	2.0	7.7	8.0
	黄岸底村	6	7.2	8.1	8.1	7.8	0.5	5.8	7.2	8.1
	槐树庄村	3	7.8	8.2	7.9	8.0	0.2	2.6	7.8	8.2

续表 1-7

乡镇	村名	样本数（个）	最小值	最大值	中位值	平均值	标准差	变异系数（%）	5%	95%
阜平镇	崗路头村	7	6.4	7.7	7.3	7.2	0.4	5.7	6.6	7.6
	西沟村	2	7.0	7.8	7.4	7.4	0.6	7.6	7.0	7.8
	燕头村	3	7.8	8.0	7.9	7.9	0.1	1.3	7.8	8.0
	各达头村	5	6.1	8.0	7.3	7.2	0.8	11.0	6.2	8.0
	牛栏村	3	7.6	8.1	7.9	7.9	0.3	3.2	7.6	8.1
	海沿村	4	7.5	8.1	7.6	7.7	0.3	3.5	7.5	8.0
	苍山村	3	6.3	7.8	6.3	6.8	0.9	12.7	6.3	7.7
	土岭村	16	6.8	7.8	7.2	7.2	0.3	4.4	6.9	7.8
	楼房村	9	5.1	6.8	6.3	6.1	0.6	10.3	5.3	6.8
	木匠口村	9	4.8	6.5	6.0	5.9	0.6	9.6	5.1	6.5
	龙门村	12	4.8	7.7	7.4	7.0	1.0	14.6	4.9	7.6
	色岭口村	12	4.8	6.8	6.0	6.0	0.7	11.7	4.9	6.8
	三岭会村	4	7.4	7.9	7.8	7.7	0.2	3.1	7.4	7.9

1.4.2.2 城南庄镇土壤 pH

城南庄镇耕地、林地土壤 pH 分别如表 1-8、表 1-9 所示。

表 1-8 城南庄镇耕地土壤 pH

乡镇	村名	样本数（个）	最小值	最大值	中位值	平均值	标准差	变异系数（%）	5%	95%
城南庄镇	城南庄镇	293	4.5	8.2	6.0	6.1	0.9	14.2	4.9	7.7
	岔河村	24	4.5	7.7	6.1	6.1	0.8	13.5	4.7	7.4
	三官村	12	4.5	6.3	5.4	5.4	0.5	10.0	4.7	6.2
	麻棚村	12	4.7	7.3	5.7	5.8	0.8	14.6	4.8	7.1
	大岸底村	18	4.9	7.4	5.8	6.0	0.7	11.7	5.1	7.3
	北桑地村	10	4.9	7.3	5.5	5.8	0.7	12.2	5.1	7.0
	井沟村	18	4.7	8.2	6.2	6.4	1.3	20.4	4.7	8.1
	栗树漕村	30	4.5	7.6	5.6	5.7	0.8	13.5	4.6	6.9
	易家庄村	18	4.6	8.1	6.1	6.2	1.1	17.4	4.6	7.8
	万宝庄村	13	5.6	7.4	6.1	6.2	0.5	8.3	5.6	7.1
	华山村	12	5.2	8.1	6.2	6.3	1.0	16.2	5.3	7.9
	南安村	9	5.5	7.5	5.8	6.1	0.6	10.0	5.6	7.0
	向阳庄村	4	5.9	6.6	6.0	6.1	0.3	5.5	5.9	6.5

续表 1-8

乡镇	村名	样本数（个）	最小值	最大值	中位值	平均值	标准差	变异系数（%）	5%	95%
城南庄镇	福子峪村	5	5.8	7.2	6.5	6.4	0.5	8.5	5.8	7.1
	宋家沟村	10	4.6	7.4	6.9	6.5	0.8	12.9	5.2	7.4
	石猴村	5	7.3	7.7	7.5	7.5	0.2	2.2	7.3	7.7
	北工村	5	6.8	7.6	7.5	7.3	0.4	5.1	6.8	7.6
	顾家沟村	11	5.2	7.7	6.7	6.7	0.8	11.8	5.4	7.7
	城南庄村	20	5.1	8.2	6.3	6.5	0.8	11.6	5.7	7.7
	谷家庄村	16	5.0	7.6	6.2	6.2	0.7	11.9	5.3	7.5
	后庄村	13	5.0	6.2	5.7	5.7	0.4	6.2	5.1	6.2
	南台村	28	4.9	7.4	5.7	5.9	0.8	12.9	5.1	7.3

表 1-9　城南庄镇林地土壤 pH

乡镇	村名	样本数（个）	最小值	最大值	中位值	平均值	标准差	变异系数（%）	5%	95%
城南庄镇	城南庄镇	188	4.4	7.8	6.3	6.3	0.7	10.4	5.3	7.3
	三官村	3	6.0	6.5	6.3	6.3	0.3	4.0	6.0	6.5
	岔河村	23	4.5	7.5	6.2	6.0	0.9	14.2	4.6	7.4
	麻棚村	9	5.4	7.0	6.2	6.2	0.5	8.7	5.4	6.9
	大岸底村	3	6.6	6.8	6.6	6.7	0.1	1.7	6.6	6.8
	井沟村	9	5.3	7.2	6.1	6.1	0.6	10.3	5.3	7.0
	栗树漕村	10	5.3	7.4	6.0	6.3	0.7	11.4	5.5	7.3
	南台村	12	5.1	7.6	6.2	6.4	0.8	13.3	5.2	7.5
	后庄村	18	5.3	7.3	6.0	6.1	0.5	8.8	5.3	6.8
	谷家庄村	7	4.8	6.4	6.0	5.9	0.6	10.4	5.0	6.4
	福子峪村	25	5.7	7.2	6.4	6.4	0.4	6.2	6.0	7.1
	向阳庄村	5	5.9	7.0	6.2	6.3	0.4	7.0	5.9	6.9
	南安村	2	6.5	7.1	6.8	6.8	0.4	6.2	6.5	7.1
	城南庄村	4	6.7	7.5	7.1	7.1	0.4	5.5	6.7	7.5
	万宝庄村	8	5.3	7.2	5.6	5.9	0.8	13.8	5.3	7.2
	华山村	2	6.3	6.4	6.4	6.4	0.1	1.1	6.3	6.4
	易家庄村	3	5.4	6.4	6.0	5.9	0.5	8.5	5.5	6.4
	宋家沟村	12	4.4	7.2	6.2	6.3	0.8	13.4	5.0	7.2
	石猴村	5	5.8	6.5	6.2	6.2	0.4	5.7	5.8	6.5
	北工村	18	6.0	7.1	6.7	6.7	0.3	4.7	6.3	7.1
	顾家沟村	10	5.6	7.7	6.3	6.5	0.7	10.2	5.7	7.5

1.4.2.3　北果园乡土壤 pH

北果园乡耕地、林地土壤 pH 分别如表 1-10、表 1-11 所示。

表 1-10　北果园乡耕地土壤 pH

乡镇	村名	样本数（个）	最小值	最大值	中位值	平均值	标准差	变异系数（%）	5%	95%
北果园乡	北果园乡	105	5.5	8.1	7.8	7.7	0.4	5.8	6.7	8.0
	古洞村	3	5.5	6.8	6.7	6.3	0.7	11.4	5.6	6.8
	魏家峪村	4	7.5	7.7	7.6	7.6	0.1	1.1	7.5	7.7
	水泉村	2	7.5	7.7	7.6	7.6	0.1	1.9	7.5	7.7
	城铺村	2	7.6	7.7	7.7	7.7	0.1	0.9	7.6	7.7
	黄连峪村	2	7.4	7.6	7.5	7.5	0.1	1.9	7.4	7.6
	革新庄村	2	7.7	7.8	7.8	7.8	0.1	0.9	7.7	7.8
	卞家峪村	2	7.3	7.5	7.4	7.4	0.1	1.9	7.3	7.5
	李家庄村	5	7.3	7.6	7.6	7.5	0.1	1.7	7.3	7.6
	下庄村	2	7.6	7.6	7.6	7.6	0.0	0.0	7.6	7.6
	光城村	3	7.8	7.9	7.9	7.9	0.1	0.7	7.8	7.9
	崔家庄村	9	7.7	8.0	7.9	7.9	0.1	1.3	7.7	8.0
	倪家洼村	4	7.8	8.1	7.9	7.9	0.1	1.6	7.8	8.1
北果园乡	乡细沟村	6	7.8	8.0	7.9	7.9	0.1	1.0	7.8	8.0
	草场口村	3	7.8	8.1	8.0	8.0	0.2	1.9	7.8	8.1
	张家庄村	3	7.8	7.9	7.9	7.9	0.1	0.7	7.8	7.9
	惠民湾村	5	7.8	8.0	7.9	7.9	0.1	1.1	7.8	8.0
	北果园村	9	7.9	8.0	8.0	8.0	0.1	0.7	7.9	8.0
	槐树底村	4	8.0	8.1	8.0	8.0	0.0	0.6	8.0	8.1
	吴家沟村	7	7.6	8.1	8.0	7.9	0.20	2.0	7.7	8.1
	广安村	5	6.6	7.8	6.9	7.0	0.5	6.6	6.6	7.6
	抬头湾村	4	6.4	7.8	7.1	7.1	0.6	8.1	6.5	7.7
	店房村	6	6.6	7.5	7.1	7.0	0.4	5.2	6.6	7.4
	固镇村	6	7.4	8.0	7.5	7.6	0.3	3.3	7.4	8.0
	营岗村	2	7.4	7.8	7.6	7.6	0.3	3.7	7.4	7.8
	半沟村	2	7.5	7.9	7.7	7.7	0.3	3.7	7.5	7.9
	小花沟村	1	7.9	7.9	7.9	7.9	—	—	7.9	7.9
	东山村	2	8.0	8.0	8.0	8.0	0.0	0.0	8.0	8.0

表 1-11　北果园乡林地土壤 pH

乡镇	村名	样本数（个）	最小值	最大值	中位值	平均值	标准差	变异系数（%）	5%	95%
北果园乡	北果园乡	288	5.3	8.3	7.4	7.4	0.5	7.3	6.3	8.1
	黄连峪村	7	5.3	7.3	6.8	6.5	0.8	12.2	5.4	7.2
	东山村	5	6.9	7.4	7.2	7.2	0.2	2.7	6.9	7.4
	东城铺村	22	6.4	7.5	7.3	7.2	0.3	3.5	6.8	7.4
	革新庄村	20	6.0	7.3	7.1	6.9	0.5	6.7	6.1	7.3
	水泉村	12	6.8	8.1	7.5	7.5	0.4	5.0	7.0	8.0
	古洞村	15	6.6	7.7	7.6	7.4	0.4	5.3	6.7	7.7
	下庄村	11	6.8	7.9	7.5	7.4	0.3	4.4	6.9	7.8
	魏家峪村	10	6.2	7.7	7.4	7.1	0.6	8.0	6.2	7.7
	卞家峪村	26	5.4	7.8	7.4	7.2	0.5	7.4	6.5	7.8
	李家庄村	15	6.4	7.8	7.6	7.3	0.5	7.4	6.4	7.8
	小花沟村	9	6.4	7.7	7.0	7.1	0.6	8.0	6.4	7.7
	半沟村	10	6.3	7.7	7.5	7.3	0.4	5.9	6.6	7.7
	营岗村	7	6.7	7.9	7.7	7.5	0.4	5.6	6.9	7.9
	光城村	3	6.9	7.8	7.6	7.4	0.5	6.4	7.0	7.8
	崔家庄村	9	7.4	8.0	7.7	7.7	0.2	2.6	7.4	8.0
	北果园村	13	6.1	7.8	7.5	7.4	0.5	6.3	6.6	7.7
	槐树底村	8	6.6	7.8	7.4	7.4	0.4	5.2	6.8	7.8
	吴家沟村	18	6.5	7.8	7.6	7.5	0.4	4.8	6.8	7.8
	抬头窝村	6	6.1	7.7	7.6	7.3	0.7	9.1	6.3	7.7
	广安村	5	6.8	7.6	7.4	7.3	0.3	4.6	6.9	7.6
	店房村	12	6.1	7.6	7.1	6.9	0.5	6.8	6.2	7.4
	固镇村	5	6.4	7.4	7.1	7.0	0.4	5.6	6.5	7.4
	倪家洼村	5	7.8	8.2	8.0	8.0	0.1	1.8	7.8	8.2
	细沟村	9	7.2	8.2	8.0	7.9	0.4	4.4	7.3	8.2
	草场口村	4	7.7	8.2	8.1	8.0	0.2	2.9	7.7	8.2
	惠民湾村	14	7.5	8.3	8.1	8.1	0.2	2.5	7.8	8.3
	张家庄村	8	7.6	8.3	8.1	8.0	0.3	3.2	7.6	8.3

1.4.2.4　夏庄乡土壤 pH

夏庄乡耕地、林地土壤 pH 分别如表 1-12、表 1-13 所示。

表 1-12　夏庄乡耕地土壤 pH

乡镇	村名	样本数(个)	最小值	最大值	中位值	平均值	标准差	变异系数(%)	5%	95%
	夏庄乡	71	4.9	7.6	5.9	5.9	0.5	9.0	5.2	6.8
	夏庄村	26	5.2	6.5	5.9	5.8	0.4	6.5	5.3	6.4
夏庄乡	菜池村	22	5.1	7.6	6.1	6.1	0.6	10.1	5.1	7.4
	二道庄村	7	5.7	6.4	6.2	6.1	0.3	4.9	5.7	6.4
	面盆村	13	4.9	7.0	5.4	5.6	0.6	10.5	5.0	6.5
	羊道村	3	5.3	6.1	5.4	5.6	0.4	7.8	5.3	6.0

表 1-13　夏庄乡林地土壤 pH

乡镇	村名	样本数(个)	最小值	最大值	中位值	平均值	标准差	变异系数(%)	5%	95%
	夏庄乡	41	4.8	7.5	6.4	6.3	0.7	10.5	5.1	7.3
	菜池村	12	5.1	7.4	6.5	6.5	0.7	10.0	5.5	7.3
夏庄乡	夏庄村	8	5.4	6.8	6.5	6.3	0.5	7.7	5.6	6.8
	二道庄村	9	4.8	7.5	6.0	6.0	0.8	12.5	5.0	7.1
	面盆村	7	5.1	7.2	6.4	6.3	0.8	13.4	5.2	7.2
	羊道村	5	5.3	6.6	6.3	6.1	0.5	8.4	5.4	6.6

1.4.2.5　天生桥镇土壤 pH

天生桥镇耕地、林地土壤 pH 分别如表 1-14、表 1-15 所示。

表 1-14　天生桥镇耕地土壤 pH

乡镇	村名	样本数(个)	最小值	最大值	中位值	平均值	标准差	变异系数(%)	5%	95%
	天生桥镇	132	4.5	7.5	5.7	5.7	0.6	10.8	4.8	6.8
	不老树村	18	5.0	7.2	6.1	5.9	0.6	9.8	5.0	6.5
	龙王庙村	22	4.8	6.8	5.7	5.7	0.6	10.9	4.9	6.8
	大车沟村	3	5.7	6.0	5.7	5.8	0.2	3.0	5.7	6.0
	南栗元铺村	14	5.0	6.7	5.8	5.9	0.5	9.3	5.1	6.6
	北栗元铺村	15	5.2	6.8	5.8	5.8	0.4	7.3	5.4	6.6
天生桥镇	红草河村	5	5.2	7.0	6.1	6.1	0.7	11.4	5.3	6.9
	罗家庄村	5	4.9	6.0	5.7	5.6	0.4	7.7	5.0	6.0
	东下关村	8	5.0	5.9	5.5	5.5	0.3	5.5	5.0	5.8
	朱家营村	13	4.5	6.6	5.1	5.2	0.6	10.7	4.6	6.1
	沿台村	6	5.2	7.5	6.5	6.3	0.8	13.2	5.3	7.3
	大教厂村	13	5.1	6.9	5.9	5.9	0.6	10.4	5.2	6.8
	西下关村	6	4.6	6.7	5.4	5.5	0.8	15.2	4.6	6.5
	塔沟村	4	4.9	5.4	5.2	5.2	0.2	4.0	4.9	5.4

表 1-15　天生桥镇林地土壤 pH

乡镇	村名	样本数（个）	最小值	最大值	中位值	平均值	标准差	变异系数（%）	5%	95%
天生桥镇	天生桥镇	45	4.8	7.9	6.1	6.2	0.7	11.2	5.1	7.3
	不老树村	4	6.5	7.6	7.1	7.1	0.5	6.4	6.6	7.5
	龙王庙村	9	5.5	6.8	5.9	6.0	0.4	6.4	5.6	6.6
	大车沟村	2	6.3	6.5	6.4	6.4	0.1	2.2	6.3	6.5
	北栗元铺村	2	6.1	7.9	7.0	7.0	1.3	18.2	6.2	7.8
	南栗元铺村	2	5.6	7.3	6.5	6.5	1.2	18.6	5.7	7.2
	红草河村	5	4.8	5.8	5.4	5.3	0.4	7.1	4.9	5.7
	天生桥村	2	5.3	6.4	5.9	5.9	0.8	13.3	5.4	6.3
	罗家庄村	3	5.1	6.8	6.2	6.0	0.9	14.3	5.2	6.7
	塔沟村	2	6.3	6.8	6.4	6.4	0.1	2.2	6.3	6.5
	西下关村	2	5.6	6.8	6.2	6.2	0.8	13.7	5.7	6.7
	大教厂村	2	5.8	6.1	6.0	6.0	0.2	3.6	5.8	6.1
	沿台村	2	6.1	7.2	6.7	6.7	0.8	11.7	6.2	7.1
	朱家营村	8	5.6	7.1	6.5	6.4	0.5	8.5	5.7	7.0

1.4.2.6　龙泉关镇土壤 pH

龙泉关镇耕地、林地土壤 pH 分别如表 1-16、表 1-17 所示。

表 1-16　龙泉关镇耕地土壤 pH

乡镇	村名	样本数（个）	最小值	最大值	中位值	平均值	标准差	变异系数（%）	5%	95%
龙泉关镇	龙泉关镇	120	4.6	7.9	6.5	6.4	0.7	11.1	5.2	7.5
	骆驼湾村	8	5.6	7.2	5.8	6.1	0.7	11.2	5.6	7.2
	顾家台村	3	5.0	7.0	5.2	5.7	1.1	19.2	5.0	6.8
	黑林沟村	4	5.8	7.0	5.9	6.2	0.6	9.3	5.8	6.9
	印钞石村	8	6.2	7.5	6.9	6.8	0.5	7.0	6.3	7.5
	黑崖沟村	16	6.4	7.9	7.0	7.0	0.4	6.1	6.4	7.8
	西刘庄村	16	5.9	7.6	6.8	6.8	0.5	7.1	6.1	7.5
	龙泉关村	18	5.4	7.6	6.7	6.6	0.7	10.9	5.6	7.5
	顾家台村	5	6.0	7.0	6.7	6.6	0.4	6.2	6.1	7.0
	青羊沟村	4	5.6	6.6	6.3	6.2	0.5	7.3	5.7	6.6
	北刘庄村	13	4.9	6.7	5.9	5.9	0.5	8.2	5.1	6.5
	八里庄村	13	5.5	7.1	6.6	6.5	0.5	7.9	5.7	7.0
	平石头村	12	4.6	6.2	5.4	5.5	0.5	9.5	4.8	6.1

表 1-17　龙泉关镇林地土壤 pH

乡镇	村名	样本数（个）	最小值	最大值	中位值	平均值	标准差	变异系数（%）	5%	95%
龙泉关镇	龙泉关镇	47	5.0	7.7	6.5	6.5	0.7	10.7	5.3	7.7
	平石头村	6	5.4	6.8	6.4	6.3	0.5	8.0	5.6	6.8
	八里庄村	5	5.2	7.4	7.1	6.6	0.9	14.1	5.4	7.4
	北刘庄村	6	5.2	7.2	6.1	6.1	0.7	10.8	5.4	7.0
	大胡卜村	2	6.2	7.0	6.6	6.6	0.6	8.6	6.2	7.0
	黑林沟村	3	5.8	6.5	6.0	6.1	0.4	5.9	5.8	6.5
	骆驼湾村	6	5.0	7.4	6.2	6.3	0.9	14.4	5.2	7.3
	顾家台村	2	6.7	7.0	6.9	6.9	0.2	3.1	6.7	7.0
	青羊沟村	1	6.3	6.3	6.3	6.3	—	—	6.3	6.3
	龙泉关村	2	6.3	7.1	6.7	6.7	0.6	8.4	6.3	7.1
	西刘庄村	6	5.8	7.7	6.9	6.8	0.6	9.6	6.0	7.6
	黑崖沟村	5	6.5	7.7	7.2	7.2	0.5	7.0	6.6	7.7
	印钞石村	3	5.9	7.7	6.3	6.6	0.9	14.2	5.9	7.6

1.4.2.7　砂窝乡土壤 pH

砂窝乡耕地、林地土壤 pH 分别如表 1-18、表 1-19 所示。

表 1-18　砂窝乡耕地土壤 pH

乡镇	村名	样本数（个）	最小值	最大值	中位值	平均值	标准差	变异系数（%）	5%	95%
砂窝乡	砂窝乡	144	4.7	8.1	6.6	6.6	0.7	11.3	5.2	7.7
	大柳树村	10	5.8	7.2	6.4	6.4	0.4	7.0	5.9	7.1
	下堡村	8	5.9	7.2	7.0	6.8	0.4	6.5	6.1	7.2
	盘龙台村	6	5.6	7.2	6.7	6.6	0.6	9.1	5.8	7.2
	林当沟村	12	4.7	7.7	6.4	6.4	1.1	16.7	4.8	7.8
	上堡村	14	4.8	7.7	7.0	6.8	0.8	12.0	5.6	7.6
	黑印台村	8	5.5	7.2	6.6	6.5	0.5	8.2	5.7	7.1
	碾子沟门村	13	5.0	7.2	6.2	6.1	0.6	9.3	5.2	6.8
	百亩台村	17	5.0	7.8	6.3	6.4	1.0	15.0	5.1	7.8
	龙王庄村	11	6.9	7.4	7.2	7.2	0.2	2.4	7.0	7.4
	砂窝村	11	6.0	7.5	7.0	7.0	0.4	6.0	6.3	7.5
	河彩村	5	6.4	8.1	7.2	7.2	0.8	10.8	6.4	8.1
	龙王沟村	7	5.9	7.5	6.2	6.5	0.7	10.2	6.0	7.5
	仙湾村	6	6.4	6.8	6.6	6.6	0.2	2.3	6.4	6.8
	砂台村	6	5.2	6.0	5.7	5.6	0.3	5.4	5.2	6.0
	全庄村	10	5.3	7.4	6.7	6.5	0.8	11.7	5.3	7.3

表 1-19　砂窝乡林地土壤 pH

乡镇	村名	样本数（个）	最小值	最大值	中位值	平均值	标准差	变异系数（%）	5%	95%
	砂窝乡	47	4.8	8.2	7.7	7.5	0.6	7.8	6.7	8.1
	下堡村	2	7.6	7.6	7.6	7.6	0.0	0.0	7.6	7.6
	盘龙台村	2	7.7	7.8	7.8	7.8	0.1	0.9	7.7	7.8
	林当沟村	4	7.9	8.1	8.1	8.0	0.1	1.2	7.9	8.1
	上堡村	3	7.7	8.1	7.8	7.9	0.2	2.6	7.7	8.1
	碾子沟门村	3	7.1	7.9	7.5	7.5	0.4	5.3	7.1	7.9
	黑印台村	4	4.8	7.7	7.2	6.7	1.3	19.8	5.1	7.7
砂窝乡	大柳树村	4	7.6	8.1	7.8	7.8	0.2	3.1	7.6	8.1
	全庄村	2	7.1	7.4	7.3	7.3	0.2	2.9	7.1	7.4
	百亩台村	2	7.8	8.1	8.0	8.0	0.2	2.7	7.8	8.1
	龙王庄村	2	7.7	7.7	7.7	7.7	0.0	0.0	7.7	7.7
	龙王沟村	4	6.9	7.5	7.1	7.2	0.3	3.7	6.9	7.5
	河彩村	6	7.3	8.2	7.9	7.8	0.3	4.3	7.4	8.2
	砂窝村	5	7.3	8.1	7.9	7.8	0.3	4.0	7.4	8.1
	砂台村	2	6.5	6.6	6.6	6.6	0.1	1.1	6.5	6.6
	仙湾村	2	6.8	7.7	7.3	7.3	0.6	8.8	6.8	7.7

1.4.2.8　吴王口乡土壤 pH

吴王口乡耕地、林地土壤 pH 分别如表 1-20、表 1-21 所示。

表 1-20　吴王口乡耕地土壤 pH

乡镇	村名	样本数（个）	最小值	最大值	中位值	平均值	标准差	变异系数（%）	5%	95%
	吴王口乡	70	5.9	8.0	7.5	7.5	0.4	5.6	6.8	8.0
	银河村	3	6.8	7.8	7.3	7.3	0.5	6.8	6.9	7.8
	南辛庄村	1	6.8	6.8	6.8	6.8	—	—	6.8	6.8
	三岔村	1	6.8	6.8	6.8	6.8	—	—	6.8	6.8
	寿长寺村	2	5.9	6.8	6.4	6.4	0.6	10.0	5.9	6.8
	南庄旺村	2	6.8	6.8	6.8	6.8	0.0	0.0	6.8	6.8
吴王口乡	岭东村	11	6.8	7.9	7.4	7.4	0.3	3.7	7.1	7.8
	桃园坪村	10	7.3	8.0	7.9	7.7	0.3	3.8	7.3	8.0
	周家河村	2	7.9	8.0	8.0	8.0	0.1	0.9	7.9	8.0
	不老台村	5	7.8	8.0	8.0	7.9	0.1	1.1	7.8	8.0
	石滩地村	9	6.8	7.8	7.5	7.4	0.3	4.1	6.9	7.7
	邓家庄村	11	7.0	7.8	7.5	7.4	0.3	4.0	7.0	7.8
	吴王口村	6	7.4	8.0	7.8	7.8	0.2	3.0	7.5	8.0
	黄草洼村	7	6.8	7.8	7.4	7.4	0.4	5.1	6.9	7.8

表 1-21　吴王口乡林地土壤 pH

乡镇	村名	样本数（个）	最小值	最大值	中位值	平均值	标准差	变异系数（%）	5%	95%
吴王口乡	吴王口乡	43	5.8	8.1	7.7	7.6	0.4	5.8	6.8	8.1
	石滩地村	4	7.5	8.1	8.0	7.9	0.3	3.6	7.5	8.1
	邓家庄村	4	7.7	7.9	7.7	7.8	0.1	1.3	7.7	7.9
	吴王口村	2	7.9	8.1	8.0	8.0	0.1	1.8	7.9	8.1
	周家河村	3	7.8	7.9	7.8	7.8	0.1	0.7	7.8	7.9
	不老台村	6	7.4	8.1	7.8	7.8	0.3	3.2	7.5	8.1
	黄草洼村	1	7.7	7.7	7.7	7.7	—	—	7.7	7.7
	岭东村	9	7.3	7.9	7.4	7.5	0.2	2.9	7.3	7.9
	南庄旺村	4	6.8	7.6	7.3	7.2	0.4	4.8	6.8	7.6
	寿长寺村	2	7.7	7.9	7.8	7.8	0.1	1.8	7.7	7.9
	银河村	1	8.1	8.1	8.1	8.1	—	—	8.1	8.1
	南辛庄村	1	7.9	7.9	7.9	7.9	—	—	7.9	7.9
	三岔村	1	5.8	5.8	5.8	5.8	—	—	5.8	5.8
	桃园坪村	5	6.7	7.9	7.3	7.3	0.5	7.0	6.8	7.9

1.4.2.9　平阳镇土壤 pH

平阳镇耕地、林地土壤 pH 分别如表 1-22、表 1-23 所示。

表 1-22　平阳镇耕地土壤 pH

乡镇	村名	样本数（个）	最小值	最大值	中位值	平均值	标准差	变异系数（%）	5%	95%
平阳镇	平阳镇	152	4.9	8.0	7.3	7.1	0.7	10.0	5.7	7.8
	康家峪村	14	5.3	7.8	7.4	7.1	0.7	9.5	5.9	7.7
	皂火峪村	5	5.9	7.9	6.8	6.9	0.9	12.3	6.0	7.9
	白山村	1	7.4	7.4	7.4	7.4	—	—	7.4	7.4
	北庄村	14	6.3	8.0	7.8	7.7	0.4	5.4	7.3	7.9
	黄岸村	5	5.9	7.6	7.0	6.9	0.7	9.8	6.0	7.6
	长角村	3	7.2	7.6	7.5	7.4	0.2	2.8	7.2	7.6
	石湖村	3	6.4	7.6	7.0	7.0	0.6	8.6	6.5	7.5
	车道村	2	4.9	5.7	5.3	5.3	0.6	10.7	4.9	5.7
	东板峪村	8	6.0	7.8	7.6	7.4	0.6	7.9	6.5	7.8
	罗峪村	6	6.1	7.8	6.9	7.0	0.7	9.6	6.2	7.8
	铁岭村	4	6.8	7.1	6.8	6.9	0.1	2.2	6.8	7.1
	王快村	9	5.8	7.1	6.6	6.5	0.4	6.8	5.9	7.0

续表 1-22

乡镇	村名	样本数（个）	最小值	最大值	中位值	平均值	标准差	变异系数（%）	5%	95%
平阳镇	平阳村	11	6.3	7.8	7.7	7.5	0.6	7.6	6.4	7.8
	上平阳村	8	5.9	7.6	7.2	7.0	0.6	8.0	6.1	7.5
	白家峪村	11	5.9	7.8	6.9	7.0	0.8	11.3	6.0	7.8
	立彦头村	10	5.1	7.6	6.7	6.6	1.0	14.6	5.3	7.6
	冯家口村	9	5.4	7.6	7.5	7.0	0.9	12.2	5.5	7.6
	土门村	14	6.0	7.6	7.4	7.1	0.5	7.5	6.2	7.6
	台南村	2	6.5	7.2	6.9	6.9	0.5	7.2	6.5	7.2
	北水峪村	8	6.6	7.5	7.3	7.2	0.3	4.5	6.7	7.5
	山咀头村	3	6.4	7.4	7.1	7.0	0.5	7.4	6.5	7.4
	各老村	2	5.7	6.1	5.9	5.9	0.3	4.8	5.7	6.1

表 1-23　平阳镇林地土壤 pH

乡镇	村名	样本数（个）	最小值	最大值	中位值	平均值	标准差	变异系数（%）	5%	95%
平阳镇	平阳镇	120	6.5	8.3	8.0	7.8	0.4	5.5	6.9	8.2
	康家峪村	8	6.9	7.9	7.6	7.5	0.4	5.0	7.0	7.9
	石湖村	4	6.7	7.5	7.2	7.2	0.4	5.8	6.7	7.5
	长角村	7	6.5	8.0	7.1	7.1	0.5	6.5	6.6	7.8
	黄岸村	7	7.3	8.0	7.8	7.7	0.3	3.5	7.3	8.0
	车道村	7	6.6	7.4	7.2	7.1	0.3	4.1	6.7	7.4
	东板峪村	5	7.9	8.0	8.0	8.0	0.1	0.7	7.9	8.0
	北庄村	8	7.3	8.1	8.1	7.9	0.3	4.0	7.4	8.1
	皂火峪村	4	7.3	8.2	7.8	7.8	0.4	5.2	7.3	8.2
	白家峪村	6	7.9	8.3	8.1	8.1	0.1	1.6	7.9	8.3
	土门村	6	7.3	8.1	8.0	7.9	0.3	3.9	7.4	8.1
	立彦头村	5	7.8	8.3	8.0	8.0	0.2	2.3	7.8	8.3
	冯家口村	11	7.4	8.2	8.1	8.0	0.2	2.7	7.7	8.2
	罗峪村	4	7.8	8.3	8.0	8.0	0.2	2.6	7.8	8.3
	白山村	6	6.9	8.1	8.0	7.8	0.4	5.7	7.2	8.1
	铁岭村	4	7.8	8.1	8.1	8.0	0.1	1.8	7.8	8.1
	王快村	4	8.1	8.2	8.1	8.1	0.0	0.6	8.1	8.2
	各老村	6	7.8	8.2	8.1	8.1	0.2	1.9	7.9	8.2
	山咀头村	1	8.2	8.2	8.2	8.2	—	—	8.2	8.2
	台南村	1	8.2	8.2	8.2	8.2	—	—	8.2	8.2
	北水峪村	5	8.1	8.2	8.1	8.1	0.0	0.6	8.1	8.2
	上平阳村	4	8.1	8.2	8.2	8.1	0.1	0.7	8.1	8.2
	平阳村	7	7.9	8.3	8.1	8.2	0.2	1.9	8.0	8.3

1.4.2.10　王林口乡土壤 pH

王林口乡耕地、林地土壤 pH 分别如表 1-24、表 1-25 所示。

表 1-24　王林口乡耕地土壤 pH

乡镇	村名	样本数（个）	最小值	最大值	中位值	平均值	标准差	变异系数（%）	5%	95%
王林口乡	王林口乡	85	5.0	7.8	7.1	6.8	0.8	12.2	5.2	7.7
	五丈湾村	3	5.0	6.2	5.2	5.5	0.6	11.8	5.0	6.1
	马坊村	5	5.1	5.6	5.4	5.3	0.2	4.1	5.1	5.6
	刘家沟村	2	5.5	6.0	5.8	5.8	0.4	6.1	5.5	6.0
	辛庄村	6	5.8	6.8	6.1	6.2	0.4	6.5	5.8	6.8
	南刁窝村	3	5.1	7.5	5.7	6.1	1.2	20.5	5.2	7.3
	马驹石村	6	6.2	7.7	7.3	7.2	0.6	8.0	6.4	7.7
	南湾村	4	5.7	7.6	7.1	6.9	0.8	11.8	5.9	7.5
	上庄村	4	6.7	7.8	7.2	7.2	0.5	6.3	6.8	7.7
	方太口村	7	5.2	7.7	7.4	7.1	0.9	12.4	5.7	7.7
	西庄村	3	7.5	7.6	7.6	7.6	0.1	0.8	7.5	7.6
	东庄村	5	6.9	7.7	7.4	7.4	0.3	4.0	7.0	7.7
	董家口村	6	6.8	7.8	7.6	7.5	0.4	4.8	7.0	7.8
	神台村	5	6.1	7.5	7.0	7.0	0.5	7.5	6.3	7.4
	南峪村	4	5.2	7.6	6.6	6.5	1.1	16.7	5.3	7.5
	寺口村	4	7.0	7.7	7.5	7.4	0.3	4.2	7.1	7.7
	瓦泉沟村	3	7.1	7.8	7.6	7.5	0.4	4.8	7.2	7.8
	东王林口村	2	6.9	7.3	7.1	7.1	0.3	4.0	6.9	7.3
	前岭村	6	6.4	7.6	7.5	7.2	0.6	8.2	6.4	7.6
	西王林口村	5	6.8	7.7	6.9	7.1	0.4	5.5	6.8	7.6
	马沙沟村	2	6.2	6.7	6.5	6.5	0.4	5.5	6.2	6.7

表 1-25　王林口乡林地土壤 pH

乡镇	村名	样本数（个）	最小值	最大值	中位值	平均值	标准差	变异系数（%）	5%	95%
王林口乡	王林口乡	126	6.3	8.3	7.8	7.6	0.5	7.0	6.6	8.2
	刘家沟村	4	7.0	7.9	7.7	7.6	0.4	5.6	7.1	7.9
	马沙沟村	3	7.8	8.0	7.9	7.9	0.1	1.3	7.8	8.0
	南峪村	9	7.2	8.2	8.0	8.0	0.3	3.9	7.4	8.2
	董家口村	6	7.9	8.3	8.2	8.1	0.2	2.0	7.9	8.3
	五丈湾村	9	6.6	8.0	7.6	7.6	0.4	5.7	6.9	8.0
	马坊村	5	7.3	8.2	7.8	7.7	0.3	4.2	7.4	8.1
	东庄村	8	6.7	7.6	7.4	7.3	0.3	3.9	6.8	7.5

续表 1-25

乡镇	村名	样本数（个）	最小值	最大值	中位值	平均值	标准差	变异系数（%）	5%	95%
王林口乡	寺口村	4	7.1	8.1	7.9	7.8	0.5	5.8	7.2	8.1
	东王林口村	3	7.9	8.1	8.0	8.0	0.1	1.2	7.9	8.1
	神台村	7	6.8	8.2	7.9	7.7	0.5	6.9	7.0	8.2
	西王林口村	4	6.4	8.1	6.8	7.0	0.8	11.1	6.4	7.9
	前岭村	9	6.3	8.3	6.7	7.1	0.8	11.5	6.3	8.3
	方太口村	4	7.2	7.9	7.8	7.7	0.3	4.2	7.3	7.9
	上庄村	4	6.7	8.0	7.8	7.6	0.6	7.9	6.9	8.0
	南湾村	4	7.9	8.1	8.0	8.0	0.1	1.2	7.9	8.1
	西庄村	4	7.1	7.9	7.4	7.5	0.3	4.5	7.1	7.8
	马驹石村	9	6.4	8.1	7.2	7.3	0.6	7.9	6.6	8.1
	辛庄村	10	7.0	8.1	7.8	7.7	0.4	5.6	7.0	8.1
	瓦泉沟村	10	6.6	8.1	7.8	7.6	0.5	6.8	6.8	8.1
	南刁窝村	10	6.4	8.1	7.4	7.3	0.6	7.7	6.5	8.1

1.4.2.11　台峪乡土壤 pH

台峪乡耕地、林地土壤 pH 分别如表 1-26、表 1-27 所示。

表 1-26　台峪乡耕地土壤 pH

乡镇	村名	样本数（个）	最小值	最大值	中位值	平均值	标准差	变异系数（%）	5%	95%
台峪乡	台峪乡	122	4.8	8.3	7.5	7.2	0.7	9.3	5.9	7.9
	井尔沟村	16	5.6	7.8	7.4	7.1	0.8	10.9	5.6	7.7
	台峪村	25	4.8	7.9	7.6	7.1	0.9	12.4	5.3	7.9
	营尔村	14	5.9	8.1	7.6	7.3	0.7	9.4	6.1	8.0
	吴家庄村	14	5.9	7.8	7.5	7.2	0.7	9.5	6.1	7.8
	平房村	22	6.0	8.3	7.3	7.4	0.5	6.4	6.8	7.8
	庄里村	14	5.9	8.0	7.4	7.1	0.7	9.3	6.0	7.8
	王家岸村	7	6.4	7.7	7.2	7.3	0.4	6.1	6.6	7.7
	白石台村	10	6.7	8.0	7.5	7.4	0.4	5.7	6.7	7.8

表 1-27　台峪乡林地土壤 pH

乡镇	村名	样本数（个）	最小值	最大值	中位值	平均值	标准差	变异系数（%）	5%	95%
台峪乡	台峪乡	62	5.9	8.4	7.7	7.7	0.4	5.3	7.0	8.1
	王家岸村	7	7.4	8.4	7.7	7.8	0.3	4.1	7.5	8.2
	庄里村	6	5.9	8.0	7.9	7.5	0.8	11.0	6.2	8.0
	营尔村	5	7.7	8.2	8.0	8.0	0.2	2.4	7.7	8.2
	吴家庄村	7	7.3	8.1	7.8	7.7	0.3	4.0	7.3	8.0
	平房村	11	7.0	8.1	7.9	7.8	0.4	4.5	7.2	8.1
	井尔沟村	12	7.0	8.0	7.6	7.5	0.3	4.5	7.1	8.0
	白石台村	8	7.0	8.0	7.4	7.5	0.3	4.5	7.1	7.9
	台峪村	6	7.6	8.1	8.0	7.9	0.2	2.5	7.7	8.1

1.4.2.12　大台乡土壤 pH

大台乡耕地、林地土壤 pH 分别如表 1-28、表 1-29 所示。

表 1-28　大台乡耕地土壤 pH

乡镇	村名	样本数（个）	最小值	最大值	中位值	平均值	标准差	变异系数（%）	5%	95%
大台乡	大台乡	95	5.4	7.9	7.3	7.2	0.5	7.5	6.1	7.8
	老路渠村	4	5.5	7.3	6.7	6.6	0.8	11.5	5.7	7.2
	东台村	5	5.9	7.5	6.9	6.7	0.7	10.0	5.9	7.4
	大台村	20	5.4	7.6	7.0	6.9	0.5	6.7	6.3	7.3
	坊里村	7	6.7	7.6	7.1	7.1	0.3	4.5	6.7	7.5
	苇子沟村	4	7.0	7.6	7.3	7.3	0.3	3.5	7.0	7.6
	大连地村	13	6.9	7.9	7.6	7.6	0.3	3.8	7.1	7.8
	柏崖村	18	6.7	7.8	7.6	7.5	0.3	4.5	6.8	7.8
	东板峪店村	18	6.0	7.8	7.4	7.1	0.7	9.3	6.1	7.8
	碳灰铺村	6	6.8	7.8	7.6	7.4	0.4	5.6	6.9	7.8

表 1-29 大台乡林地土壤 pH

乡镇	村名	样本数（个）	最小值	最大值	中位值	平均值	标准差	变异系数（%）	5%	95%
大台乡	大台乡	70	5.3	7.9	6.8	6.9	0.6	8.7	5.9	7.9
	东板峪店村	14	5.7	7.9	6.6	6.8	0.7	9.9	6.0	7.8
	柏崖村	13	6.4	7.9	7.0	7.1	0.5	6.6	6.4	7.7
	大连地村	9	5.3	7.1	6.6	6.6	0.6	8.4	5.7	7.1
	坊里村	8	6.6	7.9	7.1	7.1	0.4	6.1	6.6	7.8
	苇子沟村	6	5.8	6.5	6.1	6.1	0.3	5.2	5.8	6.5
	东台村	5	6.1	7.0	6.8	6.7	0.3	5.2	6.2	7.0
	老路渠村	4	6.3	7.6	7.1	7.0	0.6	8.7	6.4	7.6
	大台村	7	6.6	7.8	7.2	7.3	0.5	6.4	6.7	7.8
	碳灰铺村	4	6.4	7.9	7.6	7.4	0.7	9.3	6.6	7.9

1.4.2.13 史家寨乡土壤 pH

史家寨乡耕地、林地土壤 pH 分别如表 1-30、表 1-31 所示。

表 1-30 史家寨乡耕地土壤 pH

乡镇	村名	样本数（个）	最小值	最大值	中位值	平均值	标准差	变异系数（%）	5%	95%
史家寨乡	史家寨乡	87	5.3	8.2	6.4	6.5	0.6	9.9	5.6	7.4
	上东漕村	4	5.8	7.1	6.3	6.4	0.6	9.3	5.8	7.0
	定家庄村	6	5.7	7.8	6.8	6.8	0.7	10.5	5.9	7.7
	葛家台村	6	5.3	7.1	6.4	6.3	0.6	10.1	5.5	7.0
	北辛庄村	2	6.3	7.4	6.9	6.9	0.8	11.4	6.4	7.3
	槐场村	17	5.6	7.6	6.3	6.5	0.6	9.6	5.8	7.4
	红土山村	7	5.7	6.0	5.7	5.8	0.1	2.1	5.7	6.0
	董家村	3	6.3	7.1	7.0	6.8	0.4	6.4	6.4	7.1
	史家寨村	13	5.6	8.2	6.2	6.3	0.7	10.9	5.7	7.5
	凹里村	11	5.8	7.5	6.9	6.7	0.6	9.1	5.9	7.5
	段庄村	9	5.7	7.4	6.8	6.6	0.7	10.1	5.7	7.4
	铁岭口村	4	5.3	7.1	5.8	6.0	0.8	13.5	5.3	6.9
	口子头村	1	6.0	6.0	6.0	6.0	—	—	6.0	6.0
	厂坊村	2	6.4	6.8	6.6	6.6	0.3	4.3	6.4	6.8
	草垛沟村	2	6.7	6.7	6.7	6.7	0.0	0.0	6.7	6.7

表 1-31　史家寨乡林地土壤 pH

乡镇	村名	样本数（个）	最小值	最大值	中位值	平均值	标准差	变异系数（%）	5%	95%
史家寨乡	史家寨乡	59	5.3	8.2	6.9	6.9	0.6	9.1	5.8	8.0
	上东漕村	2	6.7	7.0	6.9	6.9	0.2	3.1	6.7	7.0
	定家庄村	3	6.6	7.5	6.9	7.0	0.5	6.5	6.6	7.4
	葛家台村	2	6.8	7.1	7.0	7.0	0.2	3.1	6.8	7.1
	北辛庄村	2	5.5	7.0	6.3	6.3	1.1	17.0	5.6	6.9
	槐场村	6	6.2	7.4	7.0	6.9	0.5	6.9	6.3	7.4
	凹里村	12	6.5	7.9	7.0	7.0	0.4	5.2	6.6	7.5
	史家寨村	11	5.8	8.2	7.3	7.3	0.7	10.0	6.2	8.2
	红土山村	5	5.8	7.2	6.4	6.5	0.5	7.8	5.9	7.1
	董家村	2	7.3	7.6	7.5	7.5	0.2	2.8	7.3	7.6
	厂坊村	2	6.3	6.8	6.6	6.6	0.4	5.4	6.3	6.8
	口子头村	2	6.3	6.3	6.3	6.3	0.0	0.0	6.3	6.3
	段庄村	3	5.8	6.6	6.3	6.2	0.4	6.5	5.9	6.6
	铁岭口村	5	5.3	6.9	6.4	6.3	0.6	10.0	5.5	6.9
	草垛沟村	2	6.9	8.0	7.5	7.5	0.8	10.4	7.0	7.9

第 2 章　土壤有机质

2.1　土壤中有机质特征及主要影响因素

2.1.1　有机质基本概念

土壤有机质是土壤中各种含碳有机化合物的总称。它与矿物质一起构成固相部分,尽管土壤有机质仅占土壤总质量的很少一部分,一般只占 10% 以下,在耕作土壤中只占总质量的 5% 以下,但它却是土壤的重要组成部分。有机质是土壤肥力的标志性物质,其含有丰富的植物所需要的养分,能调节土壤的理化性状。有机质在土壤肥力上的作用是多方面的。一方面,是植物生长所需要的氮、磷、硫、微量元素等各种养分的主要来源;另一方面,又通过影响土壤物理、化学和生物学性质而改善肥力特性。

2.1.2　有机质分布情况及分级指标

有机质含量在不同土壤中差异很大,高的可达 200 g/kg 或 300 g/kg 以上(如泥炭土、一些森林土壤等),低的不足 5 g/kg 或 10 g/kg(如一些漠境土壤和砂质土壤等)。一般把耕作层中含有机质 200 g/kg 以上的土壤称为有机质土壤,含有机质在 200 g/kg 以下的土壤称为矿质土壤。一般情况下,耕作层有机质含量通常在 50 g/kg 以上。有机质的分级可作为土壤养分分级的主要依据,根据我国第二次土壤普查资料及有关标准,将土壤有机质含量分为六级(见表 2-1)。另外,在我国《绿色食品　产地环境质量》(NY/T 391—2013)中针对不同用途土壤将有机质分为三级(见表 2-2)。我国土壤及河北省土壤有机质背景值统计量见表 2-3。

表 2-1　我国土壤有机质分级标准　　　　　　　(单位:g/kg)

(引自我国第二次土壤普查数据)

土壤有机质分级	有机质含量范围
六级	<6
五级	6~10
四级	10~20
三级	20~30
二级	30~40
一级	>40

表 2-2　我国绿色食品产地环境标准中土壤有机质分级标准　　　　(单位:g/kg)

[引自《绿色食品　产地环境质量》(NY/T 391—2013)]

土壤类型	旱地	水田	菜地	园地	牧地
三级	>15	>25	>30	>20	>20
二级	10~15	20~25	20~30	15~20	15~20
一级	<10	<20	<20	<15	<15

表 2-3　我国土壤及河北省土壤有机质背景值统计量　　　　(单位:g/kg)

(引自中国环境监测总站,1990)

土壤层	区域	范围	中位值	算术平均值	几何平均值
A 层	河北省	3.7~112.3	13.4	15.3±7.60	13.7±15.85

2.1.3　土壤有机质主要来源

有机质主要来源于有机肥和植物的根、茎、枝、叶的腐化变质及各种微生物等,基本成分主要为纤维素、木质素、淀粉、糖类、油脂和蛋白质等,为植物提供丰富的 C、H、O、S 及微量元素,可以直接被植物所吸收、利用。对原始土壤来说,微生物是土壤有机质的最早来源,随着生物的进化和成土过程的发展,动植物残体就成为土壤中有机质的基本来源。自然土壤一旦经包括耕作在内的人为影响后,其有机质来源还包括作物根茎叶,各种有机肥料,工农业和生活废水、废渣,微生物制品,有机农药等有机物质。归纳起来,土壤有机质的主要来源包括以下几个方面:

(1)土壤中的植物残体是自然状态下土壤有机质的主要来源,包括各类植物的凋落物、死亡的植物体及根系等。

(2)动物和微生物残体是土壤有机质的另一主要来源,主要包括土壤动物和非土壤动物的残体及各种微生物残体,这部分来源虽然很少,但对原始土壤来说,微生物是土壤有机质的最早来源;动物、植物和微生物的排泄物及分泌物也是土壤有机质重要来源之一,这部分来源虽然很少,但对土壤有机质的转化起着非常重要的作用。

(3)人为施入土壤中的各种有机肥料是土壤有机质的来源,主要包括各种有机肥料(绿肥、堆肥、沤肥等),工农业和生活用水、废渣等,还有各种微生物制品、有机农药等。

2.1.4　土壤有机质主要影响因素

土壤有机质含量主要受气候、植被、地形、土壤类型、耕作措施等因素的影响。

2.2 有机质频数分布图

2.2.1 阜平县土壤有机质频数分布图

阜平县土壤有机质原始数据频数分布如图 2-1 所示。

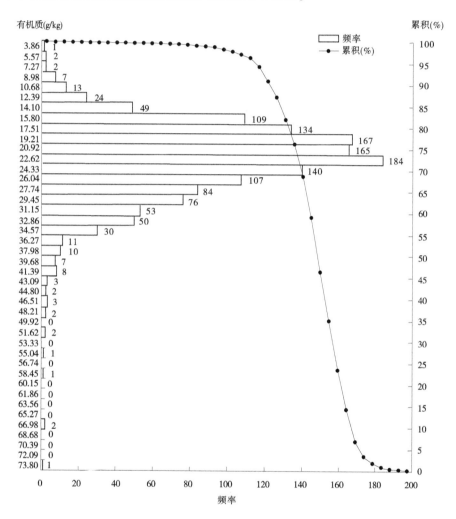

图 2-1 阜平县土壤有机质原始数据频数分布

2.2.2 乡镇土壤有机质频数分布图

阜平镇土壤有机质原始数据频数分布如图 2-2 所示。

城南庄镇土壤有机质原始数据频数分布如图 2-3 所示。

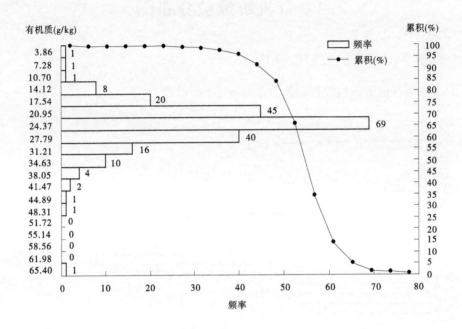

图 2-2　阜平镇土壤有机质原始数据频数分布

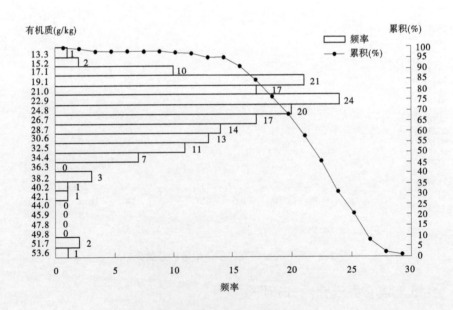

图 2-3　城南庄镇土壤有机质原始数据频数分布

北果园乡土壤有机质原始数据频数分布如图 2-4 所示。

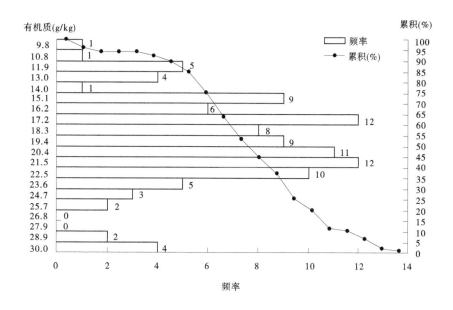

图 2-4　北果园乡土壤有机质原始数据频数分布

夏庄乡土壤有机质原始数据频数分布如图 2-5 所示。

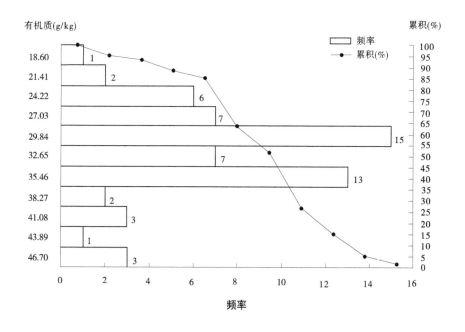

图 2-5　夏庄乡土壤有机质原始数据频数分布

天生桥镇土壤有机质原始数据频数分布如图 2-6 所示。

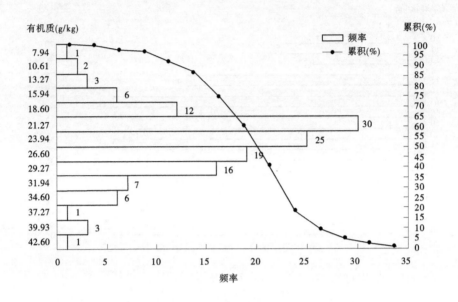

图 2-6　天生桥镇土壤有机质原始数据频数分布

龙泉关镇土壤有机质原始数据频数分布如图 2-7 所示。

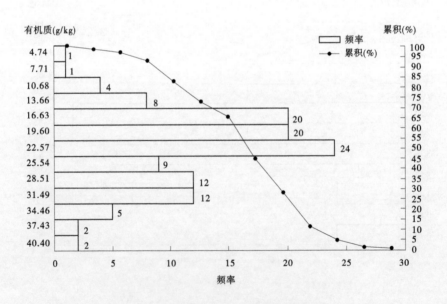

图 2-7　龙泉关镇土壤有机质原始数据频数分布

砂窝乡土壤有机质原始数据频数分布如图 2-8 所示。

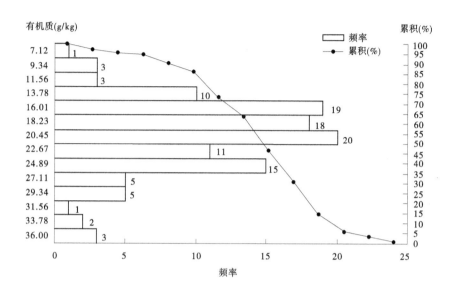

图 2-8　砂窝乡土壤有机质原始数据频数分布

吴王口乡土壤有机质原始数据频数分布如图 2-9 所示。

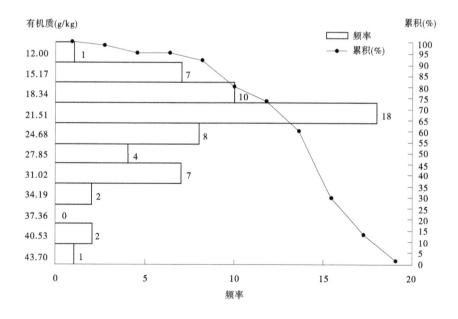

图 2-9　吴王口乡土壤有机质原始数据频数分布

平阳镇土壤有机质原始数据频数分布如图 2-10 所示。

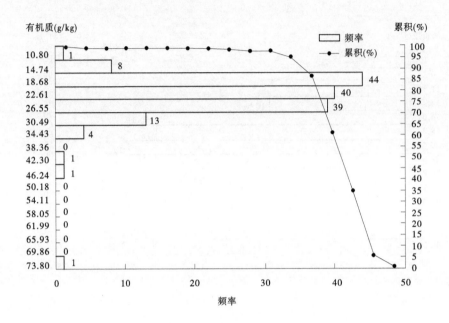

图 2-10　平阳镇土壤有机质原始数据频数分布

王林口乡土壤有机质原始数据频数分布如图 2-11 所示。

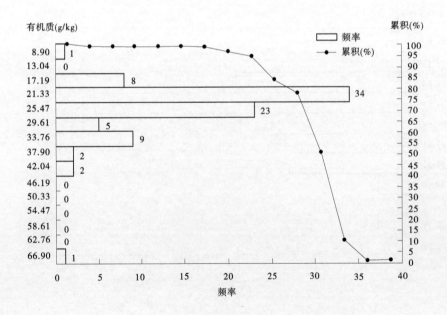

图 2-11　王林口乡土壤有机质原始数据频数分布

台峪乡土壤有机质原始数据频数分布如图 2-12 所示。

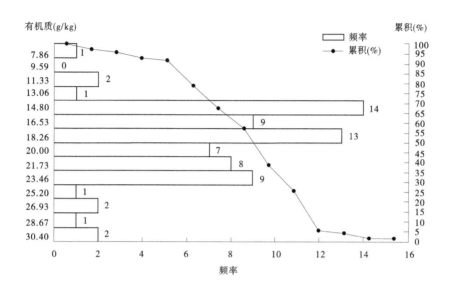

图 2-12　台峪乡土壤有机质原始数据频数分布

大台乡土壤有机质原始数据频数分布如图 2-13 所示。

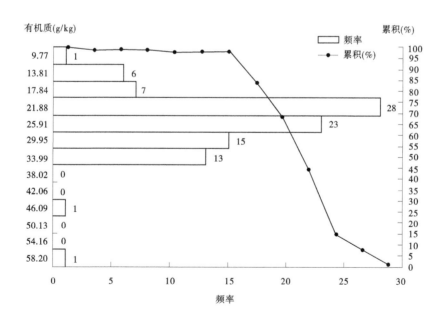

图 2-13　大台乡土壤有机质原始数据频数分布

史家寨乡土壤有机质原始数据频数分布如图 2-14 所示。

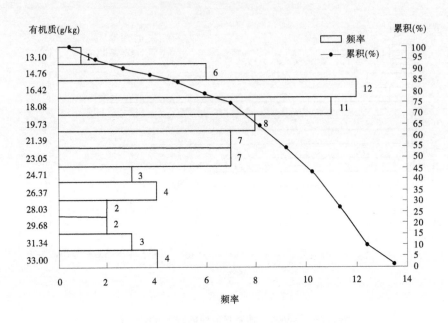

图 2-14　史家寨乡土壤有机质原始数据频数分布

2.3　阜平县土壤有机质统计量

2.3.1　阜平县土壤有机质的统计量

阜平县耕地土壤有机质统计如表 2-4 所示。

表 2-4　阜平县耕地土壤有机质统计　　　　　　　　（单位:g/kg）

区域	样本数(个)	最小值	最大值	中位值	平均值	标准差	变异系数(%)	5%	95%
阜平县	1 450	3.86	73.80	21.40	22.25	6.79	30.52	13.25	33.36
阜平镇	220	3.86	65.40	22.50	23.14	6.60	28.50	14.55	33.93
城南庄镇	165	13.30	53.60	23.40	24.58	6.57	26.72	16.72	33.92
北果园乡	105	9.77	30.00	19.00	18.85	4.37	23.20	11.80	27.50
夏庄乡	60	18.60	46.70	29.05	30.44	6.40	21.02	21.51	43.73
天生桥镇	132	7.94	42.60	22.50	23.15	6.00	25.93	14.48	33.18
龙泉关镇	120	4.74	40.40	20.50	21.10	6.94	32.91	10.77	31.81
砂窝乡	116	7.12	36.00	18.85	19.24	5.83	30.31	11.28	29.53
吴王口乡	60	12.00	43.70	21.00	22.04	6.63	30.07	14.20	33.83
平阳镇	152	10.80	73.80	21.00	21.64	6.68	30.86	14.66	30.05
王林口乡	85	8.90	66.90	21.00	22.98	7.67	33.39	15.08	34.26
台峪乡	70	7.86	30.40	17.70	18.11	4.37	24.14	12.42	25.57
大台乡	95	9.77	58.20	22.80	23.46	6.95	29.61	12.20	32.20
史家寨乡	70	13.10	33.00	19.45	20.37	5.38	26.39	14.20	31.31

2.3.2　乡镇区域土壤有机质的统计量

2.3.2.1　阜平镇土壤有机质

阜平镇耕地土壤有机质统计如表 2-5 所示。

表 2-5　阜平镇耕地土壤有机质统计　　　　　　（单位:g/kg）

乡镇	村名	样本数（个）	最小值	最大值	中位值	平均值	标准差	变异系数（%）	5%	95%
	阜平镇	220	3.86	65.40	22.50	23.14	6.60	28.50	14.55	33.93
	青沿村	4	12.70	20.20	15.15	15.80	3.16	20.00	13.03	19.48
	城厢村	2	23.50	25.70	24.60	24.60	1.56	6.30	23.61	25.59
	第一山村	1	24.20	24.20	24.20	24.20	——	——	——	——
	照旺台村	5	20.30	39.80	26.40	27.70	7.92	28.60	20.52	37.96
	原种场村	2	33.90	42.60	38.25	38.25	6.15	16.10	34.34	42.17
	白河村	2	26.00	31.00	28.50	28.50	3.54	12.40	26.25	30.75
	大元村	4	18.50	37.60	24.20	26.13	8.27	31.70	19.06	35.89
	石湖村	2	24.40	31.50	27.95	27.95	5.02	18.00	24.76	31.15
	高阜口村	10	16.90	23.50	20.90	20.61	2.19	10.60	17.26	23.32
	大道村	11	15.60	27.60	22.20	21.75	3.58	16.40	16.30	26.80
	小石坊村	5	21.20	27.00	23.00	23.36	2.38	10.20	21.24	26.44
	大石坊村	10	16.00	28.20	22.40	22.57	3.52	15.60	17.85	27.39
	黄岸底村	6	17.40	23.80	21.60	20.90	2.49	11.90	17.65	23.50
	槐树庄村	10	11.00	27.00	21.30	21.13	4.71	22.30	14.42	26.55
阜平镇	崞路头村	10	18.80	32.40	24.25	24.59	3.59	14.60	20.06	30.15
	海沿村	10	18.80	27.60	22.85	22.60	2.57	11.40	18.85	25.98
	燕头村	10	18.40	39.80	24.05	25.33	6.07	23.90	19.39	34.76
	西沟村	5	15.00	28.70	17.60	20.34	5.94	29.20	15.20	27.84
	各达头村	10	3.86	21.10	14.75	13.71	5.58	40.70	5.14	20.25
	牛栏村	6	18.20	27.80	23.10	23.02	4.10	17.80	18.30	27.68
	苍山村	10	16.60	35.60	21.60	22.58	5.62	24.87	17.05	31.96
	柳树底村	12	17.60	30.20	25.30	24.30	4.02	16.54	18.92	28.99
	土岭村	4	16.10	22.00	17.90	18.48	2.60	14.10	16.24	21.52
	法华村	10	18.20	25.00	21.70	21.78	1.93	8.84	19.10	24.60
	东漕岭村	9	12.80	32.80	25.00	22.54	6.81	30.21	13.04	30.72
	三岭会村	5	14.60	25.90	19.00	20.10	4.78	23.77	15.06	25.54
	楼房村	6	11.90	17.60	16.35	15.32	2.48	16.18	12.08	17.48
	木匠口村	11	18.40	30.20	23.70	23.84	3.47	14.55	19.30	29.40
	龙门村	16	17.40	29.60	24.10	23.74	3.03	12.75	19.28	27.80
	色岭口村	12	30.60	65.40	34.10	37.43	9.89	26.42	30.82	55.72

2.3.2.2 城南庄镇土壤有机质

城南庄镇耕地土壤有机质统计如表2-6所示。

表2-6　城南庄镇耕地土壤有机质统计　　　　　（单位：g/kg）

乡镇	村名	样本数（个）	最小值	最大值	中位值	平均值	标准差	变异系数（%）	5%	95%
城南庄镇	城南庄镇	165	13.30	53.60	23.40	24.58	6.57	26.72	16.72	33.92
	岔河村	18	22.40	51.40	30.95	31.49	6.42	20.37	22.57	39.84
	三官村	12	26.00	50.20	31.30	32.24	6.12	18.98	26.55	41.29
	麻棚村	10	18.80	53.60	28.55	30.95	9.48	30.62	21.05	46.49
	大岸底村	14	19.00	39.10	25.20	25.88	5.18	20.03	19.91	34.88
	北桑地村	4	22.20	26.60	23.85	24.13	1.82	7.56	22.44	26.20
	井沟村	6	21.20	29.60	27.40	26.60	3.08	11.59	22.20	29.40
	栗树漕村	10	18.80	29.40	23.50	23.93	3.75	15.69	18.89	28.86
	易家庄村	6	19.60	27.40	21.25	22.42	3.10	13.82	19.70	26.80
	万宝庄村	5	21.10	25.40	23.40	23.26	1.74	7.49	21.28	25.20
	华山村	4	19.50	26.80	22.80	22.98	2.99	13.00	20.00	26.20
	南安村	3	21.10	25.20	21.50	22.60	2.26	10.00	21.14	24.83
	向阳庄村	4	17.80	22.20	19.45	19.73	2.09	10.60	17.86	21.98
	福子峪村	5	14.80	22.30	19.40	18.86	2.75	14.58	15.44	21.80
	宋家沟村	6	19.00	28.80	22.05	23.13	4.09	17.67	19.18	28.40
	石猴村	5	20.80	28.00	24.00	24.14	3.09	12.79	20.94	27.68
	北工村	5	17.10	23.40	18.20	19.40	2.57	13.27	17.24	22.82
	顾家沟村	5	21.90	31.00	22.90	24.36	3.74	15.36	22.10	29.42
	城南庄村	12	16.80	26.40	19.75	20.63	3.02	14.62	17.19	25.91
	谷家庄村	8	16.20	23.60	18.15	18.64	2.45	13.15	16.27	22.31
	后庄村	13	13.30	24.40	17.20	17.47	2.92	16.70	14.44	22.66
	南台村	10	16.70	40.50	24.20	24.94	6.81	27.32	17.02	36.05

2.3.2.3　北果园乡土壤有机质

北果园乡土壤有机质统计如表2-7所示。

表 2-7　北果园乡耕地土壤有机质统计 （单位：g/kg）

乡镇	村名	样本数（个）	最小值	最大值	中位值	平均值	标准差	变异系数（%）	5%	95%
北果园乡	北果园乡	105	9.77	30.00	19.00	18.85	4.37	23.20	11.80	27.50
	古洞村	3	23.00	30.00	24.20	25.73	3.74	14.55	23.12	29.42
	魏家峪村	4	18.70	25.00	20.70	21.28	2.66	12.49	18.99	24.37
	水泉村	2	16.20	21.90	19.05	19.05	4.03	21.16	16.49	21.62
	城铺村	2	14.30	17.60	15.95	15.95	2.33	14.63	14.47	17.44
	黄连峪村	2	15.60	29.40	22.50	22.50	9.76	43.37	16.29	28.71
	革新庄村	2	21.10	22.60	21.85	21.85	1.06	4.85	21.18	22.53
	卞家峪村	2	22.00	22.60	22.30	22.30	0.42	1.90	22.03	22.57
	李家庄村	5	20.10	28.80	22.50	24.12	4.01	16.62	20.32	28.64
	下庄村	2	17.40	22.20	19.80	19.80	3.39	17.14	17.64	21.96
	光城村	3	17.20	19.20	18.40	18.27	1.01	5.51	17.32	19.12
	崔家庄村	9	14.40	21.60	16.90	17.31	2.58	14.92	14.48	21.24
	倪家洼村	4	11.20	24.40	14.60	16.20	5.70	35.18	11.68	22.96
	乡细沟村	6	12.60	29.80	16.10	18.07	6.56	36.30	12.65	27.60
	草场口村	3	9.94	17.10	14.60	13.88	3.63	26.18	10.41	16.85
	张家庄村	3	19.40	30.00	22.80	24.07	5.41	22.49	19.74	29.28
	惠民湾村	5	9.77	18.80	11.80	12.87	3.49	27.11	10.06	17.60
	北果园村	9	15.60	25.50	19.50	19.71	3.17	16.08	15.84	24.42
	槐树底村	4	17.80	20.80	19.55	19.43	1.31	6.76	17.98	20.70
	吴家沟村	7	16.80	21.00	19.00	19.00	1.33	6.99	17.16	20.61
	广安村	5	15.90	22.20	20.20	19.82	2.35	11.88	16.72	21.92
	抬头湾村	4	15.80	21.00	16.85	17.63	2.38	13.53	15.85	20.49
	店房村	6	12.30	24.20	15.60	16.30	4.28	26.23	12.50	22.40
	固镇村	6	16.20	19.70	18.80	18.32	1.59	8.69	16.33	19.70
	营岗村	2	21.70	22.50	22.10	22.10	0.57	2.56	21.74	22.46
	半沟村	2	14.20	22.00	18.10	18.10	5.52	30.47	14.59	21.61
	小花沟村	1	11.60	11.60	11.60	11.60	—	—	11.60	11.60
	东山村	2	11.80	21.90	16.85	16.85	7.14	42.38	12.31	21.40

2.3.2.4 夏庄乡土壤有机质

夏庄乡耕地土壤有机质统计如表 2-8 所示。

表 2-8 夏庄乡耕地土壤有机质统计 （单位：g/kg）

乡镇	村名	样本数（个）	最小值	最大值	中位值	平均值	标准差	变异系数（%）	5%	95%
夏庄乡	夏庄乡	60	18.60	46.70	29.05	30.44	6.40	21.0	21.51	43.73
	夏庄村	22	19.70	46.70	31.10	31.52	5.27	16.7	25.51	40.01
	菜池村	20	21.60	34.10	25.70	26.34	3.30	12.5	22.17	33.44
	二道庄村	7	27.20	46.20	33.60	33.13	6.61	20.0	27.38	42.90
	面盆村	8	27.50	46.10	37.25	37.58	5.98	15.9	29.46	45.23
	羊道村	3	18.60	35.80	19.30	24.57	9.73	39.6	18.67	34.15

2.3.2.5 天生桥镇土壤有机质

天生桥镇耕地土壤有机质统计如表 2-9 所示。

表 2-9 天生桥镇耕地土壤有机质统计 （单位：g/kg）

乡镇	村名	样本数（个）	最小值	最大值	中位值	平均值	标准差	变异系数（%）	5%	95%
天生桥镇	天生桥镇	132	7.94	42.60	22.50	23.15	6.00	25.9	14.48	33.18
	不老树村	18	14.70	31.60	22.80	22.93	4.66	20.3	16.66	31.09
	龙王庙村	22	16.80	32.00	21.60	22.49	4.26	19.0	17.81	28.88
	大车沟村	3	14.80	17.20	15.00	15.67	1.33	8.5	14.82	16.98
	南栗元铺村	14	19.60	33.00	25.45	25.39	4.30	16.9	19.60	31.64
	北栗元铺村	15	18.80	33.50	26.40	25.89	4.28	16.6	20.13	33.43
	红草河村	5	24.70	35.20	28.40	29.64	4.31	14.6	25.16	34.74
	罗家庄村	5	21.70	24.80	22.40	22.76	1.30	5.7	21.70	24.48
	东下关村	8	19.80	39.30	25.25	28.01	7.16	25.5	21.41	39.20
	朱家营村	13	10.10	29.60	19.00	18.41	5.26	28.6	10.16	25.16
	沿台村	6	7.94	17.10	13.90	13.57	3.45	25.4	8.91	17.03
	大教厂村	13	13.20	42.60	20.30	24.73	8.57	34.6	15.36	39.72
	西下关村	6	20.80	26.60	23.15	23.50	2.28	9.7	21.03	26.35
	塔沟村	4	18.90	30.40	19.80	22.23	5.51	24.8	18.92	28.93

2.3.2.6 龙泉关镇土壤有机质

龙泉关镇耕地土壤有机质统计如表 2-10 所示。

表 2-10　龙泉关镇耕地土壤有机质统计　　（单位：g/kg）

乡镇	村名	样本数（个）	最小值	最大值	中位值	平均值	标准差	变异系数（%）	5%	95%
龙泉关镇	龙泉关镇	120	4.74	40.40	20.50	21.10	6.94	32.9	10.77	31.81
	骆驼湾村	8	8.24	19.10	11.45	12.55	3.77	30.0	8.60	18.19
	大胡卜村	3	12.60	21.20	18.60	17.47	4.41	25.3	13.20	20.94
	黑林沟村	4	21.40	31.30	27.00	26.68	4.74	17.8	21.79	31.11
	印钞石村	8	15.00	37.60	27.00	26.56	7.77	29.3	16.05	36.20
	黑崖沟村	16	13.00	31.80	20.80	20.79	4.95	23.8	13.68	28.35
	西刘庄村	16	13.60	34.60	26.55	24.83	6.57	26.5	14.20	32.65
	龙泉关村	18	4.74	30.60	16.95	17.26	7.13	41.3	5.17	29.58
	顾家台村	5	20.60	28.90	26.30	24.84	3.89	15.7	20.64	28.64
	青羊沟村	4	20.20	31.60	24.30	25.10	5.62	22.4	20.26	31.06
	北刘庄村	13	16.20	31.20	23.80	23.85	4.36	18.3	18.36	31.08
	八里庄村	13	14.20	40.40	18.30	21.22	7.92	37.3	14.74	36.92
	平石头村	12	12.70	30.00	16.25	17.43	4.50	25.8	12.92	24.33

2.3.2.7　砂窝乡土壤有机质

砂窝乡耕地土壤有机质统计如表 2-11 所示。

表 2-11　砂窝乡耕地土壤有机质统计　　（单位：g/kg）

乡镇	村名	样本数（个）	最小值	最大值	中位值	平均值	标准差	变异系数（%）	5%	95%
砂窝乡	砂窝乡	116	7.12	36.00	18.85	19.24	5.83	30.31	11.28	29.53
	大柳树村	10	16.20	26.00	20.50	20.63	3.18	15.39	16.38	25.28
	下堡村	8	17.10	28.60	19.75	21.00	3.58	17.05	17.70	26.57
	盘龙台村	6	18.90	22.80	19.80	20.10	1.43	7.12	18.95	22.15
	林当沟村	6	15.00	21.40	16.70	17.50	2.58	14.72	15.15	20.95
	上堡村	8	7.81	23.30	13.80	15.06	5.71	37.93	8.35	23.27
	黑印台村	6	10.60	16.70	15.85	14.63	2.40	16.38	11.15	16.53
	碾子沟门村	5	8.76	21.80	16.90	16.25	5.59	34.42	9.53	21.68
	百亩台村	13	12.40	29.20	21.30	21.78	4.69	21.51	15.46	28.36
	龙王庄村	11	11.90	32.70	23.80	22.92	5.80	25.29	13.75	30.45
	砂窝村	11	13.80	24.00	16.30	16.91	3.17	18.77	13.90	22.10
	河彩村	5	11.50	14.60	11.90	12.40	1.28	10.31	11.52	14.16
	龙王沟村	5	7.12	26.60	14.40	15.28	7.54	49.36	7.76	24.88
	仙湾村	6	14.20	32.70	19.10	20.75	6.65	32.04	14.78	30.25
	砂台村	6	12.30	36.00	32.85	28.55	9.72	34.06	14.58	35.98
	全庄村	10	14.40	27.60	17.45	18.73	4.20	22.43	14.85	25.94

2.3.2.8　吴王口乡土壤有机质

吴王口乡耕地土壤有机质统计如表 2-12 所示。

表 2-12　吴王口乡耕地土壤有机质统计　　（单位：g/kg）

乡镇	村名	样本数（个）	最小值	最大值	中位值	平均值	标准差	变异系数（%）	5%	95%
吴王口乡	吴王口乡	60	12.00	43.70	21.00	22.04	6.63	30.07	14.20	33.83
	银河村	3	21.80	39.90	38.20	33.30	10.00	30.02	23.44	39.73
	南辛庄村	1	33.60	33.60	33.60	33.60	—	—	33.60	33.60
	三岔村	1	23.00	23.00	23.00	23.00	—	—	23.00	23.00
	寿长寺村	2	27.90	29.00	28.45	28.45	0.78	2.73	27.96	28.95
	南庄旺村	2	20.20	31.40	25.80	25.80	7.92	30.70	20.76	30.84
	岭东村	5	14.30	30.80	21.10	20.84	6.88	33.01	14.34	29.34
	桃园坪村	8	19.80	28.00	24.25	23.79	2.82	11.86	20.26	27.44
	周家河村	2	16.00	16.30	16.15	16.15	0.21	1.31	16.02	16.29
	不老台村	5	14.20	20.70	15.60	16.64	2.87	17.24	14.20	20.26
	石滩地村	9	12.00	22.10	19.90	19.01	3.25	17.12	13.40	21.89
	邓家庄村	11	17.20	28.50	19.90	21.05	3.44	16.30	17.29	27.42
	吴王口村	6	14.00	29.40	15.40	17.38	5.94	34.17	14.05	26.03
	黄草洼村	5	17.50	43.70	27.40	28.06	9.91	35.32	18.44	40.86

2.3.2.9　平阳镇土壤有机质

平阳镇耕地土壤有机质统计如表 2-13 所示。

表 2-13　平阳镇耕地土壤有机质统计　　（单位：g/kg）

乡镇	村名	样本数（个）	最小值	最大值	中位值	平均值	标准差	变异系数（%）	5%	95%
平阳镇	平阳镇	152	10.80	73.80	21.00	21.64	6.68	30.86	14.66	30.05
	康家峪村	14	16.10	73.80	22.80	25.56	14.31	55.98	16.56	44.03
	皂火峪村	5	21.80	32.20	29.70	27.32	4.69	17.18	22.00	31.78
	白山村	1	22.00	22.00	22.00	22.00	—	—	22.00	22.00
	北庄村	14	15.60	25.80	19.90	20.61	3.61	17.53	15.73	25.80
	黄岸村	5	19.80	32.60	23.00	24.20	4.90	20.24	20.28	30.76
	长角村	3	19.00	25.30	24.40	22.90	3.41	14.88	19.54	25.21
	石湖村	3	18.50	26.40	20.20	21.70	4.16	19.16	18.67	25.78
	车道村	2	21.00	28.60	24.80	24.80	5.37	21.67	21.38	28.22

续表 2-13

乡镇	村名	样本数（个）	最小值	最大值	中位值	平均值	标准差	变异系数（%）	5%	95%
平阳镇	东板峪村	8	15.60	29.00	18.05	19.89	5.10	25.63	15.64	28.13
	罗峪村	6	16.20	23.40	18.70	19.00	2.71	14.26	16.30	22.65
	铁岭村	4	17.40	27.80	25.20	23.90	4.58	19.15	18.42	27.56
	王快村	9	17.00	26.10	21.60	21.83	3.42	15.65	17.00	25.98
	平阳村	11	14.70	31.90	20.00	20.79	5.82	28.01	14.75	29.85
	上平阳村	8	14.60	39.40	18.35	21.49	8.60	40.02	14.81	35.69
	白家峪村	11	13.60	42.80	20.20	22.38	8.94	39.96	13.65	37.25
	立彦头村	10	17.90	27.20	21.10	21.01	2.80	13.35	18.13	25.40
	冯家口村	9	15.20	26.40	24.30	21.80	4.57	20.94	15.40	26.16
	土门村	14	10.80	28.10	17.30	17.94	4.57	25.48	11.84	25.05
	台南村	2	16.60	24.20	20.40	20.40	5.37	26.34	16.98	23.82
	北水峪村	8	15.60	23.20	20.90	20.04	2.79	13.90	16.02	22.89
	山咀头村	3	12.90	22.00	15.40	16.77	4.70	28.04	13.15	21.34
	各老村	2	29.00	30.00	29.50	29.50	0.71	2.40	29.05	29.95

2.3.2.10　王林口乡土壤有机质

王林口乡耕地土壤有机质统计如表 2-14 所示。

表 2-14　王林口乡耕地土壤有机质统计　　　　　　　　（单位：g/kg）

乡镇	村名	样本数（个）	最小值	最大值	中位值	平均值	标准差	变异系数（%）	5%	95%
王林口乡	王林口乡	85	8.90	66.90	21.00	22.98	7.67	33.39	15.08	34.26
	五丈湾村	3	16.30	18.60	18.40	17.77	1.27	7.17	16.51	18.58
	马坊村	5	18.20	28.40	19.00	20.64	4.35	21.08	18.28	26.52
	刘家沟村	2	18.60	21.00	19.80	19.80	1.70	8.57	18.72	20.88
	辛庄村	6	16.60	26.40	22.60	22.07	3.15	14.29	17.85	25.45
	南刁窝村	3	16.20	22.00	20.70	19.63	3.04	15.50	16.65	21.87
	马驹石村	6	17.80	33.70	24.60	25.38	8.01	31.55	17.90	33.63
	南湾村	4	24.30	38.60	27.40	29.43	6.64	22.56	24.38	37.31
	上庄村	4	20.60	31.60	23.40	24.75	4.82	19.49	20.87	30.52
	方太口村	7	8.90	66.90	19.40	28.54	19.07	66.81	11.75	57.15
	西庄村	3	19.70	39.80	32.60	30.70	10.18	33.17	20.99	39.08
	东庄村	5	13.80	25.40	22.00	20.60	4.83	23.43	14.56	25.16
	董家口村	6	14.30	23.60	17.85	18.50	3.14	16.98	15.03	22.75

续表 2-14

乡镇	村名	样本数（个）	最小值	最大值	中位值	平均值	标准差	变异系数（%）	5%	95%
王林口乡	神台村	5	19.40	24.60	23.20	22.36	2.18	9.75	19.68	24.44
	南峪村	4	14.20	26.00	18.70	19.40	5.43	27.98	14.44	25.34
	寺口村	4	24.60	31.90	28.20	28.23	2.98	10.56	25.14	31.35
	瓦泉沟村	3	14.90	20.40	17.40	17.57	2.75	15.68	15.15	20.10
	东王林口村	2	22.30	32.50	27.40	27.40	7.21	26.32	22.81	31.99
	前岭村	6	17.20	37.50	20.70	22.88	7.32	32.00	17.80	33.53
	西王林口村	5	19.00	23.00	20.40	20.74	1.73	8.32	19.06	22.80
	马沙沟村	2	18.70	21.80	20.25	20.25	2.19	10.82	18.86	21.65

2.3.2.11 台峪乡土壤有机质

台峪乡耕地土壤有机质统计如表 2-15 所示。

表 2-15　台峪乡耕地土壤有机质统计　　　　　　　　　　（单位:g/kg）

乡镇	村名	样本数（个）	最小值	最大值	中位值	平均值	标准差	变异系数（%）	5%	95%
台峪乡	台峪乡	70	7.86	30.40	17.70	18.11	4.37	24.14	12.42	25.57
	井尔沟村	10	13.40	23.10	16.20	16.70	2.92	17.51	13.72	21.17
	台峪村	11	13.80	24.00	19.80	19.16	3.15	16.41	14.10	23.30
	营尔村	8	13.70	22.20	16.70	16.88	2.64	15.66	13.88	20.73
	吴家庄村	8	11.70	25.70	15.75	17.68	5.27	29.80	12.58	25.60
	平房村	12	9.71	29.40	19.45	19.08	4.99	26.17	12.07	25.66
	庄里村	6	7.86	17.80	15.80	14.21	3.85	27.09	8.70	17.55
	王家岸村	7	13.30	22.80	17.80	17.87	4.36	24.42	13.33	22.80
	白石台村	8	15.20	30.40	21.85	21.80	5.07	23.25	15.90	29.21

2.3.2.12 大台乡土壤有机质

大台乡耕地土壤有机质统计如表 2-16 所示。

表 2-16 大台乡耕地土壤有机质统计 (单位:g/kg)

乡镇	村名	样本数(个)	最小值	最大值	中位值	平均值	标准差	变异系数(%)	5%	95%
	大台乡	95	9.77	58.20	22.80	23.46	6.95	29.61	12.20	32.20
	老路渠村	4	24.10	45.60	30.30	32.58	9.24	28.38	24.81	43.53
	东台村	5	21.30	29.40	26.00	25.54	2.96	11.60	21.94	28.82
	大台村	20	17.20	32.20	22.70	24.05	5.00	20.79	17.58	31.06
大台乡	坊里村	7	19.80	27.80	22.50	23.11	3.14	13.57	19.86	27.47
	苇子沟村	4	25.00	32.20	26.00	27.30	3.36	12.32	25.03	31.39
	大连地村	13	18.50	58.20	23.80	25.82	10.52	40.75	18.56	43.08
	柏崖村	18	9.77	32.70	19.30	20.26	7.61	37.58	9.80	31.43
	东板峪店村	18	12.20	31.40	19.60	20.77	4.97	23.94	12.97	28.68
	碳灰铺村	6	18.60	31.40	23.85	24.08	5.15	21.38	18.60	30.60

2.3.2.13 史家寨乡土壤有机质

史家寨乡耕地土壤有机质统计如表 2-17 所示。

表 2-17 史家寨乡耕地土壤有机质统计 (单位:g/kg)

乡镇	村名	样本数(个)	最小值	最大值	中位值	平均值	标准差	变异系数(%)	5%	95%
	史家寨乡	70	13.10	33.00	19.45	20.37	5.38	26.39	14.20	31.31
	上东漕村	4	20.00	30.60	22.75	24.03	4.96	20.63	20.06	29.78
	定家庄村	6	22.30	32.40	31.30	29.72	3.77	12.67	24.08	32.20
	葛家台村	6	19.60	28.50	23.95	23.98	3.25	13.56	20.05	28.00
	北辛庄村	2	16.80	19.60	18.20	18.20	1.98	10.88	16.94	19.46
	槐场村	8	16.80	30.20	19.70	20.51	4.33	21.12	16.87	27.12
	红土山村	7	14.80	33.00	19.20	20.26	6.18	30.53	14.92	29.76
史家寨乡	董家村	3	18.00	21.90	20.70	20.20	2.00	9.89	18.27	21.78
	史家寨村	11	13.10	26.30	15.10	16.60	4.18	25.16	13.35	24.70
	凹里村	11	14.60	19.30	15.80	16.58	1.74	10.49	14.70	19.20
	段庄村	5	13.40	25.10	20.00	18.56	4.82	25.96	13.56	24.10
	铁岭口村	2	17.20	25.10	21.15	21.15	5.59	26.41	17.60	24.71
	口子头村	1	15.80	15.80	15.80	15.80	—	—	15.80	15.80
	厂坊村	2	16.50	27.70	22.10	22.10	7.92	35.84	17.06	27.14
	草垛沟村	2	21.40	22.90	22.15	22.15	1.06	4.79	21.48	22.83

第 3 章　土壤全氮

3.1　土壤中氮特征及影响因素

3.1.1　土壤中氮基本概念

土壤氮素是作物生长所必需的大量营养元素之一,同时又是土壤微生物自身合成和分解所需的能量。在作物生产中,作物对氮的需要量较大,土壤供氮不足是引起农产品产量减低和品质下降的主要限制因子。同时,氮素肥料施用过量会造成江河水体富营养化、地下水硝态氮积累及毒害等。我国土壤中氮素含量多为 0.2~5.0 g/kg,其含量主要取决于气候、地形、植被、母质、质地及利用方式、耕作管理、施肥制度等。土壤氮含量与有机质含量有密切关系。我国土壤全氮含量呈南北略高、中部略低的趋势。

3.1.2　我国土壤氮的分级指标

根据全国第二次土壤普查资料及有关标准,将土壤全氮含量分为六级(见表 3-1)。另外,在我国《绿色食品　产地环境质量》(NY/T 391—2013)中针对不同用途,将土壤全氮分为三级(见表 3-2)。

表 3-1　我国土壤全氮分级标准　　　　　　　　　　(%)

(引自我国第二次土壤普查数据)

土壤全氮分级	全氮含量范围
六级	<0.05
五级	0.05~0.075
四级	0.075~0.1
三级	0.1~0.15
二级	0.15~0.2
一级	>0.2

表 3-2　我国绿色食品产地环境标准中土壤全氮分级标准　　　（单位:g/kg）

［引自《绿色食品　产地环境质量》(NY/T 391—2013)］

土壤类型	旱地	水田	菜地	园地
三级	>1.0	>1.2	>1.2	>1.0
二级	0.8~1.0	1.0~1.2	1.0~1.2	0.8~1.0
一级	<0.8	<1.0	<1.0	<0.8

3.1.3　土壤氮素主要来源

植物利用的氮最根本的来源是占地球大气体积78%的大气中的氮气,占整个地球氮储量的99.38%。然而绝大部分植物并不能将氮气直接利用,必须通过以下途径转换成可吸收态:一是大气中分子氮的生物固定,二是雨水和灌溉水带入的氮,三是施用有机肥和化学肥料。20世纪初氮肥问世后,氮肥的供应成为现代农业和环境中氮的主要来源。

3.1.4　土壤氮素的主要影响因素

(1)生物气候条件:我国自然植被下的土壤表层全氮含量明显受气候植被等条件的影响。降水量较高时植物生物量较高,土壤中氮的积累增加。气温的下降,会降低土壤中有机氮的分解速率,在长期的成土过程中也积累较多的氮素。

(2)土壤水分与质地:排水不良或质地黏重的土壤,其有机质和氮素含量较排水良好或质地轻、粗的土壤为多。

(3)耕作的影响:一般来说,土壤开垦时间越长,氮素含量越低于自然状态。干湿交替次数和强度增加、通气条件较好,有机氮的矿化速率比自然植被高。水田较旱作下氮素高。

(4)施肥的影响:施肥在增加土壤氮素含量的同时,也会促进氮素的损失。

3.2　全氮频数分布图

3.2.1　阜平县土壤全氮频数分布图

阜平县土壤全氮原始数据频数分布如图3-1所示。

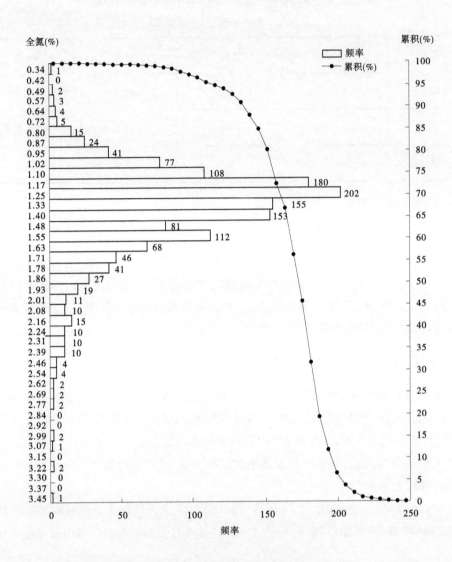

图 3-1　阜平县土壤全氮原始数据频数分布

3.2.2　乡镇土壤全氮频数分布图

阜平镇土壤氮原始数据频数分布如图 3-2 所示。

城南庄镇土壤氮原始数据频数分布如图 3-3 所示。

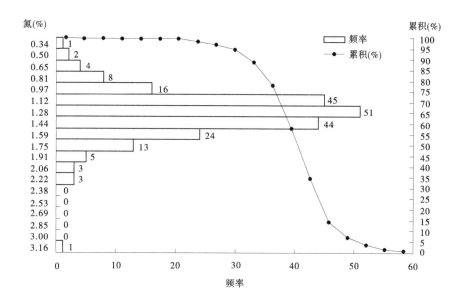

图 3-2　阜平镇土壤氮原始数据频数分布

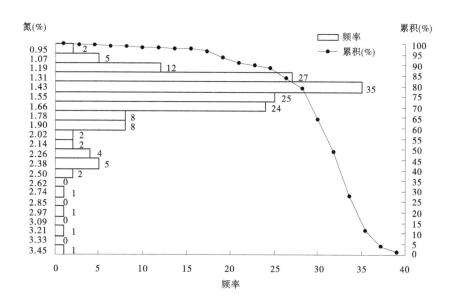

图 3-3　城南庄镇土壤氮原始数据频数分布

北果园乡土壤氮原始数据频数分布如图 3-4 所示。

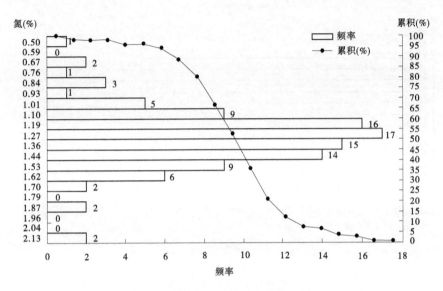

图 3-4　北果园乡土壤氮原始数据频数分布

夏庄乡土壤氮原始数据频数分布如图 3-5 所示。

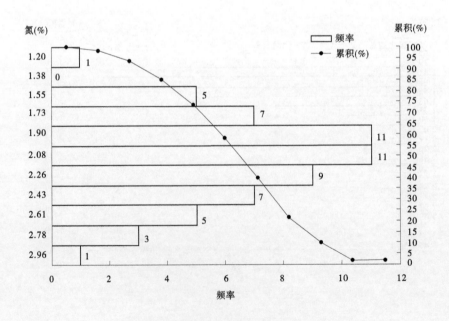

图 3-5　夏庄乡土壤氮原始数据频数分布

天生桥镇土壤氮原始数据频数分布如图 3-6 所示。

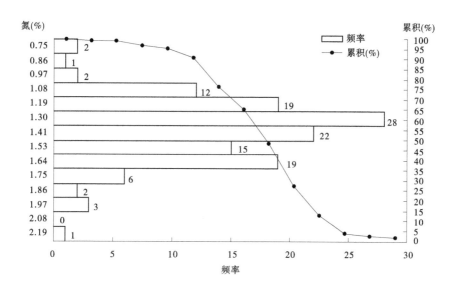

图 3-6　天生桥镇土壤氮原始数据频数分布

龙泉关镇土壤氮原始数据频数分布如图 3-7 所示。

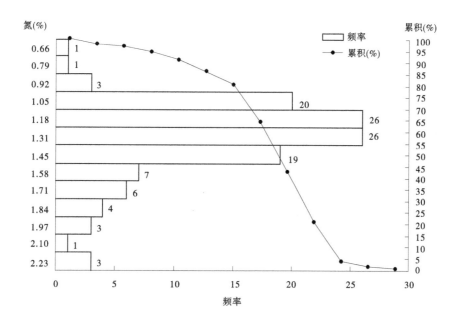

图 3-7　龙泉关镇土壤氮原始数据频数分布

砂窝乡土壤氮原始数据频数分布如图 3-8 所示。

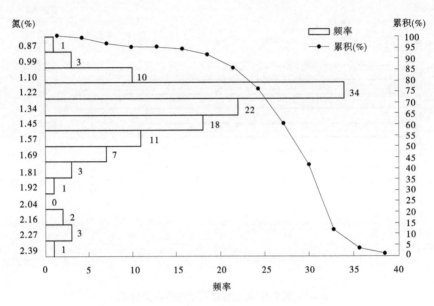

图 3-8　砂窝乡土壤氮原始数据频数分布

吴王口乡土壤氮原始数据频数分布如图 3-9 所示。

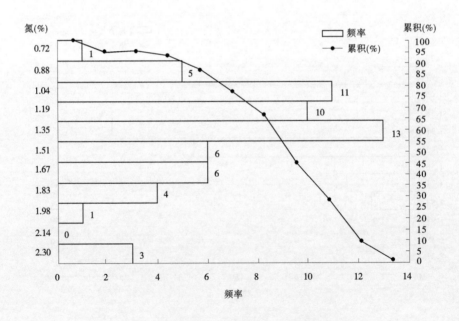

图 3-9　吴王口乡土壤氮原始数据频数分布

平阳镇土壤氮原始数据频数分布如图 3-10 所示。

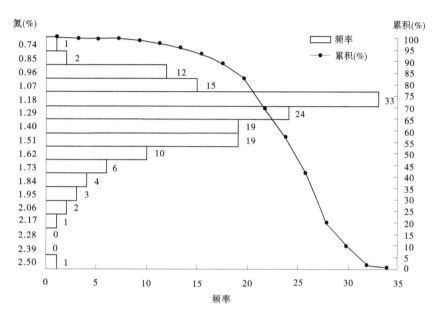

图 3-10　平阳镇土壤氮原始数据频数分布

王林口乡土壤氮原始数据频数分布如图 3-11 所示。

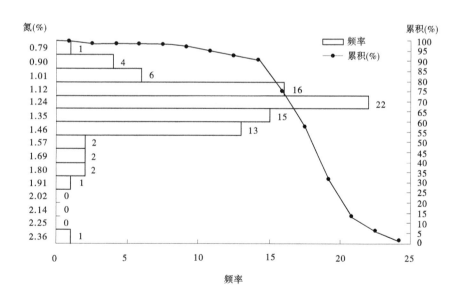

图 3-11　王林口乡土壤氮原始数据频数分布

台峪乡土壤氮原始数据频数分布如图 3-12 所示。

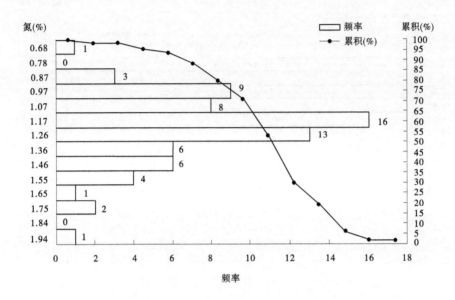

图 3-12　台峪乡土壤氮原始数据频数分布

大台乡土壤氮原始数据频数分布如图 3-13 所示。

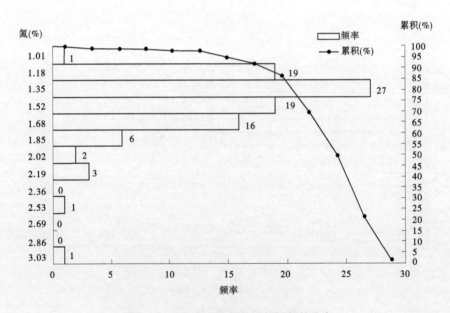

图 3-13　大台乡土壤氮原始数据频数分布

史家寨乡土壤氮原始数据频数分布如图 3-14 所示。

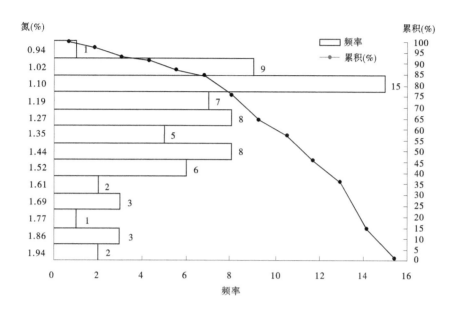

图 3-14　史家寨乡土壤氮原始数据频数分布

3.3　阜平县土壤全氮统计量

3.3.1　阜平县土壤全氮的统计量

阜平县耕地土壤全氮统计如表 3-3 所示。

表 3-3　阜平县耕地土壤全氮统计 （%）

区域	样本数(个)	最小值	最大值	中位值	平均值	标准差	变异系数(%)	5%	95%
阜平县	1 450	0.34	3.45	1.28	1.34	0.35	25.79	0.93	2.03
阜平镇	220	0.34	3.16	1.25	1.25	0.33	26.10	0.78	1.78
城南庄镇	165	0.95	3.45	1.43	1.53	0.40	25.95	1.11	2.34
北果园乡	105	0.50	2.13	1.27	1.26	0.26	20.81	0.82	1.61
夏庄乡	60	1.20	2.96	1.97	2.02	0.37	18.46	1.53	2.67
天生桥镇	132	0.75	2.19	1.32	1.34	0.24	18.02	1.00	1.73
龙泉关镇	120	0.66	2.23	1.22	1.27	0.29	22.91	0.93	1.87
砂窝乡	116	0.87	2.39	1.29	1.34	0.28	21.24	1.01	1.91
吴王口乡	60	0.72	2.30	1.22	1.27	0.36	28.55	0.80	1.87
平阳镇	152	0.74	2.50	1.22	1.28	0.28	21.71	0.91	1.76
王林口乡	85	0.79	2.36	1.21	1.24	0.23	18.66	0.90	1.62
台峪乡	70	0.68	1.94	1.16	1.18	0.22	19.08	0.87	1.60
大台乡	95	1.01	3.03	1.36	1.42	0.32	22.68	1.05	2.01
史家寨乡	70	0.94	1.94	1.23	1.27	0.25	19.89	0.99	1.81

3.3.2　乡镇区域土壤全氮的统计量

3.3.2.1　阜平镇土壤全氮

阜平镇耕地土壤全氮统计如表3-4所示。

表 3-4　阜平镇耕地土壤全氮统计　　　　　　　　　　　　（%）

乡镇	村名	样本数（个）	最小值	最大值	中位值	平均值	标准差	变异系数（%）	5%	95%
	阜平镇	220	0.34	3.16	1.25	1.25	0.33	26.10	0.78	1.78
	青沿村	4	0.81	1.18	0.96	0.98	0.15	15.80	0.83	1.15
	城厢村	2	1.25	1.39	1.32	1.32	0.10	7.50	1.26	1.38
	第一山村	1	1.38	1.38	1.38	1.38	—	—	—	—
	照旺台村	5	1.04	1.50	1.12	1.20	0.20	16.70	1.04	1.46
	原种场村	2	1.42	1.56	1.49	1.49	0.10	6.60	1.43	1.55
	白河村	2	1.26	1.54	1.40	1.40	0.20	14.10	1.27	1.53
	大元村	4	0.94	1.58	1.18	1.22	0.28	22.80	0.96	1.54
	石湖村	2	1.48	1.78	1.63	1.63	0.21	13.00	1.50	1.77
	高阜口村	10	0.92	1.36	1.12	1.13	0.15	13.30	0.92	1.35
	大道村	11	0.66	1.48	1.08	1.09	0.25	23.00	0.69	1.41
	小石坊村	5	0.79	1.50	1.16	1.14	0.27	23.20	0.83	1.45
	大石坊村	10	0.97	3.16	1.31	1.44	0.64	44.50	0.99	2.46
	黄岸底村	6	1.15	1.48	1.31	1.32	0.13	10.00	1.17	1.48
	槐树庄村	10	0.57	1.39	1.18	1.15	0.22	19.10	0.82	1.34
阜平镇	嵩路头村	10	0.78	1.68	1.27	1.23	0.23	19.00	0.90	1.52
	海沿村	10	0.97	1.47	1.19	1.18	0.17	14.10	0.97	1.41
	燕头村	10	1.16	1.92	1.38	1.39	0.24	17.00	1.17	1.79
	西沟村	5	0.93	2.13	1.20	1.37	0.51	37.30	0.94	2.03
	各达头村	10	0.34	1.33	0.90	0.90	0.31	34.90	0.41	1.30
	牛栏村	6	1.23	1.78	1.43	1.48	0.21	13.85	1.26	1.75
	苍山村	10	1.04	2.02	1.31	1.34	0.32	24.05	1.05	1.90
	柳树底村	12	1.13	1.74	1.43	1.41	0.23	15.98	1.13	1.71
	土岭村	4	1.06	1.27	1.18	1.17	0.11	9.02	1.07	1.27
	法华村	10	0.73	1.37	1.16	1.14	0.18	15.97	0.87	1.35
	东漕岭村	9	0.44	1.78	1.50	1.22	0.47	38.36	0.51	1.70
	三岭会村	5	0.79	1.52	1.30	1.16	0.33	28.17	0.80	1.49
	楼房村	6	0.63	1.09	0.89	0.89	0.17	19.32	0.67	1.08
	木匠口村	11	1.11	1.63	1.36	1.36	0.16	11.95	1.14	1.60
	龙门村	16	0.56	1.43	1.16	1.12	0.22	20.01	0.79	1.38
	色岭口村	12	1.04	2.19	1.67	1.68	0.33	19.52	1.23	2.13

3.3.2.2 城南庄镇土壤全氮

城南庄镇耕地土壤全氮统计如表 3-5 所示。

表 3-5 城南庄镇耕地土壤全氮统计 （%）

乡镇	村名	样本数（个）	最小值	最大值	中位值	平均值	标准差	变异系数（%）	5%	95%
城南庄镇	城南庄镇	165	0.95	3.45	1.43	1.53	0.40	25.95	1.11	2.34
	岔河村	18	1.05	2.34	1.65	1.65	0.34	20.57	1.25	2.28
	三官村	12	1.11	3.17	2.29	2.15	0.57	26.54	1.35	2.90
	麻棚村	10	0.95	3.45	1.83	2.00	0.75	37.63	1.12	3.23
	大岸底村	14	1.04	2.12	1.39	1.46	0.30	20.32	1.10	1.98
	北桑地村	4	1.20	1.61	1.30	1.35	0.18	13.54	1.21	1.57
	井沟村	6	1.20	1.84	1.59	1.55	0.26	16.87	1.23	1.83
	栗树漕村	10	1.12	1.81	1.27	1.34	0.22	16.69	1.12	1.73
	易家庄村	6	1.29	1.63	1.32	1.40	0.15	10.82	1.29	1.61
	万宝庄村	5	1.37	1.52	1.40	1.44	0.07	4.79	1.37	1.52
	华山村	4	1.41	1.70	1.50	1.53	0.13	8.61	1.41	1.68
	南安村	3	1.20	1.57	1.52	1.43	0.20	14.04	1.23	1.57
	向阳庄村	4	1.02	1.62	1.28	1.30	0.26	19.90	1.04	1.58
	福子峪村	5	1.20	1.53	1.46	1.42	0.14	9.57	1.24	1.53
	宋家沟村	6	1.08	1.68	1.30	1.37	0.23	16.77	1.12	1.66
	石猴村	5	1.17	1.71	1.41	1.39	0.22	15.95	1.17	1.66
	北工村	5	0.95	1.26	1.12	1.10	0.14	12.72	0.95	1.25
	顾家沟村	5	1.38	2.08	1.46	1.58	0.29	18.10	1.39	1.97
	城南庄村	12	1.30	1.66	1.53	1.51	0.13	8.40	1.33	1.65
	谷家庄村	8	1.25	1.64	1.35	1.37	0.12	9.08	1.26	1.56
	后庄村	13	1.03	1.62	1.32	1.34	0.16	11.75	1.10	1.55
	南台村	10	1.14	2.35	1.42	1.52	0.37	24.27	1.17	2.12

3.3.2.3 北果园乡土壤全氮

北果园乡耕地土壤全氮统计如表 3-6 所示。

表 3-6　北果园乡耕地土壤全氮统计　　　　　　　（%）

乡镇	村名	样本数（个）	最小值	最大值	中位值	平均值	标准差	变异系数（%）	5%	95%
北果园乡	北果园乡	105	0.50	2.13	1.27	1.26	0.26	20.81	0.82	1.61
	古洞村	3	1.36	1.51	1.51	1.46	0.09	5.93	1.38	1.51
	魏家峪村	4	1.27	1.48	1.36	1.37	0.10	7.14	1.27	1.47
	水泉村	2	1.12	1.53	1.33	1.33	0.29	21.88	1.14	1.51
	城铺村	2	1.03	1.31	1.17	1.17	0.20	16.92	1.04	1.30
	黄连峪村	2	1.06	1.81	1.44	1.44	0.53	36.96	1.10	1.77
	革新庄村	2	1.20	1.33	1.27	1.27	0.09	7.27	1.21	1.32
	卞家峪村	2	1.49	1.56	1.53	1.53	0.05	3.25	1.49	1.56
	李家庄村	5	1.23	2.13	1.52	1.62	0.36	22.37	1.26	2.07
	下庄村	2	1.10	1.33	1.22	1.22	0.16	13.39	1.11	1.32
	光城村	3	1.05	1.15	1.14	1.11	0.06	4.95	1.06	1.15
	崔家庄村	9	0.94	1.34	1.15	1.14	0.13	11.16	0.96	1.31
	倪家洼村	4	0.93	2.11	1.23	1.37	0.51	37.26	0.97	1.98
	乡细沟村	6	0.92	1.41	1.38	1.30	0.19	14.54	1.01	1.41
	草场口村	3	0.99	1.22	1.13	1.11	0.12	10.41	1.00	1.21
	张家庄村	3	0.63	1.49	1.27	1.13	0.45	39.54	0.69	1.47
	惠民湾村	5	0.50	1.33	0.74	0.84	0.34	40.66	0.52	1.27
	北果园村	9	1.12	1.66	1.36	1.38	0.17	12.52	1.16	1.61
	槐树底村	4	1.12	1.21	1.13	1.15	0.04	3.72	1.12	1.20
	吴家沟村	7	1.10	1.43	1.27	1.26	0.11	8.38	1.12	1.39
	广安村	5	1.09	1.54	1.37	1.36	0.17	12.17	1.14	1.52
	抬头湾村	4	1.22	1.45	1.35	1.34	0.09	7.03	1.24	1.44
	店房村	6	0.77	1.62	1.02	1.06	0.31	28.95	0.78	1.49
	固镇村	6	1.11	1.40	1.27	1.25	0.11	8.96	1.11	1.38
	营岗村	2	1.28	1.34	1.31	1.31	0.04	3.24	1.28	1.34
	半沟村	2	1.16	1.38	1.27	1.27	0.16	12.25	1.17	1.37
	小花沟村	1	0.84	0.84	0.84	0.84	—	—	0.84	0.84
	东山村	2	1.54	1.59	1.57	1.57	0.04	2.26	1.54	1.59

3.3.2.4　夏庄乡土壤全氮

夏庄乡耕地土壤全氮统计如表 3-7 所示。

表 3-7 夏庄乡耕地土壤全氮统计 （％）

乡镇	村名	样本数（个）	最小值	最大值	中位值	平均值	标准差	变异系数（％）	5%	95%
夏庄乡	夏庄乡	60	1.20	2.96	1.97	2.02	0.37	18.46	1.53	2.67
	夏庄村	22	1.53	2.75	2.07	2.07	0.28	13.39	1.63	2.46
	菜池村	20	1.42	2.60	1.74	1.79	0.29	16.36	1.52	2.34
	二道庄村	7	1.75	2.67	2.15	2.15	0.34	15.95	1.77	2.62
	面盆村	8	1.75	2.96	2.41	2.41	0.37	15.31	1.89	2.87
	羊道村	3	1.20	2.34	1.75	1.76	0.57	32.33	1.26	2.28

3.3.2.5 天生桥镇土壤全氮

天生桥镇耕地土壤全氮统计如表 3-8 所示。

表 3-8 天生桥镇耕地土壤全氮统计 （％）

乡镇	村名	样本数（个）	最小值	最大值	中位值	平均值	标准差	变异系数（％）	5%	95%
天生桥镇	天生桥镇	132	0.75	2.19	1.32	1.34	0.24	18.02	1.00	1.73
	不老树村	18	1.03	1.92	1.39	1.42	0.21	14.74	1.18	1.69
	龙王庙村	22	1.04	1.71	1.27	1.28	0.16	12.21	1.04	1.54
	大车沟村	3	0.96	1.04	0.98	0.99	0.04	4.19	0.96	1.03
	南栗元铺村	14	1.06	1.86	1.53	1.50	0.24	16.28	1.09	1.82
	北栗元铺村	15	1.18	1.77	1.52	1.46	0.16	10.72	1.24	1.65
	红草河村	5	1.40	2.19	1.57	1.71	0.32	18.95	1.42	2.13
	罗家庄村	5	1.18	1.26	1.21	1.21	0.03	2.44	1.18	1.25
	东下关村	8	1.13	1.52	1.23	1.28	0.15	11.77	1.13	1.49
	朱家营村	13	0.75	1.60	1.35	1.26	0.29	22.98	0.77	1.59
	沿台村	6	0.75	1.36	1.10	1.08	0.20	18.45	0.82	1.31
	大教厂村	13	0.98	1.61	1.14	1.24	0.21	17.16	1.03	1.60
	西下关村	6	1.21	1.53	1.42	1.40	0.13	9.31	1.24	1.53
	塔沟村	4	1.07	1.73	1.19	1.29	0.30	23.32	1.08	1.66

3.3.2.6 龙泉关镇土壤全氮

龙泉关镇耕地土壤全氮统计如表 3-9 所示。

表 3-9 龙泉关镇耕地土壤全氮统计 （%）

乡镇	村名	样本数（个）	最小值	最大值	中位值	平均值	标准差	变异系数（%）	5%	95%
龙泉关镇	龙泉关镇	120	0.66	2.23	1.22	1.27	0.29	22.91	0.93	1.87
	骆驼湾村	8	1.06	1.19	1.11	1.12	0.06	5.27	1.06	1.19
	大胡卜村	3	1.04	1.89	1.41	1.45	0.43	29.46	1.08	1.84
	黑林沟村	4	1.21	1.51	1.38	1.37	0.13	9.46	1.23	1.50
	印钞石村	8	1.14	2.23	1.41	1.54	0.34	21.93	1.21	2.08
	黑崖沟村	16	1.05	1.53	1.28	1.27	0.14	10.63	1.07	1.50
	西刘庄村	16	0.89	2.14	1.45	1.47	0.39	26.51	0.98	2.13
	龙泉关村	18	0.66	2.06	1.17	1.16	0.37	31.83	0.68	1.90
	顾家台村	5	1.04	1.32	1.21	1.17	0.12	10.38	1.04	1.30
	青羊沟村	4	1.05	1.58	1.18	1.25	0.23	18.62	1.06	1.53
	北刘庄村	13	1.00	1.80	1.25	1.27	0.21	16.80	1.04	1.61
	八里庄村	13	0.95	1.79	1.11	1.21	0.30	24.49	0.96	1.73
	平石头村	12	0.93	1.41	1.20	1.16	0.15	12.57	0.94	1.37

3.3.2.7 砂窝乡土壤全氮

砂窝乡耕地土壤全氮统计如表 3-10 所示。

表 3-10 砂窝乡耕地土壤全氮统计 （%）

乡镇	村名	样本数（个）	最小值	最大值	中位值	平均值	标准差	变异系数（%）	5%	95%
砂窝乡	砂窝乡	116	0.87	2.39	1.29	1.34	0.28	21.24	1.01	1.91
	大柳树村	10	0.94	1.54	1.24	1.27	0.20	15.89	1.02	1.53
	下堡村	8	1.00	1.62	1.26	1.24	0.20	16.30	1.00	1.52
	盘龙台村	6	1.13	1.23	1.21	1.19	0.04	2.93	1.14	1.23
	林当沟村	6	1.11	2.24	1.25	1.38	0.43	31.08	1.11	2.01
	上堡村	8	1.04	1.77	1.44	1.39	0.23	16.61	1.09	1.69
	黑印台村	6	1.09	1.67	1.46	1.43	0.20	14.19	1.16	1.65
	碾子沟门村	5	0.87	1.38	1.22	1.18	0.20	16.97	0.92	1.37
	百亩台村	13	1.13	1.66	1.31	1.34	0.15	11.10	1.17	1.61
	龙王庄村	11	0.92	1.71	1.21	1.28	0.23	18.08	1.02	1.65
	砂窝村	11	1.12	1.76	1.36	1.38	0.18	13.22	1.17	1.67
	河彩村	5	1.11	1.31	1.13	1.18	0.09	7.39	1.11	1.29
	龙王沟村	5	0.95	2.26	1.41	1.47	0.48	32.70	1.02	2.09
	仙湾村	6	1.03	2.15	1.36	1.45	0.38	25.94	1.10	1.99
	砂台村	6	1.16	2.39	1.99	1.84	0.51	27.69	1.19	2.35
	全庄村	10	1.01	1.66	1.14	1.20	0.21	17.32	1.02	1.56

3.3.2.8　吴王口乡土壤全氮

吴王口乡耕地土壤全氮统计如表 3-11 所示。

表 3-11　吴王口乡耕地土壤全氮统计　　　　（%）

乡镇	村名	样本数（个）	最小值	最大值	中位值	平均值	标准差	变异系数（%）	5%	95%
吴王口乡	吴王口乡	60	0.72	2.30	1.22	1.27	0.36	28.55	0.80	1.87
	银河村	3	1.05	2.28	2.26	1.86	0.70	37.81	1.17	2.28
	南辛庄村	1	1.68	1.68	1.68	1.68	—	—	1.68	1.68
	三岔村	1	1.27	1.27	1.27	1.27	—	—	1.27	1.27
	寿长寺村	2	1.40	1.77	1.59	1.59	0.26	16.51	1.42	1.75
	南庄旺村	2	1.58	1.85	1.72	1.72	0.19	11.13	1.59	1.84
	岭东村	5	1.03	1.59	1.22	1.25	0.24	18.77	1.03	1.55
	桃园坪村	8	0.76	1.53	1.27	1.24	0.25	20.59	0.87	1.52
	周家河村	2	0.94	1.00	0.97	0.97	0.04	4.37	0.94	1.00
	不老台村	5	0.72	1.13	0.95	0.94	0.16	16.95	0.75	1.11
	石滩地村	9	0.77	1.31	1.14	1.12	0.18	15.89	0.82	1.29
	邓家庄村	11	1.03	1.55	1.24	1.30	0.17	12.8	1.11	1.54
	吴王口村	6	0.81	1.77	0.91	1.04	0.36	35.14	0.82	1.57
	黄草洼村	5	0.97	2.30	1.62	1.55	0.54	34.85	0.99	2.20

3.3.2.9　平阳镇土壤全氮

平阳镇耕地土壤全氮统计如表 3-12 所示。

表 3-12　平阳镇耕地土壤全氮统计　　　　（%）

乡镇	村名	样本数（个）	最小值	最大值	中位值	平均值	标准差	变异系数（%）	5%	95%
平阳镇	平阳镇	152	0.74	2.50	1.22	1.28	0.28	21.71	0.91	1.76
	康家峪村	14	1.01	1.97	1.20	1.29	0.25	19.78	1.06	1.73
	皂火峪村	5	1.17	1.88	1.59	1.57	0.32	20.42	1.20	1.88
	白山村	1	1.12	1.12	1.12	1.12	—	—	1.12	1.12
	北庄村	14	0.96	1.51	1.18	1.24	0.18	14.21	1.05	1.50
	黄岸村	5	1.38	1.60	1.52	1.51	0.08	5.60	1.40	1.59
	长角村	3	1.38	1.76	1.58	1.57	0.19	12.08	1.40	1.74
	石湖村	3	1.29	1.76	1.40	1.48	0.25	16.57	1.30	1.72

续表 3-12

乡镇	村名	样本数（个）	最小值	最大值	中位值	平均值	标准差	变异系数（%）	5%	95%
平阳镇	车道村	2	1.39	1.86	1.63	1.63	0.33	20.45	1.41	1.84
	东板峪村	8	0.87	1.32	1.07	1.10	0.16	14.61	0.90	1.30
	罗峪村	6	1.01	1.59	1.16	1.20	0.21	17.40	1.02	1.50
	铁岭村	4	1.16	1.66	1.34	1.38	0.23	16.73	1.17	1.63
	王快村	9	1.12	1.67	1.40	1.41	0.18	12.73	1.16	1.65
	平阳村	11	0.91	1.41	1.08	1.10	0.15	13.60	0.92	1.35
	上平阳村	8	0.85	1.62	1.00	1.13	0.28	24.69	0.87	1.54
	白家峪村	11	1.12	2.50	1.20	1.41	0.42	29.53	1.13	2.13
	立彦头村	10	0.83	1.62	1.18	1.14	0.24	21.42	0.84	1.48
	冯家口村	9	0.93	1.54	1.40	1.33	0.23	16.99	0.95	1.52
	土门村	14	0.74	2.10	1.20	1.26	0.35	27.60	0.80	1.85
	台南村	2	1.02	1.16	1.09	1.09	0.10	9.08	1.03	1.15
	北水峪村	8	1.02	1.30	1.17	1.16	0.09	8.19	1.03	1.27
	山咀头村	3	0.93	1.30	1.13	1.12	0.19	16.69	0.95	1.28
	各老村	2	1.76	1.95	1.86	1.86	0.13	7.24	1.77	1.94

3.3.2.10　王林口乡土壤全氮

王林口乡耕地土壤全氮统计如表 3-13 所示。

表 3-13　王林口乡耕地土壤全氮统计　　　　　　　　　　　（%）

乡镇	村名	样本数（个）	最小值	最大值	中位值	平均值	标准差	变异系数（%）	5%	95%
王林口乡	王林口乡	85	0.79	2.36	1.21	1.24	0.23	18.66	0.90	1.62
	五丈湾村	3	1.18	1.22	1.22	1.21	0.02	1.91	1.18	1.22
	马坊村	5	1.12	1.48	1.19	1.22	0.15	12.04	1.12	1.42
	刘家沟村	2	1.10	1.20	1.15	1.15	0.07	6.15	1.11	1.20
	辛庄村	6	1.10	1.44	1.26	1.24	0.13	10.54	1.10	1.41
	南刁窝村	3	0.82	1.20	0.99	1.00	0.19	18.94	0.84	1.18
	马驹石村	6	0.85	1.74	1.04	1.16	0.32	27.58	0.89	1.64
	南湾村	4	1.12	2.36	1.31	1.53	0.58	38.21	1.12	2.23
	上庄村	4	1.20	1.36	1.20	1.24	0.08	6.45	1.20	1.34
	方太口村	7	1.01	1.61	1.10	1.21	0.20	16.83	1.03	1.52
	西庄村	3	1.27	1.82	1.75	1.61	0.30	18.56	1.32	1.81

续表 3-13

乡镇	村名	样本数（个）	最小值	最大值	中位值	平均值	标准差	变异系数（%）	5%	95%
王林口乡	东庄村	5	1.12	1.38	1.28	1.25	0.10	7.79	1.14	1.36
	董家口村	6	1.12	1.46	1.26	1.27	0.13	9.90	1.14	1.43
	神台村	5	0.94	1.30	1.21	1.16	0.14	11.95	0.97	1.28
	南峪村	4	1.02	1.38	1.24	1.22	0.16	12.84	1.04	1.37
	寺口村	4	1.10	1.46	1.35	1.32	0.16	12.00	1.13	1.45
	瓦泉沟村	3	0.79	0.89	0.82	0.83	0.05	6.09	0.79	0.88
	东王林口村	2	0.96	1.06	1.01	1.01	0.07	6.85	0.97	1.06
	前岭村	6	1.12	1.62	1.27	1.31	0.17	13.11	1.15	1.56
	西王林口村	5	1.20	1.38	1.35	1.31	0.09	6.80	1.20	1.38
	马沙沟村	2	1.36	1.36	1.36	1.36	0.00	0.00	1.36	1.36

3.3.2.11　台峪乡土壤全氮

台峪乡耕地土壤全氮统计如表 3-14 所示。

表 3-14　台峪乡耕地土壤全氮统计　　　　　　　　　（%）

乡镇	村名	样本数（个）	最小值	最大值	中位值	平均值	标准差	变异系数（%）	5%	95%
台峪乡	台峪乡	70	0.68	1.94	1.16	1.18	0.22	19.08	0.87	1.60
	井尔沟村	10	0.89	1.46	1.06	1.10	0.18	16.26	0.91	1.38
	台峪村	11	0.84	1.54	1.20	1.18	0.21	17.70	0.85	1.48
	营尔村	8	0.96	1.44	1.10	1.12	0.17	14.90	0.96	1.38
	吴家庄村	8	0.96	1.66	1.06	1.20	0.29	24.38	0.98	1.66
	平房村	12	1.10	1.94	1.25	1.32	0.23	17.58	1.10	1.70
	庄里村	6	0.68	1.30	1.06	1.03	0.26	25.06	0.72	1.29
	王家岸村	7	1.01	1.18	1.12	1.12	0.06	5.22	1.04	1.18
	白石台村	8	0.93	1.64	1.29	1.25	0.26	20.72	0.93	1.57

3.3.2.12　大台乡土壤全氮

大台乡耕地土壤全氮统计如表 3-15 所示。

表 3-15　大台乡耕地土壤全氮统计　　　　　　　　（%）

乡镇	村名	样本数（个）	最小值	最大值	中位值	平均值	标准差	变异系数（%）	5%	95%
大台乡	大台乡	95	1.01	3.03	1.36	1.42	0.32	22.68	1.05	2.01
	老路渠村	4	1.31	2.38	1.85	1.85	0.44	23.97	1.38	2.31
	东台村	5	1.05	1.58	1.36	1.35	0.20	14.88	1.10	1.56
	大台村	20	1.04	2.02	1.38	1.43	0.24	16.94	1.04	1.84
	坊里村	7	1.24	1.56	1.32	1.35	0.12	8.78	1.25	1.53
	苇子沟村	4	1.34	1.67	1.61	1.56	0.15	9.84	1.37	1.67
	大连地村	13	1.17	3.03	1.46	1.56	0.51	32.51	1.18	2.41
	柏崖村	18	1.01	2.04	1.26	1.38	0.31	22.18	1.04	1.87
	东板峪店村	18	1.02	1.67	1.21	1.28	0.20	16.06	1.05	1.64
	碳灰铺村	6	1.10	2.17	1.30	1.41	0.40	28.44	1.10	2.00

3.3.2.13　史家寨乡土壤全氮

史家寨乡耕地土壤全氮统计如表 3-16 所示。

表 3-16　史家寨乡耕地土壤全氮统计　　　　　　　　（%）

乡镇	村名	样本数（个）	最小值	最大值	中位值	平均值	标准差	变异系数（%）	5%	95%
史家寨乡	史家寨乡	70	0.94	1.94	1.23	1.27	0.25	19.89	0.99	1.81
	上东漕村	4	1.26	1.67	1.35	1.41	0.19	13.42	1.26	1.63
	定家庄村	6	1.27	1.94	1.83	1.74	0.24	13.84	1.39	1.92
	葛家台村	6	1.24	1.65	1.42	1.43	0.14	9.63	1.27	1.61
	北辛庄村	2	1.06	1.07	1.07	1.07	0.01	0.66	1.06	1.07
	槐场村	8	1.03	1.61	1.22	1.24	0.20	16.20	1.03	1.55
	红土山村	7	0.96	1.54	1.10	1.18	0.21	17.88	0.97	1.47
	董家村	3	1.11	1.36	1.33	1.27	0.14	10.78	1.13	1.36
	史家寨村	11	0.94	1.56	1.08	1.15	0.21	18.26	0.94	1.53
	凹里村	11	1.00	1.36	1.07	1.12	0.11	9.89	1.01	1.27
	段庄村	5	1.04	1.48	1.30	1.25	0.19	15.06	1.05	1.46
	铁岭口村	2	1.12	1.46	1.29	1.29	0.24	18.64	1.14	1.44
	口子头村	1	1.08	1.08	1.08	1.08	—	—	1.08	1.08
	厂坊村	2	0.99	1.82	1.41	1.41	0.59	41.64	1.03	1.78
	草垛沟村	2	1.37	1.41	1.39	1.39	0.03	2.03	1.37	1.41

第 4 章　土壤有效磷

4.1　土壤中磷特征及影响因素

4.1.1　土壤磷素基本情况

　　磷是植物 16 种必需营养元素之一,它对作物生长和健康的作用仅次于氮素。地壳中磷的平均含量约为 0.122%(以 P 计)。在地球化学过程中,磷有一定程度的迁移。随着成土过程的进行,土壤磷含量降低。我国土壤磷含量为 0.017%~0.109%,大部分土壤中磷的含量为 0.043%~0.066%,与成土母质和成土过程、施肥、侵蚀等因素有关。

4.1.2　土壤中磷素形态及其有效性

　　土壤中磷分为有机磷和无机磷两种形态。在大多数土壤中,磷以无机形态为主,主要包括矿物态磷、吸附态磷、水溶态磷。土壤有机磷占全磷的比例一般为 30%~50%,高的可达 95%,低的仅有 5%。我国农业土壤中有机磷变幅为 0.005%~0.024%,平均在0.010%~0.19%,随地区和土壤类型而不同。不同形态无机磷的有效性差异很大,土壤中的 Ca_2-P、$Al-P$ 对植物高度有效,是作物的有效磷源,而 Ca_8-P 和 Ca_8-P 的有效性次之,是作物的第二有效磷源,$Ca_{10}-P$ 和 $O-P$ 的有效性很低,是植物的潜在磷源。根据全国第二次土壤普查资料及有关标准,将土壤速效磷含量分为六级(见表 4-1)。另外,在我国《绿色食品　产地环境质量》(NY/T 391—2013)中针对不同用途土壤将有效磷分为三级(见表 4-2)。

表 4-1　我国土壤速效磷含量分级标准　　　　　(单位:mg/kg)
(引自我国第二次土壤普查数据)

土壤速效磷分级	速效磷含量范围
六级	<3
五级	3~5
四级	5~10
三级	10~20
二级	20~40
一级	>40

表 4-2　我国绿色食品产地环境标准中土壤有效磷分级标准　　（单位:mg/kg）

[引自《绿色食品　产地环境质量》(NY/T 391—2013)]

土壤类型	旱地	水田	菜地	园地	牧地
三级	>10	>15	>40	>10	>10
二级	5~10	10~15	20~40	5~10	5~10
一级	<5	<10	<20	<5	<5

4.1.3　影响土壤供磷能力的因素

许多情况下,土壤的供磷能力与全磷含量关系不大,主要与磷的容量因素、强度因素及土壤磷的迁移速率关系密切,也与植物的种类有关。影响土壤供磷能力的土壤因素主要包括土壤 pH、有机质种类及含量、无机胶体种类及性质、土壤质地、土壤水分、土壤温度及元素之间的相互作用。

(1)成土母质。

磷在地球风化壳中的迁移率较小,因此土壤中全磷含量与母岩风化矿物中的矿物组成直接有关。土壤有效态磷含量与土壤全磷含量高低相关,当然也与土壤母质有一定关系,但并不完全一致,只是在全磷含量特别高或特别低时,才能反映土壤有效磷的丰和缺,而在中等含量时则受其他因素影响表现出不同的有效性。

(2)有机质。

一般情况下,随着土壤有机质含量的增加,土壤全磷含量也相应增加。土壤有机质中包含的有机磷是土壤有效磷的重要组成部分,所以未耕作的土壤或未大量施用磷肥的土壤,一般有机质含量高的有效磷含量也会高。

(3)土壤质地。

土壤全磷含量与土壤质地也有一定的相关性,即相同母质发育的土壤,质地全磷含量略低;反之,则高。

(4)土壤利用。

土壤的利用及耕作与施肥状况不同,磷素在土壤中的含量状况有变化。如在城乡交错的蔬菜种植土壤,由于磷肥的高投入,有效磷的含量会相对增加较多。再如大多数土壤在淹水利用的情况下,磷的有效性会显著上升。

4.1.4　土壤磷素主要来源

土壤中磷的一个主要来源是母岩或母质的风化,另一个重要的来源是施肥、农药等土壤利用过程进入土壤的磷。

4.2 有效磷频数分布图

4.2.1 阜平县土壤有效磷频数分布图

阜平县土壤有效磷原始数据频数分布如图 4-1 所示。

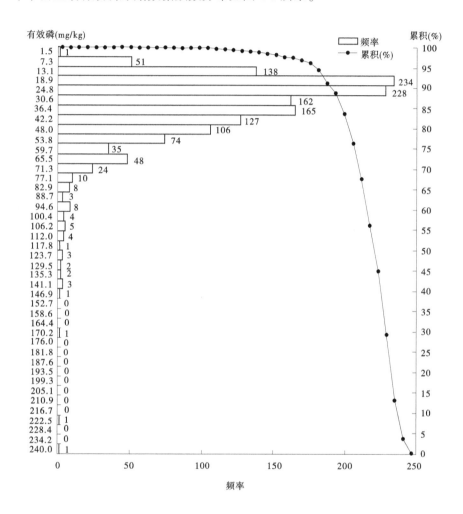

图 4-1 阜平县土壤有效磷原始数据频数分布

4.2.2 乡镇土壤有效磷频数分布图

阜平镇土壤有效磷原始数据频数分布如图 4-2 所示。

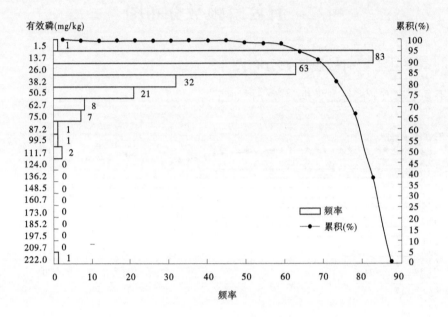

图 4-2　阜平镇土壤有效磷原始数据频数分布

城南庄镇土壤有效磷原始数据频数分布如图 4-3 所示。

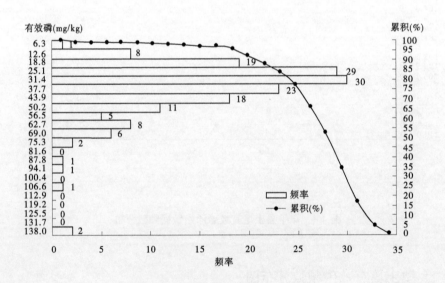

图 4-3　城南庄镇土壤有效磷原始数据频数分布

北果园乡土壤有效磷原始数据频数分布如图4-4所示。

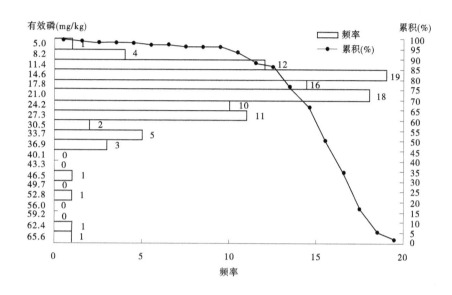

图 4-4　北果园乡土壤有效磷原始数据频数分布

夏庄乡土壤有效磷原始数据频数分布如图4-5所示。

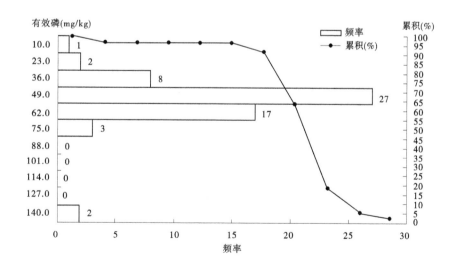

图 4-5　夏庄乡土壤有效磷原始数据频数分布

天生桥镇土壤有效磷原始数据频数分布如图 4-6 所示。

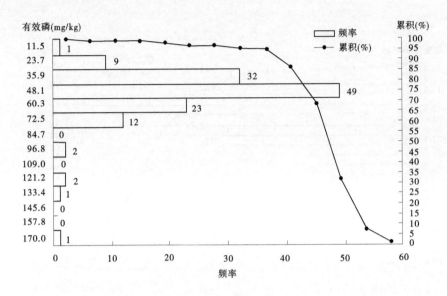

图 4-6　天生桥镇土壤有效磷原始数据频数分布

龙泉关镇土壤有效磷原始数据频数分布如图 4-7 所示。

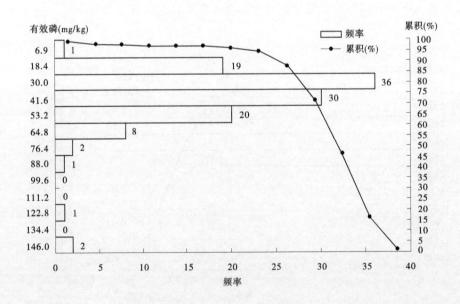

图 4-7　龙泉关镇土壤有效磷原始数据频数分布

砂窝乡土壤有效磷原始数据频数分布如图 4-8 所示。

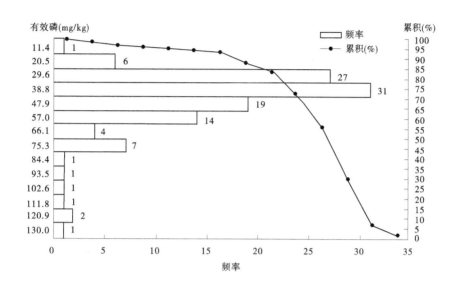

图 4-8　砂窝乡土壤有效磷原始数据频数分布

吴王口乡土壤有效磷原始数据频数分布如图 4-9 所示。

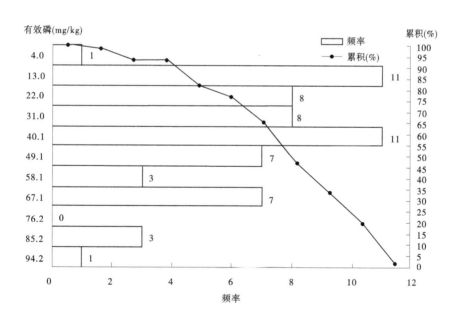

图 4-9　吴王口乡土壤有效磷原始数据频数分布

平阳镇土壤有效磷原始数据频数分布如图4-10所示。

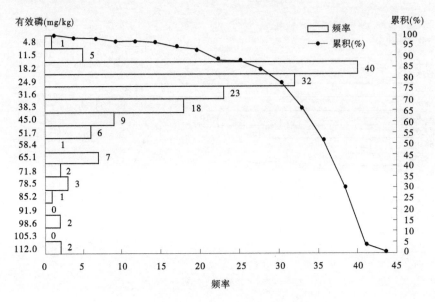

图 4-10　平阳镇土壤有效磷原始数据频数分布

王林口乡土壤有效磷原始数据频数分布如图4-11所示。

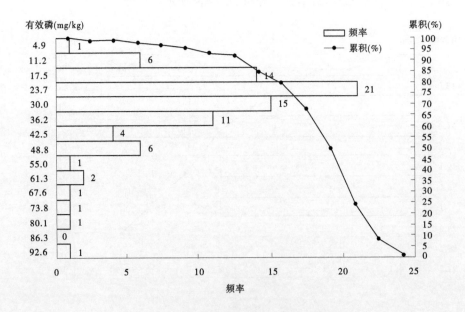

图 4-11　王林口乡土壤有效磷原始数据频数分布

台峪乡土壤有效磷原始数据频数分布如图 4-12 所示。

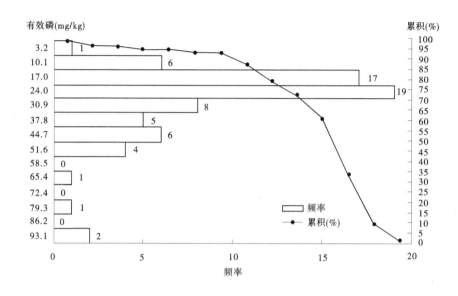

图 4-12　台峪乡土壤有效磷原始数据频数分布

大台乡土壤有效磷原始数据频数分布如图 4-13 所示。

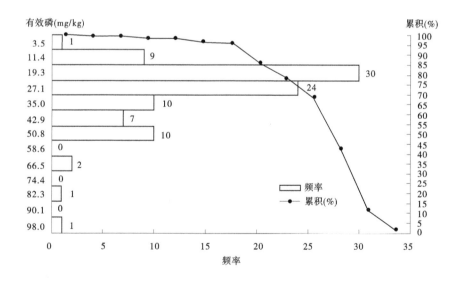

图 4-13　大台乡土壤有效磷原始数据频数分布

史家寨乡土壤有效磷原始数据频数分布如图 4-14 所示。

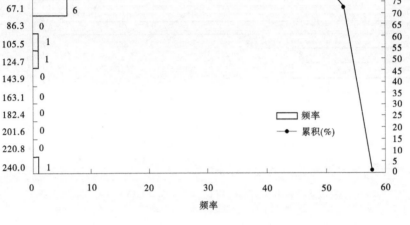

图 4-14 史家寨乡土壤有效磷原始数据频数分布

4.3 阜平县土壤有效磷统计量

4.3.1 阜平县土壤有效磷的统计量

阜平县耕地土壤有效磷统计如表 4-3 所示。

表 4-3 阜平县耕地土壤有效磷统计 （单位:mg/kg）

区域	样本数（个）	最小值	最大值	中位值	平均值	标准差	变异系数（%）	5%	95%
阜平县	1 450	1.49	240.00	27.00	32.01	21.85	68.27	8.71	67.16
阜平镇	220	1.49	222.00	19.20	24.80	22.80	92.10	4.80	64.20
城南庄镇	165	6.30	138.00	30.80	34.78	20.05	57.63	12.58	66.32
北果园乡	105	5.02	65.60	18.00	19.61	10.20	52.01	9.01	36.64
夏庄乡	60	10.00	140.00	44.75	47.31	20.01	42.30	25.39	70.69
天生桥镇	132	11.50	170.00	40.80	44.41	21.32	48.00	21.73	71.13
龙泉关镇	120	6.85	146.00	30.85	35.69	21.42	60.01	14.60	62.87
砂窝乡	116	11.40	130.00	37.10	41.88	21.56	51.49	19.70	83.98
吴王口乡	60	3.98	94.20	31.50	34.94	21.74	62.22	6.39	77.35
平阳镇	152	4.83	112.00	24.70	30.35	19.67	64.82	11.86	71.05
王林口乡	85	4.94	92.60	24.30	27.69	16.19	58.49	6.47	60.10
台峪乡	70	3.22	93.10	20.65	25.73	17.90	69.57	8.15	56.32
大台乡	95	3.51	98.00	20.30	25.19	15.73	62.44	8.10	48.11
史家寨乡	70	9.41	240.00	19.65	29.50	31.80	107.79	12.09	59.08

4.3.2　乡镇区域土壤有效磷的统计量

4.3.2.1　阜平镇土壤有效磷

阜平镇耕地土壤有效磷统计如表 4-4 所示。

表 4-4　阜平镇耕地土壤有效磷统计　　（单位：mg/kg）

乡镇	村名	样本数（个）	最小值	最大值	中位值	平均值	标准差	变异系数（%）	5%	95%
阜平镇	阜平镇	220	1.49	222.00	19.20	24.80	22.80	92.10	4.80	64.20
	青沿村	4	5.90	18.30	6.50	9.30	6.00	64.70	5.90	16.60
	城厢村	2	7.30	14.40	10.90	10.90	5.00	46.20	7.70	14.00
	第一山村	1	40.90	40.90	40.90	40.90	—	—	—	—
	照旺台村	5	6.90	20.30	8.90	12.00	5.70	47.10	7.20	19.30
	原种场村	2	10.00	43.20	26.60	26.60	23.50	88.30	11.70	41.50
	白河村	2	21.50	24.00	22.80	22.80	1.80	7.80	21.60	23.90
	大元村	4	5.10	50.70	17.30	22.60	20.30	89.90	6.00	46.60
	石湖村	2	35.80	41.60	38.70	38.70	4.10	10.60	36.10	41.30
	高阜口村	10	5.00	43.40	8.50	14.30	13.50	94.40	5.00	39.60
	大道村	11	7.80	35.70	16.80	16.80	7.90	47.20	8.20	28.70
	小石坊村	5	19.10	41.80	19.80	24.60	9.80	39.70	19.10	38.00
	大石坊村	10	12.90	66.80	35.90	37.10	19.60	52.90	15.00	64.70
	黄岸底村	6	11.90	43.10	12.80	22.30	15.20	68.50	12.00	42.50
	槐树庄村	10	2.90	26.50	9.40	11.30	8.00	71.00	2.90	25.00
	崀路头村	10	4.60	68.70	18.30	25.90	21.20	81.70	7.00	63.50
	海沿村	10	3.70	65.00	10.60	15.60	18.10	115.90	3.90	44.20
	燕头村	10	3.90	64.20	32.10	30.30	21.00	69.30	4.80	57.80
	西沟村	5	1.49	222.00	18.00	62.70	92.80	148.10	2.20	191.00
	各达头村	10	2.00	27.80	6.40	9.30	8.00	86.00	2.50	22.70
	牛栏村	6	7.55	64.30	36.20	33.99	23.43	68.93	7.59	61.23
	苍山村	10	8.21	47.60	17.20	20.84	12.53	60.14	9.15	41.80
	柳树底村	12	17.80	95.00	26.75	33.43	22.24	66.51	17.80	74.54
	土岭村	4	13.30	23.60	14.55	16.50	4.85	29.37	13.33	22.40
	法华村	10	17.90	48.40	22.95	27.75	10.88	39.19	18.13	45.93
	东漕岭村	9	8.22	101.00	29.00	37.62	34.36	91.32	8.44	94.56
	三岭会村	5	8.08	20.30	11.50	12.92	4.54	35.13	8.74	18.90
	楼房村	6	4.76	22.40	14.35	13.99	7.56	54.02	5.29	22.10
	木匠口村	11	11.10	66.40	34.60	33.13	16.10	48.60	12.00	59.40
	龙门村	16	6.86	59.80	22.00	23.80	15.14	63.59	7.20	50.65
	色岭口村	12	20.60	103.00	30.75	36.60	22.25	60.78	21.37	71.32

4.3.2.2　城南庄镇土壤有效磷

城南庄镇耕地土壤有效磷统计如表4-5所示。

表4-5　城南庄镇耕地土壤有效磷统计　　　　　　　（单位:mg/kg）

乡镇	村名	样本数（个）	最小值	最大值	中位值	平均值	标准差	变异系数（%）	5%	95%
城南庄镇	城南庄镇	165	6.30	138.00	30.80	34.78	20.05	57.63	12.58	66.32
	岔河村	18	8.66	71.40	40.30	37.30	19.02	50.99	10.82	64.43
	三官村	12	19.30	93.40	41.15	43.80	19.02	43.43	24.31	72.89
	麻棚村	10	11.00	138.00	60.80	64.18	44.18	68.84	13.16	136.20
	大岸底村	14	24.40	101.00	54.60	52.71	20.60	39.08	27.26	83.26
	北桑地村	4	31.90	46.20	39.15	39.10	5.97	15.28	32.76	45.38
	井沟村	6	6.30	66.90	26.50	30.85	20.79	67.38	9.50	60.13
	栗树漕村	10	11.10	43.60	27.80	27.54	11.28	40.97	12.68	43.02
	易家庄村	6	31.30	41.60	34.65	35.83	4.37	12.20	31.53	41.50
	万宝庄村	5	17.80	52.00	32.10	31.88	12.90	40.47	19.06	48.28
	华山村	4	12.40	21.90	14.85	16.00	4.14	25.91	12.66	20.96
	南安村	3	21.80	49.30	29.90	33.67	14.13	41.98	22.61	47.36
	向阳庄村	4	26.40	51.00	27.75	33.23	11.91	35.85	26.42	47.70
	福子峪村	5	20.70	38.30	31.50	31.22	6.66	21.33	22.64	37.68
	宋家沟村	6	16.90	40.40	22.85	26.28	10.43	39.67	16.90	39.75
	石猴村	5	13.60	46.40	21.70	27.04	12.68	46.91	15.14	43.56
	北工村	5	17.70	24.30	22.70	21.60	2.87	13.28	18.08	24.42
	顾家沟村	5	15.30	61.50	21.50	27.40	19.26	70.29	15.66	53.52
	城南庄村	12	17.60	59.70	24.75	28.42	12.60	44.35	18.21	52.88
	谷家庄村	8	13.30	36.20	25.30	25.66	7.00	27.29	16.14	34.35
	后庄村	13	11.80	46.00	26.40	26.97	10.17	37.73	11.92	41.68
	南台村	10	11.90	40.90	29.55	28.21	8.87	31.45	15.14	38.29

4.3.2.3　北果园乡土壤有效磷

北果园乡耕地土壤有效磷统计如表4-6所示。

表 4-6　北果园乡耕地土壤有效磷统计　　　　　（单位：mg/kg）

乡镇	村名	样本数（个）	最小值	最大值	中位值	平均值	标准差	变异系数（%）	5%	95%
北果园乡	北果园乡	105	5.02	65.60	18.00	19.61	10.20	52.01	9.01	36.64
	古洞村	3	26.80	32.40	27.10	28.77	3.15	10.95	26.83	31.87
	魏家峪村	4	13.20	25.80	17.10	18.30	5.73	31.34	13.40	24.89
	水泉村	2	11.10	24.70	17.90	17.90	9.62	53.72	11.78	24.02
	城铺村	2	10.10	16.90	13.50	13.50	4.81	35.62	10.44	16.56
	黄连峪村	2	26.50	65.60	46.05	46.05	27.65	60.04	28.46	63.65
	革新庄村	2	26.40	36.70	31.55	31.55	7.28	23.08	26.92	36.19
	卞家峪村	2	30.90	31.90	31.40	31.40	0.71	2.25	30.95	31.85
	李家庄村	5	18.80	26.30	22.10	22.12	3.34	15.08	18.82	25.94
	下庄村	2	18.80	19.60	19.20	19.20	0.57	2.95	18.84	19.56
	光城村	3	12.60	18.00	15.50	15.37	2.70	17.59	12.89	17.75
	崔家庄村	9	10.40	27.80	14.80	15.78	5.09	32.29	11.12	24.24
	倪家洼村	4	9.64	43.50	26.70	26.64	14.69	55.17	11.28	41.90
	乡细沟村	6	9.83	24.10	15.95	16.16	5.01	31.03	10.45	22.78
	草场口村	3	10.70	14.70	14.50	13.30	2.25	16.95	11.08	14.68
	张家庄村	3	15.80	22.10	17.50	18.47	3.26	17.65	15.97	21.64
	惠民湾村	5	5.99	14.40	8.91	9.10	3.29	36.12	6.15	13.41
	北果园村	9	5.04	28.40	15.00	15.59	6.98	44.79	5.87	25.36
	槐树底村	4	15.60	18.80	16.75	16.98	1.50	8.85	15.65	18.62
	吴家沟村	7	5.02	18.00	12.90	12.52	3.97	31.69	6.81	16.86
	广安村	5	10.00	18.70	11.80	14.06	4.15	29.55	10.28	18.64
	抬头湾村	4	10.90	24.30	23.25	20.43	6.41	31.37	12.63	24.27
	店房村	6	19.70	30.60	23.80	24.12	3.63	15.05	20.33	29.10
	固镇村	6	22.70	62.30	36.65	38.68	15.30	39.56	22.98	59.23
	营岗村	2	18.80	26.70	22.75	22.75	5.59	24.55	19.20	26.31
	半沟村	2	12.80	13.40	13.10	13.10	0.42	3.24	12.83	13.37
	小花沟村	1	18.90	18.90	18.90	18.90	—	—	18.90	18.90
	东山村	2	10.40	11.70	11.05	11.05	0.92	8.32	10.47	11.64

4.3.2.4　夏庄乡土壤有效磷

夏庄乡耕地土壤有效磷统计如表 4-7 所示。

表 4-7　夏庄乡耕地土壤有效磷统计　　　　（单位:mg/kg）

乡镇	村名	样本数（个）	最小值	最大值	中位值	平均值	标准差	变异系数（%）	5%	95%
夏庄乡	夏庄乡	60	10.00	140.00	44.75	47.31	20.01	42.30	25.39	70.69
	夏庄村	22	19.50	70.60	48.90	47.53	12.04	25.33	28.02	64.60
	菜池村	20	10.00	140.00	41.20	45.77	24.43	53.38	24.92	60.77
	二道庄村	7	31.60	128.00	48.30	61.01	32.09	52.60	35.14	111.29
	面盆村	8	34.80	55.20	47.60	45.83	6.67	14.55	35.89	53.35
	羊道村	3	17.20	39.50	27.10	27.93	11.17	40.00	18.19	38.26

4.3.2.5　天生桥镇土壤有效磷

天生桥镇耕地土壤有效磷统计如表 4-8 所示。

表 4-8　天生桥镇耕地土壤有效磷统计　　　　（单位:mg/kg）

乡镇	村名	样本数（个）	最小值	最大值	中位值	平均值	标准差	变异系数（%）	5%	95%
天生桥镇	天生桥镇	132	11.50	170.00	40.80	44.41	21.32	48.00	21.73	71.13
	不老树村	18	24.00	170.00	43.10	51.08	31.88	62.41	27.49	85.76
	龙王庙村	22	21.40	70.40	35.50	39.19	13.02	33.23	23.66	58.70
	大车沟村	3	22.00	38.10	30.90	30.33	8.06	26.59	22.89	37.38
	南栗元铺村	14	32.20	89.70	45.90	48.42	15.52	32.05	32.40	76.77
	北栗元铺村	15	15.80	61.10	40.80	41.05	11.88	28.93	21.33	56.34
	红草河村	5	38.90	112.00	57.50	67.72	30.89	45.61	39.88	106.88
	罗家庄村	5	51.40	60.50	53.20	54.88	3.63	6.62	51.70	59.68
	东下关村	8	31.90	71.40	48.25	50.84	13.49	26.54	35.61	70.63
	朱家营村	13	11.50	128.00	38.90	49.24	35.94	72.99	14.44	123.80
	沿台村	6	18.70	61.60	27.20	33.30	17.28	51.91	18.78	57.73
	大教厂村	13	11.60	67.30	37.10	36.50	13.38	36.66	19.28	54.52
	西下关村	6	25.80	40.30	29.65	31.48	5.66	17.97	26.15	39.30
	塔沟村	4	36.00	51.50	42.95	43.35	7.61	17.56	36.27	50.99

4.3.2.6　龙泉关镇土壤有效磷

龙泉关镇耕地土壤有效磷统计如表 4-9 所示。

表 4-9 龙泉关镇耕地土壤有效磷统计 （单位：mg/kg）

乡镇	村名	样本数（个）	最小值	最大值	中位值	平均值	标准差	变异系数（%）	5%	95%
龙泉关镇	龙泉关镇	120	6.85	146.00	30.85	35.69	21.42	60.01	14.60	62.87
	骆驼湾村	8	18.40	36.50	27.20	27.24	6.85	25.13	18.75	36.19
	大胡卜村	3	14.60	66.10	50.10	43.60	26.36	60.45	18.15	64.50
	黑林沟村	4	39.70	58.30	46.75	47.88	8.17	17.08	40.26	57.07
	印钞石村	8	19.90	41.10	26.60	28.33	6.61	23.34	20.81	38.37
	黑崖沟村	16	14.70	52.40	31.55	32.12	10.88	33.89	18.00	50.60
	西刘庄村	16	20.30	84.00	46.10	47.26	16.98	35.93	25.55	72.68
	龙泉关村	18	6.85	146.00	25.95	37.76	36.93	97.80	7.25	117.10
	顾家台村	5	24.80	51.00	36.70	37.74	10.87	28.80	25.86	50.02
	青羊沟村	4	25.90	60.60	43.60	43.43	15.96	36.75	27.21	59.40
	北刘庄村	13	9.35	50.50	35.10	30.26	12.89	42.59	12.68	46.96
	八里庄村	13	16.20	138.00	29.30	39.15	32.53	83.08	16.68	90.00
	平石头村	12	14.50	45.40	25.35	25.13	8.57	34.09	15.16	38.14

4.3.2.7 砂窝乡土壤有效磷

砂窝乡耕地土壤有效磷统计如表 4-10 所示。

表 4-10 砂窝乡耕地土壤有效磷统计 （单位：mg/kg）

乡镇	村名	样本数（个）	最小值	最大值	中位值	平均值	标准差	变异系数（%）	5%	95%
砂窝乡	砂窝乡	116	11.40	130.00	37.10	41.88	21.56	51.49	19.70	83.98
	大柳树村	10	14.70	118.00	48.25	48.96	29.42	60.08	18.80	94.42
	下堡村	8	24.10	46.60	36.90	35.34	7.65	21.66	24.42	44.89
	盘龙台村	6	17.90	51.40	21.90	26.98	12.97	48.07	18.00	46.18
	林当沟村	6	11.40	41.00	28.90	28.20	10.23	36.27	14.70	39.35
	上堡村	8	27.20	60.80	45.85	45.35	10.68	23.54	30.67	59.19
	黑印台村	6	24.50	49.70	33.80	36.65	10.56	28.81	25.58	49.60
	碾子沟门村	5	23.90	50.60	33.90	35.20	9.70	27.55	25.54	47.58
	百亩台村	13	30.20	92.30	49.80	54.85	18.85	34.37	34.94	85.64
	龙王庄村	11	20.10	67.10	27.40	32.35	14.46	44.68	20.45	59.10
	砂窝村	11	22.10	94.20	37.60	41.53	19.54	47.06	23.05	74.20
	河彩村	5	21.10	42.10	33.10	33.18	7.80	23.50	23.34	41.14
	龙王沟村	5	34.20	68.30	41.50	45.56	13.24	29.06	35.26	63.50
	仙湾村	6	20.90	37.10	24.45	27.13	7.17	26.44	20.93	36.55
	砂台村	6	18.20	130.00	64.30	62.22	39.38	63.29	20.70	114.58
	全庄村	10	21.50	118.00	40.00	54.00	33.96	62.89	23.98	114.40

4.3.2.8　吴王口乡土壤有效磷

吴王口乡耕地土壤有效磷统计如表4-11所示。

表4-11　吴王口乡耕地土壤有效磷统计　　　　　（单位：mg/kg）

乡镇	村名	样本数（个）	最小值	最大值	中位值	平均值	标准差	变异系数（%）	5%	95%
吴王口乡	吴王口乡	60	3.98	94.20	31.50	34.94	21.74	62.22	6.39	77.35
	银河村	3	48.20	78.20	61.40	62.60	15.04	24.02	49.52	76.52
	南辛庄村	1	82.70	82.70	82.70	82.70	—	—	82.70	82.70
	三岔村	1	61.00	61.00	61.00	61.00	—	—	61.00	61.00
	寿长寺村	2	48.20	77.30	62.75	62.75	20.58	32.79	49.66	75.85
	南庄旺村	2	55.20	94.20	74.70	74.70	27.58	36.92	57.15	92.25
	岭东村	5	25.40	58.90	31.90	41.24	16.31	39.56	26.54	58.90
	桃园坪村	8	3.98	48.60	17.30	22.84	17.18	75.24	5.32	47.94
	周家河村	2	11.30	14.90	13.10	13.10	2.55	19.43	11.48	14.72
	不老台村	5	9.30	63.00	11.50	21.38	23.30	108.97	9.54	52.92
	石滩地村	9	19.70	65.40	31.00	37.80	17.70	46.80	20.50	63.70
	邓家庄村	11	30.60	54.90	37.10	38.40	8.10	21.10	30.80	53.80
	吴王口村	6	4.29	28.60	13.55	14.83	9.35	63.06	4.82	27.10
	黄草洼村	5	5.93	42.40	18.40	23.33	14.45	61.96	8.06	40.58

4.3.2.9　平阳镇土壤有效磷

平阳镇耕地土壤有效磷统计如表4-12所示。

表4-12　平阳镇耕地土壤有效磷统计　　　　　（单位：mg/kg）

乡镇	村名	样本数（个）	最小值	最大值	中位值	平均值	标准差	变异系数（%）	5%	95%
平阳镇	平阳镇	152	4.83	112.00	24.70	30.35	19.67	64.82	11.86	71.05
	康家峪村	14	13.20	62.00	23.65	29.52	15.89	53.82	13.92	56.41
	皂火峪村	5	19.00	68.60	34.10	37.62	18.45	49.04	21.58	61.78
	白山村	1	17.70	17.70	17.70	17.70	—	—	17.70	17.70
	北庄村	14	12.60	59.80	24.15	27.57	13.61	49.37	13.58	51.81
	黄岸村	5	20.90	31.50	26.80	26.76	4.04	15.11	21.78	31.06
	长角村	3	16.40	40.00	37.70	31.37	13.01	41.48	18.53	39.77
	石湖村	3	24.40	31.00	28.20	27.87	3.31	11.89	24.78	30.72

续表 4-12

乡镇	村名	样本数（个）	最小值	最大值	中位值	平均值	标准差	变异系数（%）	5%	95%
平阳镇	车道村	2	45.30	72.90	59.10	59.10	19.52	33.02	46.68	71.52
	东板峪村	8	8.88	46.30	28.40	26.95	11.30	41.92	12.07	41.93
	罗峪村	6	17.80	30.80	20.25	22.45	5.37	23.92	17.90	29.95
	铁岭村	4	24.50	61.90	50.80	47.00	17.71	37.69	27.01	61.68
	王快村	9	16.30	41.90	22.20	24.78	8.88	35.83	16.82	40.02
	平阳村	11	8.91	36.10	16.00	18.87	8.30	43.97	10.91	34.35
	上平阳村	8	5.55	96.70	28.05	38.32	33.67	87.86	8.37	91.84
	白家峪村	11	13.70	72.70	27.70	29.57	18.32	61.96	13.90	59.35
	立彦头村	10	11.70	77.10	28.35	32.68	20.94	64.07	12.60	69.50
	冯家口村	9	11.80	95.80	28.30	37.83	26.91	71.13	13.60	81.84
	土门村	14	4.83	69.70	20.50	28.18	20.12	71.42	7.55	66.32
	台南村	2	14.30	21.10	17.70	17.70	4.81	27.17	14.64	20.76
	北水峪村	8	11.90	35.40	17.50	20.60	8.32	40.38	12.67	33.72
	山咀头村	3	19.20	40.20	37.70	32.37	11.47	35.44	21.05	39.95
	各老村	2	106.00	112.00	109.00	109.00	4.24	3.89	106.30	111.70

4.3.2.10　王林口乡土壤有效磷

王林口乡耕地土壤有效磷统计如表 4-13 所示。

表 4-13　王林口乡耕地土壤有效磷统计　　　　　　　　　　（单位：mg/kg）

乡镇	村名	样本数（个）	最小值	最大值	中位值	平均值	标准差	变异系数（%）	5%	95%
王林口乡	王林口乡	85	4.94	92.60	24.30	27.69	16.19	58.49	6.47	60.10
	五丈湾村	3	12.80	60.70	15.90	29.80	26.81	89.95	13.11	56.22
	马坊村	5	21.20	71.50	34.90	37.94	19.93	52.53	21.92	64.66
	刘家沟村	2	13.70	24.60	19.15	19.15	7.71	40.25	14.25	24.06
	辛庄村	6	14.00	53.70	21.15	26.08	15.10	57.88	14.18	48.23
	南刁窝村	3	19.50	21.50	20.40	20.47	1.00	4.89	19.59	21.39
	马驹石村	6	11.40	57.70	20.30	25.58	17.04	66.61	12.05	50.73
	南湾村	4	20.50	61.60	38.05	39.55	18.45	46.65	21.76	59.44
	上庄村	4	25.70	47.10	25.75	31.08	10.68	34.38	25.70	43.91
	方太口村	7	16.10	25.00	20.10	20.13	3.55	17.64	16.19	24.52
	西庄村	3	21.50	23.40	21.80	22.23	1.02	4.59	21.53	23.24
	东庄村	5	5.82	28.00	18.50	17.12	8.05	47.03	7.52	26.20

续表 4-13

乡镇	村名	样本数（个）	最小值	最大值	中位值	平均值	标准差	变异系数（%）	5%	95%
王林口乡	董家口村	6	9.20	34.00	25.35	24.15	8.36	34.61	12.60	32.55
	神台村	5	31.20	37.10	35.70	34.70	2.30	6.64	31.70	36.84
	南峪村	4	14.80	37.60	23.90	25.05	9.62	38.41	15.79	35.92
	寺口村	4	9.07	16.70	14.10	13.49	3.45	25.57	9.58	16.55
	瓦泉沟村	3	4.98	5.50	5.40	5.29	0.28	5.21	5.02	5.49
	东王林口村	2	4.94	33.10	19.02	19.02	19.91	104.69	6.35	31.69
	前岭村	6	24.40	92.60	32.45	42.78	25.53	59.66	25.38	81.08
	西王林口村	5	23.10	44.40	38.40	36.64	8.45	23.08	25.42	44.04
	马沙沟村	2	43.30	79.30	61.30	61.30	25.46	41.53	45.10	77.50

4.3.2.11 台峪乡土壤有效磷

台峪乡耕地土壤有效磷统计如表 4-14 所示。

表 4-14 台峪乡耕地土壤有效磷统计 （单位：mg/kg）

乡镇	村名	样本数（个）	最小值	最大值	中位值	平均值	标准差	变异系数（%）	5%	95%
台峪乡	台峪乡	70	3.22	93.10	20.65	25.73	17.90	69.57	8.15	56.32
	井尔沟村	10	8.85	46.70	19.05	21.17	12.10	57.17	9.30	40.76
	台峪村	11	6.78	49.00	26.40	28.55	13.80	48.35	10.64	46.20
	营尔村	8	12.50	62.30	18.35	23.33	16.30	69.86	12.99	49.11
	吴家庄村	8	3.22	93.10	30.15	42.94	38.23	89.03	5.73	92.89
	平房村	12	10.20	40.90	20.65	25.24	10.32	40.89	12.18	39.86
	庄里村	6	11.10	45.50	19.90	22.58	12.63	55.92	11.60	40.63
	王家岸村	7	7.60	32.80	19.70	19.48	9.59	49.26	7.97	31.06
	白石台村	8	7.28	48.00	19.35	21.31	12.36	58.02	9.46	40.62

4.3.2.12 大台乡土壤有效磷

大台乡耕地土壤有效磷统计如表 4-15 所示。

表 4-15　大台乡耕地土壤有效磷统计　　　　　（单位：mg/kg）

乡镇	村名	样本数（个）	最小值	最大值	中位值	平均值	标准差	变异系数（%）	5%	95%
大台乡	大台乡	95	3.51	98.00	20.30	25.19	15.73	62.44	8.10	48.11
	老路渠村	4	15.90	98.00	41.60	49.28	34.95	70.92	18.95	90.35
	东台村	5	16.20	46.70	23.80	27.68	12.13	43.82	16.92	43.74
	大台村	20	6.62	47.10	20.75	25.16	11.96	47.54	12.68	44.44
	坊里村	7	15.40	32.80	19.20	20.80	5.95	28.59	15.73	29.83
	苇子沟村	4	10.90	37.10	18.25	21.13	11.61	54.96	11.44	34.84
	大连地村	13	3.67	47.90	21.70	20.41	10.71	52.50	6.58	35.84
	柏崖村	18	3.51	48.60	18.35	20.41	10.96	53.68	7.26	37.30
	东板峪店村	18	7.33	64.00	19.00	25.86	17.74	68.62	8.05	60.86
	碳灰铺村	6	15.60	78.60	34.50	37.75	23.20	61.45	15.93	70.55

4.3.2.13　史家寨乡土壤有效磷

史家寨乡耕地土壤有效磷统计如表 4-16 所示。

表 4-16　史家寨乡耕地土壤有效磷统计　　　　　（单位：mg/kg）

乡镇	村名	样本数（个）	最小值	最大值	中位值	平均值	标准差	变异系数（%）	5%	95%
史家寨乡	史家寨乡	70	9.41	240.00	19.65	29.50	31.80	107.79	12.09	59.08
	上东漕村	4	19.60	57.70	30.55	34.60	16.56	47.86	20.65	54.22
	定家庄村	6	16.10	240.00	81.60	98.65	77.92	78.99	26.23	209.00
	葛家台村	6	26.60	55.90	39.80	42.02	11.26	26.79	28.95	55.43
	北辛庄村	2	18.50	19.50	19.00	19.00	0.71	3.72	18.55	19.45
	槐场村	8	11.80	27.00	18.40	18.61	5.87	31.52	12.08	26.37
	红土山村	7	13.20	29.20	16.10	19.26	5.93	30.81	13.86	28.12
	董家村	3	18.20	18.50	18.30	18.37	0.21	1.13	18.21	18.57
	史家寨村	11	9.41	57.40	16.60	21.82	13.50	61.86	11.41	44.25
	凹里村	11	11.40	26.30	13.80	16.76	5.65	33.68	11.70	26.30
	段庄村	5	19.30	24.30	21.80	21.62	2.13	9.86	19.38	24.04
	铁岭口村	2	24.30	29.50	26.90	26.90	3.68	13.67	24.56	29.24
	口子头村	1	16.90	16.90	16.90	16.90	—	—	16.90	16.90
	厂坊村	2	12.80	34.90	23.85	23.85	15.63	65.52	13.91	33.80
	草垛沟村	2	21.00	33.90	27.45	27.45	9.12	33.23	21.65	33.26

第 5 章　土壤速效钾

5.1　土壤中钾一般特征及影响因素

5.1.1　土壤钾素基本情况

钾是作物不可缺少的大量营养元素。近年来,随着农业生产的发展,在我国不少地区,特别是南方,土壤缺钾面积日益扩大,缺钾程度日益加深。

5.1.2　土壤钾素形态及其有效性

土壤钾素是土壤中各种赋存形态钾素的总和。就作物生长而言,并非土壤中所有的钾都可以被作物吸收和利用。因而人们除关心土壤全钾外,更多的是关注与作物生产和吸收有关的那部分钾素。根据钾素对植物有效性的大小,土壤中钾素可划分为四类。一是水溶性钾,以离子形态存在于土壤溶液中,是可为植物直接吸收利用的钾素。二是交换性钾,指土壤胶体表面受胶体负电荷的影响而被吸附的钾离子。交换性钾和水溶性钾随时都处于平衡与转化过程中,很难严格区分,都是当季作物可以吸收利用的主要钾素形态,属于速效性钾,其在全钾中所占比例很小,仅占土壤全钾的 0.2%~2%。三是非交换性钾,又称缓效钾,是指层状黏粒矿物所固定的钾离子,以及黏粒矿物中水云母系和一部分黑云母中的钾。这类钾素虽然很难被作物直接吸收利用,但它与土壤速效钾同样处于动态平衡状态。当土壤速效钾被作物吸收利用后,它可以不断释放出来补充速效钾,供作物吸收利用。这部分钾素占土壤全钾的 2% 以上,高的可达 8%,是土壤速效钾的储备。四是矿物态钾,主要存在于土壤粗粒部分的原生矿物中,是土壤全钾含量的主体,占土壤全含量的 90%~98%,是作物难利用的钾,对土壤速效钾的贡献很小。

5.1.3　我国土壤钾素含量状况及分级指标

在全国第二次土壤普查中,全国土壤普查办公室根据各省(自治区、直辖市)的情况,将土壤速效钾含量水平的等级分为六级(见表 5-1)。另外,在我国《绿色食品　产地环境质量》(NT/T 391—2013)中针对不同用途土壤将速效钾分为三级(见表 5-2)。我国土壤及河北省土壤全钾背景值统计量见表 5-3。

表 5-1 我国土壤速效钾含量分级标准 （单位：mg/kg）

（引自我国第二次土壤普查数据）

土壤速效钾分级	速效钾含量范围
六级	<30
五级	30~50
四级	50~100
三级	100~150
二级	150~200
一级	>200

表 5-2 我国绿色食品产地环境标准中土壤速效钾分级标准 （单位：mg/kg）

［引自《绿色食品 产地环境质量》(NY/T 391—2013)］

土壤类型	旱地	水田	菜地	园地
三级	>120	>100	>150	>100
二级	80~120	50~100	100~150	50~100
一级	<80	<50	<100	<50

表 5-3 我国土壤及河北省土壤全钾背景值统计量 （单位：mg/kg）

（引自中国环境监测总站，1990）

土壤层	区域	统计量				
		范围	中位值	算术平均值	几何平均值	95%范围值
A层	全国	300~48 700	18 800	18 600±4 630	17 900±13 420	9 400~27 900
	河北省	15 300~32 800	18 600	18 599±1 910	18 400±11 100	—

5.1.4 影响土壤钾素含量变异的因素

（1）气候。

相同母质发育的土壤，由于气候条件与风化强度的不同，土壤全钾含量差异很大。高温、多雨地带风化淋溶强度大，土壤全钾含量较低。

（2）成土母质。

成土母质是影响土壤钾素含量的重要因素，如不同成土母质发育的土壤，缓效钾含量差异很大。土壤速效钾与成土母质的关系同土壤全钾和成土母质的关系基本一致。

（3）土壤质地。

土壤颗粒的大小不同，其矿物组成、化学成分和表面积也不同，从而影响土壤的供钾和保钾能力。土壤粗粒部分主要是含钾的原生矿物，数量多少反映了钾的储量水平，只有细粒部分中存在的钾才是植物利用钾素的主要来源，随着颗粒粒径的变小，次生黏粒矿物增加,钾素含量增高。因此,在同一母质类型中,质地黏重的土壤黏粒含量高,相应的钾素含量也高,而质地轻的沙质土壤其钾素含量相对低些。

(4)耕作及施肥。

不同耕作施肥制度及土壤管理措施对于土壤中钾的含量会产生不同的影响。例如,秸秆还田、化学肥料施用等,在很大程度上影响着土壤中速效钾含量。

5.2　速效钾频数分布图

5.2.1　阜平县土壤速效钾频数分布图

阜平县土壤速效钾原始数据频数分布如图 5-1 所示。

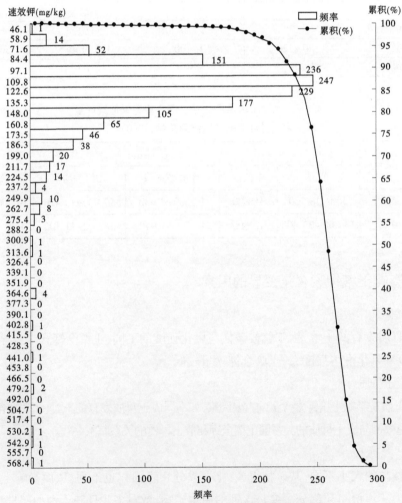

图 5-1　阜平县耕地土壤速效钾原始数据频数分布

5.2.2　乡镇土壤速效钾频数分布图

阜平镇土壤速效钾原始数据频数分布如图 5-2 所示。

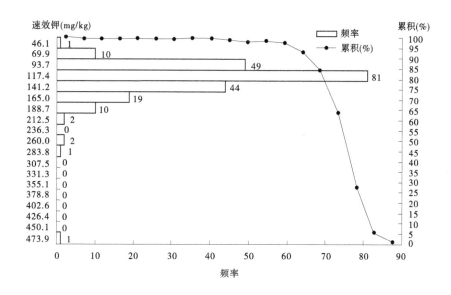

图 5-2　阜平镇土壤速效钾原始数据频数分布

城南庄镇土壤速效钾原始数据频数分布如图 5-3 所示。

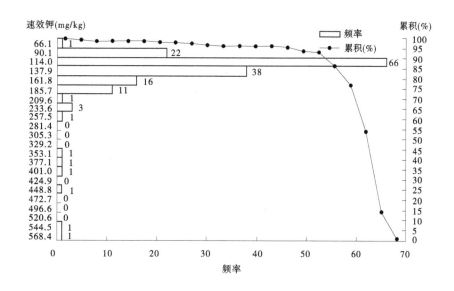

图 5-3　城南庄镇土壤速效钾原始数据频数分布

北果园乡土壤速效钾原始数据频数分布如图 5-4 所示。

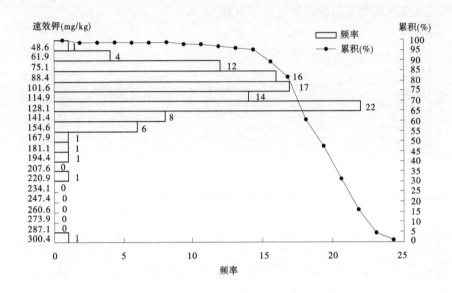

图 5-4　北果园乡土壤速效钾原始数据频数分布

夏庄乡土壤速效钾原始数据频数分布如图 5-5 所示。

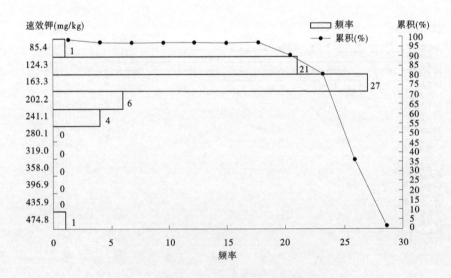

图 5-5　夏庄乡土壤速效钾原始数据频数分布

天生桥镇土壤速效钾原始数据频数分布如图 5-6 所示。

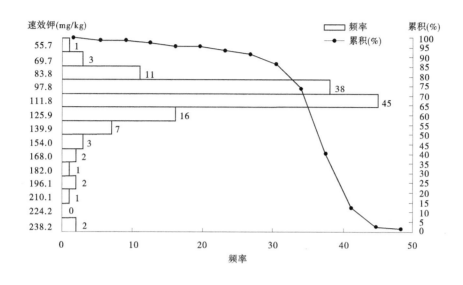

图 5-6　天生桥镇土壤速效钾原始数据频数分布

龙泉关镇土壤速效钾原始数据频数分布如图 5-7 所示。

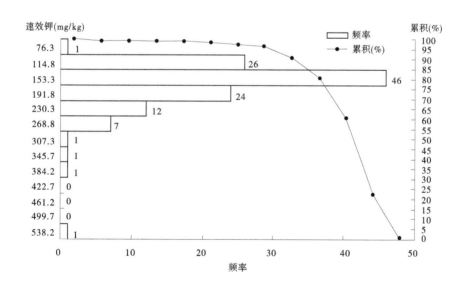

图 5-7　龙泉关镇土壤速效钾原始数据频数分布

砂窝乡土壤速效钾原始数据频数分布如图 5-8 所示。

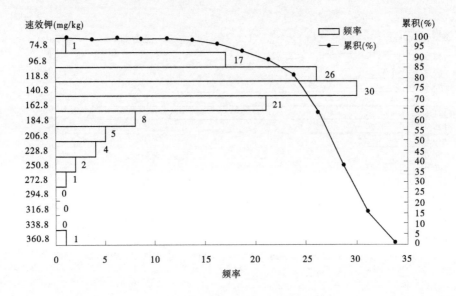

图 5-8　砂窝乡土壤速效钾原始数据频数分布

吴王口乡土壤速效钾原始数据频数分布如图 5-9 所示。

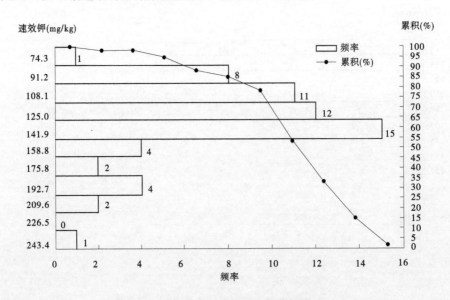

图 5-9　吴王口乡土壤速效钾原始数据频数分布

平阳镇土壤速效钾原始数据频数分布如图 5-10 所示。

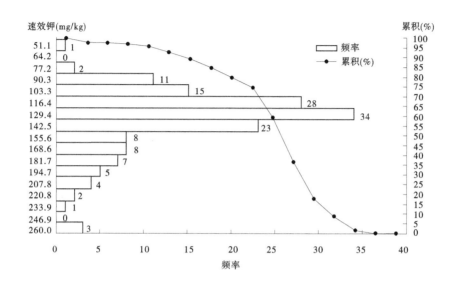

图 5-10 平阳镇土壤速效钾原始数据频数分布

王林口乡土壤速效钾原始数据频数分布如图 5-11 所示。

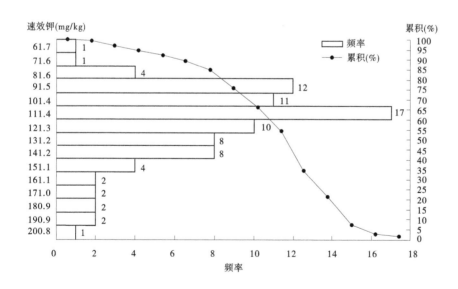

图 5-11 王林口乡土壤速效钾原始数据频数分布

台峪乡土壤速效钾原始数据频数分布如图 5-12 所示。

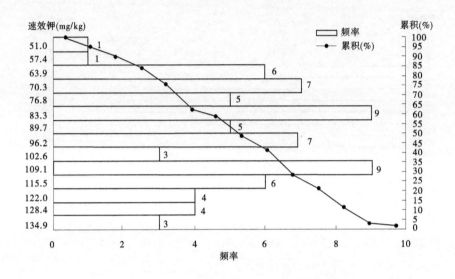

图 5-12　台峪乡土壤速效钾原始数据频数分布

大台乡土壤速效钾原始数据频数分布如图 5-13 所示。

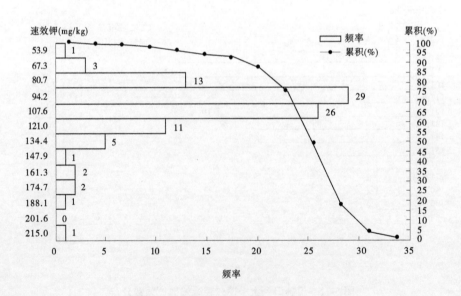

图 5-13　大台乡土壤速效钾原始数据频数分布

史家寨乡土壤速效钾原始数据频数分布如图5-14所示。

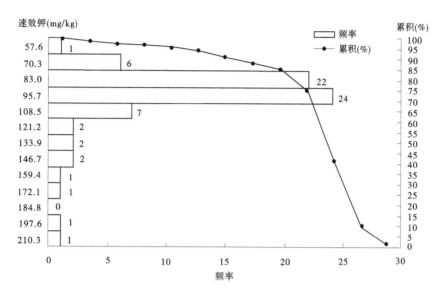

图 5-14　史家寨乡土壤速效钾原始数据频数分布

5.3　阜平县土壤速效钾统计量

5.3.1　阜平县土壤速效钾的统计量

阜平县耕地土壤速效钾统计如表5-4所示。

表 5-4　阜平县耕地土壤速效钾统计　　　　　　　　（单位：mg/kg）

区域	样本数（个）	最小值	最大值	中位值	平均值	标准差	变异系数（%）	5%	95%
阜平县	1 450	46.1	568.4	111.1	120.1	46.8	39.0	72.5	193.7
阜平镇	220	46.1	473.9	107.7	114.6	41.1	35.9	70.7	172.5
城南庄镇	165	66.1	568.4	111.8	129.2	69.8	54.0	83.3	218.0
北果园乡	105	48.6	300.4	106.1	107.1	35.0	32.7	64.7	153.8
夏庄乡	60	85.4	474.8	130.9	144.3	55.7	38.6	102.0	233.7
天生桥镇	132	55.7	238.2	101.5	106.7	28.8	27.0	76.2	159.9
龙泉关镇	120	76.3	538.2	140.9	153.6	61.1	39.8	90.3	255.3
砂窝乡	116	74.8	360.8	130.7	135.7	43.2	31.8	82.0	212.1
吴王口乡	60	74.3	243.4	122.9	126.0	35.1	27.9	83.1	191.2
平阳镇	152	51.1	260.0	122.0	130.5	36.6	28.1	83.3	204.3
王林口乡	85	61.7	200.8	109.0	114.5	28.2	24.6	78.7	173.3
台峪乡	70	51.0	134.9	91.0	91.4	21.9	24.0	59.6	127.2
大台乡	95	53.9	215.0	94.4	99.4	25.3	25.5	69.3	151.2
史家寨乡	70	57.6	210.3	84.6	92.3	28.1	30.4	66.8	151.7

5.3.2　乡镇区域土壤速效钾的统计量

5.3.2.1　阜平镇土壤速效钾

阜平镇耕地土壤速效钾统计如表 5-5 所示。

表 5-5　阜平镇耕地土壤速效钾统计　　　　　（单位：mg/kg）

乡镇	村名	样本数（个）	最小值	最大值	中位值	平均值	标准差	变异系数（%）	5%	95%
阜平镇	阜平镇	220	46.1	473.9	107.7	114.6	41.1	35.9	70.7	172.5
	青沿村	4	85.0	144.2	115.2	114.9	24.2	21.1	89.2	140.2
	城厢村	2	121.2	130.4	125.8	125.8	6.5	5.2	121.7	129.9
	第一山村	1	124.3	124.3	124.3	124.3	—	—	—	—
	照旺台村	5	79.8	137.6	95.7	102.1	23.3	22.8	80.9	132.5
	原种场村	2	96.7	109.5	103.1	103.1	9.1	8.8	97.3	108.9
	白河村	2	125.7	159.1	142.8	142.8	24.1	16.9	127.4	158.1
	大元村	4	77.3	144.4	110.6	110.7	28.4	25.6	80.9	140.7
	石湖村	2	140.6	154.1	147.4	147.4	9.5	6.5	141.3	153.4
	高阜口村	10	65.7	116.8	90.3	91.3	15.4	16.9	70.6	112.4
	大道村	11	46.1	135.8	74.5	85.8	32.5	37.8	49.2	134.7
	小石坊村	5	104.5	181.4	132.3	135.5	32.0	23.6	105.2	175.4
	大石坊村	10	73.0	268.3	110.3	128.0	54.0	42.2	85.3	217.2
	黄岸底村	6	98.2	145.4	106.6	115.5	20.3	17.6	98.5	143.2
	槐树庄村	10	82.1	131.7	95.0	100.9	14.8	14.7	86.1	123.7
	崬路头村	10	72.5	123.1	89.1	93.9	14.7	15.7	76.0	116.1
	海沿村	10	75.0	125.1	96.0	98.2	15.7	16.0	76.9	122.9
	燕头村	10	105.6	172.4	139.1	138.7	26.6	19.2	106.5	171.4
	西沟村	5	110.6	473.9	144.0	203.9	151.9	74.5	115.4	410.4
	各达头村	10	53.3	132.4	86.1	90.5	29.5	32.6	57.1	130.1
	牛栏村	6	99.9	180.4	132.4	138.6	29.0	20.9	105.6	176.3
	苍山村	10	75.1	147.7	107.0	111.4	19.8	17.8	86.4	142.3
	柳树底村	12	89.8	175.3	111.9	123.8	31.9	25.7	91.5	172.7
	土岭村	4	75.6	81.0	78.5	78.4	2.6	3.4	75.8	80.9
	法华村	10	88.2	253.6	126.0	136.6	49.9	36.5	92.0	226.0
	东漕岭村	9	62.4	256.6	108.0	124.5	60.1	48.3	65.0	223.3
	三岭会村	5	80.6	144.9	123.6	119.6	24.7	20.7	87.2	142.9
	楼房村	6	96.6	153.2	121.6	124.4	25.6	20.6	98.4	152.4
	木匠口村	11	86.2	120.1	105.4	103.7	11.6	11.1	87.8	118.6
	龙门村	16	65.0	159.6	103.3	106.1	26.0	24.5	73.6	145.7
	色岭口村	12	74.1	200.2	117.7	121.8	35.6	29.2	84.2	187.6

5.3.2.2　城南庄镇土壤速效钾

城南庄镇耕地土壤速效钾统计如表 5-6 所示。

表 5-6　城南庄镇耕地土壤速效钾统计　　（单位：mg/kg）

乡镇	村名	样本数（个）	最小值	最大值	中位值	平均值	标准差	变异系数（%）	5%	95%
城南庄镇	城南庄镇	165	66.1	568.4	111.8	129.2	69.8	54.0	83.3	218.0
	岔河村	18	91.1	352.7	124.8	144.4	63.5	44.0	93.7	238.9
	三官村	12	100.4	521.6	191.8	249.4	123.8	49.6	140.1	472.2
	麻棚村	10	104.0	568.4	152.3	209.7	151.2	72.1	107.7	490.5
	大岸底村	14	87.8	173.0	118.3	120.9	25.2	20.9	88.0	163.8
	北桑地村	4	86.1	116.7	110.5	106.0	13.7	12.9	89.4	116.1
	井沟村	6	116.2	152.6	132.9	135.0	13.1	9.7	119.3	151.2
	栗树漕村	10	89.1	174.6	134.2	132.3	29.1	22.0	90.4	172.5
	易家庄村	6	106.5	155.8	115.9	124.8	19.5	15.6	108.1	152.3
	万宝庄村	5	83.2	106.0	90.6	91.0	9.2	10.1	83.3	103.1
	华山村	4	86.1	96.6	89.7	90.5	4.5	4.9	86.5	95.7
	南安村	3	72.3	96.6	81.1	83.3	12.3	14.7	73.2	95.0
	向阳庄村	4	76.7	90.2	84.2	83.8	5.5	6.6	77.8	89.3
	福子峪村	5	89.2	144.8	97.6	105.6	22.6	21.4	89.8	136.6
	宋家沟村	6	81.2	105.8	98.1	96.6	9.4	9.7	83.9	105.4
	石猴村	5	73.1	95.8	92.2	87.1	10.0	11.5	74.5	95.5
	北工村	5	66.1	104.0	93.4	87.6	15.2	17.3	68.6	102.4
	顾家沟村	5	84.0	115.0	108.4	104.1	12.1	11.7	87.7	114.2
	城南庄村	12	86.0	155.3	108.4	110.0	20.3	18.4	87.3	146.1
	谷家庄村	8	87.3	127.8	102.3	106.1	15.4	14.5	88.6	127.3
	后庄村	13	92.6	125.9	107.3	108.2	10.1	9.3	93.0	122.7
	南台村	10	95.7	154.0	112.1	115.6	19.7	17.0	95.7	145.2

5.3.2.3　北果园乡土壤速效钾

北果园乡耕地土壤速效钾统计如表 5-7 所示。

表 5-7　北果园乡耕地土壤速效钾统计　　　　（单位:mg/kg）

乡镇	村名	样本数（个）	最小值	最大值	中位值	平均值	标准差	变异系数（%）	5%	95%
	北果园乡	105	48.6	300.4	106.1	107.1	35.0	32.7	64.7	153.8
	古洞村	3	90.6	104.2	93.1	96.0	7.3	7.6	90.8	103.1
	魏家峪村	4	110.4	163.0	118.8	127.8	24.0	18.8	111.2	156.8
	水泉村	2	115.9	120.6	118.3	118.3	3.3	2.8	116.1	120.4
	城铺村	2	109.8	120.6	115.3	115.3	7.8	6.7	110.4	120.3
	黄连峪村	2	98.8	184.8	141.8	141.8	60.8	42.9	103.1	180.5
	革新庄村	2	136.8	141.6	139.2	139.2	3.4	2.4	137.0	141.4
	卞家峪村	2	146.5	152.5	149.5	149.5	4.2	2.8	146.8	152.1
	李家庄村	5	122.5	131.4	126.4	127.3	3.7	2.9	123.1	131.2
	下庄村	2	111.1	140.7	125.9	125.9	20.9	16.6	112.6	139.2
	光城村	3	114.8	123.4	119.8	119.3	4.3	3.6	115.3	123.0
	崔家庄村	9	66.6	141.2	86.7	95.5	26.6	27.8	68.2	132.5
	倪家洼村	4	85.0	300.4	179.3	186.0	94.4	50.8	93.0	288.4
北果园乡	乡细沟村	6	60.2	119.2	100.7	95.9	22.0	22.9	65.8	117.4
	草场口村	3	74.3	124.8	114.4	104.5	26.7	25.5	78.3	123.8
	张家庄村	3	90.3	113.9	98.8	101.0	12.0	11.8	91.1	112.4
	惠民湾村	5	48.6	99.7	64.4	67.7	19.7	29.1	50.0	93.7
	北果园村	9	76.7	131.0	101.5	102.3	18.6	18.2	76.9	128.0
	槐树底村	4	81.8	97.8	94.4	92.1	7.1	7.7	83.6	97.4
	吴家沟村	7	54.0	99.9	86.4	82.1	15.1	18.4	59.6	97.2
	广安村	5	67.0	78.4	74.9	74.0	4.9	6.6	67.9	78.4
	抬头湾村	4	72.8	86.3	78.0	78.8	5.8	7.3	73.3	85.3
	店房村	6	78.1	169.4	114.0	122.1	34.0	27.9	84.3	165.6
	固镇村	6	82.8	129.8	118.9	114.6	16.2	14.1	91.3	127.4
	营岗村	2	60.9	65.6	63.2	63.2	3.3	5.3	61.1	65.4
	半沟村	2	96.2	127.6	111.9	111.9	22.2	19.8	97.8	126.0
	小花沟村	1	147.4	147.4	147.4	147.4	—	—	147.4	147.4
	东山村	2	125.7	141.9	133.8	133.8	11.5	8.6	126.5	141.1

5.3.2.4　夏庄乡土壤速效钾

夏庄乡耕地土壤速效钾统计如表 5-8 所示。

表 5-8　夏庄乡耕地土壤速效钾统计　　　　　（单位：mg/kg）

乡镇	村名	样本数（个）	最小值	最大值	中位值	平均值	标准差	变异系数（%）	5%	95%
夏庄乡	夏庄乡	60	85.4	474.8	130.9	144.3	55.7	38.6	102.0	233.7
	夏庄村	22	85.4	164.4	130.9	133.4	18.9	14.2	106.1	159.5
	菜池村	20	94.5	150.4	111.0	114.3	15.1	13.2	94.8	142.8
	二道庄村	7	139.1	474.8	233.6	236.5	113.7	48.1	139.3	404.4
	面盆村	8	127.4	231.6	176.6	172.0	32.0	18.6	132.4	215.4
	羊道村	3	128.6	139.8	135.6	134.7	5.7	4.2	129.3	139.4

5.3.2.5　天生桥镇土壤速效钾

天生桥镇耕地土壤速效钾统计如表 5-9 所示。

表 5-9　天生桥镇耕地土壤速效钾统计　　　　　（单位：mg/kg）

乡镇	村名	样本数（个）	最小值	最大值	中位值	平均值	标准差	变异系数（%）	5%	95%
天生桥镇	天生桥镇	132	55.7	238.2	101.5	106.7	28.8	27.0	76.2	159.9
	不老树村	18	79.4	133.2	99.7	102.9	13.6	13.2	85.7	128.7
	龙王庙村	22	78.4	113.0	96.4	95.3	9.0	9.4	81.3	108.2
	大车沟村	3	88.4	106.8	97.4	97.5	9.2	9.4	89.3	105.9
	南栗元铺村	14	76.3	189.8	103.6	108.7	27.6	25.3	78.5	151.5
	北栗元铺村	15	69.8	112.1	91.7	91.2	13.5	14.8	71.6	111.2
	红草河村	5	82.5	238.2	102.0	149.0	81.7	54.8	82.9	238.2
	罗家庄村	5	84.9	103.4	91.1	92.1	6.9	7.5	85.7	101.2
	东下关村	8	88.2	127.2	113.2	109.3	12.3	11.3	92.2	123.5
	朱家营村	13	55.7	169.0	105.7	101.2	31.3	31.0	59.7	150.4
	沿台村	6	83.8	130.3	111.9	110.2	18.4	16.7	87.1	129.4
	大教厂村	13	61.8	208.2	118.5	129.7	40.5	31.2	81.1	199.7
	西下关村	6	108.2	152.3	117.5	125.5	19.8	15.8	108.6	151.1
	塔沟村	4	92.9	147.8	109.6	115.0	23.3	20.3	95.1	142.4

5.3.2.6　龙泉关镇土壤速效钾

龙泉关镇耕地土壤速效钾统计如表 5-10 所示。

表 5-10　龙泉关镇耕地土壤速效钾统计　　　　(单位:mg/kg)

乡镇	村名	样本数(个)	最小值	最大值	中位值	平均值	标准差	变异系数(%)	5%	95%
龙泉关镇	龙泉关镇	120	76.3	538.2	140.9	153.6	61.1	39.8	90.3	255.3
	骆驼湾村	8	93.4	137.7	103.9	107.7	14.9	13.8	93.9	130.0
	大胡卜村	3	96.3	174.0	172.3	147.5	44.4	30.1	103.9	173.8
	黑林沟村	4	126.8	163.6	150.5	147.8	16.8	11.4	129.1	162.9
	印钞石村	8	125.6	237.4	166.7	172.6	35.2	20.4	131.0	222.0
	黑崖沟村	16	100.0	272.0	164.0	176.7	50.9	28.8	114.4	259.3
	西刘庄村	16	119.0	308.0	180.1	183.2	53.6	29.3	128.1	272.0
	龙泉关村	18	90.3	243.3	126.3	137.5	42.4	30.8	93.6	209.7
	顾家台村	5	101.4	215.2	144.2	152.1	42.2	27.7	108.0	205.4
	青羊沟村	4	95.9	158.2	134.6	130.8	31.5	24.0	98.4	158.0
	北刘庄村	13	76.3	171.5	131.6	124.5	29.4	23.6	83.5	161.7
	八里庄村	13	105.2	538.2	165.8	202.6	122.0	60.2	112.4	427.8
	平石头村	12	76.5	159.4	117.6	115.1	26.7	23.2	79.4	151.0

5.3.2.7　砂窝乡土壤速效钾

砂窝乡耕地土壤速效钾统计如表 5-11 所示。

表 5-11　砂窝乡耕地土壤速效钾统计　　　　(单位:mg/kg)

乡镇	村名	样本数(个)	最小值	最大值	中位值	平均值	标准差	变异系数(%)	5%	95%
砂窝乡	砂窝乡	116	74.8	360.8	130.7	135.7	43.2	31.8	82.0	212.1
	大柳树村	10	92.7	242.0	148.1	150.9	50.6	33.5	93.6	228.5
	下堡村	8	97.1	224.0	171.5	167.6	48.8	29.1	107.7	219.9
	盘龙台村	6	98.8	152.0	125.9	126.9	21.2	16.7	101.9	150.9
	林当沟村	6	82.0	144.2	118.3	115.4	26.2	22.7	85.0	142.1
	上堡村	8	83.1	178.8	134.8	134.2	30.9	23.0	89.4	172.1
	黑印台村	6	112.3	183.0	166.8	153.9	30.2	19.6	114.1	181.0
	碾子沟门村	5	110.0	158.0	133.9	132.6	17.5	13.2	113.1	153.6
	百亩台村	13	97.4	199.4	128.7	132.4	26.8	20.2	98.5	172.5
	龙王庄村	11	100.1	154.0	115.3	121.8	17.6	14.4	101.3	149.3
	砂窝村	11	83.5	166.7	129.9	127.2	30.7	24.2	85.2	163.4
	河彩村	5	74.8	121.4	81.9	88.1	18.8	21.4	75.8	113.6
	龙王沟村	5	78.8	108.1	93.1	93.3	13.4	14.4	79.3	107.5
	仙湾村	6	81.0	230.4	189.7	164.5	63.1	38.4	83.3	224.4
	砂台村	6	110.6	360.8	136.2	185.8	100.1	53.9	112.7	333.6
	全庄村	10	92.5	176.4	129.5	131.0	22.3	17.0	102.7	161.8

5.3.2.8　吴王口乡土壤速效钾

吴王口乡耕地土壤速效钾统计如表 5-12 所示。

表 5-12　吴王口乡耕地土壤速效钾统计　　　（单位：mg/kg）

乡镇	村名	样本数（个）	最小值	最大值	中位值	平均值	标准差	变异系数（%）	5%	95%
吴王口乡	吴王口乡	60	74.3	243.4	122.9	126.0	35.1	27.9	83.1	191.2
	银河村	3	97.4	165.2	139.0	133.9	34.2	25.6	101.5	162.6
	南辛庄村	1	179.6	179.6	179.6	179.6	—	—	179.6	179.6
	三岔村	1	138.9	138.9	138.9	138.9	—	—	138.9	138.9
	寿长寺村	2	103.2	145.0	124.1	124.1	29.6	23.8	105.3	142.9
	南庄旺村	2	115.4	134.2	124.8	124.8	13.3	10.7	116.3	133.3
	岭东村	5	87.4	128.4	116.0	110.5	17.0	15.4	89.7	127.2
	桃园坪村	8	96.5	163.6	129.6	127.8	21.6	16.9	99.2	157.2
	周家河村	2	119.4	131.6	125.5	125.5	8.6	6.9	120.0	131.0
	不老台村	5	74.3	209.3	123.8	129.1	49.6	38.4	81.4	193.0
	石滩地村	9	83.1	123.6	92.7	99.8	16.1	16.1	83.3	122.4
	邓家庄村	11	94.2	243.4	129.2	143.0	45.4	31.7	98.2	219.2
	吴王口村	6	78.1	205.2	107.0	122.5	50.8	41.4	79.2	192.7
	黄草洼村	5	93.0	190.5	134.0	133.4	36.3	27.2	97.1	179.5

5.3.2.9　平阳镇土壤速效钾

平阳镇耕地土壤速效钾统计如表 5-13 所示。

表 5-13　平阳镇耕地土壤速效钾统计　　　（单位：mg/kg）

乡镇	村名	样本数（个）	最小值	最大值	中位值	平均值	标准差	变异系数（%）	5%	95%
平阳镇	平阳镇	152	51.1	260.0	122.0	130.5	36.6	28.1	83.3	204.3
	康家峪村	14	65.0	127.7	90.5	94.2	16.8	17.8	72.7	118.1
	皂火峪村	5	80.9	186.4	112.3	121.1	39.3	32.5	86.0	172.9
	白山村	1	185.0	185.0	185.0	185.0	—	—	185.0	185.0
	北庄村	14	51.1	255.2	117.2	127.0	56.2	44.2	70.6	231.9
	黄岸村	5	104.0	216.2	124.6	139.5	44.0	31.6	107.5	199.2
	长角村	3	115.0	207.1	129.6	150.6	49.5	32.9	116.5	199.4
	石湖村	3	90.5	99.5	98.5	96.2	4.9	5.1	91.3	99.4

续表 5-13

乡镇	村名	样本数（个）	最小值	最大值	中位值	平均值	标准差	变异系数（%）	5%	95%
平阳镇	车道村	2	118.2	166.8	142.5	142.5	34.4	24.1	120.6	164.4
	东板峪村	8	88.2	167.4	115.3	116.6	24.3	20.8	91.4	152.7
	罗峪村	6	112.7	178.0	145.1	145.5	29.9	20.5	113.8	177.4
	铁岭村	4	95.4	133.0	116.1	115.2	17.8	15.4	96.9	132.1
	王快村	9	101.0	136.6	115.5	115.7	10.1	8.7	103.7	130.5
	平阳村	11	111.0	157.0	130.2	129.5	13.5	10.4	111.8	150.4
	上平阳村	8	105.6	260.0	154.1	159.4	49.8	31.3	110.4	236.7
	白家峪村	11	120.2	156.4	135.4	137.7	9.8	7.1	126.3	154.2
	立彦头村	10	85.2	180.8	124.0	125.4	27.0	21.6	89.4	164.7
	冯家口村	9	105.6	248.7	150.0	161.3	54.4	33.7	106.5	238.7
	土门村	14	94.2	199.7	122.7	125.4	25.2	20.1	97.1	162.3
	台南村	2	142.1	185.6	163.9	163.9	30.8	18.8	144.3	183.4
	北水峪村	8	116.6	203.6	166.5	160.7	29.8	18.5	122.1	199.3
	山咀头村	3	112.2	167.8	118.4	132.8	30.5	22.9	112.8	162.9
	各老村	2	113.4	118.1	115.8	115.8	3.3	2.9	113.6	117.9

5.3.2.10　王林口乡土壤速效钾

王林口乡耕地土壤速效钾统计如表 5-14 所示。

表 5-14　王林口乡耕地土壤速效钾统计　　　　　　　　（单位：mg/kg）

乡镇	村名	样本数（个）	最小值	最大值	中位值	平均值	标准差	变异系数（%）	5%	95%
王林口乡	王林口乡	85	61.7	200.8	109.0	114.5	28.2	24.6	78.7	173.3
	五丈湾村	3	105.7	122.0	109.0	112.2	8.6	7.7	106.0	120.7
	马坊村	5	85.1	157.4	110.2	115.2	26.4	22.9	89.4	149.2
	刘家沟村	2	94.1	119.8	107.0	107.0	18.2	17.0	95.4	118.5
	辛庄村	6	93.8	162.4	126.0	126.4	23.9	18.9	97.8	157.0
	南刁窝村	3	108.4	132.9	118.3	119.9	12.3	10.3	109.4	131.4
	马驹石村	6	85.4	150.2	111.9	116.5	26.1	22.4	88.2	148.4
	南湾村	4	96.7	176.2	153.6	145.0	37.8	26.1	102.1	175.9
	上庄村	4	115.0	157.4	125.2	130.7	19.7	15.1	115.2	153.9
	方太口村	7	83.0	170.4	124.1	119.3	28.8	24.1	87.1	158.8
	西庄村	3	98.4	124.0	102.9	108.5	13.7	12.6	98.8	121.9

续表 5-14

乡镇	村名	样本数（个）	最小值	最大值	中位值	平均值	标准差	变异系数（%）	5%	95%
王林口乡	东庄村	5	78.3	108.6	88.1	92.4	12.0	13.0	80.0	107.0
	董家口村	6	83.7	121.2	111.7	108.5	13.6	12.5	89.1	120.3
	神台村	5	83.7	111.3	91.6	96.2	11.1	11.5	85.1	109.8
	南峪村	4	85.5	200.8	115.5	129.3	50.0	38.7	89.0	189.0
	寺口村	4	81.7	142.6	115.9	114.0	25.8	22.6	85.7	139.8
	瓦泉沟村	3	61.7	72.2	70.9	68.3	5.7	8.4	62.6	72.1
	东王林口村	2	73.3	94.9	84.1	84.1	15.2	18.1	74.4	93.8
	前岭村	6	80.5	131.6	93.2	100.0	20.5	20.5	81.5	127.9
	西王林口村	5	98.5	182.9	145.2	142.2	40.9	28.8	99.4	182.7
	马沙沟村	2	135.3	136.6	136.0	136.0	0.9	0.7	135.4	136.5

5.3.2.11 台峪乡土壤速效钾

台峪乡耕地土壤速效钾统计如表 5-15 所示。

表 5-15 台峪乡耕地土壤速效钾统计 （单位：mg/kg）

乡镇	村名	样本数（个）	最小值	最大值	中位值	平均值	标准差	变异系数（%）	5%	95%
台峪乡	台峪乡	70	51.0	134.9	91.0	91.4	21.9	24.0	59.6	127.2
	井尔沟村	10	61.6	116.0	95.3	92.8	20.9	22.5	62.8	114.7
	台峪村	11	58.3	126.4	97.1	92.4	24.8	26.8	61.9	124.2
	营尔村	8	82.8	132.4	102.8	105.7	17.9	16.9	85.2	130.8
	吴家庄村	8	82.2	134.9	99.4	103.7	16.8	16.3	85.5	128.5
	平房村	12	51.0	124.6	79.8	85.5	21.6	25.3	58.8	115.6
	庄里村	6	58.1	106.2	66.2	75.5	20.2	26.7	58.9	103.4
	王家岸村	7	69.2	106.2	80.7	82.5	13.5	16.3	69.5	102.0
	白石台村	8	53.9	130.4	83.8	89.9	27.2	30.2	56.5	126.5

5.3.2.12 大台乡土壤速效钾

大台乡耕地土壤速效钾统计如表 5-16 所示。

表 5-16　大台乡耕地土壤速效钾统计　　　　　（单位：mg/kg）

乡镇	村名	样本数（个）	最小值	最大值	中位值	平均值	标准差	变异系数（%）	5%	95%
大台乡	大台乡	95	53.9	215.0	94.4	99.4	25.3	25.5	69.3	151.2
	老路渠村	4	82.6	151.8	109.3	113.2	35.2	31.1	82.8	149.2
	东台村	5	70.4	112.2	96.5	94.6	15.2	16.1	75.2	109.7
	大台村	20	53.9	179.0	90.3	92.3	24.9	26.9	62.4	116.5
	坊里村	7	72.5	111.0	87.5	87.4	13.6	15.6	73.6	106.9
	苇子沟村	4	87.5	163.0	101.2	113.2	34.5	30.5	88.3	155.0
	大连地村	13	76.3	171.4	101.5	106.4	25.1	23.6	78.7	143.9
	柏崖村	18	70.7	215.0	93.2	100.4	31.5	31.3	77.4	137.5
	东板峪店村	18	63.7	125.4	104.2	99.2	16.9	17.0	68.6	118.2
	碳灰铺村	6	64.3	150.9	91.2	104.1	33.2	31.9	70.4	147.7

5.3.2.13　史家寨乡土壤速效钾

史家寨乡耕地土壤速效钾统计如表 5-17 所示。

表 5-17　史家寨乡耕地土壤速效钾统计　　　　　（单位：mg/kg）

乡镇	村名	样本数（个）	最小值	最大值	中位值	平均值	标准差	变异系数（%）	5%	95%
史家寨乡	史家寨乡	70	57.6	210.3	84.6	92.3	28.1	30.4	66.8	151.7
	上东漕村	4	77.9	134.3	84.9	95.5	26.4	27.6	78.2	127.6
	定家庄村	6	81.0	210.3	158.3	154.7	46.3	29.9	93.3	205.3
	葛家台村	6	87.1	113.6	92.1	95.3	10.0	10.5	87.2	110.1
	北辛庄村	2	72.6	81.9	77.2	77.2	6.6	8.5	73.0	81.4
	槐场村	8	69.5	114.6	79.7	86.9	17.1	19.6	70.6	111.0
	红土山村	7	71.3	92.4	84.7	83.3	8.4	10.1	71.9	92.1
	董家村	3	74.7	92.6	84.6	84.0	9.0	10.7	75.7	91.8
	史家寨村	11	57.6	126.4	72.5	78.3	19.5	24.9	61.0	109.8
	凹里村	11	73.0	102.2	83.9	83.8	10.4	12.4	73.3	102.0
	段庄村	5	68.5	90.6	80.4	81.0	9.5	11.8	69.8	90.5
	铁岭口村	2	84.0	98.1	91.1	91.1	10.0	11.0	84.7	97.4
	口子头村	1	93.3	93.3	93.3	93.3	—	—	93.3	93.3
	厂坊村	2	81.0	156.4	118.7	118.7	53.3	44.9	84.8	152.6
	草垛沟村	2	85.8	107.6	96.7	96.7	15.4	15.9	86.9	106.5

第 6 章　土壤铜

6.1　土壤中铜背景值及主要来源

6.1.1　背景值总体情况

地壳中铜的丰度为 63×10^{-6}。世界土壤中铜含量范围为 $2 \sim 250$ mg/kg，中值为 30 mg/kg。在自然界中，铜分布很广，主要以硫化物矿和氧化物矿形式存在。不同土地利用方式下土壤铜的平均浓度存在较大差异。我国土壤中全铜的含量一般为 $4 \sim 150$ mg/kg，平均约 22 mg/kg。铜在土壤中绝大部分被土壤的各个组分吸附或结合，主要形态有水溶态、交换吸附态、弱专性吸附态（碳酸根结合态）、氧化物结合态、有机结合态、残留态。我国不同土壤类型中铜元素背景值有一定的区域分异规律和分布特征。比如在我国东部区域，铜元素背景值表现出南北低、中间高的趋势，另有从东北向西南逐步增高的特点。在新疆天山以北形成一个较高的背景区；松辽平原、华北平原、黄土高原和青藏高原等广大区域的环境背景值，接近于全国平均水平。

6.1.2　土壤铜背景值分布规律

我国耕地土壤分布差异较大，以秦岭—淮河一线为界，以南水稻土为主，以北旱作土壤为主，其土壤铜元素背景值分布规律见表 6-1。我国土壤及河北省土壤铜背景值统计量见表 6-2。

表 6-1　我国耕地土壤铜元素背景值分布规律　　　　　　（单位：mg/kg）
（引自中国环境监测总站，1990）

土类名称	水稻土	潮土	塿土	绵土	黑垆土	绿洲土
背景值含量范围	14.9~27.3	14.9~27.3	14.9~36.7	20.7~27.3	20.7~27.3	14.9~27.3

表 6-2　我国土壤及河北省土壤铜背景值统计量　　　　　　（单位：mg/kg）
（引自中国环境监测总站，1990）

土壤层	区域	统计量				
		范围	中位值	算术平均值	几何平均值	95%范围值
A 层	全国	0.33~272	20.7	22.6±11.41	20.0±1.66	7.3~55.1
	河北省	6.7~53.5	21.7	21.8±6.22	21.0±1.34	—
C 层	全国	0.17~1 041	21.0	23.1±13.56	19.8±1.77	6.3~62.2
	河北省	5.2~1 041.0	22.2	23.0±6.92	22.0±1.34	—

6.1.3　铜背景值主要影响因子

铜背景值主要影响因子排序为母质母岩、土壤类型、地形、土壤质地。

6.1.4　土壤中铜的主要来源

土壤铜的来源受成土母质、气候、人类活动等多种因素的影响。铜的主要污染来源是铜锌矿的开采和冶炼、金属加工、机械制造、钢铁生产等。电镀工业和金属加工排放的废水中铜含量较高,每升废水达几十至几百毫克,用这些废水灌溉农田,会使铜在土壤中大量累积。机动车辆是土壤中铜等重金属浓度增加的一个重要原因,这不仅是由于汽车尾气的影响,车辆的正常损耗、汽车的刹车系统同样会消耗大量的铜,也会导致大气、土壤等介质中铜的增加。另外,含铜农药(如波尔多液)和厩肥的使用等也是造成土壤铜含量增加的重要原因。

6.2　铜空间分布图

阜平县耕地土壤铜空间分布如图 6-1 所示。

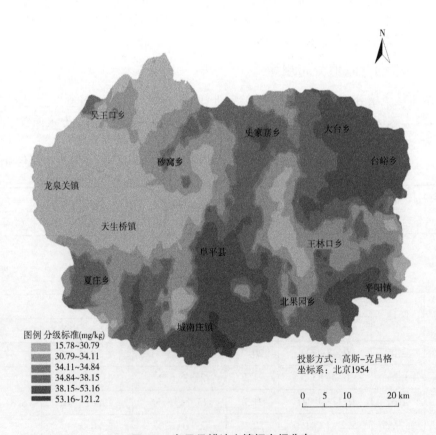

图例 分级标准(mg/kg)
15.78~30.79
30.79~34.11
34.11~34.84
34.84~38.15
38.15~53.16
53.16~121.2

投影方式:高斯–克吕格
坐标系:北京1954

图 6-1　阜平县耕地土壤铜空间分布

　　铜分布特征:阜平县耕地土壤中 Cu 空间格局呈现西部低、东部高的趋势,相对较高含量主要分布在东北部大台乡和台峪乡及东南部城南庄镇,呈斑状分布,最高区域在城南庄镇南部,面积不大。总体来说,研究区域中 Cu 空间分布特征非常明显,其空间变异主要来自于土壤母质,其斑状分布可能与研究区域的历史矿产开发的点源污染有关。这些区域铁矿、金矿资源丰富,历史上曾经持有金矿探矿证、铁矿探矿证。

6.3　铜频数分布图

6.3.1　阜平县土壤铜频数分布图

　　阜平县耕地土壤铜原始数据频数分布如图 6-2 所示。

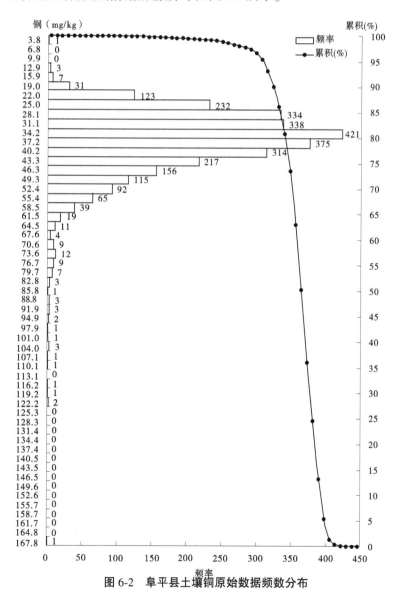

图 6-2　阜平县土壤铜原始数据频数分布

6.3.2 乡镇土壤铜频数分布图

阜平镇土壤铜原始数据频数分布如图 6-3 所示。

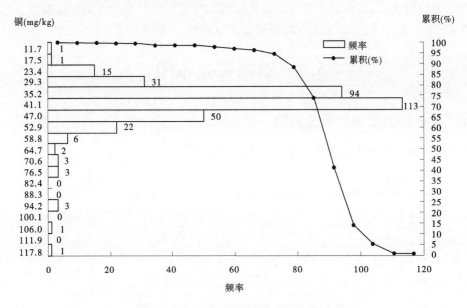

图 6-3　阜平镇土壤铜原始数据频数分布

城南庄镇土壤铜原始数据频数分布如图 6-4 所示。

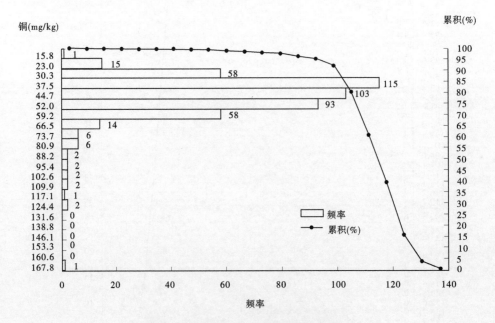

图 6-4　城南庄镇土壤铜原始数据频数分布

北果园乡土壤铜原始数据频数分布如图 6-5 所示。

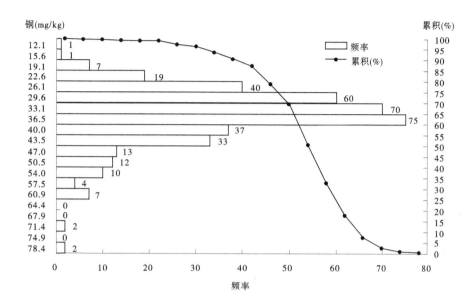

图 6-5 北果园乡土壤铜原始数据频数分布

夏庄乡土壤铜原始数据频数分布如图 6-6 所示。

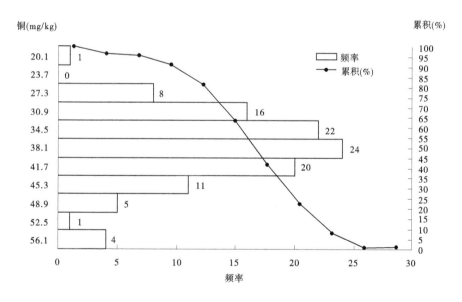

图 6-6 夏庄乡土壤铜原始数据频数分布

天生桥镇土壤铜原始数据频数分布如图 6-7 所示。

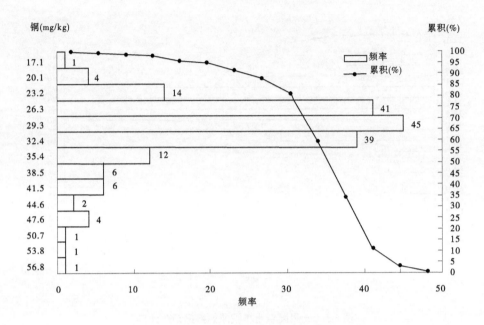

图 6-7　天生桥镇土壤铜原始数据频数分布

龙泉关镇土壤铜原始数据频数分布如图 6-8 所示。

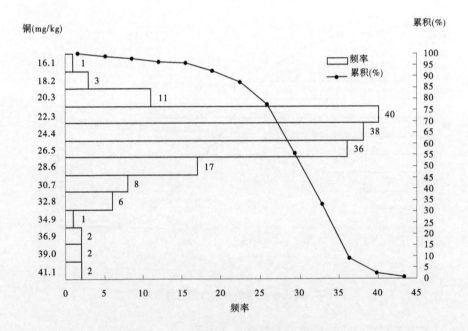

图 6-8　龙泉关镇土壤铜原始数据频数分布

砂窝乡土壤铜原始数据频数分布如图 6-9 所示。

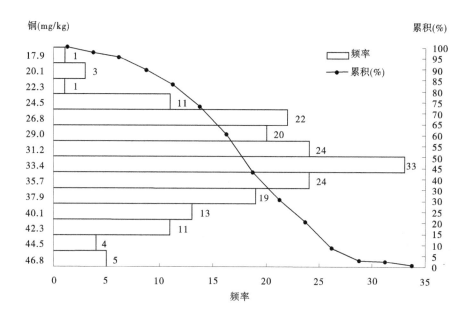

图 6-9　砂窝乡土壤铜原始数据频数分布

吴王口乡土壤铜原始数据频数分布如图 6-10 所示。

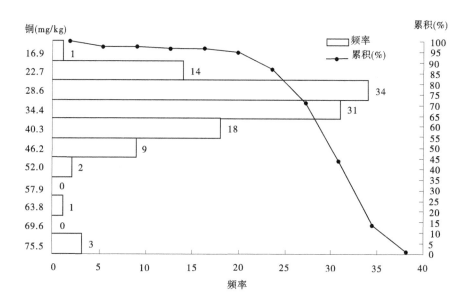

图 6-10　吴王口乡土壤铜原始数据频数分布

平阳镇土壤铜原始数据频数分布如图 6-11 所示。

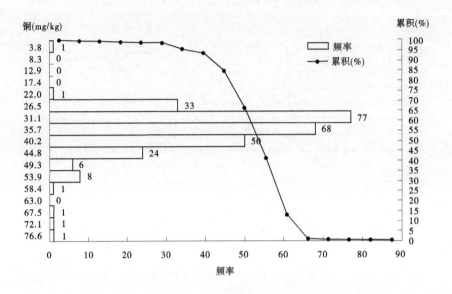

图 6-11　平阳镇土壤铜原始数据频数分布

王林口乡土壤铜原始数据频数分布如图 6-12 所示。

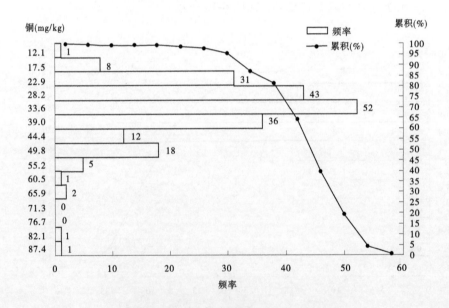

图 6-12　王林口乡土壤铜原始数据频数分布

台峪乡土壤铜原始数据频数分布如图 6-13 所示。

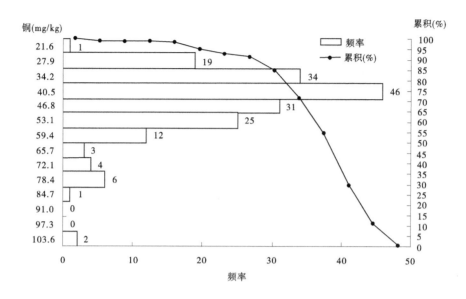

图 6-13 台峪乡土壤铜原始数据频数分布

大台乡土壤铜原始数据频数分布如图 6-14 所示。

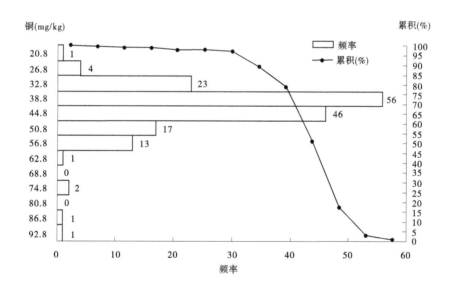

图 6-14 大台乡土壤铜原始数据频数分布

史家寨乡土壤铜原始数据频数分布如图 6-15 所示。

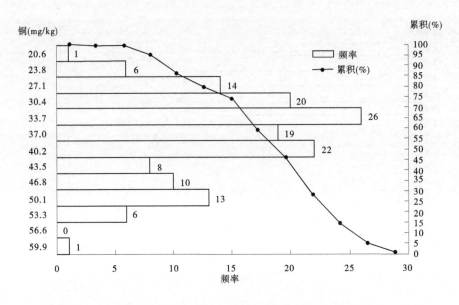

图 6-15 史家寨乡土壤铜原始数据频数分布

6.4 阜平县土壤铜统计量

6.4.1 阜平县土壤铜的统计量

阜平县耕地、林地土壤铜统计分别如表 6-3、表 6-4 所示。

表 6-3 阜平县耕地土壤铜统计   （单位:mg/kg）

区域	样本数（个）	最小值	最大值	中位值	平均值	标准差	变异系数（%）	5%	95%
阜平县	1 708	15.78	121.20	34.35	35.71	10.73	30.04	22.18	53.18
阜平镇	232	19.34	102.50	37.47	38.35	9.31	24.30	26.62	49.79
城南庄镇	293	15.78	121.20	41.76	43.62	13.82	31.69	25.82	61.48
北果园乡	105	25.92	60.28	34.46	35.84	5.77	16.11	28.95	47.82
夏庄乡	71	25.08	56.14	37.36	37.37	6.23	16.67	28.52	46.14
天生桥镇	132	17.08	38.90	27.34	27.54	3.81	13.82	21.52	33.20
龙泉关镇	120	16.08	40.72	23.74	24.11	3.71	15.40	19.20	29.42
砂窝乡	144	17.86	46.77	32.11	32.30	5.77	17.86	23.51	41.85
吴王口乡	70	16.86	58.82	27.15	29.41	7.98	27.13	20.33	45.01
平阳镇	152	20.48	54.16	33.22	33.94	6.53	19.24	24.67	45.91

续表 6-3

区域	样本数（个）	最小值	最大值	中位值	平均值	标准差	变异系数（%）	5%	95%
王林口乡	85	18.62	49.16	29.66	29.90	7.50	25.09	20.01	45.05
台峪乡	122	25.54	101.30	42.29	44.66	13.14	29.43	28.73	73.63
大台乡	95	24.62	52.73	37.32	37.71	4.86	12.88	30.56	45.37
史家寨乡	87	20.86	52.74	32.42	33.75	6.98	20.70	24.39	48.22

表 6-4　阜平县林地土壤铜统计　　　　　　（单位：mg/kg）

区域	样本数（个）	最小值	最大值	中位值	平均值	标准差	变异系数（%）	5%	95%
阜平县	1 249	3.78	167.80	33.58	35.89	12.97	36.14	20.75	56.64
阜平镇	113	11.65	117.80	35.41	38.16	15.08	39.51	20.60	69.66
城南庄镇	188	18.13	167.80	37.55	42.06	17.99	42.77	21.89	72.32
北果园乡	288	12.14	78.37	31.78	33.49	10.44	31.19	20.22	53.39
夏庄乡	41	20.11	53.94	33.96	34.74	7.93	22.81	24.32	52.10
天生桥镇	45	18.66	56.82	31.78	33.88	8.86	26.16	22.07	48.78
龙泉关镇	47	18.00	41.11	24.80	25.76	5.12	19.86	19.85	34.84
砂窝乡	47	19.73	44.90	31.96	31.90	5.97	18.71	23.22	40.55
吴王口乡	43	17.99	75.48	33.16	35.38	12.24	34.59	22.89	68.10
平阳镇	120	3.78	76.64	31.31	33.26	9.31	27.98	24.02	48.45
王林口乡	126	12.10	87.44	31.93	33.29	12.28	36.88	16.67	52.76
台峪乡	62	21.59	103.60	33.60	37.08	14.00	37.76	22.89	56.78
大台乡	70	20.80	92.84	41.44	43.19	12.68	29.35	27.81	63.67
史家寨乡	59	20.56	59.90	39.46	38.64	8.65	22.39	24.06	50.23

6.4.2　乡镇区域土壤铜的统计量

6.4.2.1　阜平镇土壤铜

阜平镇耕地、林地土壤铜统计分别如表 6-5、表 6-6 所示。

表 6-5　阜平镇耕地土壤铜统计　　　　　　（单位:mg/kg）

乡镇	村名	样本数（个）	最小值	最大值	中位值	平均值	标准差	变异系数（%）	5%	95%
阜平镇	阜平镇	232	19.34	102.50	37.47	38.35	9.31	24.30	26.62	49.79
	青沿村	4	26.44	33.62	30.43	30.23	3.26	10.80	26.78	33.40
	城厢村	2	35.21	36.70	35.96	35.96	1.05	2.90	35.28	36.63
	第一山村	1	34.46	34.46	34.46	34.46	—	—	—	—
	照旺台村	5	33.22	48.48	36.54	39.98	7.80	19.50	33.25	48.45
	原种场村	2	34.20	34.72	34.46	34.46	0.37	1.10	34.23	34.69
	白河村	2	36.24	40.06	38.15	38.15	2.70	7.10	36.43	39.87
	大元村	4	42.02	51.00	46.63	46.57	4.30	9.20	42.30	50.76
	石湖村	2	44.00	45.90	44.95	44.95	1.34	3.00	44.10	45.81
	高阜口村	10	33.90	46.13	42.07	40.78	4.27	10.50	34.14	45.65
	大道村	11	33.44	45.47	39.34	39.43	4.08	10.40	34.12	44.97
	小石坊村	5	31.45	35.36	35.18	33.88	1.91	5.60	31.59	35.34
	大石坊村	10	27.74	52.84	37.27	37.80	7.15	18.90	28.59	48.42
	黄岸底村	6	32.32	48.42	39.82	40.02	6.46	16.10	32.64	47.85
	槐树庄村	10	33.51	47.90	39.82	39.81	5.26	13.20	33.92	47.36
阜平镇	嵩路头村	10	33.36	43.23	39.56	38.55	2.89	7.50	33.97	41.88
	海沿村	10	34.44	44.12	38.22	39.02	3.30	8.50	34.83	43.75
	燕头村	10	20.73	38.84	31.82	29.87	7.21	24.10	20.91	38.73
	西沟村	5	21.06	40.89	29.25	30.38	7.49	24.70	22.20	39.50
	各达头村	10	19.34	55.13	33.15	34.91	11.15	31.90	21.55	51.07
	牛栏村	6	25.39	37.74	35.12	33.49	4.52	13.49	26.86	37.37
	苍山村	10	35.95	43.70	39.06	39.21	2.12	5.41	36.39	42.33
	柳树底村	12	30.64	46.73	36.56	37.13	4.59	12.36	31.84	44.35
	土岭村	4	35.15	38.36	35.84	36.30	1.44	3.97	35.20	38.03
	法华村	10	33.56	44.16	35.45	37.66	4.09	10.86	33.78	43.76
	东漕岭村	9	29.13	49.40	36.20	37.24	6.94	18.64	29.87	47.03
	三岭会村	5	27.59	40.41	34.30	34.06	5.75	16.88	27.87	40.13
	楼房村	6	28.94	33.67	31.10	31.16	1.89	6.08	29.13	33.36
	木匠口村	13	22.12	66.56	38.46	39.08	11.44	29.26	25.01	59.14
	龙门村	26	29.30	102.50	41.10	47.30	18.04	38.14	30.42	86.01
	色岭口村	12	23.02	49.80	37.68	37.91	9.06	23.90	23.76	49.65

表 6-6　阜平镇林地土壤铜统计　　　　　　　　（单位：mg/kg）

乡镇	村名	样本数（个）	最小值	最大值	中位值	平均值	标准差	变异系数（%）	5%	95%
阜平镇	阜平镇	113	11.65	117.80	35.41	38.16	15.08	39.51	20.60	69.66
	高阜口村	2	34.44	39.16	36.80	36.80	3.34	9.07	34.68	38.92
	大石坊村	7	19.56	38.74	34.81	32.78	6.49	19.80	22.59	38.24
	小石坊村	6	18.85	39.68	27.82	29.28	7.98	27.25	20.26	39.02
	黄岸底村	6	24.38	47.50	32.99	35.19	7.96	22.63	26.40	45.83
	槐树庄村	3	28.08	35.42	33.11	32.20	3.75	11.65	28.58	35.19
	崞路头村	7	29.21	40.10	34.13	34.03	3.96	11.64	29.39	39.39
	西沟村	2	22.19	23.96	23.08	23.08	1.25	5.42	22.28	23.87
	燕头村	3	26.84	50.92	41.56	39.77	12.14	30.52	28.31	49.98
	各达头村	5	25.71	35.41	33.00	31.19	4.75	15.23	25.87	35.40
	牛栏村	3	19.16	36.97	30.00	28.71	8.97	31.26	20.24	36.27
	海沿村	4	21.05	47.92	31.82	33.15	13.19	39.78	21.35	46.82
	苍山村	3	33.36	35.24	34.86	34.49	0.99	2.88	33.51	35.20
	土岭村	16	28.67	75.22	40.33	46.68	15.07	32.28	31.20	74.14
	楼房村	9	34.12	91.71	41.82	47.59	17.67	37.14	35.36	77.16
	木匠口村	9	15.34	43.64	37.54	31.00	10.73	34.60	17.40	42.30
	龙门村	12	28.72	117.80	36.67	47.08	25.65	54.50	29.33	92.71
	色岭口村	12	11.65	90.66	39.81	40.26	18.27	45.39	21.59	65.47
	三岭会村	4	31.16	43.82	33.45	35.47	5.68	16.02	31.44	42.33

6.4.2.2　城南庄镇土壤铜

城南庄镇耕地、林地土壤铜统计分别如表 6-7、表 6-8 所示。

表 6-7　城南庄镇耕地土壤铜统计　　　　（单位：mg/kg）

乡镇	村名	样本数（个）	最小值	最大值	中位值	平均值	标准差	变异系数（%）	5%	95%
城南庄镇	城南庄镇	293	15.78	121.20	41.76	43.62	13.82	31.69	25.82	61.48
	岔河村	24	27.54	58.78	37.92	38.55	7.61	19.74	28.13	49.78
	三官村	12	25.89	40.87	28.48	31.77	5.53	17.42	26.73	40.54
	麻棚村	12	15.78	47.47	26.26	28.34	8.30	29.28	17.69	41.52
	大岸底村	18	25.48	71.69	25.95	33.87	12.78	37.72	25.58	54.29
	北桑地村	10	25.14	61.76	45.52	40.69	13.18	32.38	25.56	57.36
	井沟村	18	34.48	100.20	44.22	48.42	16.14	33.34	35.57	79.56
	栗树漕村	30	26.89	74.14	44.96	45.80	10.45	22.82	34.78	61.61
	易家庄村	18	23.70	88.53	45.28	47.14	15.91	33.75	31.61	79.38
	万宝庄村	13	32.06	57.76	46.96	46.36	6.83	14.72	34.35	56.44
	华山村	12	43.97	120.80	55.00	65.97	25.56	38.75	45.32	112.11
	南安村	9	32.12	68.41	42.84	44.32	11.99	27.06	32.83	62.49
	向阳庄村	4	40.40	47.34	42.98	43.43	2.90	6.67	40.73	46.75
	福子峪村	5	40.39	45.74	41.62	42.61	2.50	5.86	40.41	45.55
	宋家沟村	10	39.18	56.18	51.31	49.31	6.08	12.33	39.60	55.27
	石猴村	5	44.28	59.84	46.88	49.22	6.23	12.65	44.56	57.76
	北工村	5	37.18	47.90	44.28	43.38	4.62	10.64	37.79	47.79
	顾家沟村	11	31.95	58.16	50.62	46.92	9.37	19.98	32.78	58.09
	城南庄村	20	27.56	53.82	36.35	38.03	5.69	14.97	33.15	48.42
	谷家庄村	16	32.22	61.30	42.49	44.19	9.63	21.80	32.41	57.66
	后庄村	13	32.14	47.46	41.32	41.07	4.30	10.47	34.54	46.32
	南台村	28	32.36	121.20	46.16	48.88	17.85	36.53	33.48	75.93

表 6-8　城南庄镇林地土壤铜统计　　　（单位：mg/kg）

乡镇	村名	样本数（个）	最小值	最大值	中位值	平均值	标准差	变异系数（%）	5%	95%
城南庄镇	城南庄镇	188	18.13	167.80	37.55	42.06	17.99	42.77	21.89	72.32
	三官村	3	24.10	35.29	33.62	31.00	6.04	19.47	25.05	35.12
	岔河村	23	18.60	167.80	30.93	38.38	30.20	78.70	21.23	69.84
	麻棚村	9	18.13	32.93	21.96	23.82	5.00	21.00	18.99	31.66
	大岸底村	3	30.72	38.56	32.78	34.02	4.06	11.95	30.93	37.98
	井沟村	9	30.26	52.55	46.00	44.13	7.87	17.83	32.70	52.46
	栗树漕村	10	30.59	45.90	37.55	38.67	5.45	14.08	31.54	45.87
	南台村	12	25.49	52.16	35.42	38.09	9.12	23.96	26.83	52.14
	后庄村	18	21.85	54.76	32.81	36.08	9.93	27.52	24.41	53.57
	谷家庄村	7	19.74	107.50	29.70	43.17	31.89	73.87	19.76	91.35
	福子峪村	25	23.38	82.15	40.73	44.11	15.19	34.43	25.60	74.38
	向阳庄村	5	36.44	114.90	50.76	59.81	31.35	52.41	38.37	102.10
	南安村	2	29.66	56.00	42.83	42.83	18.63	43.49	30.98	54.68
	城南庄村	4	28.03	33.43	30.29	30.51	2.69	8.83	28.09	33.24
	万宝庄村	8	38.29	60.18	45.49	46.07	6.85	14.88	39.18	56.61
	华山村	2	31.92	52.85	42.39	42.39	14.80	34.92	32.97	51.80
	易家庄村	3	27.59	35.00	34.86	32.48	4.24	13.05	28.32	34.99
	宋家沟村	12	29.00	96.54	42.73	48.52	19.34	39.86	30.55	79.07
	石猴村	5	35.42	62.40	42.54	44.89	10.25	22.83	36.54	58.53
	北工村	18	31.86	79.57	55.54	54.93	13.90	25.30	33.18	78.68
	顾家沟村	10	33.36	66.94	47.38	46.66	11.68	25.04	33.93	61.85

6.4.2.3　北果园乡土壤铜

北果园乡耕地、林地土壤铜统计分别如表 6-9、表 6-10 所示。

表 6-9　北果园乡耕地土壤铜统计　　　　　（单位:mg/kg）

乡镇	村名	样本数（个）	最小值	最大值	中位值	平均值	标准差	变异系数（%）	5%	95%
	北果园乡	105	25.92	60.28	34.46	35.84	5.77	16.11	28.95	47.82
	古洞村	3	48.48	60.28	50.42	53.06	6.33	11.93	48.67	59.29
	魏家峪村	4	29.92	43.80	34.47	35.67	6.04	16.94	30.31	42.69
	水泉村	2	32.66	32.74	32.70	32.70	0.06	0.17	32.66	32.74
	城铺村	2	30.92	32.10	31.51	31.51	0.83	2.65	30.98	32.04
	黄连峪村	2	32.24	38.46	35.35	35.35	4.40	12.44	32.55	38.15
	革新庄村	2	37.69	51.48	44.59	44.59	9.75	21.87	38.38	50.79
	卞家峪村	2	36.47	37.18	36.83	36.83	0.50	1.36	36.51	37.14
	李家庄村	5	31.68	41.87	39.50	37.66	4.28	11.37	32.30	41.59
	下庄村	2	32.80	37.52	35.16	35.16	3.34	9.49	33.04	37.28
	光城村	3	31.36	33.68	33.62	32.89	1.32	4.02	31.59	33.67
	崔家庄村	9	28.92	35.68	31.46	32.03	2.48	7.76	28.99	35.47
	倪家洼村	4	27.92	34.18	28.90	29.98	2.86	9.53	28.01	33.45
北果园乡	乡细沟村	6	28.31	36.82	32.95	33.11	3.10	9.37	29.15	36.62
	草场口村	3	29.29	42.44	32.09	34.61	6.93	20.02	29.57	41.41
	张家庄村	3	34.42	40.33	34.71	36.49	3.33	9.13	34.45	39.77
	惠民湾村	5	29.46	36.63	33.38	33.21	2.66	8.00	30.00	36.18
	北果园村	9	28.64	38.68	33.64	33.32	3.48	10.43	29.19	38.13
	槐树底村	4	30.20	35.24	31.73	32.23	2.44	7.56	30.21	34.93
	吴家沟村	7	33.08	41.36	34.86	35.74	2.78	7.78	33.43	40.14
	广安村	5	36.16	48.67	40.96	42.85	5.33	12.45	37.03	48.53
	抬头湾村	4	37.54	42.74	40.62	40.38	2.16	5.36	37.95	42.48
	店房村	6	25.92	42.65	34.02	33.89	5.48	16.16	27.25	40.87
	固镇村	6	32.29	45.50	38.19	38.05	4.53	11.90	32.88	44.00
	营岗村	2	43.81	47.27	45.54	45.54	2.45	5.37	43.98	47.10
	半沟村	2	32.98	39.23	36.11	36.11	4.42	12.24	33.29	38.92
	小花沟村	1	29.26	29.26	29.26	29.26	—	—	29.26	29.26
	东山村	2	38.31	39.15	38.73	38.73	0.59	1.53	38.35	39.11

表 6-10　北果园乡林地土壤铜统计　　　　　（单位：mg/kg）

乡镇	村名	样本数（个）	最小值	最大值	中位值	平均值	标准差	变异系数（%）	5%	95%
	北果园乡	288	12.14	78.37	31.78	33.49	10.44	31.19	20.22	53.39
	黄连峪村	7	25.48	54.74	45.81	43.78	9.65	22.05	29.71	54.07
	东山村	5	23.10	38.13	33.10	32.55	5.89	18.10	24.82	37.85
	东城铺村	22	19.68	58.92	29.45	32.67	10.52	32.19	21.03	55.90
	革新庄村	20	25.04	69.98	38.48	41.64	10.67	25.62	30.81	56.78
	水泉村	12	22.64	70.15	34.98	37.13	12.66	34.10	23.94	58.17
	古洞村	15	18.85	76.86	27.00	35.77	17.47	48.84	19.63	63.79
	下庄村	11	24.08	78.37	40.16	43.28	16.41	37.91	24.08	68.15
	魏家峪村	10	23.82	59.94	34.32	35.42	11.30	31.91	24.24	51.71
	卞家峪村	26	21.72	57.56	32.00	33.41	7.70	23.05	24.55	45.52
	李家庄村	15	20.21	40.62	28.22	28.92	5.39	18.64	20.92	36.49
	小花沟村	9	25.12	51.66	27.74	30.93	8.29	26.81	25.53	45.01
	半沟村	10	18.70	48.09	24.84	26.38	8.62	32.68	19.20	40.83
北果园乡	营岗村	7	18.86	37.38	25.10	27.82	6.98	25.09	19.78	36.83
	光城村	3	12.14	37.67	22.71	24.17	12.83	53.07	13.20	36.17
	崔家庄村	9	20.25	47.39	31.84	33.67	7.84	23.29	23.62	44.61
	北果园村	13	22.93	48.44	38.33	37.42	7.01	18.73	26.27	45.37
	槐树底村	8	19.85	34.26	29.64	29.34	4.44	15.12	22.79	33.76
	吴家沟村	18	24.72	51.86	33.21	33.09	6.22	18.78	25.22	42.81
	抬头窝村	6	21.17	60.67	31.96	34.56	13.49	39.03	23.14	53.64
	广安村	5	28.87	45.68	36.34	37.23	6.99	18.78	29.59	45.10
	店房村	12	26.18	50.54	34.48	35.09	6.83	19.48	26.33	45.08
	固镇村	5	26.45	49.66	37.96	37.33	10.11	27.08	26.77	48.63
	倪家洼村	5	16.84	40.02	25.45	26.69	8.92	33.41	17.70	38.02
	细沟村	9	19.36	35.88	26.13	26.84	4.76	17.73	20.80	33.96
	草场口村	4	23.66	30.88	27.07	27.17	3.78	13.92	23.74	30.74
	惠民湾村	14	12.90	34.18	27.10	26.14	6.59	25.21	14.99	33.63
	张家庄村	8	18.88	43.58	28.36	28.52	8.07	28.29	19.67	40.32

6.4.2.4 夏庄乡土壤铜

夏庄乡耕地、林地土壤铜统计分别如表 6-11、表 6-12 所示。

表 6-11　夏庄乡耕地土壤铜统计　　　　　（单位:mg/kg）

乡镇	村名	样本数（个）	最小值	最大值	中位值	平均值	标准差	变异系数（%）	5%	95%
夏庄乡	夏庄乡	71	25.08	56.14	37.36	37.37	6.23	16.67	28.52	46.14
	夏庄村	26	28.68	48.64	38.34	38.56	5.28	13.69	31.06	46.28
	菜池村	22	25.08	56.14	38.87	38.01	8.47	22.29	27.41	55.56
	二道庄村	7	28.36	37.10	31.60	31.68	2.96	9.35	28.53	35.94
	面盆村	13	28.14	41.56	37.80	37.58	3.52	9.36	31.61	41.47
	羊道村	3	32.28	38.52	33.83	34.88	3.25	9.32	32.44	38.05

表 6-12　夏庄乡林地土壤铜统计　　　　　（单位:mg/kg）

乡镇	村名	样本数（个）	最小值	最大值	中位值	平均值	标准差	变异系数（%）	5%	95%
夏庄乡	夏庄乡	41	20.11	53.94	33.96	34.74	7.93	22.81	24.32	52.10
	菜池村	12	20.11	53.94	30.34	34.72	12.39	35.69	22.43	53.69
	夏庄村	8	28.00	46.98	38.79	38.02	6.50	17.10	29.27	45.93
	二道庄村	9	23.73	40.88	33.77	32.28	5.43	16.82	24.94	39.24
	面盆村	7	30.48	40.98	35.24	35.52	3.61	10.17	31.16	40.40
	羊道村	5	28.32	38.16	32.61	32.86	3.57	10.87	28.97	37.26

6.4.2.5 天生桥镇土壤铜

天生桥镇耕地、林地土壤铜统计分别如表 6-13、表 6-14 所示。

表 6-13　天生桥镇耕地土壤铜统计　　　　　（单位:mg/kg）

乡镇	村名	样本数（个）	最小值	最大值	中位值	平均值	标准差	变异系数（%）	5%	95%
天生桥镇	天生桥镇	132	17.08	38.90	27.34	27.54	3.81	13.82	21.52	33.20
	不老树村	18	26.74	38.90	29.59	30.19	3.29	10.90	27.03	36.61
	龙王庙村	22	22.76	36.55	26.88	27.58	3.19	11.57	24.09	31.54
	大车沟村	3	23.90	26.44	25.86	25.40	1.33	5.24	24.10	26.38
	南栗元铺村	14	23.60	33.14	28.39	28.96	2.88	9.95	25.12	33.02
	北栗元铺村	15	25.02	34.90	29.12	28.98	3.04	10.48	25.09	33.77

续表 6-13

乡镇	村名	样本数（个）	最小值	最大值	中位值	平均值	标准差	变异系数（%）	5%	95%
天生桥镇	红草河村	5	28.86	32.68	29.12	30.27	1.81	5.99	28.87	32.49
	罗家庄村	5	25.99	32.00	27.98	28.58	2.38	8.34	26.21	31.58
	东下关村	8	24.14	34.28	31.30	30.36	3.59	11.84	24.64	33.93
	朱家营村	13	21.82	32.88	25.14	26.17	3.34	12.78	22.48	32.15
	沿台村	6	19.92	28.55	23.15	23.50	3.08	13.09	20.23	27.68
	大教厂村	13	17.08	32.20	24.20	24.39	3.89	15.96	19.17	29.56
	西下关村	6	22.31	25.12	24.25	24.03	1.02	4.25	22.60	25.03
	塔沟村	4	20.12	25.70	21.57	22.24	2.65	11.93	20.13	25.28

表 6-14　天生桥镇林地土壤铜统计　　　　　　（单位：mg/kg）

乡镇	村名	样本数（个）	最小值	最大值	中位值	平均值	标准差	变异系数（%）	5%	95%
天生桥镇	天生桥镇	45	18.66	56.82	31.78	33.88	8.86	26.16	22.07	48.78
	不老树村	4	30.58	35.51	32.28	32.66	2.23	6.82	30.68	35.18
	龙王庙村	9	27.58	51.65	41.14	41.04	7.38	17.98	30.30	49.63
	大车沟村	2	28.82	39.16	33.99	33.99	7.31	21.51	29.34	38.64
	北栗元铺村	2	26.42	32.85	29.64	29.64	4.55	15.34	26.74	32.53
	南栗元铺村	2	41.65	41.84	41.75	41.75	0.13	0.32	41.66	41.83
	红草河村	5	18.66	49.32	40.96	39.02	12.05	30.89	22.86	48.76
	天生桥村	2	27.90	28.74	28.32	28.32	0.59	2.10	27.94	28.70
	罗家庄村	3	20.01	26.18	23.96	23.38	3.13	13.36	20.41	25.96
	塔沟村	2	37.30	56.82	47.06	47.06	13.80	29.33	38.28	55.84
	西下关村	2	31.78	36.56	34.17	34.17	3.38	9.89	32.02	36.32
	大教厂村	2	21.82	23.09	22.46	22.46	0.90	4.00	21.88	23.03
	沿台村	2	24.62	26.23	25.43	25.43	1.14	4.48	24.70	26.15
	朱家营村	8	24.30	33.88	29.62	29.23	2.70	9.22	25.53	32.63

6.4.2.6　龙泉关镇土壤铜

龙泉关镇耕地、林地土壤铜统计分别如表 6-15、表 6-16 所示。

表 6-15　龙泉关镇耕地土壤铜统计　　　　　（单位：mg/kg）

乡镇	村名	样本数（个）	最小值	最大值	中位值	平均值	标准差	变异系数（%）	5%	95%
龙泉关镇	龙泉关镇	120	16.08	40.72	23.74	24.11	3.71	15.40	19.20	29.42
	骆驼湾村	8	20.02	25.98	23.42	23.12	2.26	9.79	20.15	25.61
	大胡卜村	3	18.61	27.61	22.17	22.80	4.53	19.88	18.97	27.07
	黑林沟村	4	18.68	23.70	21.08	21.14	2.05	9.70	19.04	23.31
	印钞石村	8	16.08	21.69	19.24	19.05	1.77	9.29	16.65	21.24
	黑崖沟村	16	19.20	24.02	21.07	21.47	1.33	6.19	19.89	23.49
	西刘庄村	16	21.03	27.76	24.50	24.57	2.14	8.69	21.61	27.25
	龙泉关村	18	22.26	37.30	25.46	26.07	4.36	16.71	22.28	36.91
	顾家台村	5	25.44	40.72	28.92	30.79	6.20	20.14	25.62	39.09
	青羊沟村	4	25.03	26.32	25.72	25.70	0.69	2.67	25.05	26.31
	北刘庄村	13	21.80	27.96	26.06	25.55	1.76	6.87	22.95	27.76
	八里庄村	13	21.96	32.08	24.11	24.62	3.08	12.50	22.01	30.40
	平石头村	12	20.82	32.76	23.21	23.97	3.06	12.77	21.33	28.70

表 6-16　龙泉关镇林地土壤铜统计　　　　　（单位：mg/kg）

乡镇	村名	样本数（个）	最小值	最大值	中位值	平均值	标准差	变异系数（%）	5%	95%
龙泉关镇	龙泉关镇	47	18.00	41.11	24.80	25.76	5.12	19.86	19.85	34.84
	平石头村	6	21.42	29.80	23.89	25.13	3.30	13.12	21.87	29.49
	八里庄村	5	19.24	25.38	20.90	21.39	2.34	10.95	19.46	24.52
	北刘庄村	6	18.00	24.92	20.97	21.40	2.57	12.02	18.44	24.65
	大胡卜村	2	20.10	20.40	20.25	20.25	0.21	1.05	20.12	20.39
	黑林沟村	3	20.40	29.53	27.03	25.65	4.72	18.39	21.06	29.28
	骆驼湾村	6	23.80	34.77	24.97	27.18	4.40	16.19	23.92	33.64
	顾家台村	2	29.84	37.82	33.83	33.83	5.64	16.68	30.24	37.42
	青羊沟村	1	34.87	34.87	34.87	34.87	—	—	34.87	34.87
	龙泉关村	2	31.26	41.11	36.19	36.19	6.97	19.25	31.75	40.62
	西刘庄村	6	20.36	31.00	24.66	25.14	4.24	16.88	20.54	30.53
	黑崖沟村	5	22.80	27.54	26.06	25.83	1.80	6.97	23.45	27.37
	印钞石村	3	28.26	31.14	29.92	29.77	1.45	4.86	28.43	31.02

6.4.2.7　砂窝乡土壤铜

砂窝乡耕地、林地土壤铜统计分别如表 6-17、表 6-18 所示。

表 6-17　砂窝乡耕地土壤铜统计　　　　　（单位：mg/kg）

乡镇	村名	样本数（个）	最小值	最大值	中位值	平均值	标准差	变异系数（%）	5%	95%
砂窝乡	砂窝乡	144	17.86	46.77	32.11	32.30	5.77	17.86	23.51	41.85
	大柳树村	10	17.86	32.14	26.17	24.82	5.06	20.38	18.30	31.98
	下堡村	8	24.62	34.48	31.22	30.96	3.45	11.15	25.64	34.47
	盘龙台村	6	23.66	33.03	28.50	28.15	3.37	11.98	24.04	32.27
	林当沟村	12	26.98	40.43	32.38	32.93	4.62	14.03	27.23	39.87
	上堡村	14	23.26	46.32	33.04	34.01	5.05	14.84	28.51	40.77
	黑印台村	8	29.54	40.24	37.54	37.07	3.35	9.04	31.93	40.10
	碾子沟门村	13	30.96	43.26	37.65	37.05	4.04	10.90	31.54	42.76
	百亩台村	17	23.91	46.77	35.53	35.46	6.10	17.21	24.30	45.77
	龙王庄村	11	24.27	40.72	29.61	31.04	5.18	16.67	25.18	39.73
	砂窝村	11	27.30	43.70	34.09	34.17	4.60	13.47	28.53	41.06
	河彩村	5	27.92	34.16	31.06	30.82	2.38	7.72	28.20	33.66
	龙王沟村	7	30.69	45.71	34.20	35.77	5.07	14.18	31.31	43.71
	仙湾村	6	28.38	40.58	31.06	32.29	4.31	13.33	28.83	38.56
	砂台村	6	25.36	31.54	27.10	27.82	2.57	9.23	25.40	31.23
	全庄村	10	22.44	28.60	25.62	25.24	1.83	7.25	22.67	27.61

表 6-18　砂窝乡林地土壤铜统计　　　　　（单位：mg/kg）

乡镇	村名	样本数（个）	最小值	最大值	中位值	平均值	标准差	变异系数（%）	5%	95%
砂窝乡	砂窝乡	47	19.73	44.90	31.96	31.90	5.97	18.71	23.22	40.55
	下堡村	2	29.22	31.96	30.59	30.59	1.94	6.33	29.36	31.82
	盘龙台村	2	25.53	35.03	30.28	30.28	6.72	22.18	26.01	34.56
	林当沟村	4	19.73	40.59	38.33	34.24	9.87	28.81	22.22	40.55
	上堡村	3	29.94	32.23	31.99	31.39	1.26	4.01	30.15	32.21
	碾子沟门村	3	23.54	38.20	37.86	33.20	8.37	25.20	24.97	38.17
	黑印台村	4	27.09	40.46	36.59	35.18	5.78	16.42	28.34	40.06
	大柳树村	4	26.31	30.32	27.13	27.72	1.78	6.41	26.42	29.86
	全庄村	2	29.41	44.90	37.16	37.16	10.95	29.48	30.18	44.13

续表 6-18

乡镇	村名	样本数（个）	最小值	最大值	中位值	平均值	标准差	变异系数（%）	5%	95%
砂窝乡	百亩台村	2	29.22	35.58	32.40	32.40	4.50	13.88	29.54	35.26
	龙王庄村	2	32.08	40.34	36.21	36.21	5.84	16.13	32.49	39.93
	龙王沟村	4	28.04	37.30	36.05	34.36	4.34	12.63	29.08	37.27
	河彩村	6	23.01	35.51	25.92	27.97	5.58	19.96	23.03	35.23
	砂窝村	5	25.59	43.82	26.88	30.74	7.57	24.63	25.80	41.21
	砂台村	2	25.54	30.24	27.89	27.89	3.32	11.92	25.78	30.01
	仙湾村	2	32.38	36.34	34.36	34.36	2.80	8.15	32.58	36.14

6.4.2.8　吴王口乡土壤铜

吴王口乡耕地、林地土壤铜统计分别如表 6-19、表 6-20 所示。

表 6-19　吴王口乡耕地土壤铜统计　　　　　　　　　　（单位:mg/kg）

乡镇	村名	样本数（个）	最小值	最大值	中位值	平均值	标准差	变异系数（%）	5%	95%
吴王口乡	吴王口乡	70	16.86	58.82	27.15	29.41	7.98	27.13	20.33	45.01
	银河村	3	23.54	39.28	26.94	29.92	8.28	27.68	23.88	38.05
	南辛庄村	1	22.37	22.37	22.37	22.37	—	—	22.37	22.37
	三岔村	1	22.70	22.70	22.70	22.70	—	—	22.70	22.70
	寿长寺村	2	20.86	26.80	23.83	23.83	4.20	17.63	21.16	26.50
	南庄旺村	2	43.81	50.98	47.40	47.40	5.07	10.70	44.17	50.62
	岭东村	11	19.90	58.82	31.83	32.26	9.98	30.94	20.89	46.56
	桃园坪村	10	26.26	45.66	31.27	33.23	6.80	20.46	26.67	45.01
	周家河村	2	24.25	26.50	25.38	25.38	1.59	6.27	24.36	26.39
	不老台村	5	23.74	37.70	28.71	30.43	5.96	19.60	24.28	37.26
	石滩地村	9	22.20	30.82	26.17	26.80	2.63	9.81	23.20	30.56
	邓家庄村	11	18.34	37.90	24.56	24.74	5.55	22.40	18.40	34.09
	吴王口村	6	16.86	31.28	26.07	25.72	5.04	19.59	18.76	30.86
	黄草洼村	7	21.70	49.36	27.66	32.01	10.47	32.72	22.17	46.66

表 6-20　吴王口乡林地土壤铜统计　　　　　（单位:mg/kg）

乡镇	村名	样本数（个）	最小值	最大值	中位值	平均值	标准差	变异系数（%）	5%	95%
吴王口乡	吴王口乡	43	17.99	75.48	33.16	35.38	12.24	34.59	22.89	68.10
	石滩地村	4	29.44	37.24	31.71	32.53	3.47	10.67	29.60	36.60
	邓家庄村	4	23.48	30.07	25.79	26.28	2.94	11.18	23.64	29.62
	吴王口村	2	26.11	27.19	26.65	26.65	0.76	2.87	26.16	27.14
	周家河村	3	26.96	33.07	29.12	29.72	3.10	10.43	27.18	32.68
	不老台村	6	20.80	43.64	34.70	33.67	8.02	23.81	22.88	42.49
	黄草洼村	1	35.88	35.88	35.88	35.88	—	—	35.88	35.88
	岭东村	9	32.60	70.80	36.06	40.44	11.75	29.07	33.43	59.70
	南庄旺村	4	22.86	75.48	43.07	46.12	21.77	47.21	25.85	70.66
	寿长寺村	2	31.04	43.84	37.44	37.44	9.05	24.17	31.68	43.20
	银河村	1	23.20	23.20	23.20	23.20	—	—	23.20	23.20
	南辛庄村	1	30.60	30.60	30.60	30.60	—	—	30.60	30.60
	三岔村	1	34.29	34.29	34.29	34.29	—	—	34.29	34.29
	桃园坪村	5	17.99	73.60	33.66	38.84	20.69	53.27	20.98	66.09

6.4.2.9　平阳镇土壤铜

平阳镇耕地、林地土壤铜统计分别如表 6-21、表 6-22 所示。

表 6-21　平阳镇耕地土壤铜统计　　　　　（单位:mg/kg）

乡镇	村名	样本数（个）	最小值	最大值	中位值	平均值	标准差	变异系数（%）	5%	95%
平阳镇	平阳镇	152	20.48	54.16	33.22	33.94	6.53	19.24	24.67	45.91
	康家峪村	14	20.48	45.34	28.09	30.18	7.22	23.93	21.68	44.20
	皂火峪村	5	28.70	38.38	31.88	32.26	3.90	12.09	28.79	37.34
	白山村	1	30.42	30.42	30.42	30.42	—	—	30.42	30.42
	北庄村	14	26.16	50.95	38.53	37.83	6.55	17.31	28.80	48.12
	黄岸村	5	34.29	40.66	34.96	36.49	2.67	7.32	34.41	40.06
	长角村	3	32.10	34.86	34.08	33.68	1.42	4.22	32.30	34.78
	石湖村	3	37.86	40.62	38.71	39.06	1.41	3.62	37.95	40.43
	车道村	2	35.76	39.57	37.67	37.67	2.69	7.15	35.95	39.38
	东板峪村	8	27.46	38.50	35.16	33.81	4.43	13.10	27.57	38.34

续表 6-21

乡镇	村名	样本数（个）	最小值	最大值	中位值	平均值	标准差	变异系数（%）	5%	95%
平阳镇	罗峪村	6	30.40	42.16	35.66	35.77	4.64	12.98	30.69	41.42
	铁岭村	4	31.55	49.88	32.98	36.85	8.71	23.65	31.76	47.35
	王快村	9	33.13	54.16	48.32	45.08	7.41	16.45	34.84	53.55
	平阳村	11	30.47	40.62	33.27	33.69	3.14	9.33	30.79	38.93
	上平阳村	8	30.50	43.36	39.69	38.62	4.42	11.45	31.82	42.88
	白家峪村	11	31.20	43.50	34.40	35.44	4.15	11.70	31.56	43.01
	立彦头村	10	27.99	34.14	28.84	29.71	2.02	6.80	28.06	33.20
	冯家口村	9	22.26	41.24	31.59	30.67	6.79	22.14	22.32	40.14
	土门村	14	24.47	38.91	29.22	30.04	3.93	13.09	25.98	36.86
	台南村	2	22.22	31.01	26.62	26.62	6.22	23.35	22.66	30.57
	北水峪村	8	23.62	33.74	25.18	26.67	3.39	12.69	23.97	32.31
	山咀头村	3	28.44	32.58	32.02	31.01	2.25	7.24	28.80	32.52
	各老村	2	38.79	39.07	38.93	38.93	0.20	0.51	38.80	39.06

表 6-22　平阳镇林地土壤铜统计　　　　（单位：mg/kg）

乡镇	村名	样本数（个）	最小值	最大值	中位值	平均值	标准差	变异系数（%）	5%	95%
平阳镇	平阳镇	120	3.78	76.64	31.31	33.26	9.31	27.98	24.02	48.45
	康家峪村	8	25.34	39.50	32.51	32.80	5.22	15.91	25.77	39.00
	石湖村	4	26.75	38.56	30.27	31.46	5.10	16.20	27.11	37.49
	长角村	7	25.50	47.84	35.05	34.30	7.69	22.42	26.03	44.98
	黄岸村	7	24.06	34.04	28.48	29.16	3.41	11.70	24.81	33.28
	车道村	7	39.30	53.23	42.06	45.07	5.62	12.47	39.62	52.25
	东板峪村	5	27.78	40.59	35.89	35.28	5.35	15.15	28.68	40.44
	北庄村	8	26.10	40.92	30.61	31.79	4.56	14.33	26.93	38.80
	皂火峪村	4	27.88	44.06	32.76	34.37	7.54	21.95	28.04	42.94
	白家峪村	6	25.88	34.70	26.90	28.15	3.26	11.58	26.11	32.96
	土门村	6	29.62	63.22	39.01	41.03	11.52	28.08	31.08	57.39
	立彦头村	5	24.61	70.94	27.80	36.26	19.63	54.15	24.77	63.26
	冯家口村	11	23.22	43.00	38.26	34.73	7.27	20.95	23.82	42.57

续表 6-22

乡镇	村名	样本数（个）	最小值	最大值	中位值	平均值	标准差	变异系数（%）	5%	95%
平阳镇	罗峪村	4	29.00	76.64	31.63	42.23	22.98	54.43	29.31	69.97
	白山村	6	24.71	45.09	30.10	33.71	8.94	26.53	25.41	45.00
	铁岭村	4	24.90	35.52	29.92	30.06	4.47	14.86	25.46	34.88
	王快村	4	31.98	48.40	34.85	37.52	7.70	20.53	32.00	46.77
	各老村	6	26.44	39.38	28.42	29.71	4.83	16.25	26.55	36.72
	山咀头村	1	22.06	22.06	22.06	22.06	—	—	22.06	22.06
	台南村	1	22.48	22.48	22.48	22.48	—	—	22.48	22.48
	北水峪村	5	23.32	31.82	26.75	27.77	3.34	12.03	24.00	31.51
	上平阳村	4	3.78	31.02	27.47	22.43	12.75	56.84	6.92	30.90
	平阳村	7	22.65	34.34	28.58	29.12	4.01	13.77	24.19	34.23

6.4.2.10　王林口乡土壤铜

王林口乡耕地、林地土壤铜统计分别如表 6-23、表 6-24 所示。

表 6-23　王林口乡耕地土壤铜统计　　　　　　　　　　（单位:mg/kg）

乡镇	村名	样本数（个）	最小值	最大值	中位值	平均值	标准差	变异系数（%）	5%	95%
王林口乡	王林口乡	85	18.62	49.16	29.66	29.90	7.50	25.09	20.01	45.05
	五丈湾村	3	27.02	33.14	27.04	29.07	3.53	12.14	27.02	32.53
	马坊村	5	26.98	37.36	28.30	30.36	4.18	13.76	27.22	36.08
	刘家沟村	2	21.52	21.52	21.52	21.52	0.00	0.00	21.52	21.52
	辛庄村	6	23.52	34.52	28.59	28.69	4.67	16.28	23.53	34.23
	南刁窝村	3	23.70	27.48	23.80	24.99	2.15	8.62	23.71	27.11
	马驹石村	6	23.50	35.21	24.34	27.36	5.33	19.47	23.54	34.69
	南湾村	4	20.78	25.54	21.89	22.53	2.18	9.70	20.82	25.12
	上庄村	4	23.23	34.96	31.40	30.25	5.17	17.09	24.19	34.69
	方太口村	7	25.63	35.98	30.26	30.69	3.96	12.91	26.04	35.36
	西庄村	3	30.04	34.68	32.75	32.49	2.33	7.17	30.31	34.49
	东庄村	5	19.99	36.16	35.08	29.79	8.01	26.91	20.42	36.04
	董家口村	6	20.10	35.62	32.01	28.98	6.84	23.60	20.22	35.11
	神台村	5	25.46	39.61	35.18	33.68	5.77	17.13	26.44	39.25
	南峪村	4	18.62	33.52	22.98	24.53	6.38	26.01	19.14	32.07

续表 6-23

乡镇	村名	样本数(个)	最小值	最大值	中位值	平均值	标准差	变异系数(%)	5%	95%
王林口乡	寺口村	4	20.87	30.93	26.87	26.38	4.53	17.15	21.44	30.65
	瓦泉沟村	3	32.04	33.48	32.82	32.78	0.72	2.20	32.12	33.41
	东王林口村	2	32.94	49.07	41.01	41.01	11.41	27.82	33.75	48.26
	前岭村	6	18.83	49.16	19.80	28.17	13.85	49.16	18.86	47.49
	西王林口村	5	21.77	47.38	45.06	41.12	10.86	26.42	26.42	47.18
	马沙沟村	2	34.52	40.74	37.63	37.63	4.40	11.69	34.83	40.43

表 6-24 王林口乡林地土壤铜统计 (单位:mg/kg)

乡镇	村名	样本数(个)	最小值	最大值	中位值	平均值	标准差	变异系数(%)	5%	95%
王林口乡	王林口乡	126	12.10	87.44	31.93	33.29	12.28	36.88	16.67	52.76
	刘家沟村	4	33.01	45.88	38.79	39.12	6.39	16.34	33.21	45.48
	马沙沟村	3	28.12	37.19	35.45	33.59	4.81	14.33	28.85	37.02
	南峪村	9	23.81	87.44	32.39	38.20	19.80	51.84	24.33	70.49
	董家口村	6	16.62	30.74	28.34	26.14	5.63	21.53	18.04	30.69
	五丈湾村	9	24.30	51.38	44.46	40.80	9.09	22.28	27.52	50.40
	马坊村	5	29.92	53.22	45.99	42.98	9.98	23.22	31.00	52.66
	东庄村	8	28.66	40.39	32.59	33.77	4.36	12.93	29.00	39.78
	寺口村	4	23.96	34.90	32.85	31.14	5.04	16.18	25.07	34.82
	东王林口村	3	34.17	39.41	35.55	36.38	2.72	7.47	34.31	39.02
	神台村	7	23.68	44.74	34.60	33.88	7.22	21.31	24.36	43.03
	西王林口村	4	16.82	31.99	22.81	23.61	6.76	28.65	17.25	31.08
	前岭村	9	13.30	46.13	28.50	28.45	9.29	32.64	16.81	42.35
	方太口村	4	15.76	59.40	20.69	29.13	20.34	69.81	16.32	53.78
	上庄村	4	20.14	37.04	23.32	25.96	7.83	30.18	20.23	35.37
	南湾村	4	27.56	33.55	29.27	29.91	2.62	8.75	27.71	33.01
	西庄村	4	31.44	44.51	32.56	35.27	6.21	17.61	31.50	42.82
	马驹石村	9	16.02	50.46	25.33	30.70	12.43	40.49	16.53	49.02
	辛庄村	10	18.98	39.18	29.73	30.24	6.70	22.16	20.28	38.33
	瓦泉沟村	10	15.48	32.06	21.35	22.65	5.89	25.99	15.50	31.68
	南刁窝村	10	12.10	81.65	46.58	47.74	19.58	41.01	18.33	73.19

6.4.2.11　台峪乡土壤铜

台峪乡耕地、林地土壤铜统计分别如表 6-25、表 6-26 所示。

表 6-25　台峪乡耕地土壤铜统计　　　　　　　　（单位:mg/kg）

乡镇	村名	样本数（个）	最小值	最大值	中位值	平均值	标准差	变异系数（%）	5%	95%
台峪乡	台峪乡	122	25.54	101.30	42.29	44.66	13.14	29.43	28.73	73.63
	井尔沟村	16	25.54	49.84	38.58	38.82	6.16	15.86	30.07	48.81
	台峪村	25	30.64	77.86	50.10	50.29	16.23	32.27	32.63	77.22
	营尔村	14	28.28	60.08	39.36	40.92	10.04	24.54	28.54	57.01
	吴家庄村	14	26.44	63.20	41.45	41.50	10.41	25.09	28.56	61.54
	平房村	22	32.70	56.43	42.24	42.58	7.21	16.93	33.50	52.46
	庄里村	14	34.72	101.30	49.54	56.09	19.88	35.43	35.62	89.46
	王家岸村	7	27.81	55.34	35.99	37.59	10.63	28.27	27.94	52.79
	白石台村	10	29.90	56.11	42.91	43.17	6.75	15.64	33.45	52.30

表 6-26　台峪乡林地土壤铜统计　　　　　　　　（单位:mg/kg）

乡镇	村名	样本数（个）	最小值	最大值	中位值	平均值	标准差	变异系数（%）	5%	95%
台峪乡	台峪乡	62	21.59	103.60	33.60	37.08	14.00	37.76	22.89	56.78
	王家岸村	7	21.59	54.44	26.57	29.27	11.33	38.70	21.95	46.47
	庄里村	6	26.03	56.90	36.72	37.33	11.38	30.49	26.31	52.80
	营尔村	5	25.83	39.82	31.56	31.94	5.53	17.32	26.25	38.76
	吴家庄村	7	22.38	67.60	39.40	43.16	15.40	35.69	25.17	63.53
	平房村	11	28.38	51.42	37.84	37.82	7.78	20.57	28.76	50.85
	井尔沟村	12	24.97	70.90	35.09	39.43	12.62	31.99	26.19	59.86
	白石台村	8	22.86	52.00	30.57	32.84	10.61	32.32	23.05	49.68
	台峪村	6	24.04	103.60	31.27	42.75	30.40	71.12	24.45	87.86

6.4.2.12　大台乡土壤铜

大台乡耕地、林地土壤铜统计分别如表 6-27、表 6-28 所示。

表 6-27　大台乡耕地土壤铜统计　　　　（单位：mg/kg）

乡镇	村名	样本数（个）	最小值	最大值	中位值	平均值	标准差	变异系数（%）	5%	95%
大台乡	大台乡	95	24.62	52.73	37.32	37.71	4.86	12.88	30.56	45.37
	老路渠村	4	33.98	46.10	37.40	38.72	5.37	13.86	34.23	45.05
	东台村	5	32.66	40.60	35.42	35.76	3.07	8.59	32.87	39.76
	大台村	20	26.11	50.07	36.22	36.06	4.91	13.62	28.73	42.48
	坊里村	7	29.40	42.45	37.10	36.08	4.38	12.14	30.54	41.38
	苇子沟村	4	34.64	42.10	40.59	39.48	3.36	8.52	35.42	41.99
	大连地村	13	31.53	41.48	37.72	36.82	3.37	9.15	31.68	40.90
	柏崖村	18	31.14	43.51	38.60	38.50	3.22	8.36	34.71	43.28
	东板峪店村	18	24.62	52.73	38.91	38.03	6.33	16.64	28.63	46.20
	碳灰铺村	6	36.34	51.12	43.47	43.48	5.68	13.07	36.80	50.42

表 6-28　大台乡林地土壤铜统计　　　　（单位：mg/kg）

乡镇	村名	样本数（个）	最小值	最大值	中位值	平均值	标准差	变异系数（%）	5%	95%
大台乡	大台乡	70	20.80	92.84	41.44	43.19	12.68	29.35	27.81	63.67
	东板峪店村	14	32.24	57.03	47.34	45.41	7.63	16.81	35.17	55.33
	柏崖村	13	29.57	92.84	39.61	46.17	18.02	39.02	30.01	78.60
	大连地村	9	34.70	82.04	44.56	51.32	15.52	30.24	37.56	77.74
	坊里村	8	29.46	49.67	32.39	35.54	7.68	21.61	29.73	48.11
	苇子沟村	6	36.52	53.34	50.57	48.47	6.21	12.81	39.25	53.11
	东台村	5	32.07	54.71	45.31	45.95	9.06	19.72	34.50	54.45
	老路渠村	4	21.98	38.54	34.32	32.29	7.22	22.37	23.65	38.09
	大台村	7	27.34	49.28	40.90	39.33	8.61	21.90	27.66	48.90
	碳灰铺村	4	20.80	36.97	29.22	29.05	6.90	23.76	21.69	36.18

6.4.2.13　史家寨乡土壤铜

史家寨乡耕地、林地土壤铜统计分别如表 6-29、表 6-30 所示。

表 6-29　史家寨乡耕地土壤铜统计　　　　　（单位：mg/kg）

乡镇	村名	样本数（个）	最小值	最大值	中位值	平均值	标准差	变异系数（%）	5%	95%
史家寨乡	史家寨乡	87	20.86	52.74	32.42	33.75	6.98	20.70	24.39	48.22
	上东漕村	4	32.08	34.26	32.99	33.08	1.01	3.05	32.13	34.16
	定家庄村	6	31.80	38.52	34.94	35.08	2.52	7.19	32.11	38.21
	葛家台村	6	29.58	48.65	32.78	36.05	7.35	20.40	30.06	46.75
	北辛庄村	2	22.86	26.70	24.78	24.78	2.72	10.96	23.05	26.51
	槐场村	17	23.08	52.74	37.50	38.84	7.50	19.31	30.84	52.00
	红土山村	7	25.20	31.43	27.78	28.30	2.28	8.05	25.59	31.16
	董家村	3	28.24	29.37	28.57	28.73	0.58	2.02	28.27	29.29
	史家寨村	13	24.93	36.47	30.28	30.41	3.29	10.82	25.75	36.09
	凹里村	11	23.12	39.44	30.50	30.45	4.44	14.58	24.31	36.73
	段庄村	9	20.86	51.34	37.58	34.25	10.42	30.43	22.18	48.92
	铁岭口村	4	30.84	47.43	38.89	39.01	6.78	17.38	31.99	46.20
	口子头村	1	33.35	33.35	33.35	33.35	—	—	33.35	33.35
	厂坊村	2	30.31	32.61	31.46	31.46	1.63	5.17	30.43	32.50
	草垛沟村	2	44.44	47.27	45.86	45.86	2.00	4.36	44.58	47.13

表 6-30　史家寨乡林地土壤铜统计　　　　　（单位：mg/kg）

乡镇	村名	样本数（个）	最小值	最大值	中位值	平均值	标准差	变异系数（%）	5%	95%
史家寨乡	史家寨乡	59	20.56	59.90	39.46	38.64	8.65	22.39	24.06	50.23
	上东漕村	2	29.83	43.70	36.77	36.77	9.81	26.68	30.52	43.01
	定家庄村	3	31.70	48.70	43.48	41.29	8.71	21.09	32.88	48.18
	葛家台村	2	20.56	22.98	21.77	21.77	1.71	7.86	20.68	22.86
	北辛庄村	2	24.18	25.30	24.74	24.74	0.79	3.20	24.24	25.24
	槐场村	6	36.68	50.22	45.23	43.67	5.52	12.65	36.81	49.53
	凹里村	12	26.44	50.60	45.40	43.53	6.87	15.79	30.87	49.75

续表 6-30

乡镇	村名	样本数（个）	最小值	最大值	中位值	平均值	标准差	变异系数（%）	5%	95%
史家寨乡	史家寨村	11	27.54	39.46	35.84	34.26	4.39	12.82	27.65	38.96
	红土山村	5	22.23	39.74	28.02	30.19	6.69	22.15	23.26	38.51
	董家村	2	40.12	41.66	40.89	40.89	1.09	2.66	40.20	41.58
	厂坊村	2	38.14	49.54	43.84	43.84	8.06	18.39	38.71	48.97
	口子头村	2	41.77	46.84	44.31	44.31	3.59	8.09	42.02	46.59
	段庄村	3	30.42	40.98	32.08	34.49	5.68	16.46	30.59	40.09
	铁岭口村	5	33.68	59.90	44.42	45.25	9.71	21.47	35.05	57.46
	草垛沟村	2	39.00	50.34	44.67	44.67	8.02	17.95	39.57	49.77

第 7 章　土壤锌

7.1　土壤中锌背景值及主要来源

7.1.1　背景值总体情况

锌在自然界中分布较广,地壳中锌的丰度为 $94×10^{-6}$。世界土壤中锌含量范围为 $1\sim900$ mg/kg,中值为 9 mg/kg。我国锌资源丰富,储量居世界前列。天然土壤中的锌主要来源于母岩,不同母岩的锌含量有所差别。我国锌元素背景值区域分布规律和分布特征总趋势:在我国东、中部地区,呈中间高、南北低的趋势;在青藏高原是东部偏高、西部偏低;湖南、广西、云南等省的山地丘陵区和横断山脉是我国锌元素的高背景值区;广东、海南省沿海及内蒙古中、西部是低背景值区;松辽平原、华北平原和黄土高原等地区处于中间水平。

7.1.2　土壤锌背景值分布规律

我国耕地土壤分布差异较大,以秦岭—淮河一线为界,以南水稻土为主,以北旱作土壤为主,其土壤锌元素背景值分布规律见表 7-1。我国土壤及河北省土壤锌背景值统计量见表 7-2。

表 7-1　我国耕地土壤锌元素背景值分布规律　　　　（单位:mg/kg）
(引自中国环境监测总站,1990)

土类名称	水稻土	潮土	塿土	绵土	黑垆土	绿洲土
背景值含量范围	50.9~88.5	50.9~88.5	50.9~67.3	50.9~88.5	67.3~88.5	50.9~67.3

表 7-2　我国土壤及河北省土壤锌背景值统计量　　　　（单位:mg/kg）
(引自中国环境监测总站,1990)

土壤层	区域	统计量				
		范围	中位值	算术平均值	几何平均值	95%范围值
A 层	全国	2.60~593	68.0	74.2±32.78	67.7±1.54	28.4~161.1
	河北省	28.5~376.0	68.0	78.4±38.19	71.9±1.49	—
C 层	全国	0.81~1 075	64.6	71.1±32.64	64.7±1.54	27.1~154.2
	河北省	12.5~753.0	72.5	78.4±32.21	73.1±1.44	—

7.1.3　锌背景值主要影响因子

锌背景值主要影响因子排序为土壤类型、母质母岩、土壤有机质、土壤质地。

7.1.4　土壤中锌的主要来源

矿产开采"三废"排放带来的锌污染。一方面,矿物开采和冶炼过程中含锌废渣和矿渣排放,产生的含锌有害气体和粉尘随自然沉降和降雨进入土壤;另一方面,矿业废弃物(尾矿砂、矿石等)在堆放或处理过程中重金属锌向周围土壤、水体扩散。主要污染来源有:

(1)农业生产带来的锌污染。近代农业生产过程中含有重金属锌的化肥、畜禽粪便、农药等的施用,已经造成了土壤中锌含量的升高。一般来说,混杂有锌的化肥主要是磷肥、含磷复合肥、含锌复合肥,以及以城市垃圾、污泥为原料的肥料。

(2)城市化进程带来的锌污染。城市土壤锌污染主要来源于城市交通运输、城市生活垃圾和工业废弃物的堆放及填埋。

(3)污水、污泥带来的污染。污水灌区占耕地面积的比例虽然不大,但往往是我国人口密度最大的地区,是粮食、蔬菜、水果等农产品的主产区。污泥在提供养分、改善土壤团粒结构和提高土壤生物活性等方面具备很大的潜力,但是向农田施用污泥会不同程度地造成土壤的锌污染。

7.2　锌空间分布图

阜平县耕地土壤锌空间分布如图 7-1 所示。

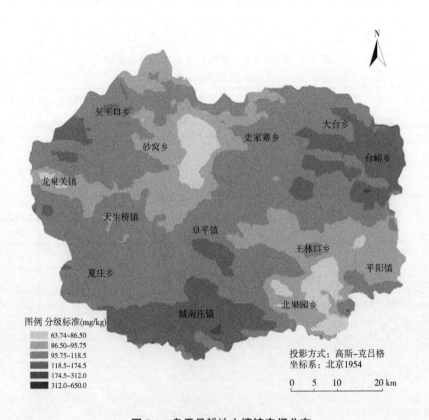

图 7-1　阜平县耕地土壤锌空间分布

　　锌分布特征:阜平县耕地土壤中 Zn 空间格局呈现中部低、北部和南部高的趋势,相对较高含量主要分布在西北部吴王口乡、东北部大台乡和台峪乡、南部城南庄镇,呈斑状分布,含量最高区域在城南庄镇和台峪乡,面积很小。总体来说,研究区域中 Zn 空间分布特征比较明显,其空间变异一方面来自于土壤母质,另一方面来自于含锌肥料的使用等人类活动,同时其斑状分布还可能与研究区域的历史矿产开发有关。

7.3　锌频数分布图

7.3.1　阜平县土壤锌频数分布图

　　阜平县耕地土壤锌原始数据频数分布如图 7-2 所示。

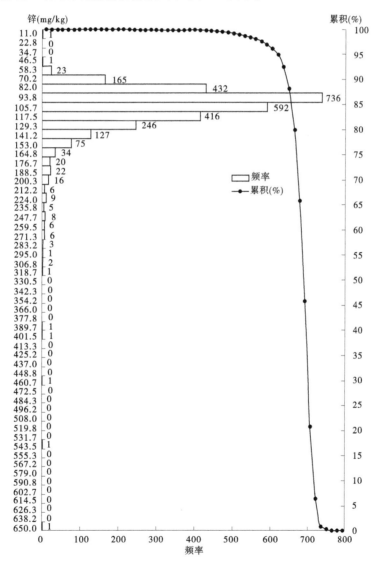

图 7-2　阜平县耕地土壤锌原始数据频数分布

7.3.2　乡镇土壤锌频数分布图

阜平镇土壤锌原始数据频数分布如图 7-3 所示。

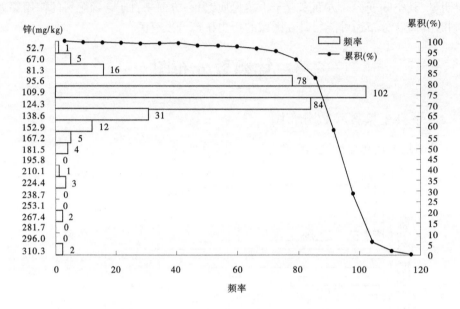

图 7-3　阜平镇土壤锌原始数据频数分布

城南庄镇土壤锌原始数据频数分布如图 7-4 所示。

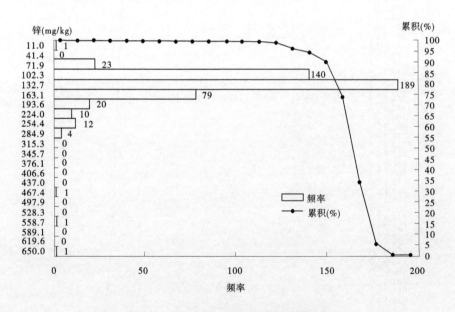

图 7-4　城南庄镇土壤锌原始数据频数分布

北果园乡土壤锌原始数据频数分布如图 7-5 所示。

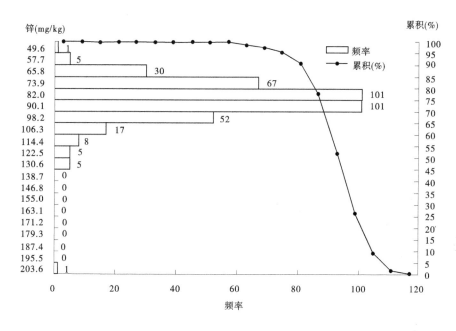

图 7-5　北果园乡土壤锌原始数据频数分布

夏庄乡土壤锌原始数据频数分布如图 7-6 所示。

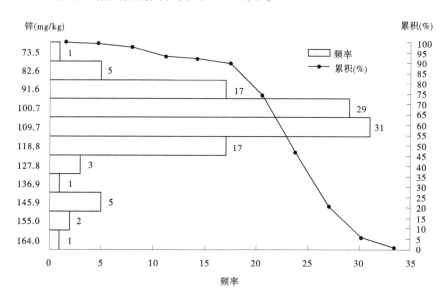

图 7-6　夏庄乡土壤锌原始数据频数分布

天生桥镇土壤锌原始数据频数分布如图 7-7 所示。

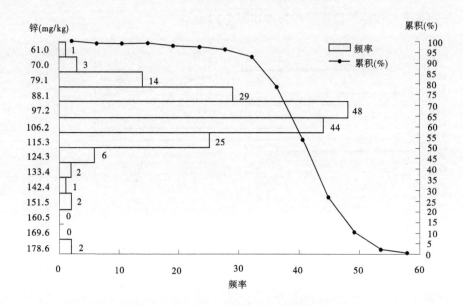

图7-7　天生桥镇土壤锌原始数据频数分布

龙泉关镇土壤锌原始数据频数分布如图7-8所示。

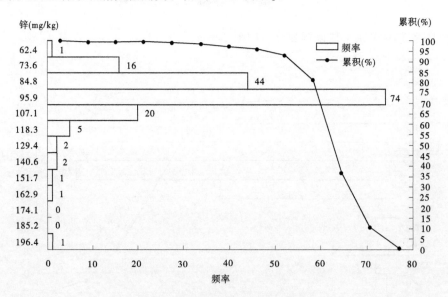

图7-8　龙泉关镇土壤锌原始数据频数分布

砂窝乡土壤锌原始数据频数分布如图7-9所示。

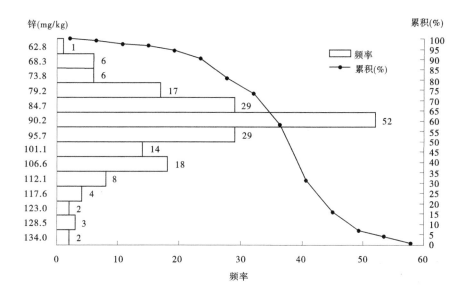

图 7-9　砂窝乡土壤锌原始数据频数分布

吴王口乡土壤锌原始数据频数分布如图 7-10 所示。

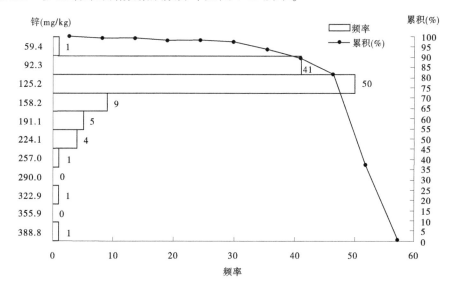

图 7-10　吴王口乡土壤锌原始数据频数分布

平阳镇土壤锌原始数据频数分布如图 7-11 所示。

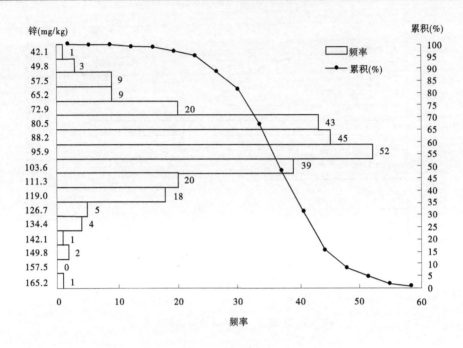

图 7-11　平阳镇土壤锌原始数据频数分布

王林口乡土壤锌原始数据频数分布如图 7-12 所示。

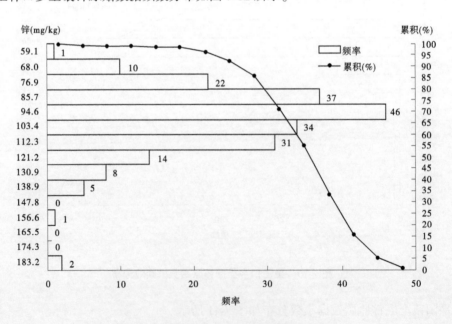

图 7-12　王林口乡土壤锌原始数据频数分布

台峪乡土壤锌原始数据频数分布如图 7-13 所示。

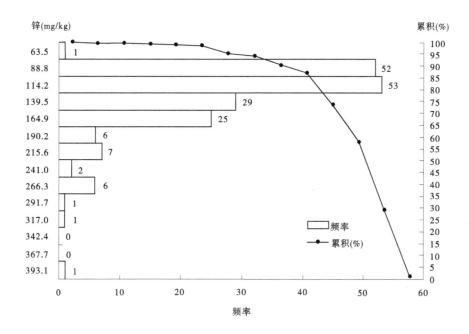

图 7-13 台峪乡土壤锌原始数据频数分布

大台乡土壤锌原始数据频数分布如图 7-14 所示。

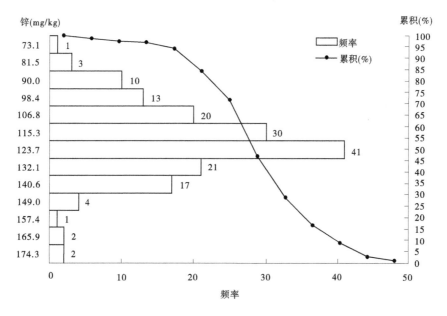

图 7-14 大台乡土壤锌原始数据频数分布

史家寨乡土壤锌原始数据频数分布如图 7-15 所示。

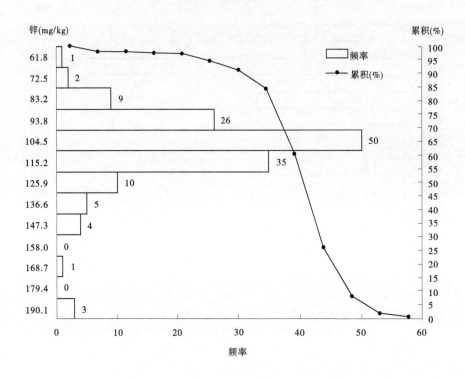

图 7-15　史家寨乡土壤锌原始数据频数分布

7.4　阜平县土壤锌统计量

7.4.1　阜平县土壤锌的统计量

阜平县耕地、林地土壤锌统计分别如表 7-3、表 7-4 所示。

表 7-3　阜平县耕地土壤锌统计 （单位:mg/kg）

区域	样本数（个）	最小值	最大值	中位值	平均值	标准差	变异系数（%）	5%	95%
阜平县	1 708	63.7	650.0	101.4	108.2	34.0	31.4	76.5	159.0
阜平镇	232	71.3	265.2	108.9	111.2	22.2	20.0	83.6	145.0
城南庄镇	293	68.2	650.0	123.9	133.6	50.4	37.7	89.1	223.4
北果园乡	105	63.7	203.6	84.0	86.1	15.3	17.8	72.8	102.8
夏庄乡	71	73.5	151.0	102.2	103.6	14.8	14.3	82.8	138.4
天生桥镇	132	70.4	178.6	96.8	98.7	15.8	16.0	79.5	117.5

续表 7-3

区域	样本数（个）	最小值	最大值	中位值	平均值	标准差	变异系数（%）	5%	95%
龙泉关镇	120	72.4	196.4	90.0	92.3	15.4	16.6	76.2	112.4
砂窝乡	144	64.8	134.0	86.8	88.9	12.8	14.3	69.0	110.9
吴王口乡	70	69.5	219.2	98.0	107.6	29.9	27.8	84.2	179.4
平阳镇	152	63.9	133.1	92.8	93.5	13.9	14.9	71.0	114.8
王林口乡	85	63.9	155.4	91.7	93.3	15.9	17.1	73.5	119.3
台峪乡	122	71.1	393.1	119.7	134.9	53.6	39.7	82.1	256.7
大台乡	95	80.9	162.8	119.8	118.7	14.3	12.0	94.4	139.1
史家寨乡	87	70.1	190.1	102.4	104.8	18.1	17.3	86.9	136.1

表 7-4　阜平县林地土壤锌统计　（单位：mg/kg）

区域	样本数（个）	最小值	最大值	中位值	平均值	标准差	变异系数（%）	5%	95%
阜平县	1 249	11.0	533.3	89.1	94.9	32.0	33.7	64.0	138.6
阜平镇	113	52.7	310.3	97.3	108.4	41.2	38.0	67.7	173.5
城南庄镇	188	11.0	533.3	93.3	104.1	48.0	46.1	66.1	178.0
北果园乡	288	49.6	127.4	79.9	81.1	13.7	16.9	61.6	104.3
夏庄乡	41	81.3	164.0	99.2	104.4	17.8	17.1	84.2	142.0
天生桥镇	45	61.0	131.2	93.7	92.3	16.6	17.9	69.7	119.7
龙泉关镇	47	62.4	140.6	76.4	80.9	16.9	20.9	63.5	113.5
砂窝乡	47	62.8	128.9	91.4	93.8	11.7	12.5	81.8	116.8
吴王口乡	43	59.4	388.8	91.9	112.4	64.4	57.3	60.7	227.5
平阳镇	120	42.1	165.2	83.3	84.0	22.1	26.3	51.4	124.7
王林口乡	126	59.1	183.2	94.6	95.9	20.7	21.6	66.4	125.5
台峪乡	62	63.5	232.8	84.4	95.0	33.3	35.0	66.4	153.4
大台乡	70	73.1	174.3	112.7	111.7	20.5	18.4	83.0	141.5
史家寨乡	59	61.8	183.4	97.7	101.5	20.3	20.0	76.3	133.8

7.4.2　乡镇区域土壤锌的统计量

7.4.2.1　阜平镇土壤锌

阜平镇耕地、林地土壤锌统计分别如表 7-5、表 7-6 所示。

表 7-5　阜平镇耕地土壤锌统计　　　　　　　　（单位：mg/kg）

乡镇	村名	样本数（个）	最小值	最大值	中位值	平均值	标准差	变异系数（%）	5%	95%
阜平镇	阜平镇	232	71.3	265.2	108.9	111.2	22.2	20.0	83.6	145.0
	青沿村	4	80.7	100.4	87.4	89.0	9.3	10.5	80.9	99.3
	城厢村	2	90.7	95.9	93.3	93.3	3.7	3.9	91.0	95.6
	第一山村	1	118.6	118.6	118.6	118.6	—	—	—	—
	照旺台村	5	84.5	116.8	88.5	98.6	16.0	16.2	85.2	116.5
	原种场村	2	84.6	94.4	89.5	89.5	6.9	7.7	85.1	94.0
	白河村	2	83.7	89.9	86.8	86.8	4.4	5.1	84.0	89.6
	大元村	4	78.8	88.4	82.1	82.9	4.0	4.9	79.3	87.5
	石湖村	2	137.4	151.8	144.6	144.6	10.2	7.0	138.1	151.1
	高阜口村	10	94.2	125.6	109.2	108.3	10.0	9.3	95.0	123.3
	大道村	11	100.3	128.4	109.4	113.0	10.2	9.1	101.2	126.9
	小石坊村	5	107.0	119.0	113.0	113.3	4.4	3.9	108.1	118.2
	大石坊村	10	113.8	143.0	123.3	124.3	8.1	6.5	114.6	137.3
	黄岸底村	6	98.8	122.4	108.4	111.1	9.2	8.3	100.8	122.2
	槐树庄村	10	83.4	118.8	106.3	103.7	9.8	9.4	89.2	114.9
	崞路头村	10	91.5	108.2	100.4	101.2	6.1	6.0	92.4	108.1
	海沿村	10	85.4	124.8	107.1	106.3	11.8	11.1	89.5	121.1
	燕头村	10	93.4	125.1	108.4	109.0	9.9	9.1	96.4	123.1
	西沟村	5	90.0	122.8	100.9	104.5	13.2	12.6	91.3	120.8
	各达头村	10	89.9	162.2	98.5	106.2	21.9	20.7	90.5	143.2
	牛栏村	6	94.8	117.2	105.0	105.9	8.3	7.9	96.1	116.3
	苍山村	10	110.9	137.9	124.4	124.8	10.0	8.0	112.3	136.7
	柳树底村	12	98.2	122.8	109.2	109.2	8.1	7.4	98.9	121.0
	土岭村	4	107.8	128.4	114.5	116.3	8.9	7.7	108.4	126.7
	法华村	10	97.4	126.2	107.2	108.0	8.2	7.6	99.1	120.5
	东漕岭村	9	91.4	145.5	112.4	111.4	16.0	14.3	93.8	135.3
	三岭会村	5	85.7	126.0	98.9	103.2	16.0	15.5	87.2	123.2
	楼房村	6	84.7	109.3	95.8	96.2	8.2	8.6	86.6	106.8
	木匠口村	13	94.8	265.20	117.50	127.3	42.7	33.6	101.3	185.6
	龙门村	26	71.3	220.0	116.6	124.6	42.0	33.7	73.4	208.0
	色岭口村	12	93.5	142.1	113.6	113.4	12.6	11.1	97.0	134.2

表 7-6　阜平镇林地土壤锌统计　　　　　　　（单位：mg/kg）

乡镇	村名	样本数（个）	最小值	最大值	中位值	平均值	标准差	变异系数（%）	5%	95%
阜平镇	阜平镇	113	52.7	310.3	97.3	108.4	41.2	38.0	67.7	173.5
	高阜口村	2	84.3	85.3	84.8	84.8	0.7	0.8	84.3	85.2
	大石坊村	7	69.7	90.4	82.9	80.8	7.7	9.6	71.1	89.7
	小石坊村	6	61.4	110.9	87.9	85.2	18.9	22.1	62.9	107.1
	黄岸底村	6	69.0	91.2	78.6	78.6	8.4	10.7	69.4	89.2
	槐树庄村	3	90.3	115.3	109.8	105.1	13.2	12.5	92.2	114.8
	崮路头村	7	93.4	128.5	107.4	108.7	13.6	12.5	94.7	127.6
	西沟村	2	95.4	101.4	98.4	98.4	4.2	4.3	95.7	101.1
	燕头村	3	101.0	122.0	119.6	114.2	11.5	10.1	102.9	121.8
	各达头村	5	88.0	122.9	99.0	103.3	14.0	13.5	89.4	120.7
	牛栏村	3	60.8	105.2	98.8	88.3	24.0	27.2	64.6	104.6
	海沿村	4	66.5	85.4	76.2	76.1	10.3	13.5	66.7	85.3
	苍山村	3	82.5	97.3	88.4	89.4	7.4	8.3	83.1	96.4
	土岭村	16	91.2	262.7	132.2	137.5	47.4	34.5	92.8	228.4
	楼房村	9	86.6	178.4	130.0	127.0	28.2	22.2	89.7	165.4
	木匠口村	9	84.0	126.4	101.8	103.9	14.9	14.3	86.4	125.3
	龙门村	12	52.7	310.3	91.0	121.3	73.8	60.9	57.7	247.9
	色岭口村	12	89.6	302.5	110.0	123.1	57.8	46.9	91.1	203.3
	三岭会村	4	86.9	92.9	88.4	89.1	2.6	2.9	87.1	92.2

7.4.2.2　城南庄镇土壤锌

城南庄镇耕地、林地土壤锌统计分别如表 7-7、表 7-8 所示。

表 7-7　城南庄镇耕地土壤锌统计　　　　　　　（单位:mg/kg）

乡镇	村名	样本数（个）	最小值	最大值	中位值	平均值	标准差	变异系数（%）	5%	95%
	城南庄镇	293	68.2	650.0	123.9	133.6	50.4	37.7	89.1	223.4
	岔河村	24	102.6	173.2	134.0	132.9	21.7	16.4	103.5	161.1
	三官村	12	105.0	159.0	117.1	124.9	19.4	15.6	106.1	158.9
	麻棚村	12	113.2	210.8	125.8	132.8	25.8	19.5	114.2	170.8
	大岸底村	18	80.5	163.4	125.1	125.9	19.7	15.6	88.3	151.2
	北桑地村	10	72.2	223.2	115.4	126.7	46.5	36.7	78.0	207.4
	井沟村	18	97.6	192.5	129.1	130.5	22.0	16.9	102.4	159.6
	栗树漕村	30	88.4	255.9	129.7	153.1	52.9	34.5	98.1	251.3
	易家庄村	18	68.2	276.9	125.7	137.6	59.7	43.4	80.7	248.6
	万宝庄村	13	109.9	199.0	116.7	133.5	30.0	22.5	110.7	193.1
	华山村	12	118.2	231.8	162.0	166.6	41.6	25.0	120.0	227.3
城南庄镇	南安村	9	86.8	205.2	118.8	121.8	35.6	29.2	88.7	175.0
	向阳庄村	4	94.0	108.6	100.5	100.9	6.4	6.4	94.5	107.8
	福子峪村	5	91.3	106.6	92.3	97.3	7.8	8.0	91.3	106.3
	宋家沟村	10	92.2	238.8	122.6	140.1	52.4	37.4	96.8	236.1
	石猴村	5	123.4	145.8	130.8	134.8	10.1	7.5	124.5	145.6
	北工村	5	113.8	137.8	127.7	127.1	8.6	6.8	116.4	136.1
	顾家沟村	11	87.6	138.0	122.8	117.6	18.1	15.4	88.9	136.0
	城南庄村	20	68.6	188.2	123.4	121.7	27.0	22.2	80.5	155.0
	谷家庄村	16	107.8	181.2	122.0	126.6	18.3	14.5	111.9	160.1
	后庄村	13	91.8	112.0	103.0	102.7	5.7	5.5	93.8	110.2
	南台村	28	82.5	650.0	127.8	157.0	118.5	75.5	83.8	365.5

表 7-8　城南庄镇林地土壤锌统计　　　　　（单位：mg/kg）

乡镇	村名	样本数（个）	最小值	最大值	中位值	平均值	标准差	变异系数（%）	5%	95%
城南庄镇	城南庄镇	188	11.0	533.3	93.3	104.1	48.0	46.1	66.1	178.0
	三官村	3	78.7	109.8	107.0	98.5	17.2	17.5	81.5	109.5
	岔河村	23	76.6	533.3	104.7	126.1	92.0	72.9	78.7	161.3
	麻棚村	9	67.6	116.2	85.5	90.0	19.3	21.5	67.6	115.6
	大岸底村	3	69.9	115.5	75.0	86.8	25.0	28.8	70.4	111.4
	井沟村	9	71.1	171.4	123.0	124.1	32.0	25.8	77.2	163.9
	栗树漕村	10	82.5	138.2	107.3	107.5	18.4	17.1	83.3	132.9
	南台村	12	64.9	200.1	86.8	101.6	44.0	43.3	64.9	184.6
	后庄村	18	11.0	145.0	87.5	85.7	27.7	32.4	53.5	123.6
	谷家庄村	7	62.7	279.3	79.7	119.0	82.1	68.9	63.3	249.9
	福子峪村	25	66.2	265.6	92.8	106.0	46.8	44.2	70.9	207.3
	向阳庄村	5	93.9	243.0	112.8	132.8	62.5	47.0	94.4	218.0
	南安村	2	80.7	118.6	99.6	99.6	26.8	26.9	82.5	116.7
	城南庄村	4	70.1	81.7	75.5	75.7	4.8	6.3	70.8	80.9
	万宝庄村	8	77.3	203.4	95.3	111.7	40.7	36.4	81.6	179.1
	华山村	2	70.8	98.4	84.6	84.6	19.6	23.1	72.1	97.0
	易家庄村	3	78.1	88.6	82.6	83.1	5.3	6.3	78.6	88.0
	宋家沟村	12	65.5	225.6	81.4	96.7	44.5	46.0	67.0	173.7
	石猴村	5	65.1	108.0	81.0	84.1	15.6	18.5	68.0	103.8
	北工村	18	77.4	150.0	94.4	101.6	21.5	21.2	79.0	150.0
	顾家沟村	10	74.6	129.2	95.2	96.8	18.4	19.0	76.8	126.1

7.4.2.3　北果园乡土壤锌

北果园乡耕地、林地土壤锌统计分别如表 7-9、表 7-10 所示。

表 7-9　北果园乡耕地土壤锌统计　　　　　　　(单位:mg/kg)

乡镇	村名	样本数(个)	最小值	最大值	中位值	平均值	标准差	变异系数(%)	5%	95%
	北果园乡	105	63.7	203.6	84.0	86.1	15.3	17.8	72.8	102.8
	古洞村	3	111.6	203.6	125.3	146.8	49.6	33.8	113.0	195.8
	魏家峪村	4	78.6	89.8	85.6	84.9	5.1	6.0	79.2	89.6
	水泉村	2	73.7	81.3	77.5	77.5	5.4	6.9	74.1	81.0
	城铺村	2	71.5	73.9	72.7	72.7	1.7	2.4	71.6	73.8
	黄连峪村	2	73.9	124.4	99.1	99.1	35.7	36.0	76.4	121.9
	革新庄村	2	87.7	111.4	99.6	99.6	16.7	16.8	88.9	110.2
	卞家峪村	2	82.2	87.9	85.0	85.0	4.1	4.8	82.4	87.6
	李家庄村	5	74.9	86.0	81.3	80.8	5.1	6.3	75.2	85.9
	下庄村	2	80.3	82.4	81.3	81.3	1.5	1.9	80.4	82.3
	光城村	3	74.9	81.1	75.4	77.2	3.5	4.5	75.0	80.6
	崔家庄村	9	78.5	92.4	84.4	84.5	4.8	5.7	78.7	91.3
	倪家洼村	4	79.7	93.2	82.5	84.5	6.0	7.1	80.1	91.7
北果园乡	乡细沟村	6	78.5	99.4	86.7	87.0	7.5	8.6	79.0	97.0
	草场口村	3	74.3	86.2	84.5	81.6	6.5	7.9	75.3	86.0
	张家庄村	3	83.0	98.5	97.7	93.1	8.8	9.4	84.5	98.5
	惠民湾村	5	82.0	94.2	90.1	88.9	5.5	6.2	82.5	94.1
	北果园村	9	74.8	103.6	83.5	85.0	8.2	9.6	76.8	98.5
	槐树底村	4	77.6	85.5	82.5	82.0	3.7	4.5	78.0	85.3
	吴家沟村	7	79.8	93.5	87.8	87.5	4.3	4.9	81.4	92.5
	广安村	5	73.4	98.9	97.9	91.3	10.9	11.9	76.4	98.8
	抬头湾村	4	79.1	90.7	87.0	85.9	5.5	6.4	79.8	90.6
	店房村	6	65.2	90.8	76.1	76.7	8.7	11.3	66.7	88.3
	固镇村	6	72.7	87.9	77.7	78.7	5.7	7.3	73.0	86.5
	营岗村	2	84.0	86.3	85.1	85.1	1.6	1.9	84.1	86.2
	半沟村	2	71.3	79.3	75.3	75.3	5.7	7.5	71.7	78.9
	小花沟村	1	63.7	63.7	63.7	63.7	—	—	63.7	63.7
	东山村	2	88.0	90.4	89.2	89.2	1.7	1.9	88.1	90.3

表 7-10　北果园乡林地土壤锌统计　　　　　　（单位：mg/kg）

乡镇	村名	样本数（个）	最小值	最大值	中位值	平均值	标准差	变异系数（%）	5%	95%
	北果园乡	288	49.6	127.4	79.9	81.1	13.7	16.9	61.6	104.3
	黄连峪村	7	65.5	107.8	88.6	87.0	15.5	17.8	68.3	106.4
	东山村	5	66.6	75.5	73.1	71.5	3.5	4.9	67.1	75.0
	东城铺村	22	54.7	119.8	68.3	70.6	13.5	19.1	57.1	79.9
	革新庄村	20	65.5	100.2	72.5	76.7	9.3	12.2	67.3	96.0
	水泉村	12	64.4	94.9	74.2	77.2	11.6	15.0	64.4	93.5
	古洞村	15	62.8	127.4	78.6	81.7	18.9	23.1	64.0	120.5
	下庄村	11	68.9	103.6	83.8	83.5	10.1	12.1	70.2	98.2
	魏家峪村	10	65.9	109.8	79.9	82.9	13.5	16.2	67.5	103.2
	卞家峪村	26	58.2	113.6	78.2	78.0	14.4	18.4	61.1	101.0
	李家庄村	15	59.3	92.9	76.1	78.0	10.6	13.6	63.2	92.1
	小花沟村	9	74.2	112.4	76.9	81.8	11.9	14.5	74.8	100.8
	半沟村	10	60.3	103.4	75.0	77.5	12.3	15.9	63.5	97.2
北果园乡	营岗村	7	58.3	77.2	66.3	68.1	6.4	9.3	60.3	76.3
	光城村	3	49.6	104.3	65.6	73.2	28.1	38.5	51.2	100.4
	崔家庄村	9	60.4	97.1	76.6	76.9	10.8	14.0	63.8	93.1
	北果园村	13	59.4	116.4	85.9	87.6	15.9	18.1	66.5	113.8
	槐树底村	8	52.7	102.1	79.8	79.3	13.9	17.5	59.7	97.0
	吴家沟村	18	69.5	103.4	84.7	86.2	9.1	10.6	72.0	98.4
	抬头窝村	6	70.9	106.6	80.3	84.4	13.1	15.5	72.3	103.0
	广安村	5	84.3	104.2	91.8	93.3	7.4	7.9	85.5	102.5
	店房村	12	77.9	97.9	86.4	87.1	6.4	7.4	79.1	96.1
	固镇村	5	76.1	96.4	85.4	86.9	9.1	10.5	77.0	96.3
	倪家洼村	5	71.4	101.0	86.9	84.1	12.1	14.4	71.7	98.4
	细沟村	9	73.3	118.2	86.3	89.7	12.9	14.3	76.4	110.2
	草场口村	4	75.0	126.5	86.0	93.4	23.6	25.3	75.4	121.6
	惠民湾村	14	64.1	123.0	86.5	87.5	15.0	17.2	66.1	109.4
	张家庄村	8	73.5	117.0	85.7	88.5	13.0	14.7	76.1	108.8

7.4.2.4　夏庄乡土壤锌

夏庄乡耕地、林地土壤锌统计分别如表 7-11、表 7-12 所示。

表 7-11　夏庄乡耕地土壤锌统计　　　　　（单位:mg/kg）

乡镇	村名	样本数（个）	最小值	最大值	中位值	平均值	标准差	变异系数（%）	5%	95%
夏庄乡	夏庄乡	71	73.5	151.0	102.2	103.6	14.8	14.3	82.8	138.4
	夏庄村	26	88.9	139.0	101.3	104.6	12.9	12.3	89.2	132.2
	菜池村	22	82.4	151.0	101.0	104.6	16.7	15.9	89.0	147.4
	二道庄村	7	73.5	111.6	84.7	89.4	14.3	16.0	74.5	109.8
	面盆村	13	76.8	139.8	107.2	107.6	14.2	13.2	88.3	126.6
	羊道村	3	99.3	106.5	101.6	102.5	3.7	3.6	99.6	106.0

表 7-12　夏庄乡林地土壤锌统计　　　　　（单位:mg/kg）

乡镇	村名	样本数（个）	最小值	最大值	中位值	平均值	标准差	变异系数（%）	5%	95%
夏庄乡	夏庄乡	41	81.3	164.0	99.2	104.4	17.8	17.1	84.2	142.0
	菜池村	12	84.2	164.0	99.6	106.8	22.9	21.4	85.7	142.8
	夏庄村	8	81.3	116.3	96.0	97.0	10.8	11.2	83.5	113.1
	二道庄村	9	88.6	143.2	98.1	105.6	17.5	16.5	89.2	132.3
	面盆村	7	81.4	142.0	106.9	108.4	21.6	20.0	83.5	138.3
	羊道村	5	94.2	114.4	100.9	102.9	7.4	7.2	95.5	112.5

7.4.2.5　天生桥镇土壤锌

天生桥镇耕地、林地土壤锌统计分别如表 7-13、表 7-14 所示。

表 7-13　天生桥镇耕地土壤锌统计　　　　　（单位:mg/kg）

乡镇	村名	样本数（个）	最小值	最大值	中位值	平均值	标准差	变异系数（%）	5%	95%
天生桥镇	天生桥镇	132	70.4	178.6	96.8	98.7	15.8	16.0	79.5	117.5
	不老树村	18	78.9	178.6	88.6	94.7	22.7	24.0	79.3	122.8
	龙王庙村	22	70.4	101.1	89.3	88.2	8.5	9.6	75.3	100.1
	大车沟村	3	81.9	88.0	82.3	84.0	3.4	4.1	81.9	87.4

续表 7-13

乡镇	村名	样本数（个）	最小值	最大值	中位值	平均值	标准差	变异系数（%）	5%	95%
天生桥镇	南栗元铺村	14	90.6	121.4	104.1	103.9	8.1	7.8	91.8	115.8
	北栗元铺村	15	91.7	117.9	107.4	106.4	6.6	6.2	95.3	115.2
	红草河村	5	99.4	134.6	108.7	112.1	13.3	11.9	100.9	129.8
	罗家庄村	5	101.5	104.7	103.4	103.0	1.3	1.2	101.6	104.4
	东下关村	8	90.7	110.4	104.9	102.5	7.9	7.7	90.9	110.1
	朱家营村	13	75.2	145.0	95.7	100.1	17.8	17.8	78.6	127.7
	沿台村	6	82.0	101.9	86.8	89.6	7.5	8.3	82.8	100.1
	大教厂村	13	81.4	117.1	96.1	96.4	10.0	10.4	84.3	111.1
	西下关村	6	91.8	147.6	95.4	104.5	21.5	20.5	92.3	136.4
	塔沟村	4	93.1	173.5	98.1	115.7	38.7	33.4	93.5	162.5

表 7-14　天生桥镇林地土壤锌统计　　　　　　　　（单位：mg/kg）

乡镇	村名	样本数（个）	最小值	最大值	中位值	平均值	标准差	变异系数（%）	5%	95%
天生桥镇	天生桥镇	45	61.0	131.2	93.7	92.3	16.6	17.9	69.7	119.7
	不老树村	4	69.7	79.8	77.6	76.2	4.5	5.9	70.8	79.6
	龙王庙村	9	78.0	107.2	93.7	92.1	8.7	9.4	79.5	103.4
	大车沟村	2	72.8	93.8	83.3	83.3	14.8	17.8	73.9	92.7
	北栗元铺村	2	69.7	101.4	85.5	85.5	22.4	26.2	71.3	99.8
	南栗元铺村	2	88.6	109.6	99.1	99.1	14.8	15.0	89.7	108.6
	红草河村	5	66.6	128.8	106.0	102.5	22.8	22.3	73.2	125.3
	天生桥村	2	75.6	81.2	78.4	78.4	4.0	5.1	75.9	80.9
	罗家庄村	3	61.0	74.6	70.8	68.8	7.0	10.2	62.0	74.2
	塔沟村	2	95.8	131.2	113.5	113.5	25.0	22.1	97.6	129.4
	西下关村	2	105.4	120.6	113.0	113.0	10.7	9.5	106.2	119.8
	大教厂村	2	84.1	97.8	90.9	90.9	9.7	10.7	84.8	97.1
	沿台村	2	71.8	86.6	79.2	79.2	10.5	13.3	72.5	85.9
	朱家营村	8	92.3	116.0	100.5	101.9	8.7	8.6	92.6	114.8

7.4.2.6　龙泉关镇土壤锌

龙泉关镇耕地、林地土壤锌统计分别如表7-15、表7-16所示。

表 7-15　龙泉关镇耕地土壤锌统计　　　　　　（单位:mg/kg）

乡镇	村名	样本数（个）	最小值	最大值	中位值	平均值	标准差	变异系数（%）	5%	95%
龙泉关镇	龙泉关镇	120	72.4	196.4	90.0	92.3	15.4	16.6	76.2	112.4
	骆驼湾村	8	88.0	107.0	94.5	95.4	6.8	7.1	88.5	105.8
	大胡卜村	3	90.2	196.4	131.8	139.5	53.5	38.4	94.4	189.9
	黑林沟村	4	87.8	162.3	115.2	120.1	32.8	27.3	89.9	157.2
	印钞石村	8	85.2	100.8	91.6	92.5	4.9	5.3	86.7	99.7
	黑崖沟村	16	74.9	109.3	85.8	85.9	8.0	9.3	75.9	96.6
	西刘庄村	16	79.2	95.7	90.2	88.7	5.9	6.7	80.0	95.6
	龙泉关村	18	72.4	125.9	82.5	86.4	13.7	15.8	74.1	105.2
	顾家台村	5	90.9	112.2	98.3	100.0	7.8	7.8	92.3	110.0
	青羊沟村	4	87.0	93.4	88.5	89.3	3.0	3.3	87.0	92.8
	北刘庄村	13	82.7	100.2	88.9	90.8	5.4	5.9	84.9	100.1
	八里庄村	13	79.1	116.2	89.9	90.9	10.2	11.2	80.2	107.6
	平石头村	12	83.5	104.6	92.7	92.6	5.8	6.3	84.0	101.0

表 7-16　龙泉关镇林地土壤锌统计　　　　　　（单位:mg/kg）

乡镇	村名	样本数（个）	最小值	最大值	中位值	平均值	标准差	变异系数（%）	5%	95%
龙泉关镇	龙泉关镇	47	62.4	140.6	76.4	80.9	16.9	20.9	63.5	113.5
	平石头村	6	66.3	100.8	80.0	80.5	13.3	16.5	66.8	97.4
	八里庄村	5	62.4	83.0	64.9	68.0	8.5	12.5	62.6	79.7
	北刘庄村	6	64.4	77.1	75.0	73.6	4.7	6.4	66.7	77.0
	大胡卜村	2	109.6	140.6	125.1	125.1	21.9	17.5	111.2	139.1
	黑林沟村	3	93.3	132.2	98.2	107.9	21.2	19.6	93.8	128.8
	骆驼湾村	6	62.9	115.2	76.5	80.0	18.5	23.1	64.2	106.7
	顾家台村	2	65.7	75.6	70.6	70.6	7.0	9.9	66.2	75.1
	青羊沟村	1	84.4	84.4	84.4	84.4	—	—	84.4	84.4
	龙泉关村	2	71.7	88.2	80.0	80.0	11.7	14.6	72.5	87.4
	西刘庄村	6	65.8	93.2	77.1	78.8	12.3	15.7	66.4	92.8
	黑崖沟村	5	69.9	89.5	78.2	78.3	8.0	10.2	70.3	88.0
	印钞石村	3	75.3	81.3	78.7	78.5	3.0	3.8	75.7	81.1

7.4.2.7　砂窝乡土壤锌

砂窝乡耕地、林地土壤锌统计分别如表7-17、表7-18所示。

表 7-17　砂窝乡耕地土壤锌统计　　　　　　　（单位：mg/kg）

乡镇	村名	样本数（个）	最小值	最大值	中位值	平均值	标准差	变异系数（%）	5%	95%
砂窝乡	砂窝乡	144	64.8	134.0	86.8	88.9	12.8	14.3	69.0	110.9
	大柳树村	10	85.2	107.1	88.7	91.5	7.9	8.6	85.3	106.1
	下堡村	8	78.6	89.2	87.1	85.1	4.0	4.7	79.0	88.8
	盘龙台村	6	64.8	85.3	79.1	76.6	7.4	9.7	66.3	84.0
	林当沟村	12	74.9	126.6	84.9	89.2	15.1	16.9	75.3	114.7
	上堡村	14	68.1	134.0	80.9	86.0	16.9	19.6	68.6	114.6
	黑印台村	8	68.9	107.3	79.6	82.9	11.9	14.3	71.0	101.4
	碾子沟门村	13	65.6	125.0	100.8	93.6	18.4	19.7	68.6	116.6
	百亩台村	17	67.1	112.9	81.2	82.4	12.0	14.5	67.6	98.7
	龙王庄村	11	78.6	99.0	87.5	89.1	6.4	7.1	80.2	97.9
	砂窝村	11	83.6	109.0	91.9	92.7	8.0	8.6	84.3	106.4
	河彩村	5	80.4	88.3	83.5	84.1	3.1	3.7	80.8	87.8
	龙王沟村	7	86.4	125.8	96.5	100.5	13.6	13.5	87.1	121.0
	仙湾村	6	89.2	106.5	103.4	99.9	7.4	7.4	89.9	106.1
	砂台村	6	88.9	113.7	101.8	101.7	10.7	10.5	89.3	113.6
	全庄村	10	78.9	95.0	86.3	86.4	4.8	5.5	80.1	93.6

表 7-18　砂窝乡林地土壤锌统计　　　　　　　（单位：mg/kg）

乡镇	村名	样本数（个）	最小值	最大值	中位值	平均值	标准差	变异系数（%）	5%	95%
砂窝乡	砂窝乡	47	62.8	128.9	91.4	93.8	11.7	12.5	81.8	116.8
	下堡村	2	82.9	85.0	84.0	84.0	1.5	1.8	83.0	84.9
	盘龙台村	2	85.3	118.8	102.1	102.1	23.7	23.2	87.0	117.1
	林当沟村	4	62.8	118.8	92.2	91.5	22.9	25.1	66.9	115.1
	上堡村	3	86.2	96.3	87.3	89.9	5.5	6.2	86.3	95.4
	碾子沟门村	3	84.9	98.3	93.4	92.2	6.8	7.4	85.7	97.8
	黑印台村	4	73.4	108.4	86.9	88.9	14.9	16.8	74.8	105.9
	大柳树村	4	84.8	91.6	90.0	89.1	3.1	3.4	85.5	91.5

续表 7-18

乡镇	村名	样本数（个）	最小值	最大值	中位值	平均值	标准差	变异系数（%）	5%	95%
砂窝乡	全庄村	2	99.6	101.3	100.4	100.4	1.2	1.2	99.7	101.2
	百亩台村	2	84.0	100.3	92.1	92.1	11.5	12.5	84.8	99.5
	龙王庄村	2	90.2	109.1	99.6	99.6	13.4	13.4	91.1	108.2
	龙王沟村	4	88.8	112.2	100.8	100.6	10.2	10.1	89.9	111.1
	河彩村	6	81.5	102.3	90.7	91.5	7.8	8.6	82.4	101.5
	砂窝村	5	87.6	128.9	96.9	101.7	16.2	15.9	88.6	123.6
	砂台村	2	88.7	90.2	89.5	89.5	1.1	1.2	88.8	90.2
	仙湾村	2	93.3	94.9	94.1	94.1	1.1	1.2	93.3	94.8

7.4.2.8　吴王口乡土壤锌

吴王口乡耕地、林地土壤锌统计分别如表 7-19、表 7-20 所示。

表 7-19　吴王口乡耕地土壤锌统计　　　　　　　　　　　（单位：mg/kg）

乡镇	村名	样本数（个）	最小值	最大值	中位值	平均值	标准差	变异系数（%）	5%	95%
吴王口乡	吴王口乡	70	69.5	219.2	98.0	107.6	29.9	27.8	84.2	179.4
	银河村	3	108.4	175.5	115.4	133.1	36.9	27.7	109.1	169.5
	南辛庄村	1	107.4	107.4	107.4	107.4	—	—	107.4	107.4
	三岔村	1	92.9	92.9	92.9	92.9	—	—	92.9	92.9
	寿长寺村	2	92.1	92.3	92.2	92.2	0.1	0.1	92.1	92.3
	南庄旺村	2	167.4	191.2	179.3	179.3	16.8	9.4	168.6	190.0
	岭东村	11	76.9	214.3	97.9	115.5	44.0	38.1	79.5	198.5
	桃园坪村	10	92.6	219.2	102.4	116.2	38.0	32.7	93.3	178.8
	周家河村	2	90.7	91.1	90.9	90.9	0.3	0.3	90.7	91.1
	不老台村	5	90.8	99.9	95.2	95.3	3.7	3.8	91.2	99.5
	石滩地村	9	89.8	116.6	101.4	100.3	8.5	8.5	90.12	113.24
	邓家庄村	11	87.02	105.20	95.50	95.05	5.72	6.0	87.56	103.67
	吴王口村	6	69.5	105.0	86.7	86.5	11.4	13.2	72.8	100.9
	黄草洼村	7	92.5	148.9	105.2	118.3	23.8	20.2	94.6	148.5

表 7-20　吴王口乡林地土壤锌统计　（单位：mg/kg）

乡镇	村名	样本数（个）	最小值	最大值	中位值	平均值	标准差	变异系数（%）	5%	95%
吴王口乡	吴王口乡	43	59.4	388.8	91.9	112.4	64.4	57.3	60.7	227.5
	石滩地村	4	64.4	102.0	84.7	84.0	16.4	19.6	66.4	100.5
	邓家庄村	4	59.7	87.0	67.4	70.4	12.4	17.6	60.0	84.8
	吴王口村	2	66.9	72.7	69.8	69.8	4.1	5.9	67.2	72.4
	周家河村	3	75.8	95.1	78.5	83.1	10.5	12.6	76.0	93.4
	不老台村	6	67.5	197.6	86.3	106.3	49.3	46.3	69.1	179.7
	黄草洼村	1	92.5	92.5	92.5	92.5	—	—	92.5	92.5
	岭东村	9	99.0	294.4	111.2	148.9	68.4	45.9	101.7	269.0
	南庄旺村	4	84.2	388.8	146.4	191.4	135.7	70.9	90.6	355.3
	寿长寺村	2	88.8	118.2	103.5	103.5	20.8	20.1	90.3	116.7
	银河村	1	59.4	59.4	59.4	59.4	—	—	59.4	59.4
	南辛庄村	1	76.5	76.5	76.5	76.5	—	—	76.5	76.5
	三岔村	1	83.1	83.1	83.1	83.1	—	—	83.1	83.1
	桃园坪村	5	60.6	173.4	102.0	113.3	45.3	40.0	65.7	167.6

7.4.2.9　平阳镇土壤锌

平阳镇耕地、林地土壤锌统计分别如表 7-21、表 7-22 所示。

表 7-21　平阳镇耕地土壤锌统计　（单位：mg/kg）

乡镇	村名	样本数（个）	最小值	最大值	中位值	平均值	标准差	变异系数（%）	5%	95%
平阳镇	平阳镇	152	63.9	133.1	92.8	93.5	13.9	14.9	71.0	114.8
	康家峪村	14	102.3	133.1	114.0	115.8	9.4	8.1	104.2	130.6
	皂火峪村	5	82.5	103.8	94.7	92.6	8.5	9.2	83.2	102.3
	白山村	1	86.6	86.6	86.6	86.6	—	—	86.6	86.6
	北庄村	14	63.9	118.8	97.5	96.7	13.6	14.0	76.8	116.4
	黄岸村	5	90.3	96.2	93.0	92.9	2.3	2.5	90.5	95.8
	长角村	3	90.0	100.7	92.7	94.5	5.6	5.9	90.3	99.9
	石湖村	3	99.0	107.2	104.2	103.5	4.2	4.0	99.5	106.9
	车道村	2	103.4	105.3	104.4	104.4	1.4	1.4	103.5	105.3
	东板峪村	8	71.2	101.7	87.4	86.2	9.4	10.9	73.9	98.5

续表 7-21

乡镇	村名	样本数（个）	最小值	最大值	中位值	平均值	标准差	变异系数（%）	5%	95%
平阳镇	罗峪村	6	77.8	100.3	88.5	88.6	10.4	11.8	78.0	99.7
	铁岭村	4	82.9	102.5	87.2	90.0	8.6	9.6	83.5	100.3
	王快村	9	96.8	113.8	104.6	105.8	6.7	6.3	97.5	113.7
	平阳村	11	74.5	94.5	79.8	82.0	7.6	9.3	74.6	94.4
	上平阳村	8	76.7	112.6	94.4	92.9	13.0	14.0	76.9	109.0
	白家峪村	11	69.2	124.6	89.2	90.6	17.6	19.4	69.9	117.6
	立彦头村	10	77.2	106.4	86.4	88.5	10.7	12.1	77.6	105.0
	冯家口村	9	65.8	113.1	89.3	89.0	16.8	18.9	67.8	111.5
	土门村	14	66.1	112.4	91.5	88.9	13.7	15.3	66.3	107.2
	台南村	2	78.6	94.4	86.5	86.5	11.1	12.9	79.4	93.6
	北水峪村	8	80.4	96.5	83.3	85.2	5.3	6.2	80.8	93.7
	山咀头村	3	87.6	91.0	89.5	89.4	1.7	1.9	87.8	90.9
	各老村	2	95.6	97.1	96.3	96.3	1.0	1.1	95.7	97.0

表 7-22 平阳镇林地土壤锌统计 （单位：mg/kg）

乡镇	村名	样本数（个）	最小值	最大值	中位值	平均值	标准差	变异系数（%）	5%	95%
平阳镇	平阳镇	120	42.1	165.2	83.4	84.0	22.1	26.3	51.4	124.7
	康家峪村	8	50.4	89.2	77.8	73.6	15.2	20.7	50.6	87.9
	石湖村	4	46.7	149.6	93.1	95.6	49.3	51.5	48.9	145.8
	长角村	7	48.7	122.6	79.8	80.5	30.5	37.9	48.9	117.4
	黄岸村	7	82.9	107.6	91.3	92.7	9.7	10.5	83.6	106.7
	车道村	7	94.8	165.2	130.8	129.7	23.7	18.3	100.6	160.6
	东板峪村	5	67.4	90.8	84.0	81.9	8.7	10.6	70.4	89.6
	北庄村	8	60.2	83.6	69.2	69.8	8.0	11.5	60.4	80.9
	皂火峪村	4	58.0	96.8	81.6	79.5	17.2	21.7	60.4	95.7
	白家峪村	6	51.5	68.1	56.8	57.7	6.0	10.4	51.8	66.2
	土门村	6	62.3	97.2	78.1	78.7	11.1	14.1	66.0	92.8
	立彦头村	5	42.1	116.6	68.7	73.6	27.6	37.6	45.9	109.1
	冯家口村	11	53.1	87.1	74.8	71.0	12.5	17.6	53.7	86.6

续表 7-22

乡镇	村名	样本数（个）	最小值	最大值	中位值	平均值	标准差	变异系数（%）	5%	95%
平阳镇	罗峪村	4	82.2	131.8	90.6	98.8	22.3	22.6	83.5	125.6
	白山村	6	86.2	103.4	94.0	94.1	6.4	6.8	86.8	102.3
	铁岭村	4	85.4	100.3	93.1	93.0	6.8	7.3	86.0	99.8
	王快村	4	90.8	110.5	99.9	100.3	8.7	8.6	91.6	109.5
	各老村	6	77.6	107.8	85.0	87.3	10.5	12.0	79.0	102.1
	山咀头村	1	72.8	72.8	72.8	72.8	—	—	72.8	72.8
	台南村	1	71.9	71.9	71.9	71.9	—	—	71.9	71.9
	北水峪村	5	75.3	92.0	78.8	82.1	7.5	9.2	75.5	91.3
	上平阳村	4	73.6	89.3	78.6	80.0	7.7	9.7	73.6	88.4
	平阳村	7	74.7	112.2	87.8	86.5	13.5	15.6	74.8	105.7

7.4.2.10　王林口乡土壤锌

王林口乡耕地、林地土壤锌统计分别如表 7-23、表 7-24 所示。

表 7-23　王林口乡耕地土壤锌统计　　　　　　　　　（单位：mg/kg）

乡镇	村名	样本数（个）	最小值	最大值	中位值	平均值	标准差	变异系数（%）	5%	95%
王林口乡	王林口乡	85	63.9	155.4	91.7	93.3	15.9	17.1	73.5	119.3
	五丈湾村	3	85.9	92.8	87.3	88.7	3.7	4.1	86.0	92.3
	马坊村	5	84.6	108.0	86.2	91.2	9.8	10.8	84.8	104.7
	刘家沟村	2	74.3	79.5	76.9	76.9	3.7	4.8	74.6	79.3
	辛庄村	6	74.7	98.5	83.4	85.0	9.5	11.1	75.2	97.2
	南刁窝村	3	76.4	82.4	79.8	79.5	3.0	3.8	76.7	82.1
	马驹石村	6	77.1	99.9	87.9	87.7	8.9	10.1	77.6	98.5
	南湾村	4	63.9	98.5	77.0	79.1	16.8	21.3	64.3	96.9
	上庄村	4	76.4	92.6	89.1	86.8	7.6	8.7	77.8	92.6
	方太口村	7	80.1	103.8	88.4	90.3	9.4	10.4	80.4	103.4
	西庄村	3	92.0	98.8	95.8	95.5	3.4	3.6	92.3	98.5
	东庄村	5	72.0	112.0	98.1	90.7	17.8	19.7	72.1	109.5
	董家口村	6	85.3	118.1	101.0	101.5	14.6	14.4	86.0	117.5
	神台村	5	92.9	119.6	110.8	108.3	12.2	11.3	94.0	119.8
	南峪村	4	75.8	107.0	93.7	92.5	16.2	17.5	76.7	106.8
	寺口村	4	90.6	102.8	94.5	95.6	5.4	5.7	90.9	101.9

续表 7-23

乡镇	村名	样本数 (个)	最小值	最大值	中位值	平均值	标准差	变异系数 (%)	5%	95%
王林口乡	瓦泉沟村	3	90.6	97.9	96.0	94.8	3.8	4.0	91.2	97.7
	东王林口村	2	93.4	112.6	103.0	103.0	13.6	13.2	94.3	111.6
	前岭村	6	73.3	155.4	83.2	97.0	32.1	33.1	73.5	144.7
	西王林口村	5	85.2	138.8	104.5	113.5	23.2	20.4	88.7	138.3
	马沙沟村	2	90.5	111.2	100.9	100.9	14.6	14.5	91.5	110.2

表 7-24　王林口乡林地土壤锌统计　　　　　　(单位:mg/kg)

乡镇	村名	样本数 (个)	最小值	最大值	中位值	平均值	标准差	变异系数 (%)	5%	95%
王林口乡	王林口乡	126	59.1	183.2	94.6	95.9	20.7	21.6	66.4	125.5
	刘家沟村	4	101.3	137.8	114.2	116.9	16.9	14.5	101.9	135.6
	马沙沟村	3	84.1	123.0	110.4	105.8	19.8	18.7	86.7	121.7
	南峪村	9	62.2	91.0	75.1	76.2	9.9	13.0	63.0	89.8
	董家口村	6	66.2	106.8	92.9	89.4	15.9	17.8	68.7	105.5
	五丈湾村	9	85.7	125.9	97.5	101.4	14.6	14.4	86.2	123.9
	马坊村	5	79.2	121.4	105.5	102.5	16.7	16.4	81.8	119.7
	东庄村	8	81.5	125.0	90.3	95.9	15.3	15.9	82.1	120.1
	寺口村	4	68.9	100.1	76.9	80.7	13.5	16.7	70.0	96.8
	东王林口村	3	92.4	108.5	98.0	99.6	8.2	8.2	93.0	107.4
	神台村	7	68.9	96.2	80.1	82.1	9.8	11.9	69.9	94.0
	西王林口村	4	71.2	84.5	80.9	79.4	6.3	7.9	72.2	84.4
	前岭村	9	59.1	104.8	91.3	89.8	13.2	14.7	68.6	102.3
	方太口村	4	66.8	110.1	77.4	82.9	18.8	22.7	68.4	105.2
	上庄村	4	82.6	112.7	84.0	90.8	14.6	16.1	82.7	108.5
	南湾村	4	94.7	122.7	109.7	109.2	12.5	11.4	96.1	121.7
	西庄村	4	106.9	112.2	111.2	110.4	2.4	2.1	107.5	112.1
	马驹石村	9	69.7	183.2	107.8	115.3	33.0	28.6	77.4	164.6
	辛庄村	10	66.0	125.6	107.1	103.3	17.4	16.8	75.8	122.1
	瓦泉沟村	10	65.1	112.1	84.3	84.1	13.7	16.2	66.1	105.0
	南刁窝村	10	65.1	182.4	102.3	108.0	30.7	28.4	75.9	155.2

7.4.2.11　台峪乡土壤锌

台峪乡耕地、林地土壤锌统计分别如表7-25、表7-26所示。

表 7-25　台峪乡耕地土壤锌统计　　（单位：mg/kg）

乡镇	村名	样本数（个）	最小值	最大值	中位值	平均值	标准差	变异系数（%）	5%	95%
台峪乡	台峪乡	122	71.1	393.1	119.7	134.9	53.6	39.7	82.1	256.7
	井尔沟村	16	85.3	160.0	105.7	113.0	24.5	21.7	87.2	156.8
	台峪村	25	83.0	278.8	156.4	162.9	65.4	40.2	84.7	265.4
	营尔村	14	78.5	153.1	116.8	115.9	27.7	23.9	79.3	149.9
	吴家庄村	14	71.1	256.8	121.5	131.3	51.4	39.1	75.9	216.3
	平房村	22	82.1	184.6	110.3	113.9	25.2	22.2	83.4	144.9
	庄里村	14	80.6	393.1	144.4	173.7	86.6	49.8	89.2	332.0
	王家岸村	7	88.2	199.0	111.1	125.2	42.8	34.2	88.6	189.1
	白石台村	10	92.1	183.2	123.1	130.7	26.1	20.0	100.6	170.6

表 7-26　台峪乡林地土壤锌统计　　（单位：mg/kg）

乡镇	村名	样本数（个）	最小值	最大值	中位值	平均值	标准差	变异系数（%）	5%	95%
台峪乡	台峪乡	62	63.5	232.8	84.4	95.0	33.3	35.0	66.4	153.4
	王家岸村	7	78.3	113.6	99.0	96.8	14.8	15.3	79.2	113.5
	庄里村	6	74.4	232.8	89.5	119.8	62.4	52.1	75.6	213.0
	营尔村	5	63.5	87.0	76.3	75.7	10.7	14.1	64.1	86.7
	吴家庄村	7	64.0	138.1	84.7	93.2	26.1	28.0	65.7	130.6
	平房村	11	66.4	137.8	89.3	92.1	20.8	22.6	68.3	126.4
	井尔沟村	12	66.1	195.2	81.6	95.2	38.5	40.5	68.8	172.2
	白石台村	8	70.9	206.4	83.2	100.5	44.5	44.2	72.7	170.7
	台峪村	6	67.9	104.6	80.6	84.2	14.8	17.6	69.0	103.3

7.4.2.12　大台乡土壤锌

大台乡耕地、林地土壤锌统计分别如表7-27、表7-28所示。

表 7-27　大台乡耕地土壤锌统计　　　　　　　　（单位：mg/kg）

乡镇	村名	样本数（个）	最小值	最大值	中位值	平均值	标准差	变异系数（%）	5%	95%
大台乡	大台乡	95	80.9	162.8	119.8	118.7	14.3	12.0	94.4	139.1
	老路渠村	4	118.0	138.2	124.8	126.4	8.6	6.8	118.7	136.5
	东台村	5	101.8	132.4	114.3	113.8	11.8	10.4	102.6	128.9
	大台村	20	95.1	162.8	121.7	123.2	14.9	12.1	102.8	143.6
	坊里村	7	112.8	143.2	118.1	121.6	10.4	8.5	113.0	137.7
	莘子沟村	4	117.5	123.2	120.6	120.5	2.7	2.2	117.7	123.1
	大连地村	13	109.3	133.8	123.0	122.6	8.0	6.5	110.3	133.8
	柏崖村	18	99.9	149.6	120.2	120.0	13.3	11.0	100.3	137.4
	东板峪店村	18	80.9	135.0	106.8	109.0	17.0	15.6	86.7	134.0
	碳灰铺村	6	84.8	137.3	114.4	113.7	19.3	17.0	88.8	135.4

表 7-28　大台乡林地土壤锌统计　　　　　　　　（单位：mg/kg）

乡镇	村名	样本数（个）	最小值	最大值	中位值	平均值	标准差	变异系数（%）	5%	95%
大台乡	大台乡	70	73.1	174.3	112.7	111.7	20.5	18.4	83.0	141.5
	东板峪店村	14	84.9	170.7	110.3	112.4	23.9	21.3	88.1	153.2
	柏崖村	13	75.7	163.7	104.6	107.2	22.0	20.6	83.3	138.6
	大连地村	9	96.8	174.3	120.3	124.8	21.9	17.6	101.9	159.3
	坊里村	8	102.8	133.0	112.6	116.2	11.7	10.1	103.3	132.5
	莘子沟村	6	84.9	124.0	116.2	110.8	14.1	12.7	90.0	122.6
	东台村	5	119.6	136.2	126.0	127.8	6.3	4.9	120.9	135.2
	老路渠村	4	73.1	119.2	95.4	95.8	18.9	19.8	76.1	116.0
	大台村	7	82.3	113.0	99.7	98.8	12.3	12.4	82.8	112.9
	碳灰铺村	4	80.6	138.8	100.0	104.8	27.1	25.8	81.3	135.1

7.4.2.13　史家寨乡土壤锌

史家寨乡耕地、林地土壤锌统计分别如表 7-29、表 7-30 所示。

表 7-29　史家寨乡耕地土壤锌统计　　　　　　（单位：mg/kg）

乡镇	村名	样本数（个）	最小值	最大值	中位值	平均值	标准差	变异系数（%）	5%	95%
史家寨乡	史家寨乡	87	70.1	190.1	102.4	104.8	18.1	17.3	86.9	136.1
	上东漕村	4	94.7	108.4	102.4	102.0	6.9	6.7	95.1	108.2
	定家庄村	6	101.0	119.1	113.0	112.6	6.4	5.7	103.8	118.7
	葛家台村	6	98.3	116.2	103.1	105.4	6.4	6.0	99.3	114.5
	北辛庄村	2	78.0	89.6	83.8	83.8	8.2	9.8	78.6	89.0
	槐场村	17	70.1	190.1	103.4	115.6	33.0	28.5	89.9	181.9
	红土山村	7	82.6	102.3	93.0	92.5	6.6	7.1	84.4	101.1
	董家村	3	92.3	99.8	93.2	95.1	4.1	4.3	92.4	99.1
	史家寨村	13	86.8	140.4	102.4	105.0	12.9	12.3	89.0	122.8
	凹里村	11	89.9	126.4	105.7	104.6	9.1	8.7	93.1	117.2
	段庄村	9	82.9	112.8	97.3	99.6	10.1	10.1	85.5	111.9
	铁岭口村	4	88.1	126.9	100.2	103.8	17.7	17.1	88.7	124.1
	口子头村	1	95.2	95.2	95.2	95.2	—	—	95.2	95.2
	厂坊村	2	87.3	102.2	94.8	94.8	10.5	11.1	88.1	101.5
	草垛沟村	2	108.2	116.8	112.5	112.5	6.1	5.4	108.6	116.4

表 7-30　史家寨乡林地土壤锌统计　　　　　　（单位：mg/kg）

乡镇	村名	样本数（个）	最小值	最大值	中位值	平均值	标准差	变异系数（%）	5%	95%
砂窝乡	史家寨乡	59	61.8	183.4	97.7	101.5	20.3	20.0	76.3	133.8
	上东漕村	2	94.3	124.4	109.3	109.3	21.3	19.5	95.8	122.9
	定家庄村	3	108.1	139.5	129.4	125.7	16.0	12.8	110.2	138.5
	葛家台村	2	76.7	87.3	82.0	82.0	7.5	9.1	77.3	86.8
	北辛庄村	2	85.2	98.3	91.8	91.8	9.3	10.1	85.9	97.7
	槐场村	6	90.8	121.2	109.7	107.5	12.8	11.9	92.0	120.5
	凹里村	12	72.7	137.0	112.5	111.8	18.1	16.2	80.2	135.0
	史家寨村	11	64.8	109.9	93.9	92.1	12.8	13.9	72.5	107.1

续表 7-30

乡镇	村名	样本数（个）	最小值	最大值	中位值	平均值	标准差	变异系数（%）	5%	95%
砂窝乡	红土山村	5	61.8	96.9	84.5	84.2	14.5	17.2	65.6	96.9
	董家村	2	95.8	101.6	98.7	98.7	4.1	4.2	96.1	101.3
	厂坊村	2	84.9	93.5	89.2	89.2	6.1	6.8	85.4	93.1
	口子头村	2	122.2	183.4	152.8	152.8	43.3	28.3	125.3	180.3
	段庄村	3	77.1	94.5	94.1	88.6	9.9	11.2	78.8	94.5
	铁岭口村	5	79.2	106.4	92.8	92.9	10.1	10.9	81.1	104.6
	草垛沟村	2	97.7	112.4	105.1	105.1	10.4	9.9	98.5	111.7

第 8 章　土壤铅

8.1　土壤中铅背景值及主要来源

8.1.1　背景值总体情况

铅是构成地壳的元素之一,在地壳中的丰度为 $12×10^{-6}$。世界土壤中铅含量范围为 $2\sim300$ mg/kg,中值为 35 mg/kg,未受污染的土壤铅含量中值为 12 mg/kg。我国铅元素背景值区域分布规律和分布特征为:维度地带的总趋势为南半部高、北半部低、东部高于西北部。铅主要积累在土壤表层,且含量与土壤的性质有关,如酸性土壤一般比碱性土壤的铅含量低。在远离人类活动影响的地区,铅的含量一般与岩石中的相似。

8.1.2　耕地土壤铅背景值分布规律

我国耕地土壤分布差异较大,以秦岭—淮河以南水稻土为主,以北旱作土壤为主,其土壤铅元素背景值分布规律见表 8-1。我国土壤及河北省土壤铅背景值统计量见表 8-2。

表 8-1　我国耕地土壤铅元素背景值分布规律　　　　（单位:mg/kg）

（引自中国环境监测总站,1990）

土类名称	水稻土	潮土	塿土	绵土	黑垆土	绿洲土
背景值含量范围	18.5~56.0	13.5~23.9	13.5~23.9	18.5~23.9	18.5~23.9	23.9~31.1

表 8-2　我国土壤及河北省土壤铅背景值统计量　　　　（单位:mg/kg）

（引自中国环境监测总站,1990）

土壤层	区域	统计量				
		范围	中位值	算术平均	几何平均值	95%范围值
A 层	全国	0.68~1 143	23.5	26.0±12.37	23.6±1.54	10.0~56.1
	河北省	4.8~200.0	20.0	21.5±6.88	20.5±1.36	—
C 层	全国	0.69~925.9	22.0	24.7±11.89	22.3±1.56	9.2~54.3
	河北省	4.7~260.0	21.3	25.1±12.85	22.5±1.59	—

8.1.3　铅背景值主要影响因子

铅背景值主要影响因子排序为土壤类型、土地利用、母质母岩、地形。

8.1.4　土壤中铅的主要来源

　　铅是土壤中一种不可降解的,在环境中可长期蓄积的常见重金属污染元素之一。土壤中铅的来源主要分为自然来源和人为来源。土壤中铅的自然来源主要是矿物和岩石中的本底值,铅的人为来源主要是工业生产和汽车排放的气体降尘、城市污泥和垃圾,以及采矿和金属加工业废弃物的排放。土壤环境中铅污染主要是由人类生产活动造成的,全世界每年消耗铅量为 400 万 t,仅有 25% 回收利用,其余大部分以不同形式污染环境。总之,铅污染的来源广泛,主要来自汽车废气和冶炼、制造及使用铅制品的工矿企业,如蓄电池、铸造合金、电缆包铅、油漆、颜料、农药、陶瓷、塑料、辐射防护材料等。

8.2　铅空间分布图

　　阜平县耕地土壤铅空间分布如图 8-1 所示。

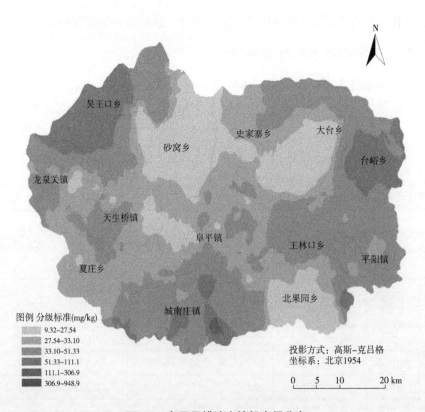

图 8-1　阜平县耕地土壤铅空间分布

　　铅分布特征:阜平县耕地土壤中 Pb 空间格局呈现中间低、周边高的趋势,较高含量 Pb 主要分布在阜平县西北部吴王口乡、东北部台峪乡,其次是南部城南庄镇,呈斑状分布。总体来说,研究区域中 Pb 空间分布特征非常明显,其空间变异主要来自于土壤母质,其斑状分布可能与研究区域的历史矿产开发的点源污染有关。这些区域铁矿、金矿资源丰富,历史上曾经持有金矿探矿证、铁矿探矿证,与 Cd 一样,Pb 也是这些金属矿产的伴生元素。

8.3　铅频数分布图

8.3.1　阜平县土壤铅频数分布图

阜平县耕地土壤铅原始数据频数分布如图 8-2 所示。

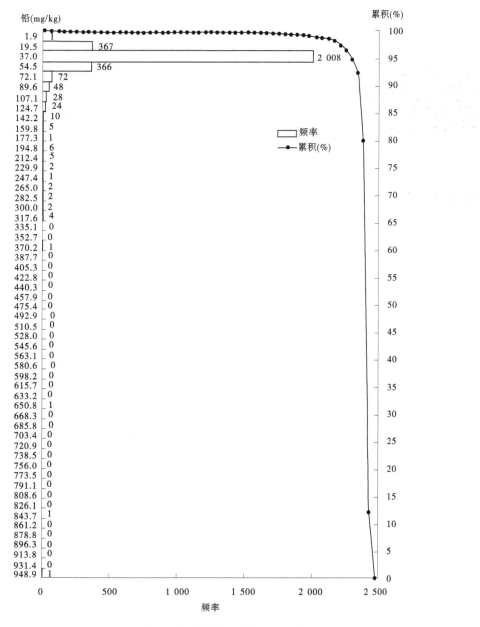

图 8-2　阜平县耕地土壤铅原始数据频数分布

8.3.2　乡镇土壤铅频数分布图

阜平镇土壤铅原始数据频数分布如图 8-3 所示。

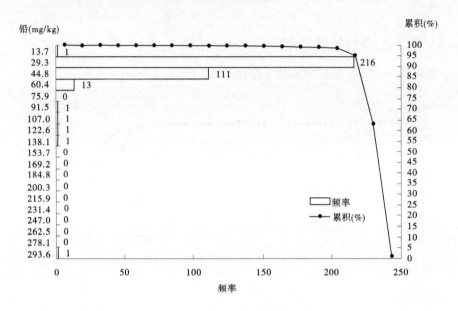

图 8-3　阜平镇土壤铅原始数据频数分布

城南庄镇土壤铅原始数据频数分布如图 8-4 所示。

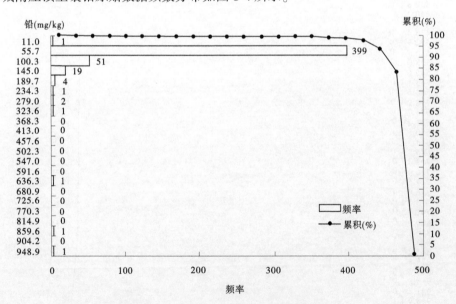

图 8-4　城南庄镇土壤铅原始数据频数分布

北果园乡土壤铅原始数据频数分布如图 8-5 所示。

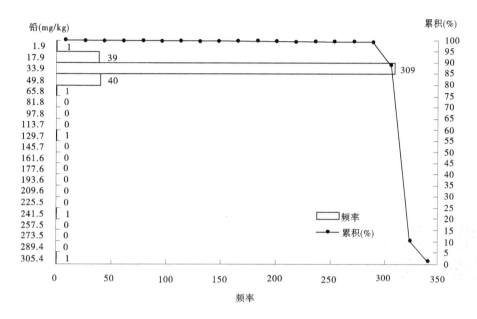

图 8-5 北果园乡土壤铅原始数据频数分布

夏庄乡土壤铅原始数据频数分布如图 8-6 所示。

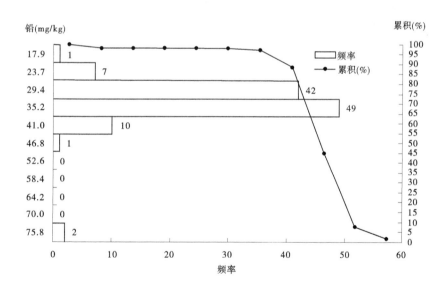

图 8-6 夏庄乡土壤铅原始数据频数分布

天生桥镇土壤铅原始数据频数分布如图 8-7 所示。

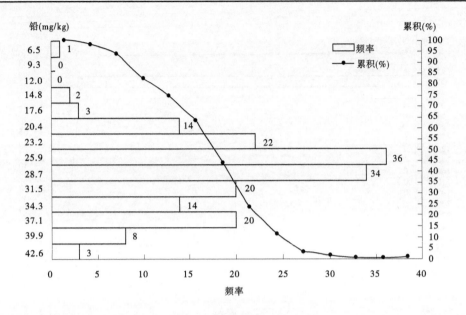

图 8-7　天生桥镇土壤铅原始数据频数分布

龙泉关镇土壤铅原始数据频数分布如图 8-8 所示。

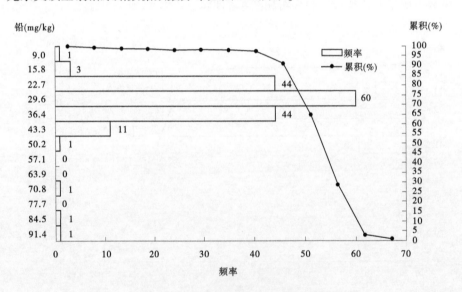

图 8-8　龙泉关镇土壤铅原始数据频数分布

砂窝乡土壤铅原始数据频数分布如图 8-9 所示。

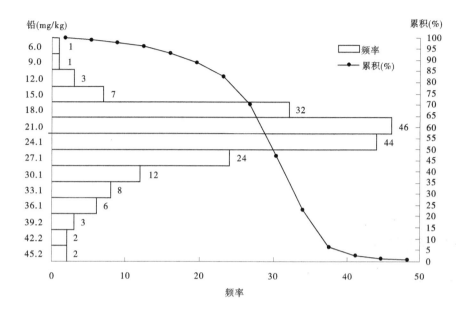

图 8-9　砂窝乡土壤铅原始数据频数分布

吴王口乡土壤铅原始数据频数分布如图 8-10 所示。

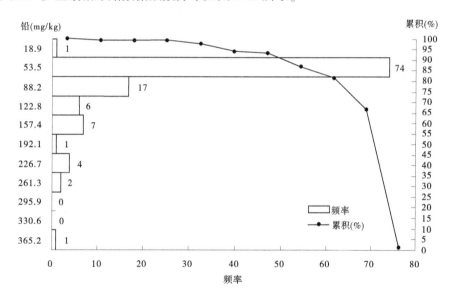

图 8-10　吴王口乡土壤铅原始数据频数分布

平阳镇土壤铅原始数据频数分布如图 8-11 所示。

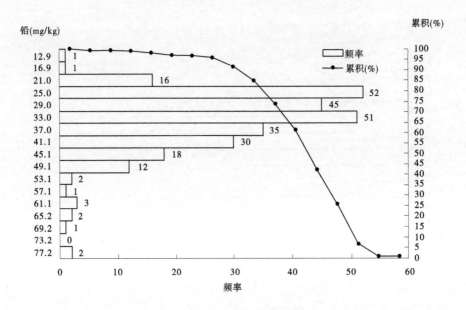

图 8-11　平阳镇土壤铅原始数据频数分布

王林口乡土壤铅原始数据频数分布如图 8-12 所示。

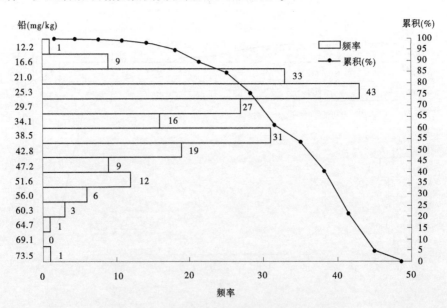

图 8-12　王林口乡土壤铅原始数据频数分布

台峪乡土壤铅原始数据频数分布如图 8-13 所示。

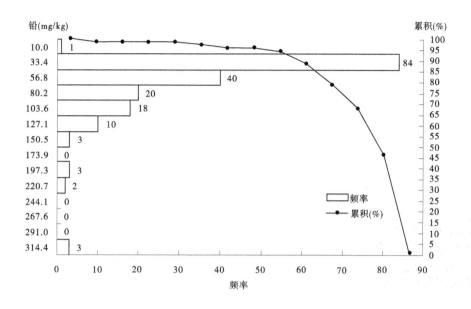

图 8-13 台峪乡土壤铅原始数据频数分布

大台乡土壤铅原始数据频数分布如图 8-14 所示。

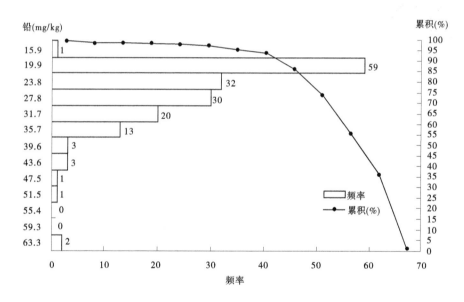

图 8-14 大台乡土壤铅原始数据频数分布

史家寨乡土壤铅原始数据频数分布如图 8-15 所示。

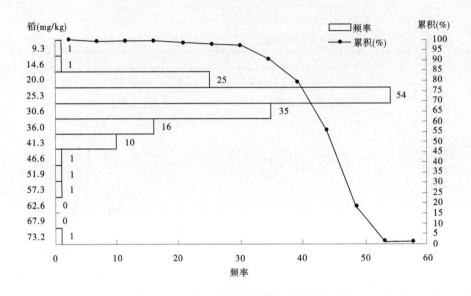

图 8-15　史家寨乡土壤铅原始数据频数分布

8.4　阜平县土壤铅统计量

8.4.1　阜平县土壤铅的统计量

阜平县耕地、林地土壤铅统计分别如表 8-3、表 8-4 所示。

表 8-3　阜平县耕地土壤铅统计 　　　　　　　　　　　(单位:mg/kg)

区域	样本数(个)	最小值	最大值	中位值	平均值	标准差	变异系数(%)	5%	95%
阜平县	1 708	5.96	948.90	30.91	37.75	39.98	105.91	18.00	81.75
阜平镇	232	16.38	133.50	29.68	31.90	12.98	40.70	21.29	47.96
城南庄镇	293	12.54	948.90	35.00	51.53	77.57	150.55	20.22	114.88
北果园乡	105	13.82	305.40	24.94	28.48	29.42	103.30	16.64	36.68
夏庄乡	71	21.68	42.68	30.76	30.71	3.78	12.32	24.89	36.83
天生桥镇	132	21.56	42.64	28.45	29.53	5.35	18.13	22.40	38.21
龙泉关镇	120	10.80	91.42	28.98	29.80	10.25	34.38	19.25	37.34
砂窝乡	144	5.96	45.19	20.75	22.23	6.89	30.98	14.33	36.08
吴王口乡	70	20.91	196.40	42.21	56.28	37.87	67.28	26.04	145.69

续表 8-3

区域	样本数（个）	最小值	最大值	中位值	平均值	标准差	变异系数（%）	5%	95%
平阳镇	152	17.04	77.22	35.84	36.23	8.74	24.13	23.05	47.59
王林口乡	85	30.70	73.48	39.65	42.06	8.26	19.63	32.02	56.36
台峪乡	122	16.03	314.40	50.19	69.01	56.91	82.47	21.22	190.46
大台乡	95	16.20	63.29	19.95	24.12	8.88	36.82	16.71	37.64
史家寨乡	87	9.32	54.01	26.99	27.61	7.19	26.03	19.84	39.19

表 8-4　阜平县林地土壤铅统计　（单位：mg/kg）

区域	样本数（个）	最小值	最大值	中位值	平均值	标准差	变异系数（%）	5%	95%
阜平县	1 249	1.92	635.90	24.94	29.36	29.85	101.67	16.06	46.31
阜平镇	113	13.74	293.60	22.38	25.63	25.87	100.90	17.51	31.95
城南庄镇	188	11.02	635.90	25.59	36.91	54.21	146.86	14.88	103.08
北果园乡	288	1.92	238.00	27.19	27.44	14.09	51.35	15.63	36.67
夏庄乡	41	17.86	75.80	27.96	30.37	11.41	37.58	19.44	40.28
天生桥镇	45	6.47	32.10	22.06	21.48	4.78	22.24	14.56	28.28
龙泉关镇	47	8.95	37.18	21.47	21.99	4.29	19.51	17.49	29.10
砂窝乡	47	13.72	31.67	22.24	22.15	3.67	16.57	16.27	27.89
吴王口乡	43	18.90	365.20	46.17	77.63	78.11	100.62	21.67	248.45
平阳镇	120	12.92	74.92	25.54	27.04	7.96	29.42	18.49	35.69
王林口乡	126	12.20	50.06	22.30	23.40	6.02	25.73	15.90	35.38
台峪乡	62	9.97	112.80	29.00	33.09	17.08	51.61	16.91	63.64
大台乡	70	15.94	45.04	24.57	24.64	5.28	21.41	18.33	32.20
史家寨乡	59	9.47	73.24	20.55	22.74	7.95	34.99	16.74	29.52

8.4.2　乡镇区域土壤铅的统计量

8.4.2.1　阜平镇土壤铅

阜平镇耕地、林地土壤铅统计分别如表 8-5、表 8-6 所示。

表 8-5　阜平镇耕地土壤铅统计　　　　　　　(单位:mg/kg)

乡镇	村名	样本数(个)	最小值	最大值	中位值	平均值	标准差	变异系数(%)	5%	95%
阜平镇	阜平镇	232	16.38	133.50	29.68	31.90	12.98	40.70	21.29	47.96
	青沿村	4	34.90	48.86	39.24	40.56	6.34	15.60	35.12	47.84
	城厢村	2	27.87	28.04	27.96	27.96	0.12	0.40	27.88	28.03
	第一山村	1	31.36	31.36	31.36	31.36	—	—	—	—
	照旺台村	5	31.35	53.80	47.30	42.50	10.24	24.10	31.46	52.67
	原种场村	2	26.96	31.15	29.06	29.06	2.96	10.20	27.17	30.94
	白河村	2	29.70	31.03	30.37	30.37	0.94	3.10	29.77	30.96
	大元村	4	28.36	50.58	34.05	36.76	10.56	28.70	28.40	48.91
	石湖村	2	25.52	38.94	32.23	32.23	9.49	29.40	26.19	38.27
	高阜口村	10	21.22	32.37	26.31	26.51	3.51	13.20	22.29	31.65
	大道村	11	23.00	47.82	29.06	32.52	9.25	28.40	23.64	46.79
	小石坊村	5	22.62	34.66	24.86	26.13	4.94	18.90	22.67	32.85
	大石坊村	10	21.12	44.40	29.92	31.24	6.94	22.20	23.15	41.58
	黄岸底村	6	26.50	40.50	34.57	33.95	5.55	16.30	27.02	40.13
	槐树庄村	10	22.41	59.29	30.45	34.16	12.44	36.40	24.00	57.23
	峃路头村	10	25.90	41.00	34.06	33.86	5.52	16.30	25.92	40.73
	海沿村	10	26.60	35.38	31.79	31.70	2.65	8.40	27.94	35.34
	燕头村	10	30.12	133.50	32.80	43.30	31.88	73.60	30.21	91.96
	西沟村	5	29.50	37.91	33.80	34.10	3.48	10.20	30.04	37.75
	各达头村	10	19.12	39.12	28.60	28.65	6.65	23.20	19.75	37.13
	牛栏村	6	20.06	38.76	26.15	27.90	6.57	23.56	21.12	37.07
	苍山村	10	21.86	120.00	26.08	37.78	30.36	80.37	22.24	90.14
	柳树底村	12	21.52	99.98	24.85	31.90	21.71	68.07	22.19	63.81
	土岭村	4	25.14	35.35	26.24	28.24	4.80	17.01	25.20	34.09
	法华村	10	23.08	38.54	27.85	29.37	5.47	18.62	23.14	37.00
	东漕岭村	9	21.68	82.40	30.35	34.87	18.43	52.86	21.86	63.62
	三岭会村	5	22.75	40.04	26.64	29.57	6.71	22.70	23.49	38.42
	楼房村	6	20.02	46.62	22.20	25.93	10.25	39.54	20.15	40.96
	木匠口村	13	20.82	45.60	26.07	28.73	8.04	27.99	21.27	42.19
	龙门村	26	16.38	52.25	25.49	27.96	9.05	32.37	17.19	44.32
	色岭口村	12	23.04	40.48	33.80	33.26	4.58	13.77	25.71	39.22

表 8-6　阜平镇林地土壤铅统计　　　　　　　　　（单位：mg/kg）

乡镇	村名	样本数（个）	最小值	最大值	中位值	平均值	标准差	变异系数（%）	5%	95%
阜平镇	阜平镇	113	13.74	293.60	22.38	25.63	25.87	100.90	17.51	31.95
	高阜口村	2	19.68	26.40	23.04	23.04	4.75	20.62	20.02	26.06
	大石坊村	7	13.74	24.52	18.99	19.29	3.73	19.34	14.54	23.88
	小石坊村	6	20.06	25.58	22.21	22.57	2.46	10.90	20.10	25.48
	黄岸底村	6	15.98	22.18	20.01	19.90	2.14	10.76	16.93	21.99
	槐树庄村	3	22.49	28.14	22.59	24.41	3.23	13.25	22.50	27.59
	峃路头村	7	18.22	26.68	23.98	23.42	2.90	12.37	19.08	26.33
	西沟村	2	20.33	21.17	20.75	20.75	0.59	2.86	20.37	21.13
	燕头村	3	18.20	21.45	19.24	19.63	1.66	8.46	18.30	21.23
	各达头村	5	27.51	32.20	31.84	30.22	2.45	8.09	27.52	32.15
	牛栏村	3	17.46	23.46	22.94	21.29	3.32	15.62	18.01	23.41
	海沿村	4	17.22	21.54	19.21	19.29	2.05	10.63	17.33	21.38
	苍山村	3	21.58	24.08	23.22	22.96	1.27	5.53	21.74	23.99
	土岭村	16	17.58	42.06	22.11	24.09	6.18	25.67	18.32	34.47
	楼房村	9	20.36	28.18	25.35	25.13	2.93	11.65	20.43	28.16
	木匠口村	9	19.21	31.94	25.84	25.19	4.70	18.65	19.51	31.40
	龙门村	12	17.10	40.68	23.25	24.85	7.49	30.13	17.52	39.57
	色岭口村	12	20.12	293.60	22.35	45.12	78.27	173.47	20.47	147.22
	三岭会村	4	17.54	24.73	20.99	21.06	2.94	13.96	18.03	24.19

8.4.2.2　城南庄镇土壤铅

城南庄镇耕地、林地铅统计分别如表 8-7、表 8-8 所示。

表 8-7　城南庄镇耕地土壤铅统计　　　　　（单位：mg/kg）

乡镇	村名	样本数（个）	最小值	最大值	中位值	平均值	标准差	变异系数（%）	5%	95%
城南庄镇	城南庄镇	293	12.54	948.90	35.00	51.53	77.57	150.55	20.22	114.88
	岔河村	24	21.82	69.60	39.33	40.25	11.30	28.07	22.90	60.94
	三官村	12	22.09	73.86	39.18	42.91	18.80	43.82	23.11	72.71
	麻棚村	12	27.70	186.00	35.34	55.71	46.72	83.87	28.12	136.15
	大岸底村	18	17.18	51.62	31.30	32.79	8.52	25.99	22.65	45.69
	北桑地村	10	17.23	81.82	26.49	30.90	18.82	60.89	18.03	60.31
	井沟村	18	12.54	76.08	34.56	34.57	15.92	46.06	17.56	57.04
	栗树漕村	30	22.78	127.10	53.51	66.46	36.04	54.22	26.11	123.53
	易家庄村	18	14.54	112.40	36.65	48.79	32.26	66.11	18.31	109.51
	万宝庄村	13	25.58	77.02	36.19	39.25	15.87	40.44	26.10	72.12
	华山村	12	27.90	108.10	74.46	74.06	20.17	27.23	46.02	101.35
	南安村	9	24.47	151.40	28.44	50.54	40.52	80.17	25.35	115.10
	向阳庄村	4	33.17	36.71	34.34	34.64	1.58	4.56	33.25	36.45
	福子峪村	5	30.00	39.48	31.62	33.10	3.84	11.61	30.12	38.34
	宋家沟村	10	21.01	102.84	37.08	50.26	28.97	57.64	22.51	98.08
	石猴村	5	31.32	65.57	41.18	43.14	13.26	30.73	32.20	60.84
	北工村	5	30.48	36.44	34.06	33.61	2.47	7.34	30.74	36.22
	顾家沟村	11	26.12	38.43	30.54	31.72	4.32	13.62	26.34	38.21
	城南庄村	20	18.86	43.30	31.22	30.89	5.52	17.86	19.85	36.96
	谷家庄村	16	17.93	71.44	32.90	35.05	14.45	41.22	18.03	57.57
	后庄村	13	18.62	34.23	24.94	25.62	3.65	14.23	21.68	31.70
	南台村	28	22.46	948.90	44.65	130.34	226.87	174.07	23.03	642.41

表 8-8　城南庄镇林地土壤铅统计　　　　　　　（单位：mg/kg）

乡镇	村名	样本数（个）	最小值	最大值	中位值	平均值	标准差	变异系数（%）	5%	95%
	城南庄镇	188	11.02	635.90	25.59	36.91	54.21	146.86	14.88	103.08
	三官村	3	29.20	45.02	31.44	35.22	8.56	24.31	29.42	43.66
	岔河村	23	25.24	635.90	35.51	71.61	125.38	175.08	27.20	114.10
	麻棚村	9	23.42	54.34	29.88	34.29	10.21	29.78	23.85	51.16
	大岸底村	3	19.02	76.84	28.46	41.44	31.02	74.85	19.96	72.00
	井沟村	9	25.76	104.80	34.02	40.33	24.62	61.04	26.31	78.39
	栗树漕村	10	20.13	81.76	28.99	34.17	18.42	53.90	21.13	64.07
	南台村	12	17.40	60.32	26.68	29.69	11.51	38.78	19.72	50.52
	后庄村	18	17.22	115.90	25.59	30.72	22.00	71.60	18.48	49.18
	谷家庄村	7	24.94	187.00	32.04	52.18	59.57	114.15	25.37	141.39
城南庄镇	福子峪村	25	15.31	294.60	25.46	44.21	58.60	132.54	17.23	124.60
	向阳庄村	5	19.26	182.20	21.38	53.70	71.88	133.86	19.37	150.93
	南安村	2	15.94	23.36	19.65	19.65	5.25	26.70	16.31	22.99
	城南庄村	4	16.25	21.10	19.87	19.27	2.15	11.14	16.71	21.00
	万宝庄村	8	15.02	74.38	19.77	27.32	19.65	71.92	15.71	59.32
	华山村	2	14.82	20.90	17.86	17.86	4.30	24.07	15.12	20.60
	易家庄村	3	14.98	18.24	16.66	16.63	1.63	9.81	15.15	18.08
	宋家沟村	12	11.02	99.88	16.04	25.16	24.50	97.37	12.31	63.53
	石猴村	5	13.50	22.46	17.75	17.60	3.68	20.93	13.71	21.92
	北工村	18	12.51	30.24	19.21	20.23	5.16	25.53	12.57	30.04
	顾家沟村	10	16.32	27.94	22.50	22.60	3.70	16.39	17.76	27.16

8.4.2.3　北果园乡土壤铅

北果园乡耕地、林地土壤铅统计分别如表 8-9、表 8-10 所示。

表 8-9　北果园乡耕地土壤铅统计　　　　　　　　　　（单位:mg/kg）

乡镇	村名	样本数（个）	最小值	最大值	中位值	平均值	标准差	变异系数（%）	5%	95%
	北果园乡	105	13.82	305.40	24.94	28.48	29.42	103.30	16.64	36.68
	古洞村	3	59.20	305.40	114.80	159.80	129.12	80.80	64.76	286.34
	魏家峪村	4	21.92	28.69	24.21	24.76	3.17	12.82	22.00	28.28
	水泉村	2	19.72	22.78	21.25	21.25	2.16	10.18	19.87	22.63
	城铺村	2	18.86	22.50	20.68	20.68	2.57	12.45	19.04	22.32
	黄连峪村	2	24.66	25.36	25.01	25.01	0.49	1.98	24.70	25.33
	革新庄村	2	18.12	24.44	21.28	21.28	4.47	21.00	18.44	24.12
	卞家峪村	2	20.30	26.00	23.15	23.15	4.03	17.41	20.59	25.72
	李家庄村	5	16.43	24.94	17.38	19.29	3.50	18.15	16.60	24.04
	下庄村	2	20.40	21.88	21.14	21.14	1.05	4.95	20.47	21.81
	光城村	3	16.13	24.56	21.20	20.63	4.24	20.57	16.64	24.22
	崔家庄村	9	16.52	24.96	19.38	19.87	2.69	13.54	16.75	24.23
	倪家洼村	4	17.52	20.87	19.36	19.28	1.67	8.66	17.62	20.82
北果园乡	乡细沟村	6	19.28	23.14	21.26	21.19	1.42	6.70	19.45	22.91
	草场口村	3	13.82	17.68	15.10	15.53	1.97	12.66	13.95	17.42
	张家庄村	3	18.80	26.48	20.12	21.80	4.11	18.84	18.93	25.84
	惠民湾村	5	19.45	30.91	26.30	25.20	5.00	19.83	19.69	30.47
	北果园村	9	15.64	30.96	20.30	20.62	4.29	20.83	16.54	27.14
	槐树底村	4	28.82	30.26	29.78	29.66	0.71	2.40	28.90	30.26
	吴家沟村	7	28.04	33.80	29.92	30.26	1.92	6.35	28.29	33.08
	广安村	5	30.24	37.03	32.78	33.44	2.71	8.10	30.57	36.68
	抬头湾村	4	27.59	38.06	32.03	32.43	4.75	14.64	27.89	37.53
	店房村	6	25.77	45.17	29.54	31.45	7.13	22.67	26.05	41.82
	固镇村	6	26.74	30.00	28.84	28.68	1.21	4.22	27.04	29.94
	营岗村	2	27.00	27.35	27.18	27.18	0.25	0.91	27.02	27.33
	半沟村	2	26.70	28.46	27.58	27.58	1.24	4.51	26.79	28.37
	小花沟村	1	27.30	27.30	27.30	27.30	—	—	27.30	27.30
	东山村	2	27.14	29.94	28.54	28.54	1.98	6.94	27.28	29.80

表 8-10　北果园乡林地土壤铅统计　　　　（单位：mg/kg）

乡镇	村名	样本数（个）	最小值	最大值	中位值	平均值	标准差	变异系数（%）	5%	95%
	北果园乡	288	1.92	238.00	27.19	27.44	14.09	51.35	15.63	36.67
	黄连峪村	7	21.70	44.90	31.77	34.32	8.09	23.58	24.17	43.93
	东山村	5	26.52	37.96	31.90	32.15	4.16	12.92	27.39	37.07
	东城铺村	22	8.04	36.44	26.63	25.94	7.26	27.98	17.98	36.10
	革新庄村	20	7.09	34.08	25.88	24.14	6.94	28.76	9.92	31.31
	水泉村	12	22.02	40.78	27.10	27.86	4.94	17.73	22.72	35.83
	古洞村	15	25.68	35.98	30.86	30.40	3.39	11.14	25.84	35.50
	下庄村	11	18.10	38.03	27.54	27.25	4.92	18.05	20.64	34.31
	魏家峪村	10	25.12	37.21	28.20	28.94	3.39	11.72	25.79	34.38
	卞家峪村	26	23.75	36.70	27.67	28.36	3.55	12.53	24.18	34.40
	李家庄村	15	22.66	34.18	30.04	29.37	3.13	10.67	24.28	32.93
	小花沟村	9	24.96	40.80	31.60	32.35	5.32	16.46	25.12	39.67
	半沟村	10	26.60	37.74	28.55	30.22	3.62	11.98	26.74	36.28
北果园乡	营岗村	7	24.86	33.88	28.26	29.06	3.04	10.46	25.35	33.06
	光城村	3	26.12	36.62	29.44	30.73	5.37	17.47	26.45	35.90
	崔家庄村	9	20.82	35.58	26.39	26.38	4.80	18.21	20.83	33.66
	北果园村	13	12.91	34.44	25.34	25.77	5.58	21.67	18.29	33.23
	槐树底村	8	11.72	36.00	24.14	23.47	8.25	35.16	12.57	34.51
	吴家沟村	18	13.50	32.98	24.92	23.66	5.71	24.11	15.15	30.79
	抬头窝村	6	7.15	31.10	21.01	19.81	8.97	45.26	8.36	29.99
	广安村	5	1.92	238.00	26.20	63.11	98.30	155.75	6.09	195.73
	店房村	12	11.94	33.80	20.85	21.76	6.67	30.64	13.96	32.68
	固镇村	5	13.88	29.52	24.36	22.95	6.92	30.17	14.67	29.44
	倪家洼村	5	29.53	39.08	35.75	34.64	3.70	10.69	30.12	38.54
	细沟村	9	17.51	43.28	32.57	32.22	8.19	25.41	19.74	42.58
	草场口村	4	20.70	29.60	23.03	24.09	4.16	17.27	20.75	28.91
	惠民湾村	14	15.23	30.10	21.42	20.93	4.15	19.83	15.65	27.20
	张家庄村	8	15.66	21.74	19.79	19.10	2.31	12.11	16.06	21.53

8.4.2.4　夏庄乡土壤铅

夏庄乡耕地、林地土壤铅统计分别如表 8-11、表 8-12 所示。

表 8-11　夏庄乡耕地土壤铅统计　　　　　　　（单位:mg/kg）

乡镇	村名	样本数（个）	最小值	最大值	中位值	平均值	标准差	变异系数（%）	5%	95%
夏庄乡	夏庄乡	71	21.68	42.68	30.76	30.71	3.78	12.32	24.89	36.83
	夏庄村	26	25.24	35.39	30.36	30.22	2.38	7.87	26.22	33.61
	菜池村	22	22.92	42.68	31.26	31.03	4.38	14.13	24.59	36.70
	二道庄村	7	30.16	34.98	30.76	31.99	2.08	6.50	30.20	34.76
	面盆村	13	22.82	38.89	31.49	31.36	5.17	16.47	24.30	38.78
	羊道村	3	21.68	30.00	28.74	26.81	4.48	16.73	22.39	29.87

表 8-12　夏庄乡林地土壤铅统计　　　　　　　（单位:mg/kg）

乡镇	村名	样本数（个）	最小值	最大值	中位值	平均值	标准差	变异系数（%）	5%	95%
夏庄乡	夏庄乡	41	17.86	75.80	27.96	30.37	11.41	37.58	19.44	40.28
	菜池村	12	24.00	40.28	29.35	30.45	5.48	17.99	24.19	38.78
	夏庄村	8	23.10	34.40	26.06	26.64	3.50	13.15	23.23	32.13
	二道庄村	9	19.44	75.80	28.40	38.82	21.33	54.94	22.22	75.59
	面盆村	7	23.98	31.80	27.44	27.96	3.04	10.89	24.15	31.66
	羊道村	5	17.86	29.27	27.88	24.33	5.57	22.88	18.02	29.01

8.4.2.5　天生桥镇土壤铅

天生桥镇耕地、林地土壤铅统计分别如表 8-13、表 8-14 所示。

表 8-13　天生桥镇耕地土壤铅统计　　　　　（单位：mg/kg）

乡镇	村名	样本数（个）	最小值	最大值	中位值	平均值	标准差	变异系数（%）	5%	95%
天生桥镇	天生桥镇	132	21.56	42.64	28.45	29.53	5.35	18.13	22.40	38.21
	不老树村	18	21.85	29.66	26.23	26.15	2.29	8.74	22.73	29.39
	龙王庙村	22	22.02	36.46	24.57	25.24	3.31	13.13	22.23	29.23
	大车沟村	3	21.94	26.78	26.45	25.06	2.70	10.79	22.39	26.75
	南栗元铺村	14	23.45	31.98	26.66	27.19	2.44	8.97	23.92	30.91
	北栗元铺村	15	24.15	41.58	26.97	28.43	4.34	15.26	24.48	35.80
	红草河村	5	22.90	36.74	34.87	32.74	5.73	17.50	24.86	36.68
	罗家庄村	5	27.76	41.83	35.50	34.58	5.29	15.30	28.52	40.72
	东下关村	8	36.20	39.80	37.63	37.87	1.35	3.56	36.40	39.79
	朱家营村	13	30.78	39.22	35.20	34.94	2.49	7.13	31.09	37.82
	沿台村	6	30.52	35.44	33.68	33.29	1.94	5.84	30.77	35.31
	大教厂村	13	21.56	42.64	34.18	33.45	5.27	15.76	25.84	39.93
	西下关村	6	22.20	25.80	24.94	24.42	1.29	5.28	22.56	25.60
	塔沟村	4	23.24	34.00	29.14	28.88	4.66	16.15	23.84	33.55

表 8-14　天生桥镇林地土壤铅统计　　　　　（单位：mg/kg）

乡镇	村名	样本数（个）	最小值	最大值	中位值	平均值	标准差	变异系数（%）	5%	95%
天生桥镇	天生桥镇	45	6.47	32.10	22.06	21.48	4.78	22.24	14.56	28.28
	不老树村	4	18.00	26.98	20.97	21.73	3.96	18.24	18.22	26.30
	龙王庙村	9	6.47	25.18	17.73	16.88	5.02	29.71	9.67	22.98
	大车沟村	2	22.06	22.45	22.26	22.26	0.28	1.24	22.08	22.43
	北栗元铺村	2	13.58	16.84	15.21	15.21	2.31	15.16	13.74	16.68
	南栗元铺村	2	18.59	21.78	20.19	20.19	2.26	11.17	18.75	21.62
	红草河村	5	19.92	25.98	22.84	22.58	2.52	11.15	20.00	25.55
	天生桥村	2	22.10	26.00	24.05	24.05	2.76	11.47	22.30	25.81
	罗家庄村	3	17.69	23.97	19.62	20.43	3.22	15.75	17.88	23.54
	塔沟村	2	23.18	32.10	27.64	27.64	6.31	22.82	23.63	31.65
	西下关村	2	19.75	25.45	22.60	22.60	4.03	17.83	20.04	25.17
	大教厂村	2	23.16	26.15	24.66	24.66	2.11	8.58	23.31	26.00
	沿台村	2	20.52	22.20	21.36	21.36	1.19	5.56	20.60	22.12
	朱家营村	8	17.88	30.63	25.23	24.69	4.66	18.88	17.95	29.81

8.4.2.6　龙泉关镇土壤铅

龙泉关镇耕地、林地土壤铅统计分别如表 8-15、表 8-16 所示。

表 8-15　龙泉关镇耕地土壤铅统计　　　　　　（单位：mg/kg）

乡镇	村名	样本数（个）	最小值	最大值	中位值	平均值	标准差	变异系数（%）	5%	95%
龙泉关镇	龙泉关镇	120	10.80	91.42	28.98	29.80	10.25	34.38	19.25	37.34
	骆驼湾村	8	28.00	36.98	31.10	31.68	3.14	9.92	28.09	36.32
	大胡卜村	3	32.33	37.32	33.12	34.26	2.68	7.83	32.41	36.90
	黑林沟村	4	29.63	37.28	35.16	34.31	3.64	10.62	30.17	37.26
	印钞石村	8	31.08	91.42	34.33	47.11	24.29	51.56	31.77	87.65
	黑崖沟村	16	22.21	36.95	35.15	33.50	3.82	11.41	27.45	36.63
	西刘庄村	16	22.58	37.71	27.27	28.29	4.85	17.14	22.61	37.21
	龙泉关村	18	10.80	36.08	25.59	25.80	7.31	28.33	10.88	35.84
	顾家台村	5	19.76	36.20	25.95	26.69	5.93	22.23	20.91	34.16
	青羊沟村	4	26.80	34.48	31.20	30.92	3.28	10.60	27.30	34.15
	北刘庄村	13	17.31	48.44	22.80	23.84	7.88	33.04	17.72	34.98
	八里庄村	13	20.43	34.66	27.30	26.97	4.15	15.39	21.37	33.17
	平石头村	12	17.08	67.26	24.44	27.96	13.04	46.63	18.95	48.16

表 8-16　龙泉关镇林地土壤铅统计　　　　　　（单位：mg/kg）

乡镇	村名	样本数（个）	最小值	最大值	中位值	平均值	标准差	变异系数（%）	5%	95%
龙泉关镇	龙泉关镇	47	8.95	37.18	21.47	21.99	4.29	19.51	17.49	29.10
	平石头村	6	18.94	25.42	24.81	23.51	2.63	11.18	19.64	25.40
	八里庄村	5	18.74	23.92	21.37	21.38	2.19	10.22	18.94	23.76
	北刘庄村	6	19.80	24.96	21.26	21.86	1.96	8.97	19.99	24.56
	大胡卜村	2	25.28	30.67	27.98	27.98	3.81	13.62	25.55	30.40
	黑林沟村	3	22.98	23.48	23.46	23.31	0.28	1.21	23.03	23.48
	骆驼湾村	6	17.93	37.18	21.85	23.97	6.89	28.74	18.49	34.10
	顾家台村	2	18.40	18.82	18.61	18.61	0.30	1.60	18.42	18.80
	青羊沟村	1	22.48	22.48	22.48	22.48	—	—	22.48	22.48
	龙泉关村	2	21.27	21.47	21.37	21.37	0.14	0.66	21.28	21.46
	西刘庄村	6	13.80	22.26	20.73	19.36	3.21	16.57	14.68	22.04
	黑崖沟村	5	8.95	31.84	22.44	21.21	8.25	38.88	11.06	30.14
	印钞石村	3	18.85	21.04	20.32	20.07	1.12	5.56	19.00	20.97

8.4.2.7 砂窝乡土壤铅

砂窝乡耕地、林地土壤铅统计分别如表8-17、表8-18所示。

表 8-17 砂窝乡耕地土壤铅统计 （单位：mg/kg）

乡镇	村名	样本数（个）	最小值	最大值	中位值	平均值	标准差	变异系数（%）	5%	95%
砂窝乡	砂窝乡	144	5.96	45.19	20.75	22.23	6.89	30.98	14.33	36.08
	大柳树村	10	18.56	30.30	26.43	24.78	4.25	17.17	18.69	29.63
	下堡村	8	16.87	25.40	19.99	20.39	3.05	14.94	17.03	24.53
	盘龙台村	6	14.06	23.18	16.24	16.85	3.27	19.41	14.22	21.56
	林当沟村	12	13.36	24.52	19.80	19.45	3.92	20.17	14.24	24.25
	上堡村	14	9.09	33.74	18.58	18.06	6.31	34.95	9.22	26.06
	黑印台村	8	14.26	27.23	19.00	19.35	3.98	20.56	14.98	25.34
	碾子沟门村	13	17.60	28.06	21.32	21.88	2.75	12.58	18.73	26.20
	百亩台村	17	5.96	30.48	18.82	18.61	6.29	33.79	6.03	29.38
	龙王庄村	11	15.72	29.02	21.07	22.16	4.40	19.84	16.72	28.00
	砂窝村	11	15.80	26.02	18.17	19.71	3.21	16.28	16.52	24.81
	河彩村	5	18.06	26.08	18.76	20.22	3.31	16.38	18.19	24.76
	龙王沟村	7	19.12	41.58	24.44	25.82	7.42	28.74	19.69	37.09
	仙湾村	6	19.87	45.19	21.93	28.69	12.02	41.90	19.93	44.66
	砂台村	6	28.30	37.88	35.42	34.29	3.72	10.85	29.09	37.73
	全庄村	10	22.27	40.49	32.53	32.73	4.93	15.06	25.80	39.16

表 8-18 砂窝乡林地土壤铅统计 （单位：mg/kg）

乡镇	村名	样本数（个）	最小值	最大值	中位值	平均值	标准差	变异系数（%）	5%	95%
砂窝乡	砂窝乡	47	13.72	31.67	22.24	22.15	3.67	16.57	16.27	27.89
	下堡村	2	16.77	23.64	20.21	20.21	4.86	24.04	17.11	23.30
	盘龙台村	2	22.86	25.46	24.16	24.16	1.84	7.61	22.99	25.33
	林当沟村	4	14.74	29.58	16.51	19.34	6.89	35.64	14.94	27.69
	上堡村	3	20.64	21.53	20.82	21.00	0.47	2.24	20.66	21.46
	碾子沟门村	3	21.26	24.63	22.09	22.66	1.76	7.75	21.34	24.38
	黑印台村	4	17.54	24.34	19.10	20.02	2.98	14.87	17.75	23.58
	大柳树村	4	20.82	25.28	22.18	22.61	1.98	8.76	20.91	24.92

续表 8-18

乡镇	村名	样本数（个）	最小值	最大值	中位值	平均值	标准差	变异系数（%）	5%	95%
砂窝乡	全庄村	2	13.72	20.95	17.34	17.34	5.11	29.49	14.08	20.59
	百亩台村	2	19.28	23.22	21.25	21.25	2.79	13.11	19.48	23.02
	龙王庄村	2	23.32	31.67	27.50	27.50	5.90	21.47	23.74	31.25
	龙王沟村	4	17.08	24.83	22.56	21.76	3.38	15.56	17.76	24.63
	河彩村	6	17.39	24.77	22.96	22.31	2.70	12.10	18.43	24.63
	砂窝村	5	21.62	28.17	23.34	23.82	2.61	10.97	21.70	27.33
	砂台村	2	24.26	25.80	25.03	25.03	1.09	4.35	24.34	25.72
	仙湾村	2	24.23	27.22	25.73	25.73	2.11	8.22	24.38	27.07

8.4.2.8 吴王口乡土壤铅

吴王口乡耕地、林地土壤铅统计分别如表 8-19、表 8-20 所示。

表 8-19 吴王口乡耕地土壤铅统计 （单位：mg/kg）

乡镇	村名	样本数（个）	最小值	最大值	中位值	平均值	标准差	变异系数（%）	5%	95%
吴王口乡	吴王口乡	70	20.91	196.40	42.21	56.28	37.87	67.28	26.04	145.69
	银河村	3	82.04	145.30	94.93	107.42	33.43	31.12	83.33	140.26
	南辛庄村	1	76.00	76.00	76.00	76.00	—	—	76.00	76.00
	三岔村	1	55.53	55.53	55.53	55.53	—	—	55.53	55.53
	寿长寺村	2	36.46	45.46	40.96	40.96	6.36	15.54	36.91	45.01
	南庄旺村	2	126.40	146.00	136.20	136.20	13.86	10.18	127.38	145.02
	岭东村	11	22.80	196.40	52.22	76.76	56.18	73.20	24.11	173.50
	桃园坪村	10	45.18	163.90	62.59	75.68	35.77	47.27	47.34	135.42
	周家河村	2	32.67	37.62	35.15	35.15	3.50	9.96	32.92	37.37
	不老台村	5	42.74	59.69	47.24	48.78	6.86	14.06	42.91	57.88
	石滩地村	9	26.52	43.68	36.40	36.54	5.73	15.68	28.14	43.54
	邓家庄村	11	26.36	36.98	31.71	31.90	3.20	10.00	27.64	36.22
	吴王口村	6	20.91	38.86	28.93	30.18	7.00	23.18	22.13	38.57
	黄草洼村	7	33.02	129.20	38.63	50.81	34.71	68.32	33.70	103.24

表 8-20　吴王口乡林地土壤铅统计　　　　　（单位：mg/kg）

乡镇	村名	样本数（个）	最小值	最大值	中位值	平均值	标准差	变异系数（%）	5%	95%
吴王口乡	吴王口乡	43	18.90	365.20	46.17	77.63	78.11	100.62	21.67	248.45
	石滩地村	4	19.72	53.34	33.06	34.79	13.88	39.89	21.64	50.37
	邓家庄村	4	21.41	31.32	24.10	25.23	4.25	16.85	21.80	30.25
	吴王口村	2	28.54	29.59	29.07	29.07	0.74	2.55	28.59	29.54
	周家河村	3	35.68	45.64	42.98	41.43	5.16	12.45	36.41	45.37
	不老台村	6	18.90	53.78	34.72	34.88	11.70	33.55	21.16	50.15
	黄草洼村	1	61.24	61.24	61.24	61.24	—	—	61.24	61.24
	岭东村	9	48.86	251.00	73.72	111.79	76.70	68.61	50.40	240.80
	南庄旺村	4	59.04	260.60	195.70	177.76	84.87	47.75	79.21	251.20
	寿长寺村	2	46.17	77.42	61.80	61.80	22.10	35.76	47.73	75.86
	银河村	1	32.62	32.62	32.62	32.62	—	—	32.62	32.62
	南辛庄村	1	32.62	32.62	32.62	32.62	—	—	32.62	32.62
	三岔村	1	29.82	29.82	29.82	29.82	—	—	29.82	29.82
	桃园坪村	5	41.40	365.20	101.10	141.84	131.79	92.91	43.82	321.76

8.4.2.9　平阳镇土壤铅

平阳镇耕地、林地土壤铅统计分别如表 8-21、表 8-22 所示。

表 8-21　平阳镇耕地土壤铅统计　　　　　（单位：mg/kg）

乡镇	村名	样本数（个）	最小值	最大值	中位值	平均值	标准差	变异系数（%）	5%	95%
平阳镇	平阳镇	152	17.04	77.22	35.84	36.23	8.74	24.13	23.05	47.59
	康家峪村	14	25.20	77.22	39.98	41.41	13.98	33.77	27.44	66.79
	皂火峪村	5	32.22	40.82	35.06	36.47	3.93	10.77	32.54	40.74
	白山村	1	37.12	37.12	37.12	37.12	—	—	37.12	37.12
	北庄村	14	31.02	58.82	38.43	40.74	7.45	18.28	31.25	51.62
	黄岸村	5	32.34	57.50	36.28	41.14	10.61	25.80	32.58	55.21
	长角村	3	31.83	42.12	32.66	35.54	5.72	16.09	31.91	41.17
	石湖村	3	32.61	33.32	32.69	32.87	0.39	1.18	32.62	33.26
	车道村	2	31.26	32.38	31.82	31.82	0.79	2.49	31.32	32.32
	东板峪村	8	22.76	37.28	33.96	32.24	4.88	15.14	24.38	36.82
	罗峪村	6	32.62	43.56	35.95	36.42	4.02	11.03	32.66	42.09

续表 8-21

乡镇	村名	样本数（个）	最小值	最大值	中位值	平均值	标准差	变异系数（%）	5%	95%
平阳镇	铁岭村	4	28.53	38.54	29.67	31.60	4.66	14.75	28.66	37.25
	王快村	9	22.92	46.15	32.18	32.31	8.22	25.45	23.02	43.94
	平阳村	11	18.12	41.34	27.16	27.99	7.12	25.42	19.52	39.35
	上平阳村	8	19.87	37.57	31.28	29.65	6.46	21.80	20.96	37.24
	白家峪村	11	32.06	49.57	37.01	37.99	5.66	14.89	32.35	47.79
	立彦头村	10	32.10	45.38	36.34	37.91	4.91	12.94	32.33	45.32
	冯家口村	9	23.53	67.55	42.01	42.54	13.56	31.86	26.97	63.75
	土门村	14	17.04	44.56	36.20	34.51	8.29	24.02	17.82	43.62
	台南村	2	33.57	37.92	35.75	35.75	3.08	8.61	33.79	37.70
	北水峪村	8	26.75	45.14	36.61	36.54	6.55	17.92	27.71	44.22
	山咀头村	3	39.37	41.54	41.49	40.80	1.24	3.04	39.58	41.54
	各老村	2	36.04	39.23	37.64	37.64	2.26	5.99	36.20	39.07

表 8-22　平阳镇林地土壤铅统计　　　　　　（单位：mg/kg）

乡镇	村名	样本数（个）	最小值	最大值	中位值	平均值	标准差	变异系数（%）	5%	95%
平阳镇	平阳镇	120	12.92	74.92	25.54	27.04	7.96	29.42	18.49	35.69
	康家峪村	8	16.49	28.70	21.86	22.49	4.44	19.76	17.12	28.00
	石湖村	4	18.85	24.70	21.65	21.71	2.45	11.29	19.17	24.34
	长角村	7	17.73	26.79	24.49	23.15	3.74	16.15	18.04	26.67
	黄岸村	7	12.92	25.56	20.79	19.87	3.95	19.89	14.46	24.58
	车道村	7	23.40	74.92	30.02	35.62	18.06	50.71	23.89	64.16
	东板峪村	5	25.00	51.64	28.72	32.07	11.06	34.48	25.25	47.06
	北庄村	8	22.71	28.06	25.70	25.63	1.74	6.77	23.36	27.94
	皂火峪村	4	25.07	53.16	32.07	35.59	12.49	35.09	25.60	50.51
	白家峪村	6	21.96	33.68	27.00	27.55	4.23	15.34	22.68	32.96
	土门村	6	22.62	31.49	24.21	25.74	3.45	13.40	22.85	30.71
	立彦头村	5	19.72	25.51	24.04	23.36	2.21	9.45	20.40	25.29
	冯家口村	11	22.37	44.20	26.24	28.70	6.28	21.87	23.45	39.47
	罗峪村	4	23.24	31.42	26.61	26.97	3.73	13.83	23.45	30.99
	白山村	6	24.38	27.66	26.37	26.16	1.36	5.18	24.50	27.59

续表 8-22

乡镇	村名	样本数（个）	最小值	最大值	中位值	平均值	标准差	变异系数（%）	5%	95%
平阳镇	铁岭村	4	22.12	32.61	24.58	25.97	4.58	17.62	22.48	31.41
	王快村	4	17.67	32.42	26.64	25.84	6.53	25.27	18.58	31.99
	各老村	6	24.43	64.34	29.20	34.51	14.84	43.01	25.22	56.33
	山咀头村	1	30.96	30.96	30.96	30.96	—	—	30.96	30.96
	台南村	1	24.45	24.45	24.45	24.45	—	—	24.45	24.45
	北水峪村	5	22.18	27.59	27.08	25.79	2.33	9.03	22.69	27.55
	上平阳村	4	22.42	34.09	26.90	27.58	5.11	18.54	22.78	33.32
	平阳村	7	23.71	31.06	29.30	27.71	3.42	12.33	23.74	31.05

8.4.2.10　王林口乡土壤铅

王林口乡耕地、林地土壤铅统计分别如表 8-23、表 8-24 所示。

表 8-23　王林口乡耕地土壤铅统计　　　　　（单位:mg/kg）

乡镇	村名	样本数（个）	最小值	最大值	中位值	平均值	标准差	变异系数（%）	5%	95%
王林口乡	王林口乡	85	30.70	73.48	39.65	42.06	8.26	19.63	32.02	56.36
	五丈湾村	3	34.04	39.46	36.00	36.50	2.74	7.52	34.24	39.11
	马坊村	5	35.54	40.36	36.15	37.07	1.96	5.29	35.62	39.76
	刘家沟村	2	36.07	36.61	36.34	36.34	0.38	1.05	36.10	36.58
	辛庄村	6	35.73	44.12	38.46	39.01	2.90	7.44	36.09	43.13
	南刁窝村	3	34.96	39.65	37.85	37.49	2.37	6.31	35.25	39.47
	马驹石村	6	30.70	41.86	35.46	35.71	4.50	12.59	30.95	41.16
	南湾村	4	30.94	37.26	31.56	32.83	2.99	9.10	30.97	36.47
	上庄村	4	34.72	50.15	38.90	40.67	7.02	17.25	34.92	48.89
	方太口村	7	32.24	48.34	35.82	38.12	5.42	14.23	32.88	46.33
	西庄村	3	52.48	57.90	55.70	55.36	2.73	4.92	52.80	57.68
	东庄村	5	35.98	73.48	46.10	50.96	14.36	28.18	37.56	69.86
	董家口村	6	34.28	50.52	40.32	41.76	6.27	15.01	35.08	49.79
	神台村	5	33.94	45.40	41.74	40.91	4.38	10.70	35.16	45.01
	南峪村	4	42.68	51.49	43.07	45.08	4.29	9.52	42.68	50.28
	寺口村	4	42.31	48.85	46.91	46.25	3.19	6.91	42.71	48.85
	瓦泉沟村	3	54.79	56.52	55.28	55.53	0.89	1.61	54.84	56.40

续表 8-23

乡镇	村名	样本数（个）	最小值	最大值	中位值	平均值	标准差	变异系数（%）	5%	95%
王林口乡	东王林口村	2	38.29	51.46	44.88	44.88	9.31	20.75	38.95	50.80
	前岭村	6	33.22	63.46	40.18	44.46	11.66	26.24	34.09	60.85
	西王林口村	5	36.64	56.56	49.61	48.37	7.23	14.95	39.14	55.23
	马沙沟村	2	34.19	46.00	40.10	40.10	8.35	20.83	34.78	45.41

表 8-24　王林口乡林地土壤铅统计　　　　　　　　　　（单位：mg/kg）

乡镇	村名	样本数（个）	最小值	最大值	中位值	平均值	标准差	变异系数（%）	5%	95%
王林口乡	王林口乡	126	12.20	50.06	22.30	23.40	6.02	25.73	15.90	35.38
	刘家沟村	4	20.90	50.06	30.72	33.10	12.28	37.10	22.15	47.38
	马沙沟村	3	19.79	26.30	23.89	23.33	3.29	14.11	20.20	26.06
	南峪村	9	20.66	27.48	24.50	24.53	2.33	9.48	20.97	27.21
	董家口村	6	21.35	31.33	26.42	27.02	3.79	14.05	22.35	31.30
	五丈湾村	9	19.49	37.61	28.00	27.41	5.01	18.29	20.60	34.41
	马坊村	5	18.68	29.97	23.60	24.41	4.86	19.91	19.15	29.72
	东庄村	8	17.55	38.54	28.01	28.70	7.52	26.19	18.94	38.50
	寺口村	4	18.74	42.52	23.38	27.01	10.67	39.52	19.17	39.92
	东王林口村	3	22.02	27.84	26.76	25.54	3.10	12.12	22.49	27.73
	神台村	7	17.66	26.14	22.18	21.90	3.01	13.73	17.98	25.71
	西王林口村	4	21.47	22.50	22.30	22.14	0.46	2.07	21.59	22.47
	前岭村	9	12.20	23.45	15.94	17.43	3.91	22.43	12.74	23.15
	方太口村	4	20.58	26.88	22.05	22.89	2.76	12.06	20.76	26.20
	上庄村	4	12.94	20.70	18.87	17.84	3.38	18.95	13.82	20.44
	南湾村	4	21.44	39.64	23.17	26.85	8.57	31.93	21.63	37.24
	西庄村	4	18.31	36.40	26.64	27.00	8.26	30.62	18.88	35.61
	马驹石村	9	16.72	21.80	18.40	19.04	1.63	8.58	17.28	21.50
	辛庄村	10	14.45	23.82	17.94	18.36	2.79	15.20	15.10	22.84
	瓦泉沟村	10	18.06	25.86	22.81	22.44	2.52	11.22	18.60	25.75
	南刁窝村	10	13.78	28.97	22.86	22.37	4.26	19.06	15.91	27.35

8.4.2.11　台峪乡土壤铅

台峪乡耕地、林地土壤铅统计分别如表 8-25、表 8-26 所示。

表 8-25　台峪乡耕地土壤铅统计　　　　（单位：mg/kg）

乡镇	村名	样本数（个）	最小值	最大值	中位值	平均值	标准差	变异系数（%）	5%	95%
台峪乡	台峪乡	122	16.03	314.40	50.19	69.01	56.91	82.47	21.22	190.46
	井尔沟村	16	21.22	98.66	49.23	52.45	24.35	46.42	21.24	95.89
	台峪村	25	16.03	314.40	101.00	113.85	91.85	80.68	21.71	309.26
	营尔村	14	20.05	100.30	52.53	58.01	26.29	45.32	24.55	95.21
	吴家庄村	14	22.32	132.00	53.81	60.81	33.05	54.35	24.46	119.13
	平房村	22	18.19	97.36	53.72	53.36	27.32	51.20	18.80	92.63
	庄里村	14	17.34	219.80	44.26	79.42	65.43	82.39	21.45	196.53
	王家岸村	7	25.34	119.20	37.76	47.31	32.88	69.50	25.50	97.77
	白石台村	10	22.12	95.30	32.86	45.35	26.91	59.33	24.14	93.73

表 8-26　台峪乡林地土壤铅统计　　　　（单位：mg/kg）

乡镇	村名	样本数（个）	最小值	最大值	中位值	平均值	标准差	变异系数（%）	5%	95%
台峪乡	台峪乡	62	9.97	112.80	29.00	33.09	17.08	51.61	16.91	63.64
	王家岸村	7	9.97	28.30	24.70	21.96	6.95	31.66	11.34	28.09
	庄里村	6	26.51	89.40	37.63	44.90	24.04	53.55	26.77	79.72
	营尔村	5	14.82	25.48	17.41	19.83	4.84	24.41	15.23	25.29
	吴家庄村	7	17.54	64.04	29.98	33.79	15.60	46.17	18.61	57.40
	平房村	11	22.50	47.10	28.75	30.60	7.28	23.80	22.54	42.87
	井尔沟村	12	17.20	32.56	29.30	27.28	5.36	19.63	17.35	32.41
	白石台村	8	17.80	112.80	34.73	45.42	30.38	66.88	20.59	92.90
	台峪村	6	30.58	65.88	40.83	44.21	12.04	27.24	32.67	61.47

8.4.2.12　大台乡土壤铅

大台乡耕地、林地土壤铅统计分别如表 8-27、表 8-28 所示。

表 8-27　大台乡耕地土壤铅统计　　　　　　（单位:mg/kg）

乡镇	村名	样本数（个）	最小值	最大值	中位值	平均值	标准差	变异系数（%）	5%	95%
大台乡	大台乡	95	16.20	63.29	19.95	24.12	8.88	36.82	16.71	37.64
	老路渠村	4	23.76	29.01	26.08	26.23	2.77	10.56	23.79	28.89
	东台村	5	19.58	24.00	20.70	21.36	1.68	7.88	19.79	23.57
	大台村	20	16.74	23.10	19.74	19.68	1.60	8.14	16.91	21.91
	坊里村	7	16.31	19.49	18.02	18.09	1.10	6.05	16.69	19.46
	苇子沟村	4	16.20	21.86	17.98	18.51	2.39	12.91	16.46	21.28
	大连地村	13	16.78	20.14	18.13	18.22	0.91	5.00	16.84	19.48
	柏崖村	18	16.50	36.16	18.68	22.70	7.12	31.36	16.60	34.36
	东板峪店村	18	27.17	63.29	32.86	35.68	10.31	28.90	27.23	60.73
	碳灰铺村	6	26.18	51.10	31.04	33.01	9.23	27.96	26.24	46.41

表 8-28　大台乡林地土壤铅统计　　　　　　（单位:mg/kg）

乡镇	村名	样本数（个）	最小值	最大值	中位值	平均值	标准差	变异系数（%）	5%	95%
大台乡	大台乡	70	15.94	45.04	24.57	24.64	5.28	21.41	18.33	32.20
	东板峪店村	14	18.46	31.84	22.71	23.75	4.77	20.08	18.55	31.14
	柏崖村	13	15.94	28.11	20.35	21.53	4.09	18.99	16.92	28.11
	大连地村	9	19.18	45.04	24.62	26.69	7.37	27.62	20.69	38.48
	坊里村	8	20.00	26.98	23.13	23.43	2.52	10.78	20.37	26.88
	苇子沟村	6	18.62	30.83	25.18	25.33	4.07	16.06	20.06	30.07
	东台村	5	25.50	32.44	28.30	29.06	3.06	10.54	25.81	32.36
	老路渠村	4	18.22	27.39	22.12	22.46	4.66	20.73	18.30	27.10
	大台村	7	19.66	31.93	25.46	24.98	4.71	18.86	19.98	31.36
	碳灰铺村	4	23.40	40.63	29.32	30.67	7.62	24.85	23.83	39.39

8.4.2.13　史家寨乡土壤铅

史家寨乡耕地、林地土壤铅统计分别如表 8-29、表 8-30 所示。

表 8-29　史家寨乡耕地土壤铅统计　　　　　　　　（单位：mg/kg）

乡镇	村名	样本数（个）	最小值	最大值	中位值	平均值	标准差	变异系数（%）	5%	95%
史家寨乡	史家寨乡	87	9.32	54.01	26.99	27.61	7.19	26.03	19.84	39.19
	上东漕村	4	26.11	29.44	28.88	28.33	1.50	5.30	26.52	29.36
	定家庄村	6	23.41	35.40	29.81	29.40	4.49	15.27	23.90	34.70
	葛家台村	6	20.02	29.78	26.54	25.76	3.50	13.59	20.95	29.33
	北辛庄村	2	31.04	31.64	31.34	31.34	0.42	1.35	31.07	31.61
	槐场村	17	9.32	54.01	23.48	26.12	9.90	37.90	17.73	40.32
	红土山村	7	21.22	27.00	23.26	24.29	2.45	10.07	21.52	27.00
	董家村	3	20.84	24.08	22.68	22.53	1.62	7.21	21.02	23.94
	史家寨村	13	19.80	29.20	22.24	23.23	2.98	12.84	20.02	28.06
	凹里村	11	18.48	36.70	30.98	29.89	5.19	17.38	20.58	35.79
	段庄村	9	19.60	46.76	27.30	29.15	9.52	32.65	19.71	43.65
	铁岭口村	4	19.98	39.84	37.14	33.53	9.29	27.70	22.23	39.76
	口子头村	1	28.70	28.70	28.70	28.70	—	—	28.70	28.70
	厂坊村	2	37.97	43.58	40.78	40.78	3.97	9.73	38.25	43.30
	草垛沟村	2	37.50	38.23	37.87	37.87	0.52	1.36	37.54	38.19

表 8-30　史家寨乡林地土壤铅统计　　　　　　　　（单位：mg/kg）

乡镇	村名	样本数（个）	最小值	最大值	中位值	平均值	标准差	变异系数（%）	5%	95%
史家寨乡	史家寨乡	59	9.47	73.24	20.55	22.74	7.95	34.99	16.74	29.52
	上东漕村	2	22.18	22.28	22.23	22.23	0.07	0.32	22.19	22.28
	定家庄村	3	22.27	27.76	25.48	25.17	2.76	10.96	22.59	27.53
	葛家台村	2	21.22	23.17	22.20	22.20	1.38	6.21	21.32	23.07
	北辛庄村	2	16.84	20.50	18.67	18.67	2.59	13.86	17.02	20.32
	槐场村	6	16.06	29.34	25.47	23.87	5.76	24.13	16.43	29.34
	凹里村	12	9.47	20.18	19.16	17.91	2.94	16.42	12.84	19.80

续表 8-30

乡镇	村名	样本数（个）	最小值	最大值	中位值	平均值	标准差	变异系数（%）	5%	95%
史家寨乡	史家寨村	11	18.65	27.75	20.49	22.09	3.23	14.60	19.06	27.59
	红土山村	5	19.46	31.10	21.59	22.99	4.70	20.43	19.60	29.40
	董家村	2	18.94	24.48	21.71	21.71	3.92	18.04	19.22	24.20
	厂坊村	2	21.38	21.61	21.50	21.50	0.16	0.76	21.39	21.60
	口子头村	2	36.52	73.24	54.88	54.88	25.96	47.31	38.36	71.40
	段庄村	3	21.86	26.50	25.32	24.56	2.41	9.82	22.21	26.38
	铁岭口村	5	18.66	26.72	20.55	21.90	3.13	14.29	19.02	26.00
	草垛沟村	2	18.73	25.52	22.13	22.13	4.80	21.70	19.07	25.18

第9章　土壤镉

9.1　土壤中镉背景值及主要来源

9.1.1　背景值总体情况

镉在地壳中的丰度仅为 $0.2×10^{-6}$，是一种稀有分散元素。世界土壤中镉含量范围为 $0.01 \sim 2$ mg/kg，中值为 0.35 mg/kg。虽然各地区镉背景值有较大差异，但一般情况下土壤中自然存在的镉不至于对人类造成危害，造成危害的土壤镉大都是人为因素引入的。不同区域因成土母质不同，镉背景值含量也存在一定差异。我国镉元素背景值区域分布规律和分布特征总趋势为：在我国东部地区呈现中部偏高、南北偏低的趋势；从东南沿海向西部地区逐渐增高；云南、贵州、广西及新疆阿尔泰地区为高背景值区；内蒙古、广东、福建和河北北部地区为低背景值区。

9.1.2　耕地土壤镉背景值分布规律

我国耕地土壤分布差异较大，以秦岭—淮河一线为界，以南水稻土为主，以北旱作土壤为主，其土壤镉元素背景值分布规律见表 9-1。我国土壤及河北省土壤镉背景值统计量见表 9-2。

表 9-1　我国耕地土壤镉元素背景值分布规律　　　　（单位：mg/kg）

（引自中国环境监测总站，1990）

土类名称	水稻土	潮土	塿土	绵土	黑垆土	绿洲土
背景值含量范围	0.024~0.029	0.046~0.190	0.046~0.120	0.046~0.190	0.080~0.190	0.024~0.190

表 9-2　我国土壤及河北省土壤镉背景值统计量　　　　（单位：mg/kg）

（引自中国环境监测总站，1990）

土壤层	区域	统计量				
		范围	中位值	算术平均值	几何平均值	95%范围值
A 层	全国	0.001~13.4	0.079	0.097±0.079	0.074±2.118	0.017~0.333
	河北省	0.002~0.474	0.075	0.094±0.079 2	0.056 1±3.498 1	—

续表 9-2

土壤层	区域	统计量				
		范围	中位值	算术平均值	几何平均值	95%范围值
C 层	全国	0.000 1~13.9	0.069	0.084±0.075	0.061±2.35	0.011~0.339
	河北省	0.002~0.446	0.068	0.097±0.079 4	0.056 6±3.565 9	—

9.1.3　镉背景值主要影响因子

镉背景值主要影响因子排序为土壤类型、土壤有机质、地形等。

9.1.4　土壤中镉的主要来源

土壤中镉的来源分为自然来源和人为来源两部分,前者来源于岩石和土壤的本底值,后者主要来源于人类工农业生产活动造成的镉对大气、水体和土壤的污染。人类活动对全球土壤镉的输入量已大大超过自然释放量。

镉的主要污染来源有:

(1)交通运输。公路源重金属是公路旁植物污染的主要污染源,通过对路边重金属沉降种类相关分析,结果表明,路边的交通造成的污染主要有铅、镉、锌等重金属。铁路旁Cd、Pb污染主要归结于货物运输(包括冶炼物质、煤炭、石油、建材、矿建等各种大宗工业物资)、火车轮轴及车辆部件的磨损、牵引机车的废气排放等。

(2)农业投入品的使用。①含镉肥料。主要指磷肥及一些可以用于农业生产的含镉生活垃圾为原料生产的肥料,大量长期使用会造成不同程度的农田镉污染。以畜禽粪便等为原料堆制成的有机肥中也含有较高的镉等重金属,长期连续施用也将造成土壤镉污染。此外,农用塑料薄膜生产应用的热稳定剂中含有镉和铅,在大量使用塑料大棚和地膜过程中都可以造成土壤中镉和铅的污染。②污水灌溉。农业用水短缺和水资源污染严重导致我国大面积农田使用污水灌溉,利用城市排放的污水灌溉农田是解决农业缺水问题的一种有效方法,但是它在带来一定的经济效益的同时,也会对环境构成危害,尤其是重金属对土壤的污染。③污泥施肥。城市污泥中含有多种能够促进植物生长的营养物质和微量元素(如 B 和 Mo 等),但是污泥中也可能含有大量的重金属元素,主要来源于不同类的工业废水中,镉主要来源于矿业废水、钢铁冶炼废水等。

(3)工矿企业活动。镉往往与铅锌矿伴生,工矿活动可造成不同程度的镉污染。金属矿山的开采、冶炼造成的重金属尾矿、冶炼废渣和矿渣堆放,在堆放或处理的过程中,由于日晒、雨淋、水洗,重金属极易迁移,以废弃堆为中心向四周及两侧扩散。

9.2 镉空间分布图

阜平县耕地土壤镉空间分布如图 9-1 所示。

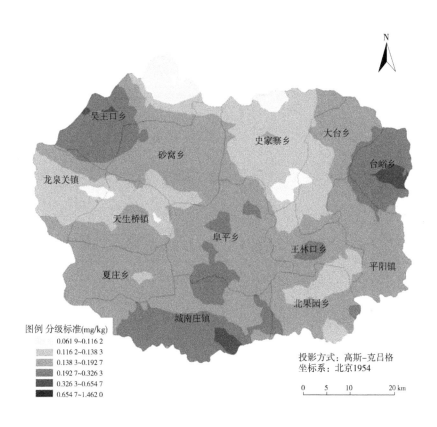

图 9-1 阜平县耕地土壤镉空间分布

镉分布特征:阜平县耕地土壤中 Cd 空间格局呈现中间低、周边高的趋势,较高含量 Cd 主要分布在阜平县西北部吴王口乡、东北部台峪乡及南部城南庄镇,呈块状分布,最高含量 Cd 呈斑状分布在吴王口乡、台峪乡和城南庄镇,面积不大。总体来说,研究区域中 Cd 空间分布特征比较明显,其空间变异一方面来自于土壤母质,另一方面来自于含镉肥料、农药的使用等人类活动,同时还可能与研究区域的历史矿产开发的点源污染有关,这些区域铁矿、金矿资源丰富,曾经持有金矿探矿证、铁矿探矿证,而 Cd 则恰恰是这些金属矿产的伴生元素。

9.3 镉频数分布图

9.3.1 阜平县土壤镉频数分布图

阜平县土壤镉原始数据频数分布如图9-2所示。

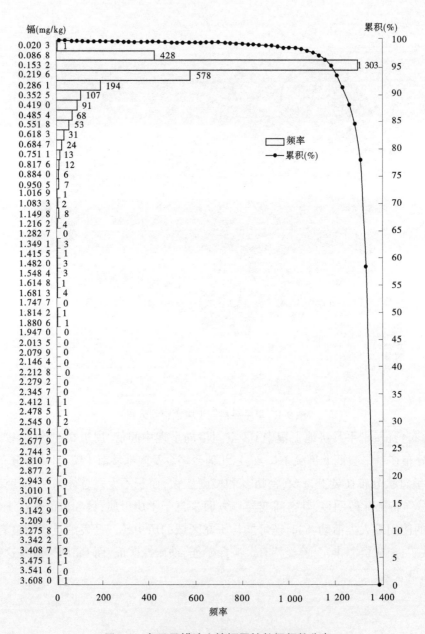

图 9-2 阜平县耕地土壤镉原始数据频数分布

9.3.2　乡镇土壤镉频数分布图

阜平镇土壤镉原始数据频数分布如图 9-3 所示。

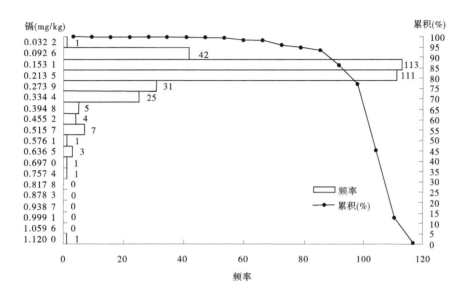

图 9-3　阜平镇土壤镉原始数据频数分布

城南庄镇土壤镉原始数据频数分布如图 9-4 所示。

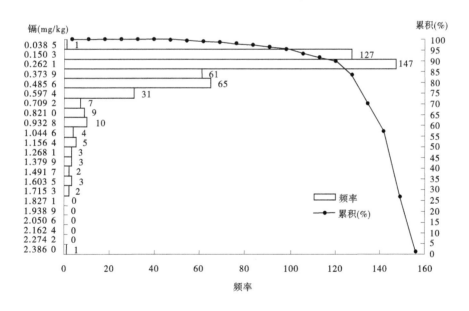

图 9-4　城南庄镇土壤镉原始数据频数分布

北果园乡土壤镉原始数据频数分布如图9-5所示。

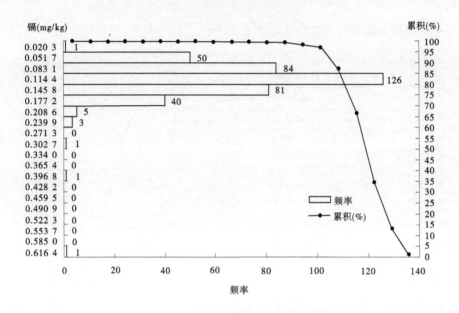

图 9-5　北果园乡土壤镉原始数据频数分布

夏庄乡土壤镉原始数据频数分布如图9-6所示。

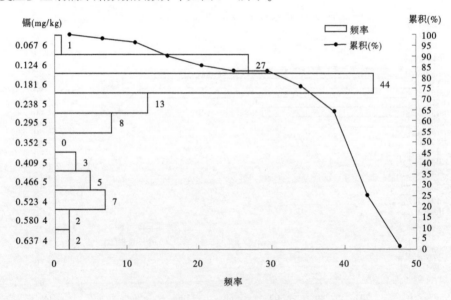

图 9-6　夏庄乡土壤镉原始数据频数分布

天生桥镇土壤镉原始数据频数分布如图 9-7 所示。

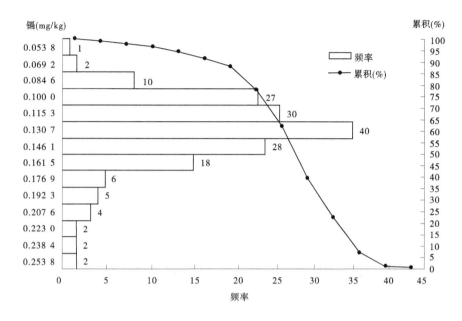

图 9-7　天生桥镇土壤镉原始数据频数分布

龙泉关镇土壤镉原始数据频数分布如图 9-8 所示。

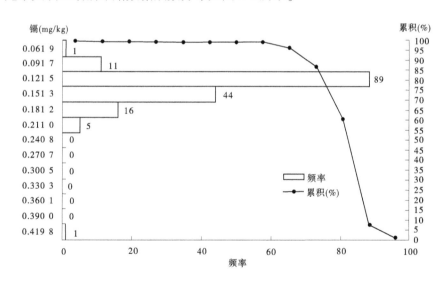

图 9-8　龙泉关镇土壤镉原始数据频数分布

砂窝乡土壤镉原始数据频数分布如图 9-9 所示。

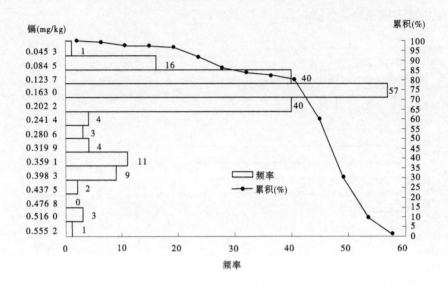

图9-9　砂窝乡土壤镉原始数据频数分布

吴王口乡土壤镉原始数据频数分布如图9-10所示。

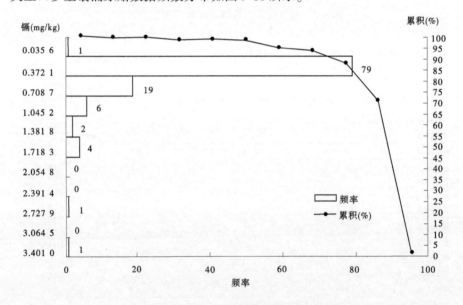

图9-10　吴王口乡土壤镉原始数据频数分布

平阳镇土壤镉原始数据频数分布如图9-11所示。

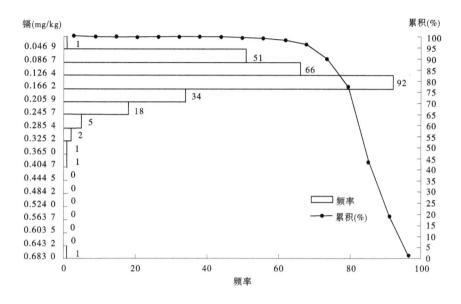

图 9-11　平阳镇土壤镉原始数据频数分布

王林口乡土壤镉原始数据频数分布如图 9-12 所示。

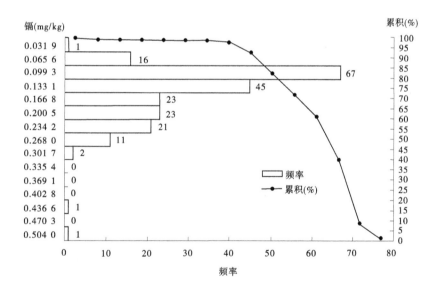

图 9-12　王林口乡土壤镉原始数据频数分布

台峪乡土壤镉原始数据频数分布如图 9-13 所示。

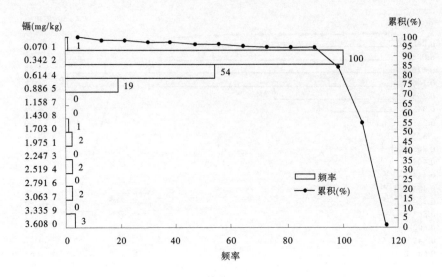

图 9-13　台峪乡土壤镉原始数据频数分布

大台乡土壤镉原始数据频数分布如图 9-14 所示。

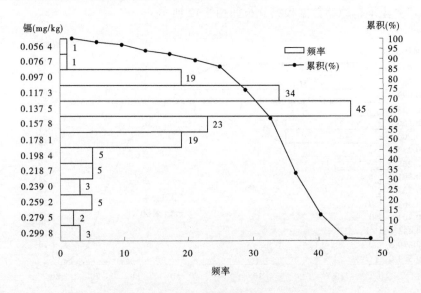

图 9-14　大台乡土壤镉原始数据频数分布

史家寨乡土壤镉原始数据频数分布如图 9-15 所示。

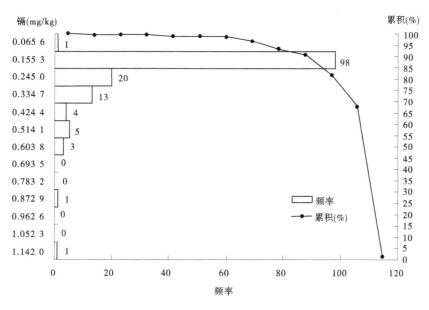

图 9-15　史家寨乡土壤镉原始数据频数分布

9.4　阜平县土壤镉统计量

9.4.1　阜平县土壤镉的统计量

阜平县耕地、林地土壤镉统计分别如表 9-3、表 9-4 所示。

表 9-3　阜平县耕地土壤镉统计　　　　　　　　（单位：mg/kg）

区域	样本数（个）	最小值	最大值	中位值	平均值	标准差	变异系数（%）	5%	95%
阜平县	1 708	0.061 9	3.608 0	0.159 1	0.233 9	0.266 8	114.067 5	0.098 9	0.564 0
阜平镇	232	0.064 8	0.621 9	0.173 8	0.186 2	0.071 6	38.400 0	0.120 3	0.287 2
城南庄镇	293	0.103 3	2.386 0	0.265 6	0.380 5	0.321 0	84.366 0	0.139 2	1.109 6
北果园乡	105	0.088 7	0.616 4	0.134 2	0.140 6	0.058 3	41.486 3	0.093 5	0.180 5
夏庄乡	71	0.098 3	0.637 4	0.155 2	0.205 4	0.128 0	62.295 8	0.108 1	0.499 8
天生桥镇	132	0.087 3	0.253 8	0.129 8	0.135 1	0.030 8	22.825 9	0.097 7	0.193 0
龙泉关镇	120	0.061 9	0.419 8	0.116 4	0.123 8	0.037 6	30.377 7	0.087 7	0.170 4
砂窝乡	144	0.087 0	0.555 2	0.161 3	0.191 2	0.095 4	49.923 2	0.114 0	0.390 5
吴王口乡	70	0.065 3	1.651 5	0.138 4	0.286 6	0.344 1	120.065 5	0.085 6	1.020 3

续表 9-3

区域	样本数(个)	最小值	最大值	中位值	平均值	标准差	变异系数(%)	5%	95%
平阳镇	152	0.083 1	0.683 0	0.151 1	0.167 8	0.062 8	37.422 1	0.115 2	0.253 5
王林口乡	85	0.091 7	0.410 2	0.173 8	0.177 0	0.058 9	33.286 2	0.099 9	0.264 9
台峪乡	122	0.134 2	3.608 0	0.360 9	0.547 0	0.651 8	119.156 8	0.160 8	2.410 7
大台乡	95	0.077 7	0.256 4	0.125 8	0.133 6	0.032 0	23.941 2	0.096 4	0.194 8
史家寨乡	87	0.068 0	0.824 4	0.129 7	0.174 7	0.129 0	73.828 6	0.086 9	0.490 1

表 9-4　阜平县林地土壤镉统计　　　　　　　　　　　（单位：mg/kg）

区域	样本数(个)	最小值	最大值	中位值	平均值	标准差	变异系数(%)	5%	95%
阜平县	1 249	0.020 3	3.401 0	0.103 8	0.159 2	0.200 3	125.830 4	0.048 1	0.471 4
阜平镇	113	0.032 2	1.120 0	0.105 0	0.185 6	0.173 4	93.414 1	0.044 4	0.487 2
城南庄镇	188	0.038 5	1.202 0	0.127 7	0.234 4	0.224 7	95.873 5	0.053 8	0.643 7
北果园乡	288	0.020 3	0.290 7	0.086 4	0.087 2	0.037 1	42.512 4	0.033 6	0.147 5
夏庄乡	41	0.067 6	0.585 6	0.160 4	0.221 5	0.146 2	66.033 1	0.102 4	0.521 6
天生桥镇	45	0.053 8	0.226 5	0.092 3	0.099 7	0.030 9	30.966 7	0.068 4	0.152 8
龙泉关镇	47	0.090 1	0.192 2	0.114 8	0.119 7	0.022 6	18.911 2	0.093 4	0.159 6
砂窝乡	47	0.045 3	0.364 5	0.098 2	0.126 5	0.082 1	64.855 5	0.065 7	0.325 2
吴王口乡	43	0.035 6	3.401 0	0.211 8	0.473 0	0.648 5	137.112 1	0.061 1	1.359 2
平阳镇	120	0.046 9	0.227 8	0.090 3	0.101 5	0.037 9	37.361 0	0.060 2	0.170 0
王林口乡	126	0.031 9	0.504 0	0.088 0	0.102 4	0.054 2	52.950 3	0.053 1	0.191 5
台峪乡	62	0.070 1	1.867 0	0.151 4	0.268 9	0.333 1	123.862 9	0.075 5	0.713 1
大台乡	70	0.056 4	0.299 8	0.128 7	0.146 9	0.059 4	40.476 8	0.079 4	0.271 8
史家寨乡	59	0.065 6	1.142 0	0.141 0	0.189 5	0.161 0	84.948 4	0.082 2	0.400 3

9.4.2　乡镇区域土壤镉的统计量

9.4.2.1　阜平镇土壤镉

阜平镇耕地、林地土壤镉统计分别如表 9-5、表 9-6 所示。

表 9-5 阜平镇耕地土壤镉统计 （单位：mg/kg）

乡镇	村名	样本数（个）	最小值	最大值	中位值	平均值	标准差	变异系数（%）	5%	95%
阜平镇	阜平镇	232	0.064 8	0.621 9	0.173 8	0.186 2	0.071 6	38.400 0	0.120 3	0.287 2
	青沿村	4	0.139 8	0.153 0	0.144 0	0.145 2	0.005 8	4.000 0	0.140 2	0.151 9
	城厢村	2	0.121 8	0.142 7	0.132 3	0.132 3	0.014 8	11.200 0	0.122 8	0.141 7
	第一山村	1	0.144 4	0.144 4	0.144 4	0.144 4	—	—	—	—
	照旺台村	5	0.117 4	0.239 2	0.194 2	0.175 1	0.051 4	29.300 0	0.119 4	0.230 8
	原种场村	2	0.126 6	0.137 1	0.131 9	0.131 9	0.007 4	5.600 0	0.127 1	0.136 6
	白河村	2	0.165 7	0.167 6	0.166 7	0.166 7	0.001 3	0.800 0	0.165 8	0.167 5
	大元村	4	0.126 2	0.152 4	0.135 3	0.137 3	0.011 1	8.100 0	0.127 2	0.150 2
	石湖村	2	0.141 6	0.169 2	0.155 4	0.155 4	0.019 5	12.600 0	0.143 0	0.167 8
	高阜口村	10	0.102 1	0.165 8	0.134 2	0.136 5	0.018 7	13.700 0	0.112 3	0.161 6
	大道村	11	0.103 2	0.178 3	0.140 3	0.140 7	0.021 3	15.100 0	0.111 8	0.170 6
	小石坊村	5	0.126 4	0.163 0	0.155 8	0.147 0	0.017 9	12.200 0	0.126 9	0.162 6
	大石坊村	10	0.115 6	0.174 4	0.153 2	0.147 5	0.019 1	13.000 0	0.121 4	0.170 7
	黄岸底村	6	0.133 0	0.147 4	0.140 1	0.139 8	0.005 9	4.200 0	0.133 2	0.146 6
	槐树庄村	10	0.064 8	0.158 8	0.131 9	0.128 7	0.024 5	19.000 0	0.091 9	0.151 7
	峝路头村	10	0.106 0	0.164 4	0.137 9	0.134 7	0.018 9	14.000 0	0.106 6	0.159 9
	海沿村	10	0.098 9	0.216 0	0.143 1	0.153 8	0.034 5	22.400 0	0.113 2	0.204 4
	燕头村	10	0.144 0	0.236 5	0.175 2	0.180 6	0.026 8	14.900 0	0.147 7	0.221 7
	西沟村	5	0.146 2	0.228 4	0.160 4	0.171 6	0.032 6	19.000 0	0.148 2	0.216 0
	各达头村	10	0.093 8	0.225 6	0.155 6	0.155 4	0.043 6	28.000 0	0.095 8	0.211 5
	牛栏村	6	0.174 1	0.252 9	0.201 3	0.211 0	0.030 3	14.371 5	0.179 0	0.250 3
	苍山村	10	0.189 4	0.292 3	0.208 6	0.223 6	0.036 1	16.163 9	0.191 7	0.286 6
	柳树底村	12	0.189 6	0.274 0	0.209 9	0.220 9	0.028 7	12.971 3	0.192 0	0.267 5
	土岭村	4	0.177 2	0.213 4	0.198 8	0.197 1	0.017 8	9.011 5	0.178 7	0.213 0
	法华村	10	0.152 4	0.239 6	0.201 3	0.200 2	0.026 3	13.117 3	0.161 9	0.234 9
	东漕岭村	9	0.171 9	0.251 2	0.198 0	0.202 6	0.021 3	10.511 9	0.178 7	0.234 1
	三岭会村	5	0.157 0	0.280 6	0.202 4	0.213 8	0.048 8	22.832 8	0.162 6	0.273 2
	楼房村	6	0.145 4	0.243 0	0.178 0	0.184 4	0.032 2	17.441 9	0.152 6	0.229 3
	木匠口村	13	0.107 0	0.408 9	0.183 0	0.204 7	0.082 4	40.246 5	0.115 6	0.355 4
	龙门村	26	0.135 2	0.621 9	0.246 4	0.285 7	0.135 8	47.546 2	0.157 9	0.532 5
	色岭口村	12	0.144 4	0.270 2	0.200 9	0.208 8	0.033 7	16.156 2	0.165 8	0.253 7

表 9-6　阜平镇林地土壤镉统计　　　　　　（单位：mg/kg）

乡镇	村名	样本数（个）	最小值	最大值	中位值	平均值	标准差	变异系数（%）	5%	95%
阜平镇	阜平镇	113	0.032 2	1.120 0	0.105 0	0.185 6	0.173 4	93.414 1	0.044 4	0.487 2
	高阜口村	2	0.096 1	0.129 0	0.112 6	0.112 6	0.023 3	20.669 8	0.097 7	0.127 4
	大石坊村	7	0.082 8	0.179 6	0.125 8	0.128 8	0.034 1	26.508 8	0.086 5	0.173 4
	小石坊村	6	0.062 3	0.179 0	0.137 9	0.130 2	0.049 4	37.959 3	0.070 0	0.177 1
	黄岸底村	6	0.032 2	0.107 0	0.096 8	0.085 1	0.028 7	33.704 3	0.042 3	0.106 5
	槐树庄村	3	0.081 0	0.115 1	0.097 4	0.097 8	0.017 1	17.431 8	0.082 6	0.113 3
	崞路头村	7	0.113 8	0.374 4	0.153 1	0.193 5	0.095 8	49.487 3	0.119 3	0.345 2
	西沟村	2	0.101 3	0.104 9	0.103 1	0.103 1	0.002 5	2.469 0	0.101 5	0.104 7
	燕头村	3	0.066 3	0.089 8	0.086 5	0.080 9	0.012 7	15.732 8	0.068 3	0.089 5
	各达头村	5	0.067 2	0.366 4	0.081 9	0.180 0	0.145 4	80.775 4	0.068 9	0.354 9
	牛栏村	3	0.045 4	0.105 6	0.064 6	0.071 9	0.030 8	42.788 7	0.047 3	0.101 5
	海沿村	4	0.049 9	0.083 3	0.059 7	0.063 1	0.014 7	23.209 0	0.050 7	0.080 4
	苍山村	3	0.091 3	0.101 6	0.094 5	0.095 8	0.005 3	5.502 7	0.091 6	0.100 9
	土岭村	16	0.078 0	0.730 8	0.246 7	0.283 0	0.218 3	77.160 7	0.085 8	0.684 6
	楼房村	9	0.063 4	0.490 5	0.125 2	0.220 8	0.174 8	79.163 6	0.069 4	0.486 0
	木匠口村	9	0.034 8	0.333 8	0.075 8	0.163 7	0.136 7	83.494 9	0.036 4	0.325 6
	龙门村	12	0.069 6	0.604 1	0.271 0	0.263 6	0.180 9	68.612 6	0.071 0	0.538 6
	色岭口村	12	0.073 6	1.120 0	0.197 6	0.286 5	0.300 5	104.884 2	0.075 0	0.763 6
	三岭会村	4	0.038 5	0.077 7	0.049 4	0.053 7	0.017 8	33.122 8	0.039 0	0.074 5

9.4.2.2　城南庄镇土壤镉

城南庄镇耕地、林地土壤镉统计分别如表 9-7、表 9-8 所示。

表 9-7 城南庄镇耕地土壤镉统计 （单位:mg/kg）

乡镇	村名	样本数（个）	最小值	最大值	中位值	平均值	标准差	变异系数（%）	5%	95%
	城南庄镇	293	0.103 3	2.386 0	0.265 6	0.380 5	0.321 0	84.366 0	0.139 2	1.109 6
	岔河村	24	0.122 0	0.545 6	0.246 5	0.278 0	0.118 1	42.492 0	0.147 2	0.477 2
	三官村	12	0.154 0	0.289 7	0.180 3	0.197 7	0.050 0	25.302 6	0.154 1	0.281 1
	麻棚村	12	0.138 2	1.020 0	0.184 9	0.270 9	0.245 1	90.478 7	0.148 2	0.671 9
	大岸底村	18	0.107 7	0.530 0	0.196 7	0.238 9	0.116 0	48.568 8	0.136 4	0.514 7
	北桑地村	10	0.107 2	0.460 9	0.303 0	0.279 2	0.115 6	41.420 5	0.112 5	0.427 7
	井沟村	18	0.175 2	1.538 0	0.332 7	0.435 2	0.337 6	77.576 4	0.177 7	1.009 1
	栗树漕村	30	0.103 3	1.663 0	0.402 3	0.603 0	0.486 3	80.637 4	0.166 0	1.540 9
	易家庄村	18	0.126 4	1.658 0	0.279 7	0.466 6	0.457 0	97.936 2	0.127 8	1.389 4
	万宝庄村	13	0.153 0	0.930 6	0.504 0	0.449 6	0.276 7	61.552 0	0.155 1	0.911 6
城南庄镇	华山村	12	0.207 3	1.196 0	0.672 0	0.621 8	0.328 0	52.760 1	0.226 4	1.074 8
	南安村	9	0.204 0	0.767 9	0.350 8	0.371 0	0.173 7	46.829 2	0.208 7	0.648 3
	向阳庄村	4	0.153 6	0.188 9	0.165 0	0.168 1	0.014 9	8.862 4	0.155 1	0.185 5
	福子峪村	5	0.134 9	0.161 0	0.153 2	0.150 3	0.009 9	6.567 4	0.137 4	0.159 8
	宋家沟村	10	0.139 9	2.386 0	0.440 3	0.606 5	0.692 8	114.230 7	0.141 6	1.823 5
	石猴村	5	0.168 4	0.292 9	0.197 5	0.208 2	0.048 9	23.492 4	0.171 4	0.274 1
	北工村	5	0.137 4	0.170 1	0.155 2	0.156 9	0.012 9	8.249 0	0.140 8	0.169 5
	顾家沟村	11	0.175 0	0.565 0	0.365 5	0.350 4	0.139 9	39.940 7	0.175 7	0.533 4
	城南庄村	20	0.152 3	0.600 2	0.203 3	0.257 3	0.116 1	45.121 3	0.170 4	0.437 0
	谷家庄村	16	0.109 4	0.844 6	0.335 3	0.345 2	0.226 4	65.597 0	0.111 4	0.761 2
	后庄村	13	0.168 2	0.286 6	0.223 0	0.231 4	0.036 1	15.616 7	0.180 4	0.282 5
	南台村	28	0.186 0	1.296 0	0.431 4	0.510 1	0.293 8	57.591 3	0.234 8	1.128 4

表9-8　城南庄镇林地土壤镉统计　　　　　　（单位:mg/kg）

乡镇	村名	样本数（个）	最小值	最大值	中位值	平均值	标准差	变异系数（%）	5%	95%
城南庄镇	城南庄镇	188	0.038 5	1.202 0	0.127 7	0.234 4	0.224 7	95.873 5	0.053 8	0.643 7
	三官村	3	0.078 5	0.131 6	0.111 2	0.107 1	0.026 8	25.010 6	0.081 8	0.129 6
	岔河村	23	0.077 6	0.885 0	0.139 9	0.285 5	0.218 6	76.545 7	0.089 6	0.546 9
	麻棚村	9	0.056 8	0.490 2	0.095 2	0.145 1	0.135 1	93.155 6	0.062 2	0.367 1
	大岸底村	3	0.071 2	0.130 2	0.075 1	0.092 2	0.033 0	35.799 8	0.071 6	0.124 7
	井沟村	9	0.070 4	0.782 4	0.199 6	0.315 0	0.239 6	76.068 1	0.084 2	0.686 9
	栗树漕村	10	0.064 1	1.107 0	0.340 7	0.415 9	0.397 2	95.504 7	0.064 3	1.097 6
	南台村	12	0.062 6	0.482 8	0.085 2	0.189 5	0.164 9	87.019 7	0.062 8	0.438 5
	后庄村	18	0.041 9	0.498 4	0.068 4	0.146 2	0.157 6	107.810 4	0.043 4	0.441 3
	谷家庄村	7	0.038 5	0.567 9	0.064 3	0.199 7	0.202 8	101.553 6	0.042 8	0.494 9
	福子峪村	25	0.045 8	1.023 0	0.144 6	0.266 3	0.257 6	96.740 4	0.047 5	0.745 0
	向阳庄村	5	0.197 0	0.860 4	0.234 8	0.364 1	0.282 0	77.438 2	0.198 5	0.753 1
	南安村	2	0.111 4	0.257 5	0.184 5	0.184 5	0.103 3	56.008 8	0.118 7	0.250 2
	城南庄村	4	0.092 2	0.108 6	0.098 0	0.099 2	0.006 9	6.962 7	0.092 9	0.107 2
	万宝庄村	8	0.104 0	0.888 7	0.153 1	0.263 9	0.266 2	100.857 8	0.111 1	0.707 9
	华山村	2	0.084 4	0.162 0	0.123 2	0.123 2	0.054 9	44.538 5	0.088 3	0.158 1
	易家庄村	3	0.100 6	0.122 0	0.114 6	0.112 4	0.010 9	9.669 3	0.102 0	0.121 3
	宋家沟村	12	0.070 4	1.202 0	0.104 0	0.240 1	0.331 6	138.141 4	0.075 2	0.849 1
	石猴村	5	0.068 3	0.193 6	0.119 0	0.123 6	0.045 2	36.590 4	0.076 6	0.180 4
	北工村	18	0.083 2	0.574 4	0.178 6	0.240 1	0.160 9	67.018 3	0.090 9	0.539 2
	顾家沟村	10	0.123 8	0.459 6	0.197 2	0.253 2	0.142 2	56.152 0	0.124 9	0.451 6

9.4.2.3　北果园乡土壤镉

北果园乡耕地、林地土壤镉统计分别如表9-9、表9-10所示。

表 9-9　北果园乡耕地土壤镉统计　　　　　　（单位:mg/kg）

乡镇	村名	样本数（个）	最小值	最大值	中位值	平均值	标准差	变异系数（%）	5%	95%
北果园乡	北果园乡	105	0.088 7	0.616 4	0.134 2	0.140 6	0.058 3	41.486 3	0.093 5	0.180 5
	古洞村	3	0.216 0	0.616 4	0.377 9	0.403 4	0.201 4	49.925 8	0.232 2	0.592 6
	魏家峪村	4	0.138 2	0.165 3	0.151 8	0.151 8	0.011 4	7.515 4	0.139 7	0.163 8
	水泉村	2	0.116 2	0.126 8	0.121 5	0.121 5	0.007 5	6.169 0	0.116 7	0.126 3
	城铺村	2	0.108 6	0.121 8	0.115 2	0.115 2	0.009 3	8.102 3	0.109 3	0.121 1
	黄连峪村	2	0.108 3	0.171 8	0.140 1	0.140 1	0.044 9	32.060 9	0.111 5	0.168 6
	革新庄村	2	0.139 0	0.189 6	0.164 3	0.164 3	0.035 8	21.777 0	0.141 5	0.187 1
	卞家峪村	2	0.132 2	0.151 9	0.142 1	0.142 1	0.013 9	9.806 4	0.133 2	0.150 9
	李家庄村	5	0.101 5	0.161 2	0.150 0	0.143 3	0.023 9	16.686 9	0.110 8	0.160 1
	下庄村	2	0.133 3	0.142 0	0.137 7	0.137 7	0.006 2	4.469 2	0.133 7	0.141 6
	光城村	3	0.088 7	0.161 4	0.125 2	0.125 1	0.036 4	29.075 9	0.092 3	0.157 8
	崔家庄村	9	0.125 5	0.160 3	0.138 0	0.142 8	0.012 1	8.486 1	0.128 1	0.158 7
	倪家洼村	4	0.104 6	0.171 2	0.130 6	0.134 2	0.028 6	21.342 4	0.107 0	0.166 6
	乡细沟村	6	0.133 4	0.182 7	0.148 5	0.153 1	0.017 6	11.523 4	0.135 6	0.177 9
	草场口村	3	0.103 5	0.126 6	0.118 2	0.116 1	0.011 7	10.070 9	0.105 0	0.125 8
	张家庄村	3	0.141 6	0.150 6	0.148 5	0.146 8	0.004 7	3.184 4	0.142 3	0.150 4
	惠民湾村	5	0.108 6	0.149 3	0.141 6	0.134 4	0.017 6	13.070 4	0.111 7	0.149 1
	北果园村	9	0.089 6	0.206 0	0.131 4	0.132 4	0.032 4	24.500 2	0.094 3	0.180 8
	槐树底村	4	0.134 0	0.162 4	0.155 7	0.151 9	0.012 6	8.303 2	0.136 8	0.161 8
	吴家沟村	7	0.111 6	0.168 5	0.140 1	0.138 7	0.023 5	16.957 9	0.112 5	0.167 6
	广安村	5	0.107 9	0.139 2	0.136 6	0.128 5	0.013 6	10.554 9	0.110 8	0.139 0
	抬头湾村	4	0.106 8	0.123 6	0.117 8	0.116 5	0.007 1	6.067 2	0.108 3	0.122 9
	店房村	6	0.099 2	0.168 2	0.106 5	0.116 7	0.025 8	22.063 0	0.100 5	0.155 1
	固镇村	6	0.089 4	0.114 0	0.094 5	0.097 5	0.008 7	8.951 6	0.090 3	0.110 3
	营岗村	2	0.093 4	0.093 8	0.093 6	0.093 6	0.000 3	0.309 6	0.093 5	0.093 8
	半沟村	2	0.097 6	0.136 6	0.117 1	0.117 1	0.027 6	23.578 3	0.099 5	0.134 6
	小花沟村	1	0.148 8	0.148 8	0.148 8	0.148 8	—	—	0.148 8	0.148 8
	东山村	2	0.131 4	0.141 2	0.136 3	0.136 3	0.006 9	5.084 1	0.131 9	0.140 7

表 9-10　北果园乡林地土壤镉统计　　　　　　（单位：mg/kg）

乡镇	村名	样本数（个）	最小值	最大值	中位值	平均值	标准差	变异系数（%）	5%	95%
	北果园乡	288	0.020 3	0.290 7	0.086 4	0.087 2	0.037 1	42.512 4	0.033 6	0.147 5
	黄连峪村	7	0.042 3	0.087 5	0.057 4	0.062 6	0.015 6	24.879 9	0.045 2	0.084 5
	东山村	5	0.029 6	0.057 7	0.040 4	0.044 1	0.012 7	28.688 7	0.030 9	0.057 5
	东城铺村	22	0.027 5	0.092 6	0.046 0	0.047 4	0.016 4	34.601 0	0.029 4	0.073 4
	革新庄村	20	0.026 6	0.095 3	0.043 6	0.050 9	0.019 9	39.178 0	0.031 9	0.087 5
	水泉村	12	0.033 6	0.066 1	0.051 1	0.049 9	0.010 9	21.838 5	0.033 9	0.065 1
	古洞村	15	0.020 3	0.290 7	0.047 0	0.079 5	0.074 8	94.121 4	0.021 3	0.228 2
	下庄村	11	0.061 5	0.149 4	0.071 6	0.085 7	0.026 8	31.279 7	0.064 8	0.131 3
	魏家峪村	10	0.036 3	0.127 4	0.088 9	0.085 2	0.029 1	34.144 7	0.045 3	0.125 9
	卞家峪村	26	0.047 4	0.225 4	0.082 8	0.091 5	0.036 3	39.696 2	0.057 9	0.138 5
	李家庄村	15	0.062 2	0.182 0	0.096 0	0.097 4	0.032 1	32.912 6	0.065 6	0.160 9
	小花沟村	9	0.093 6	0.170 2	0.135 4	0.132 5	0.027 1	20.425 5	0.095 8	0.167 1
	半沟村	10	0.089 4	0.227 3	0.103 4	0.114 8	0.040 5	35.312 0	0.090 2	0.177 7
北果园乡	营岗村	7	0.081 2	0.134 6	0.114 8	0.113 1	0.017 8	15.722 3	0.088 2	0.132 3
	光城村	3	0.074 0	0.113 4	0.076 2	0.087 9	0.022 1	25.197 1	0.074 2	0.109 7
	崔家庄村	9	0.049 0	0.116 2	0.069 3	0.079 6	0.022 1	27.696 9	0.054 7	0.112 2
	北果园村	13	0.069 9	0.152 2	0.098 1	0.102 5	0.029 5	28.769 8	0.070 7	0.149 6
	槐树底村	8	0.043 3	0.105 2	0.091 2	0.086 2	0.021 3	24.728 2	0.053 5	0.104 9
	吴家沟村	18	0.068 9	0.137 6	0.089 5	0.093 7	0.018 6	19.880 0	0.071 6	0.133 5
	抬头窝村	6	0.073 4	0.111 7	0.090 6	0.092 3	0.013 8	14.936 3	0.076 0	0.109 7
	广安村	5	0.084 2	0.146 9	0.105 6	0.108 4	0.023 2	21.405 7	0.087 2	0.138 7
	店房村	12	0.068 4	0.142 0	0.097 2	0.102 6	0.023 2	22.622 9	0.072 9	0.135 6
	固镇村	5	0.078 9	0.143 7	0.093 9	0.107 5	0.029 4	27.370 3	0.080 5	0.141 8
	倪家洼村	5	0.071 5	0.129 0	0.099 0	0.097 7	0.023 4	23.953 2	0.072 9	0.125 2
	细沟村	9	0.082 9	0.157 6	0.113 2	0.114 8	0.022 5	19.645 3	0.087 2	0.145 6
	草场口村	4	0.078 4	0.143 8	0.104 0	0.107 5	0.031 1	28.917 1	0.079 4	0.140 7
	惠民湾村	14	0.062 8	0.160 9	0.105 0	0.106 0	0.026 4	24.912 3	0.073 3	0.143 6
	张家庄村	8	0.072 6	0.151 8	0.097 9	0.105 2	0.029 3	27.880 3	0.075 2	0.147 8

9.4.2.4　夏庄乡土壤镉

夏庄乡耕地、林地土壤镉统计分别如表 9-11、表 9-12 所示。

表 9-11　夏庄乡耕地土壤镉统计　　　　　　　　（单位：mg/kg）

乡镇	村名	样本数（个）	最小值	最大值	中位值	平均值	标准差	变异系数（%）	5%	95%
夏庄乡	夏庄乡	71	0.098 3	0.637 4	0.155 2	0.205 4	0.128 0	62.295 8	0.108 1	0.499 8
	夏庄村	26	0.098 3	0.540 8	0.130 6	0.183 9	0.138 3	75.180 3	0.100 4	0.488 8
	菜池村	22	0.108 2	0.376 8	0.147 1	0.167 5	0.060 3	35.987 6	0.114 6	0.286 9
	二道庄村	7	0.184 8	0.262 0	0.205 0	0.216 7	0.029 2	13.474 5	0.188 9	0.259 4
	面盆村	13	0.129 9	0.637 4	0.205 4	0.315 1	0.178 1	56.509 6	0.146 4	0.568 1
	羊道村	3	0.150 2	0.200 0	0.155 2	0.168 5	0.027 4	16.277 9	0.150 7	0.195 5

表 9-12　夏庄乡林地土壤镉统计　　　　　　　　（单位：mg/kg）

乡镇	村名	样本数（个）	最小值	最大值	中位值	平均值	标准差	变异系数（%）	5%	95%
夏庄乡	夏庄乡	41	0.067 6	0.585 6	0.160 4	0.221 5	0.146 2	66.033 1	0.102 4	0.521 6
	菜池村	12	0.067 6	0.454 2	0.187 9	0.216 7	0.119 3	55.078 2	0.087 5	0.423 3
	夏庄村	8	0.077 6	0.176 8	0.119 9	0.122 9	0.029 7	24.187 8	0.086 9	0.167 4
	二道庄村	9	0.102 4	0.463 9	0.167 0	0.264 0	0.158 7	60.113 7	0.104 3	0.456 2
	面盆村	7	0.107 1	0.585 6	0.248 3	0.329 1	0.222 5	67.607 8	0.107 7	0.582 4
	羊道村	5	0.138 9	0.191 2	0.156 9	0.163 4	0.020 6	12.596 0	0.141 8	0.188 3

9.4.2.5　天生桥镇土壤镉

天生桥镇耕地、林地土壤镉统计分别如表 9-13、表 9-14 所示。

表 9-13　天生桥镇耕地土壤镉统计　　　　　　　　（单位：mg/kg）

乡镇	村名	样本数（个）	最小值	最大值	中位值	平均值	标准差	变异系数（%）	5%	95%
天生桥镇	天生桥镇	132	0.087 3	0.253 8	0.129 8	0.135 1	0.030 8	22.825 9	0.097 7	0.193 0
	不老树村	18	0.103 9	0.191 6	0.122 2	0.131 1	0.026 1	19.892 1	0.104 5	0.181 2
	龙王庙村	22	0.087 3	0.159 6	0.113 0	0.115 5	0.019 2	16.618 2	0.090 1	0.155 1
	大车沟村	3	0.093 4	0.102 0	0.098 1	0.097 8	0.004 3	4.401 2	0.093 9	0.101 6

续表 9-13

乡镇	村名	样本数（个）	最小值	最大值	中位值	平均值	标准差	变异系数（%）	5%	95%
天生桥镇	南栗元铺村	14	0.098 5	0.208 4	0.126 2	0.131 1	0.029 9	22.846 1	0.103 8	0.194 0
	北栗元铺村	15	0.103 6	0.252 5	0.138 7	0.146 6	0.035 4	24.119 0	0.113 3	0.210 4
	红草河村	5	0.131 2	0.253 8	0.165 6	0.179 4	0.047 1	26.282 6	0.135 7	0.241 6
	罗家庄村	5	0.140 6	0.176 1	0.147 0	0.154 7	0.016 6	10.732 0	0.140 7	0.174 6
	东下关村	8	0.120 2	0.208 4	0.166 7	0.164 8	0.030 9	18.756 8	0.123 7	0.203 2
	朱家营村	13	0.101 4	0.205 0	0.130 4	0.135 8	0.029 7	21.851 0	0.102 4	0.189 9
	沿台村	6	0.130 9	0.226 6	0.141 5	0.154 2	0.036 2	23.498 7	0.131 4	0.207 9
	大教厂村	13	0.097 2	0.150 8	0.124 0	0.125 8	0.014 7	11.696 6	0.105 1	0.147 7
	西下关村	6	0.109 6	0.135 0	0.123 3	0.122 9	0.009 6	7.817 2	0.111 2	0.133 8
	塔沟村	4	0.114 8	0.152 5	0.140 1	0.136 9	0.018 1	13.213 0	0.117 0	0.152 2

表 9-14　天生桥镇林地土壤镉统计　　　　　　　　　（单位:mg/kg）

乡镇	村名	样本数（个）	最小值	最大值	中位值	平均值	标准差	变异系数（%）	5%	95%
天生桥镇	天生桥镇	45	0.053 8	0.226 5	0.092 3	0.099 7	0.030 9	30.966 7	0.068 4	0.152 8
	不老树村	4	0.067 7	0.107 5	0.078 3	0.082 9	0.017 5	21.047 5	0.068 7	0.103 7
	龙王庙村	9	0.078 9	0.118 4	0.088 9	0.093 8	0.013 3	14.202 6	0.079 5	0.115 1
	大车沟村	2	0.102 2	0.142 4	0.122 3	0.122 3	0.028 4	23.242 6	0.104 2	0.140 4
	北栗元铺村	2	0.087 3	0.112 1	0.099 7	0.099 7	0.017 5	17.589 0	0.088 5	0.110 9
	南栗元铺村	2	0.103 2	0.115 1	0.109 2	0.109 2	0.008 4	7.709 2	0.103 8	0.114 5
	红草河村	5	0.075 2	0.140 8	0.088 1	0.095 1	0.026 7	28.044 4	0.075 6	0.131 5
	天生桥村	2	0.084 0	0.095 2	0.089 6	0.089 6	0.007 9	8.838 8	0.084 6	0.094 6
	罗家庄村	3	0.071 3	0.086 3	0.072 0	0.076 5	0.008 5	11.061 1	0.071 4	0.084 9
	塔沟村	2	0.062 2	0.121 2	0.091 7	0.091 7	0.041 7	45.495 4	0.065 2	0.118 3
	西下关村	2	0.092 5	0.092 7	0.092 6	0.092 6	0.000 1	0.152 7	0.092 5	0.092 7
	大教厂村	2	0.080 3	0.088 3	0.084 3	0.084 3	0.005 7	6.710 4	0.080 7	0.087 9
	沿台村	2	0.053 8	0.098 8	0.076 3	0.076 3	0.031 8	41.703 5	0.056 1	0.096 6
	朱家营村	8	0.090 8	0.226 5	0.124 6	0.134 2	0.048 8	36.387 0	0.091 3	0.205 7

9.4.2.6　龙泉关镇土壤镉

龙泉关镇耕地、林地土壤镉统计分别如表9-15、表9-16所示。

表 9-15　龙泉关镇耕地土壤镉统计 （单位：mg/kg）

乡镇	村名	样本数（个）	最小值	最大值	中位值	平均值	标准差	变异系数（%）	5%	95%
龙泉关镇	龙泉关镇	120	0.061 9	0.419 8	0.116 4	0.123 8	0.037 6	30.377 7	0.087 7	0.170 4
	骆驼湾村	8	0.103 2	0.136 6	0.120 1	0.121 5	0.012 2	10.031 4	0.105 3	0.136 1
	大胡卜村	3	0.099 9	0.164 2	0.142 6	0.135 6	0.032 7	24.137 1	0.104 2	0.162 0
	黑林沟村	4	0.107 5	0.143 6	0.133 3	0.129 4	0.017 4	13.480 8	0.109 9	0.143 6
	印钞石村	8	0.093 3	0.128 8	0.115 9	0.110 8	0.014 2	12.841 5	0.093 5	0.126 5
	黑崖沟村	16	0.084 4	0.118 2	0.109 0	0.106 5	0.010 6	9.982 2	0.088 3	0.117 8
	西刘庄村	16	0.102 2	0.199 8	0.143 3	0.143 4	0.027 6	19.248 3	0.103 1	0.189 9
	龙泉关村	18	0.078 9	0.198 6	0.133 3	0.131 3	0.032 0	24.351 8	0.080 6	0.166 0
	顾家台村	5	0.106 4	0.149 4	0.116 0	0.120 5	0.017 1	14.158 0	0.107 1	0.143 7
	青羊沟村	4	0.102 8	0.147 8	0.112 5	0.119 1	0.019 8	16.661 0	0.103 9	0.142 9
	北刘庄村	13	0.061 9	0.183 5	0.114 4	0.120 1	0.037 4	31.161 8	0.075 7	0.181 6
	八里庄村	13	0.096 0	0.419 8	0.109 7	0.136 5	0.087 1	63.817 0	0.096 7	0.265 4
	平石头村	12	0.084 3	0.129 6	0.110 6	0.107 7	0.015 3	14.171 7	0.086 5	0.127 7

表 9-16　龙泉关镇林地土壤镉统计 （单位：mg/kg）

乡镇	村名	样本数（个）	最小值	最大值	中位值	平均值	标准差	变异系数（%）	5%	95%
龙泉关镇	龙泉关镇	47	0.090 1	0.192 2	0.114 8	0.119 7	0.022 6	18.911 2	0.093 4	0.159 6
	平石头村	6	0.090 1	0.143 9	0.115 4	0.115 8	0.020 9	18.084 6	0.091 6	0.141 5
	八里庄村	5	0.095 6	0.115 2	0.112 9	0.108 9	0.008 3	7.606 6	0.097 7	0.115 1
	北刘庄村	6	0.103 4	0.131 8	0.121 9	0.120 1	0.010 6	8.864 3	0.105 7	0.131 1
	大胡卜村	2	0.161 1	0.192 2	0.176 7	0.176 7	0.022 0	12.448 9	0.162 7	0.190 6
	黑林沟村	3	0.123 0	0.148 2	0.137 0	0.136 1	0.012 6	9.279 2	0.124 4	0.147 1
	骆驼湾村	6	0.094 8	0.175 6	0.114 6	0.127 3	0.031 2	24.496 9	0.098 3	0.170 6
	顾家台村	2	0.093 4	0.095 6	0.094 5	0.094 5	0.001 6	1.646 2	0.093 5	0.095 5
	青羊沟村	1	0.125 4	0.125 4	0.125 4	0.125 4	—	—	0.125 4	0.125 4
	龙泉关村	2	0.113 2	0.120 4	0.116 8	0.116 8	0.005 1	4.358 9	0.113 6	0.120 0
	西刘庄村	6	0.093 5	0.156 2	0.109 1	0.117 1	0.025 4	21.719 5	0.093 9	0.152 1
	黑崖沟村	5	0.091 6	0.128 6	0.124 1	0.114 3	0.017 7	15.474 4	0.093 1	0.128 6
	印钞石村	3	0.104 2	0.107 6	0.107 0	0.106 3	0.001 8	1.707 7	0.104 5	0.107 5

9.4.2.7　砂窝乡土壤镉

砂窝乡耕地、林地土壤镉统计分别如表 9-17、表 9-18 所示。

表 9-17　砂窝乡耕地土壤镉统计　　　　　　　　(单位:mg/kg)

乡镇	村名	样本数(个)	最小值	最大值	中位值	平均值	标准差	变异系数(%)	5%	95%
砂窝乡	砂窝乡	144	0.087 0	0.555 2	0.161 3	0.191 2	0.095 4	49.923 2	0.114 0	0.390 5
	大柳树村	10	0.087 0	0.158 6	0.118 0	0.117 1	0.022 6	19.304 3	0.091 9	0.154 3
	下堡村	8	0.116 0	0.211 0	0.190 0	0.178 4	0.033 9	18.978 2	0.122 7	0.207 9
	盘龙台村	6	0.134 0	0.174 0	0.152 0	0.152 8	0.020 0	13.088 9	0.134 0	0.173 3
	林当沟村	12	0.114 0	0.408 4	0.255 6	0.254 1	0.124 4	48.953 8	0.121 2	0.398 8
	上堡村	14	0.106 0	0.507 8	0.196 5	0.228 1	0.118 3	51.870 2	0.113 8	0.429 5
	黑印台村	8	0.136 0	0.359 8	0.175 0	0.222 5	0.089 3	40.164 1	0.144 1	0.355 6
	碾子沟门村	13	0.130 0	0.485 0	0.321 4	0.285 6	0.130 1	45.532 0	0.132 4	0.482 6
	百亩台村	17	0.127 0	0.424 6	0.166 0	0.201 6	0.088 6	43.979 2	0.129 4	0.388 8
	龙王庄村	11	0.105 0	0.176 0	0.132 0	0.140 5	0.027 0	19.209 2	0.109 5	0.175 0
	砂窝村	11	0.137 0	0.190 0	0.163 0	0.163 6	0.016 7	10.226 8	0.141 5	0.187 0
	河彩村	5	0.134 0	0.156 0	0.148 0	0.145 8	0.008 5	5.827 9	0.135 4	0.154 8
	龙王沟村	7	0.164 0	0.555 2	0.174 0	0.253 4	0.149 2	58.881 5	0.167 0	0.494 8
	仙湾村	6	0.111 4	0.170 0	0.126 0	0.136 7	0.025 9	18.910 6	0.113 3	0.169 5
	砂台村	6	0.114 0	0.185 8	0.164 7	0.153 2	0.029 1	19.008 4	0.115 6	0.181 8
	全庄村	10	0.114 0	0.140 7	0.126 6	0.126 6	0.006 9	5.425 1	0.118 0	0.137 1

表 9-18　砂窝乡林地土壤镉统计　　　　　　　　(单位:mg/kg)

乡镇	村名	样本数(个)	最小值	最大值	中位值	平均值	标准差	变异系数(%)	5%	95%
砂窝乡	砂窝乡	47	0.045 3	0.364 5	0.098 2	0.126 5	0.082 1	64.855 5	0.065 7	0.325 2
	下堡村	2	0.060 7	0.068 7	0.064 7	0.064 7	0.005 7	8.743 2	0.061 1	0.068 3
	盘龙台村	2	0.099 8	0.100 2	0.100 0	0.100 0	0.000 3	0.282 8	0.099 8	0.100 2
	林当沟村	4	0.045 3	0.136 6	0.091 2	0.091 1	0.038 3	42.098 3	0.050 5	0.131 4
	上堡村	3	0.078 5	0.094 8	0.085 7	0.086 3	0.008 2	9.461 5	0.079 2	0.093 9
	碾子沟门村	3	0.081 2	0.103 5	0.083 6	0.089 4	0.012 2	13.687 3	0.081 4	0.101 5
	黑印台村	4	0.068 4	0.364 5	0.209 5	0.213 0	0.153 9	72.272 9	0.072 1	0.358 7
	大柳树村	4	0.064 8	0.098 2	0.074 9	0.078 2	0.014 3	18.292 0	0.065 9	0.095 1
	全庄村	2	0.067 7	0.091 2	0.079 5	0.079 5	0.016 6	20.915 1	0.068 9	0.090 0
	百亩台村	2	0.076 8	0.098 6	0.087 7	0.087 7	0.015 4	17.576 9	0.077 9	0.097 5

续表 9-18

乡镇	村名	样本数（个）	最小值	最大值	中位值	平均值	标准差	变异系数（%）	5%	95%
砂窝乡	龙王庄村	2	0.089 9	0.162 9	0.126 4	0.126 4	0.051 6	40.837 7	0.093 6	0.159 3
	龙王沟村	4	0.081 1	0.143 0	0.099 8	0.105 9	0.029 7	28.057 1	0.081 3	0.139 1
	河彩村	6	0.078 0	0.347 9	0.300 7	0.240 3	0.121 8	50.680 2	0.081 5	0.341 7
	砂窝村	5	0.080 0	0.136 8	0.121 8	0.116 2	0.022 5	19.320 9	0.086 2	0.135 7
	砂台村	2	0.111 4	0.162 2	0.136 8	0.136 8	0.035 9	26.258 1	0.113 9	0.159 7
	仙湾村	2	0.126 1	0.128 0	0.127 1	0.127 1	0.001 3	1.057 5	0.126 2	0.127 9

9.4.2.8　吴王口乡土壤镉

吴王口乡耕地、林地土壤镉统计分别如表 9-19、表 9-20 所示。

表 9-19　吴王口乡耕地土壤镉统计　　　　　　（单位：mg/kg）

乡镇	村名	样本数（个）	最小值	最大值	中位值	平均值	标准差	变异系数（%）	5%	95%
吴王口乡	吴王口乡	70	0.065 3	1.651 5	0.138 4	0.286 6	0.344 1	120.065 5	0.085 6	1.020 3
	银河村	3	0.250 0	0.561 2	0.284 4	0.365 2	0.170 6	46.716 9	0.253 4	0.533 5
	南辛庄村	1	0.233 2	0.233 2	0.233 2	0.233 2	—	—	0.233 2	0.233 2
	三岔村	1	0.203 0	0.203 0	0.203 0	0.203 0	—	—	0.203 0	0.203 0
	寿长寺村	2	0.156 6	0.181 2	0.168 9	0.168 9	0.017 4	10.298 9	0.157 8	0.180 0
	南庄旺村	2	1.151 0	1.462 0	1.306 5	1.306 5	0.219 9	16.832 0	1.166 6	1.446 5
	岭东村	11	0.132 6	1.651 5	0.448 8	0.530 2	0.426 6	80.467 6	0.146 6	1.256 1
	桃园坪村	10	0.118 2	1.582 0	0.203 9	0.376 5	0.447 1	118.733 0	0.130 4	1.144 7
	周家河村	2	0.109 6	0.117 0	0.113 3	0.113 3	0.005 2	4.618 3	0.110 0	0.116 6
	不老台村	5	0.115 2	0.147 2	0.137 2	0.133 3	0.012 3	9.238 2	0.117 7	0.145 7
	石滩地村	9	0.085 1	0.111 8	0.097 8	0.097 6	0.009 9	10.200 0	0.085 5	0.108 1
	邓家庄村	11	0.081 9	0.128 3	0.099 6	0.102 8	0.015 1	14.700 0	0.082 7	0.127 3
	吴王口村	6	0.065 3	0.123 7	0.099 7	0.099 1	0.020 7	20.902 6	0.071 4	0.121 9
	黄草洼村	7	0.111 3	0.767 0	0.169 8	0.355 0	0.275 1	77.495 0	0.118 8	0.710 5

表 9-20　吴王口乡林地土壤镉统计　　　　（单位：mg/kg）

乡镇	村名	样本数（个）	最小值	最大值	中位值	平均值	标准差	变异系数（%）	5%	95%
吴王口乡	吴王口乡	43	0.035 6	3.401 0	0.211 8	0.473 0	0.648 5	137.112 1	0.061 1	1.359 2
	石滩地村	4	0.061 0	0.624 8	0.252 1	0.297 5	0.257 7	86.612 4	0.070 7	0.587 9
	邓家庄村	4	0.069 3	0.408 4	0.186 9	0.212 9	0.154 8	72.723 1	0.075 5	0.386 7
	吴王口村	2	0.082 8	0.102 4	0.092 6	0.092 6	0.013 9	14.966 8	0.083 8	0.101 4
	周家河村	3	0.103 4	0.155 8	0.119 2	0.126 1	0.026 9	21.310 2	0.105 0	0.152 1
	不老台村	6	0.035 6	0.630 4	0.076 8	0.241 7	0.278 4	115.194 1	0.042 1	0.615 1
	黄草洼村	1	0.134 2	0.134 2	0.134 2	0.134 2	—	—	0.134 2	0.134 2
	岭东村	9	0.211 8	3.401 0	0.741 0	0.996 5	0.963 0	96.641 7	0.236 2	2.595 0
	南庄旺村	4	0.150 5	2.496 0	0.619 6	0.971 4	1.045 0	107.573 8	0.202 4	2.233 0
	寿长寺村	2	0.091 2	0.305 8	0.198 5	0.198 5	0.151 7	76.445 9	0.101 9	0.295 1
	银河村	1	0.053 7	0.053 7	0.053 7	0.053 7	—	—	0.053 7	0.053 7
	南辛庄村	1	0.075 7	0.075 7	0.075 7	0.075 7	—	—	0.075 7	0.075 7
	三岔村	1	0.111 6	0.111 6	0.111 6	0.111 6	—	—	0.111 6	0.111 6
	桃园坪村	5	0.068 1	1.118 0	0.578 6	0.531 4	0.422 3	79.471 7	0.091 2	1.036 1

9.4.2.9　平阳镇土壤镉

平阳镇耕地、林地土壤镉统计分别如表 9-21、表 9-22 所示。

表 9-21　平阳镇耕地土壤镉统计　　　　（单位：mg/kg）

乡镇	村名	样本数（个）	最小值	最大值	中位值	平均值	标准差	变异系数（%）	5%	95%
平阳镇	平阳镇	152	0.083 1	0.683 0	0.151 1	0.167 8	0.062 8	37.422 1	0.115 2	0.253 5
	康家峪村	14	0.083 1	0.683 0	0.189 1	0.222 4	0.146 8	66.033 7	0.109 6	0.445 4
	皂火峪村	5	0.129 8	0.205 9	0.139 7	0.151 8	0.030 8	20.255 3	0.131 4	0.193 9
	白山村	1	0.129 6	0.129 6	0.129 6	0.129 6	—	—	0.129 6	0.129 6
	北庄村	14	0.109 4	0.336 4	0.188 6	0.193 9	0.059 0	30.422 2	0.112 9	0.288 2
	黄岸村	5	0.149 0	0.402 6	0.228 0	0.236 1	0.102 5	43.409 4	0.150 2	0.371 2
	长角村	3	0.163 4	0.240 8	0.198 1	0.200 8	0.038 8	19.310 4	0.166 9	0.236 5
	石湖村	3	0.151 1	0.171 2	0.166 2	0.162 8	0.010 5	6.426 4	0.152 6	0.170 7
	车道村	2	0.134 2	0.154 8	0.144 5	0.144 5	0.014 6	10.080 6	0.135 2	0.153 8
	东板峪村	8	0.114 6	0.171 0	0.134 0	0.141 0	0.022 0	15.557 1	0.116 1	0.168 4
	罗峪村	6	0.128 4	0.169 4	0.147 7	0.146 1	0.016 4	11.200 3	0.128 5	0.165 8
	铁岭村	4	0.106 2	0.137 3	0.125 6	0.123 7	0.012 9	10.423 0	0.109 1	0.135 6

续表 9-21

乡镇	村名	样本数（个）	最小值	最大值	中位值	平均值	标准差	变异系数（%）	5%	95%
平阳镇	王快村	9	0.134 4	0.201 0	0.146 9	0.155 4	0.021 6	13.883 7	0.135 2	0.190 5
	平阳村	11	0.109 1	0.247 1	0.136 0	0.146 3	0.040 8	27.928 9	0.111 6	0.213 1
	上平阳村	8	0.121 9	0.186 6	0.168 0	0.162 2	0.024 7	15.238 4	0.127 2	0.185 2
	白家峪村	11	0.109 8	0.238 8	0.139 0	0.160 8	0.042 9	26.669 2	0.117 5	0.236 4
	立彦头村	10	0.118 0	0.221 3	0.140 2	0.147 2	0.028 5	19.376 0	0.121 1	0.193 7
	冯家口村	9	0.125 9	0.260 6	0.169 3	0.176 1	0.041 7	23.696 6	0.132 5	0.245 0
	土门村	14	0.128 4	0.260 6	0.159 9	0.173 5	0.038 4	22.153 5	0.135 0	0.236 9
	台南村	2	0.137 6	0.139 8	0.138 7	0.138 7	0.001 6	1.121 6	0.137 7	0.139 7
	北水峪村	8	0.118 8	0.247 6	0.136 2	0.146 0	0.041 7	28.569 1	0.120 3	0.209 2
	山咀头村	3	0.138 6	0.164 5	0.162 0	0.155 0	0.014 3	9.215 1	0.140 9	0.164 3
	各老村	2	0.126 2	0.135 0	0.130 6	0.130 6	0.006 2	4.764 6	0.126 6	0.134 6

表 9-22　平阳镇林地土壤镉统计　　　　（单位：mg/kg）

乡镇	村名	样本数（个）	最小值	最大值	中位值	平均值	标准差	变异系数（%）	5%	95%
平阳镇	平阳镇	120	0.046 9	0.227 8	0.090 3	0.101 5	0.037 9	37.361 0	0.060 2	0.170 0
	康家峪村	8	0.083 7	0.220 9	0.118 2	0.130 8	0.045 2	34.514 4	0.085 7	0.200 7
	石湖村	4	0.082 2	0.161 0	0.124 3	0.122 9	0.032 5	26.413 8	0.087 8	0.156 2
	长角村	7	0.079 5	0.227 8	0.150 5	0.150 0	0.050 7	33.797 0	0.089 4	0.216 6
	黄岸村	7	0.080 5	0.147 0	0.121 8	0.113 0	0.023 7	20.953 5	0.082 7	0.141 6
	车道村	7	0.097 9	0.185 4	0.148 8	0.144 0	0.029 9	20.799 4	0.102 8	0.178 3
	东板峪村	5	0.089 8	0.161 0	0.109 1	0.117 0	0.027 1	23.151 0	0.092 7	0.153 1
	北庄村	8	0.089 4	0.123 4	0.112 0	0.108 8	0.011 4	10.444 6	0.092 5	0.121 3
	皂火峪村	4	0.071 7	0.221 6	0.148 3	0.147 5	0.061 4	41.656 9	0.082 2	0.211 6
	白家峪村	6	0.060 2	0.087 0	0.075 0	0.075 5	0.010 1	13.338 7	0.062 8	0.086 6
	土门村	6	0.071 1	0.174 6	0.083 6	0.098 8	0.038 8	39.318 6	0.072 5	0.156 7
	立彦头村	5	0.050 7	0.133 7	0.083 3	0.089 8	0.030 3	33.731 3	0.056 8	0.126 9
	冯家口村	11	0.064 5	0.156 0	0.095 9	0.094 0	0.025 0	26.607 9	0.066 1	0.130 3
	罗峪村	4	0.073 3	0.124 0	0.100 5	0.099 7	0.021 4	21.514 9	0.076 5	0.121 7
	白山村	6	0.073 5	0.098 9	0.084 9	0.084 9	0.009 8	11.575 4	0.074 3	0.096 8
	铁岭村	4	0.067 7	0.080 1	0.074 0	0.073 9	0.005 1	6.897 9	0.068 5	0.079 3
	王快村	4	0.046 9	0.073 8	0.066 6	0.063 5	0.011 7	18.433 0	0.049 5	0.073 1

续表 9-22

乡镇	村名	样本数（个）	最小值	最大值	中位值	平均值	标准差	变异系数（%）	5%	95%
平阳镇	各老村	6	0.059 9	0.148 8	0.069 0	0.080 9	0.033 8	41.803 5	0.060 4	0.130 8
	山咀头村	1	0.063 4	0.063 4	0.063 4	0.063 4	—	—	0.063 4	0.063 4
	台南村	1	0.053 6	0.053 6	0.053 6	0.053 6	—	—	0.053 6	0.053 6
	北水峪村	5	0.064 3	0.088 4	0.066 2	0.070 3	0.010 2	14.449 5	0.064 6	0.084 1
	上平阳村	4	0.056 2	0.119 0	0.070 6	0.079 1	0.027 5	34.731 1	0.058 3	0.111 8
	平阳村	7	0.055 1	0.091 0	0.067 6	0.070 2	0.011 9	17.021 2	0.056 7	0.086 6

9.4.2.10　王林口乡土壤镉

王林口乡耕地、林地土壤镉统计分别如表 9-23、表 9-24 所示。

表 9-23　王林口乡耕地土壤镉统计　　　　　　（单位:mg/kg）

乡镇	村名	样本数（个）	最小值	最大值	中位值	平均值	标准差	变异系数（%）	5%	95%
王林口乡	王林口乡	85	0.091 7	0.410 2	0.173 8	0.177 0	0.058 9	33.286 2	0.099 9	0.264 9
	五丈湾村	3	0.100 1	0.131 4	0.117 0	0.116 2	0.015 7	13.486 3	0.101 8	0.130 0
	马坊村	5	0.099 9	0.144 7	0.107 8	0.112 7	0.018 4	16.306 4	0.100 2	0.137 8
	刘家沟村	2	0.099 0	0.100 8	0.099 9	0.099 9	0.001 3	1.302 6	0.099 1	0.100 7
	辛庄村	6	0.099 6	0.175 0	0.126 4	0.132 1	0.031 2	23.602 2	0.100 7	0.171 6
	南刁窝村	3	0.103 8	0.118 4	0.105 6	0.109 3	0.008 0	7.285 6	0.104 0	0.117 1
	马驹石村	6	0.106 5	0.161 0	0.119 6	0.125 6	0.021 7	17.261 7	0.107 0	0.155 4
	南湾村	4	0.091 7	0.151 4	0.108 2	0.114 9	0.028 2	24.576 8	0.092 0	0.147 1
	上庄村	4	0.130 4	0.186 2	0.160 5	0.159 4	0.023 2	14.578 3	0.134 1	0.183 2
	方太口村	7	0.101 0	0.203 3	0.172 6	0.165 0	0.039 9	24.173 8	0.111 6	0.203 0
	西庄村	3	0.228 4	0.260 2	0.234 2	0.240 9	0.016 9	7.029 1	0.229 0	0.257 6
	东庄村	5	0.164 4	0.265 7	0.219 2	0.212 2	0.041 7	19.668 5	0.166 9	0.259 6
	董家口村	6	0.156 2	0.268 2	0.186 7	0.199 3	0.043 6	21.890 1	0.158 5	0.259 3
	神台村	5	0.179 8	0.254 4	0.223 4	0.221 7	0.029 7	13.384 5	0.185 3	0.252 3
	南峪村	4	0.144 8	0.255 2	0.184 7	0.192 3	0.045 9	23.889 2	0.150 6	0.244 8
	寺口村	4	0.213 2	0.228 9	0.217 2	0.219 1	0.007 4	3.374 1	0.213 3	0.227 7
	瓦泉沟村	3	0.221 5	0.231 0	0.228 6	0.227 1	0.004 8	2.101 0	0.222 5	0.230 8
	东王林口村	2	0.206 8	0.236 4	0.221 6	0.221 6	0.020 9	9.445 1	0.208 3	0.234 9
	前岭村	6	0.169 1	0.410 2	0.180 0	0.230 9	0.097 0	42.000 4	0.169 3	0.376 8
	西王林口村	5	0.170 3	0.267 8	0.220 8	0.225 8	0.040 3	17.841 1	0.177 8	0.266 6
	马沙沟村	2	0.193 8	0.242 0	0.217 9	0.217 9	0.034 1	15.641 4	0.196 2	0.239 6

表 9-24　王林口乡林地土壤镉统计　　　　　　（单位：mg/kg）

乡镇	村名	样本数（个）	最小值	最大值	中位值	平均值	标准差	变异系数（%）	5%	95%
王林口乡	王林口乡	126	0.031 9	0.504 0	0.088 0	0.102 4	0.054 2	52.950 3	0.053 1	0.191 5
	刘家沟村	4	0.051 1	0.211 0	0.077 4	0.104 2	0.073 4	70.381 3	0.052 7	0.193 3
	马沙沟村	3	0.051 4	0.096 7	0.092 7	0.080 3	0.025 1	31.244 8	0.055 5	0.096 3
	南峪村	9	0.043 6	0.077 4	0.056 5	0.060 8	0.012 4	20.407 0	0.045 6	0.077 3
	董家口村	6	0.031 9	0.076 8	0.066 7	0.062 0	0.015 6	25.116 4	0.039 3	0.074 8
	五丈湾村	9	0.071 6	0.155 7	0.081 5	0.097 7	0.030 4	31.146 0	0.072 1	0.144 3
	马坊村	5	0.062 5	0.227 5	0.166 0	0.144 5	0.069 6	48.149 5	0.066 6	0.218 7
	东庄村	8	0.069 2	0.210 9	0.098 8	0.114 6	0.049 5	43.189 3	0.070 0	0.193 7
	寺口村	4	0.050 9	0.110 5	0.079 3	0.080 0	0.025 7	32.097 2	0.053 7	0.107 3
	东王林口村	3	0.077 4	0.177 6	0.093 3	0.116 1	0.053 9	46.383 0	0.079 0	0.169 2
	神台村	7	0.075 8	0.243 7	0.086 3	0.109 3	0.060 2	55.112 9	0.076 5	0.203 1
	西王林口村	4	0.075 0	0.117 8	0.087 7	0.092 0	0.019 2	20.813 0	0.075 8	0.114 4
	前岭村	9	0.054 9	0.112 0	0.088 1	0.086 3	0.019 5	22.633 7	0.058 5	0.110 2
	方太口村	4	0.076 5	0.112 2	0.097 8	0.096 1	0.015 7	16.306 0	0.078 7	0.111 0
	上庄村	4	0.064 9	0.096 5	0.069 8	0.075 3	0.014 7	19.515 3	0.065 1	0.093 1
	南湾村	4	0.091 7	0.136 0	0.111 9	0.112 9	0.021 0	18.641 7	0.092 8	0.134 4
	西庄村	4	0.089 4	0.136 0	0.097 1	0.104 9	0.021 4	20.368 9	0.089 9	0.130 8
	马驹石村	9	0.066 9	0.504 0	0.109 0	0.145 0	0.137 4	94.733 8	0.069 1	0.364 3
	辛庄村	10	0.064 9	0.137 4	0.084 2	0.091 7	0.026 9	29.334 1	0.066 8	0.134 9
	瓦泉沟村	10	0.075 5	0.189 8	0.086 0	0.104 5	0.037 2	35.569 3	0.075 7	0.167 9
	南刁窝村	10	0.075 0	0.199 1	0.132 7	0.140 3	0.044 3	31.563 6	0.082 1	0.195 9

9.4.2.11　台峪乡土壤镉

台峪乡耕地、林地土壤镉统计分别如表 9-25、表 9-26 所示。

表 9-25　台峪乡耕地土壤镉统计　　　　　　　　（单位：mg/kg）

乡镇	村名	样本数（个）	最小值	最大值	中位值	平均值	标准差	变异系数（%）	5%	95%
	台峪乡	122	0.134 2	3.608 0	0.360 9	0.547 0	0.651 8	119.156 8	0.160 8	2.410 7
	井尔沟村	16	0.213 1	0.730 8	0.354 2	0.364 8	0.137 3	37.649 0	0.218 6	0.600 5
	台峪村	25	0.196 8	3.608 0	0.493 4	1.084 1	1.181 4	108.981 9	0.310 2	3.408 0
	营尔村	14	0.208 0	0.631 4	0.418 3	0.417 8	0.145 0	34.700 8	0.208 8	0.628 0
台峪乡	吴家庄村	14	0.157 6	0.685 2	0.458 0	0.436 7	0.204 3	46.793 8	0.176 3	0.681 6
	平房村	22	0.144 8	1.626 0	0.331 9	0.411 4	0.311 4	75.682 7	0.160 8	0.685 1
	庄里村	14	0.134 2	2.512 0	0.560 5	0.628 7	0.576 4	91.677 1	0.205 5	1.406 1
	王家岸村	7	0.138 4	0.225 6	0.180 6	0.182 8	0.033 1	18.106 5	0.141 2	0.224 0
	白石台村	10	0.151 1	0.496 5	0.255 9	0.270 1	0.107 8	39.900 1	0.162 8	0.435 1

表 9-26　台峪乡林地土壤镉统计　　　　　　　　（单位：mg/kg）

乡镇	村名	样本数（个）	最小值	最大值	中位值	平均值	标准差	变异系数（%）	5%	95%
	台峪乡	62	0.070 1	1.867 0	0.151 4	0.268 9	0.333 1	123.862 9	0.075 5	0.713 1
	王家岸村	7	0.090 2	0.217 8	0.179 7	0.161 9	0.048 2	29.744 3	0.100 3	0.215 5
	庄里村	6	0.152 0	1.867 0	0.239 3	0.556 0	0.669 3	120.385 3	0.159 1	1.564 7
	营尔村	5	0.075 4	0.148 6	0.080 0	0.103 0	0.035 1	34.070 4	0.075 9	0.145 6
台峪乡	吴家庄村	7	0.073 4	0.716 0	0.153 7	0.257 7	0.237 9	92.303 5	0.074 7	0.618 0
	平房村	11	0.073 9	0.629 8	0.137 0	0.226 0	0.182 2	80.632 2	0.086 6	0.549 1
	井尔沟村	12	0.070 1	0.816 6	0.128 0	0.233 3	0.224 3	96.137 8	0.074 1	0.636 3
	白石台村	8	0.082 4	1.804 0	0.230 8	0.414 1	0.574 2	138.668 5	0.091 4	1.315 1
	台峪村	6	0.108 4	0.330 5	0.201 3	0.214 1	0.089 9	41.987 3	0.118 4	0.321 7

9.4.2.12　大台乡土壤镉

大台乡耕地、林地土壤镉统计分别如表 9-27、表 9-28 所示。

表 9-27　　大台乡耕地土壤镉统计　　　　　　　（单位：mg/kg）

乡镇	村名	样本数（个）	最小值	最大值	中位值	平均值	标准差	变异系数（%）	5%	95%
大台乡	大台乡	95	0.077 7	0.256 4	0.125 8	0.133 6	0.032 0	23.941 2	0.096 4	0.194 8
	老路渠村	4	0.120 4	0.202 3	0.148 7	0.155 0	0.035 3	22.784 3	0.123 0	0.195 9
	东台村	5	0.093 8	0.137 8	0.116 6	0.119 3	0.018 7	15.650 0	0.097 2	0.137 7
	大台村	20	0.096 7	0.201 3	0.124 8	0.133 0	0.026 7	20.112 0	0.099 6	0.173 8
	坊里村	7	0.105 5	0.176 6	0.118 8	0.125 2	0.023 6	18.876 6	0.107 5	0.161 4
	苇子沟村	4	0.115 8	0.135 4	0.125 7	0.125 7	0.009 5	7.535 8	0.116 4	0.134 9
	大连地村	13	0.077 7	0.187 2	0.109 8	0.115 8	0.028 4	24.494 3	0.080 2	0.157 9
	柏崖村	18	0.090 2	0.162 0	0.117 9	0.121 8	0.019 9	16.362 6	0.096 8	0.156 7
	东板峪店村	18	0.095 7	0.232 2	0.148 9	0.150 9	0.031 2	20.652 9	0.108 3	0.198 0
	碳灰铺村	6	0.098 0	0.256 4	0.157 8	0.171 0	0.058 3	34.095 5	0.107 3	0.247 4

表 9-28　　大台乡林地土壤镉统计　　　　　　　（单位：mg/kg）

乡镇	村名	样本数（个）	最小值	最大值	中位值	平均值	标准差	变异系数（%）	5%	95%
大台乡	大台乡	70	0.056 4	0.299 8	0.128 7	0.146 9	0.059 4	40.476 8	0.079 4	0.271 8
	东板峪店村	14	0.073 7	0.299 8	0.120 7	0.158 2	0.084 8	53.643 5	0.076 0	0.296 2
	柏崖村	13	0.056 4	0.290 2	0.124 9	0.134 6	0.062 1	46.117 6	0.073 0	0.248 6
	大连地村	9	0.123 0	0.278 5	0.172 7	0.186 5	0.050 9	27.309 9	0.125 3	0.263 4
	坊里村	8	0.098 7	0.177 4	0.142 6	0.140 2	0.026 2	18.716 3	0.105 6	0.171 9
	苇子沟村	6	0.095 1	0.158 6	0.129 8	0.130 6	0.021 4	16.395 5	0.102 6	0.155 2
	东台村	5	0.097 4	0.216 2	0.171 5	0.158 9	0.047 1	29.644 1	0.103 2	0.209 6
	老路渠村	4	0.078 7	0.122 4	0.091 0	0.095 8	0.019 8	20.655 0	0.079 3	0.118 9
	大台村	7	0.087 0	0.158 6	0.103 8	0.113 9	0.025 8	22.618 1	0.089 4	0.150 1
	碳灰铺村	4	0.124 9	0.263 6	0.185 0	0.189 6	0.073 5	38.755 5	0.125 4	0.260 4

9.4.2.13　史家寨乡土壤镉

史家寨乡耕地、林地土壤镉统计分别如表 9-29、表 9-30 所示。

表 9-29　史家寨乡耕地土壤镉统计　　　　　　（单位：mg/kg）

乡镇	村名	样本数（个）	最小值	最大值	中位值	平均值	标准差	变异系数（%）	5%	95%
史家寨乡	史家寨乡	87	0.068 0	0.824 4	0.129 7	0.174 7	0.129 0	73.828 6	0.086 9	0.490 1
	上东漕村	4	0.120 4	0.153 8	0.128 0	0.132 5	0.015 5	11.666 6	0.120 6	0.150 8
	定家庄村	6	0.132 2	0.165 2	0.153 6	0.149 0	0.013 5	9.059 9	0.132 4	0.163 1
	葛家台村	6	0.112 8	0.136 6	0.129 9	0.128 1	0.008 0	6.267 5	0.116 7	0.135 2
	北辛庄村	2	0.140 9	0.143 2	0.142 1	0.142 1	0.001 6	1.144 9	0.141 0	0.143 1
	槐场村	17	0.096 0	0.824 4	0.230 4	0.273 6	0.203 8	74.459 2	0.108 8	0.607 1
	红土山村	7	0.099 9	0.169 9	0.117 2	0.127 7	0.026 3	20.574 6	0.103 3	0.166 5
	董家村	3	0.118 9	0.126 1	0.122 1	0.122 4	0.003 6	2.948 0	0.119 2	0.125 7
	史家寨村	13	0.068 0	0.438 2	0.109 7	0.143 5	0.103 6	72.231 2	0.077 1	0.347 4
	凹里村	11	0.072 7	0.146 8	0.106 9	0.109 0	0.019 0	17.419 2	0.082 5	0.138 0
	段庄村	9	0.097 7	0.478 6	0.135 0	0.218 9	0.135 0	61.685 8	0.098 0	0.425 4
	铁岭口村	4	0.094 9	0.575 3	0.205 0	0.270 0	0.215 0	79.622 5	0.103 0	0.528 2
	口子头村	1	0.113 4	0.113 4	0.113 4	0.113 4	—	—	0.113 4	0.113 4
	厂坊村	2	0.084 6	0.146 9	0.115 7	0.115 7	0.044 1	38.089 6	0.087 7	0.143 8
	草垛沟村	2	0.155 9	0.197 8	0.176 9	0.176 9	0.029 6	16.753 1	0.158 0	0.195 7

表 9-30　史家寨乡林地土壤镉统计　　　　　　（单位：mg/kg）

乡镇	村名	样本数（个）	最小值	最大值	中位值	平均值	标准差	变异系数（%）	5%	95%
史家寨乡	史家寨乡	59	0.065 6	1.142 0	0.141 0	0.189 5	0.161 0	84.948 4	0.082 2	0.400 3
	上东漕村	2	0.093 5	0.105 6	0.099 6	0.099 6	0.008 6	8.594 7	0.094 1	0.105 0
	定家庄村	3	0.087 8	0.161 7	0.146 2	0.131 9	0.039 0	29.545 2	0.093 6	0.160 2
	葛家台村	2	0.065 6	0.077 5	0.071 6	0.071 6	0.008 4	11.760 4	0.066 2	0.076 9
	北辛庄村	2	0.082 7	0.100 8	0.091 8	0.091 8	0.012 8	13.949 5	0.083 6	0.099 9
	槐场村	6	0.089 0	0.233 6	0.169 4	0.163 1	0.065 1	39.931 1	0.091 8	0.229 4
	凹里村	12	0.093 9	0.365 8	0.143 6	0.164 3	0.071 6	43.601 3	0.109 7	0.292 9
	史家寨村	11	0.088 2	0.351 8	0.124 8	0.175 2	0.089 9	51.317 0	0.090 7	0.318 0

续表 9-30

乡镇	村名	样本数（个）	最小值	最大值	中位值	平均值	标准差	变异系数（%）	5%	95%
史家寨乡	红土山村	5	0.073 6	0.449 9	0.134 8	0.201 1	0.157 2	78.180 5	0.076 4	0.411 8
	董家村	2	0.113 2	0.161 0	0.137 1	0.137 1	0.033 8	24.653 3	0.115 6	0.158 6
	厂坊村	2	0.150 6	0.155 9	0.153 3	0.153 3	0.003 7	2.445 5	0.150 9	0.155 6
	口子头村	2	0.318 4	1.142 0	0.730 2	0.730 2	0.582 4	79.755 3	0.359 6	1.100 8
	段庄村	3	0.114 9	0.193 4	0.141 0	0.149 8	0.040 0	26.693 2	0.117 5	0.188 2
	铁岭口村	5	0.122 2	0.586 4	0.277 2	0.311 2	0.185 8	59.714 3	0.132 8	0.548 1
	草垛沟村	2	0.149 8	0.182 1	0.166 0	0.166 0	0.022 8	13.762 9	0.151 4	0.180 5

第 10 章　土壤镍

10.1　土壤中镍背景值及主要来源

10.1.1　背景值总体情况

镍普遍存在于自然环境中,地壳中镍丰度为 $89×10^{-6}$,平均含量为 80 mg/kg,在地壳中各元素含量顺序中占第 23 位。世界土壤中镍含量范围为 2~750 mg/kg,中值为 50 mg/kg。镍有很强的亲疏性,主要以硫化镍矿和氧化镍矿的形态存在,在铁、钴、铜和一些稀土矿中,往往有镍共生。在各类岩石中,镍的含量变化相当大。由于我国地域广阔、各地地质条件、生物-气候条件、成土过程及开发程度差异很大,因而各类土壤中镍元素的背景含量有较大的差异。我国镍元素背景值区域分布规律和分布特征总趋势为:在我国东半部由南到北,形成南北低、中间高的分布特点,并表现出从东北向西南逐渐增高的趋势;在东南沿海地区、海南省和内蒙古东部形成低背景值区;云南、广西和贵州西部出现高背景值区。

10.1.2　耕地土壤镍背景值分布规律

我国耕地土壤分布差异较大,以秦岭—淮河一线为界,以南水稻土为主,以北旱作土壤为主,其土壤镍元素背景值分布规律见表 10-1。我国土壤及河北省土壤镍背景值统计量见表 10-2。

表 10-1　我国耕地土壤镍元素背景值分布规律　　　　(单位:mg/kg)
(引自中国环境监测总站,1990)

土类名称	水稻土	潮土	娄土	绵土	黑垆土	绿洲土
背景值含量范围	9.0~42.0	17.0~42.0	24.9~33.0	17.0~44.0	24.9~42.4	33.0~51.0

表 10-2　我国土壤及河北省土壤镍背景值统计量　　　　(单位:mg/kg)
(引自中国环境监测总站,1990)

土壤层	区域	统计量				
		范围	中位值	算术平均值	几何平均值	95%范围值
A 层	全国	0.06~627	24.9	26.9±14.36	23.4±1.74	7.7~71.0
	河北省	7.0~300.0	28.8	30.8±11.18	28.7±1.46	—
C 层	全国	0.01~879.3	26.0	28.6±17.08	24.3±1.83	7.3~80.8
	河北省	5.0~835.0	31.5	34.1±17.25	30.3±1.67	—

10.1.3　镍背景值主要影响因子

镍背景值主要影响因子排序:第一影响因子为 pH,其次为土壤类型、母质母岩、土壤质地等。

10.1.4　土壤中镍的主要来源

镍污染是由镍及其化合物所引起的环境污染,目前认为镍对环境只是一种潜在的危害物。自然界中的镍主要来源于火山岩,经过岩石的风化、火山爆发等自然现象而进入环境。土壤中的镍污染主要有以下三个来源:

(1)采矿废弃池。我国镍储量达 867.72 万 t,平均镍含量为 0.2%~7%,广泛分布于甘肃、新疆、四川、广东、吉林、湖北等 18 省(自治区),采矿的尾矿、沸石、剥离土等均会引起污染。镍进入土壤后,在土壤中不易随水淋溶,不易被生物降解,具有明显的生物富集作用,进而对人体及生态系统造成危害。

(2)高背景含镍土壤。如蛇纹岩一般含镍量高,镍蛇纹岩发育土壤含镍量可达 500~1 000 mg/kg,如广东信宜该类土壤分布达 1 000 hm²。

(3)工业生产污染土壤。由于镍被广泛用于电气工业、化学工业、机械工业、建筑工业和食品工业中,因而也引起了严重的环境污染,是城市郊区土壤中广泛存在的主要污染重金属之一。

10.2　镍空间分布图

阜平县耕地土壤镍空间分布如图 10-1 所示。

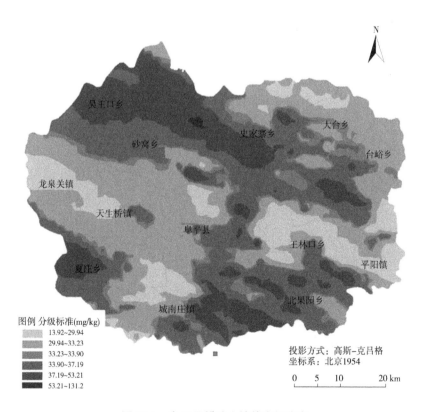

图 10-1　阜平县耕地土壤镍空间分布

镍分布特征:阜平县耕地土壤中镍空间格局呈现北部高、南部低的趋势,较高含量镍呈斑状分布,总体含量不高。总体来说,研究区域中镍空间分布特征非常明显,其空间变异主要来自于土壤母质,其斑状分布可能与研究区域的历史矿产开发的点源污染有关。

10.3　镍频数分布图

10.3.1　阜平县土壤镍频数分布图

阜平县土壤镍原始数据频数分布如图 10-2 所示。

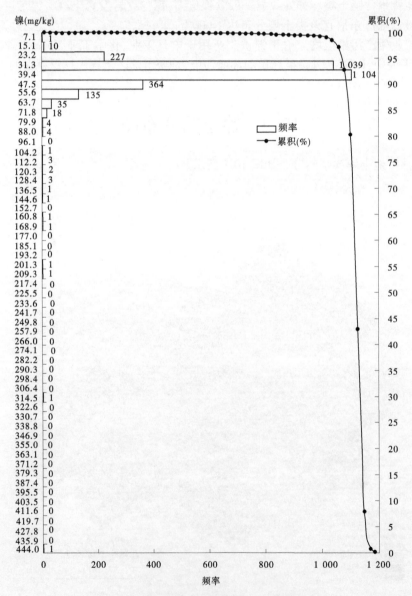

图 10-2　阜平县耕地土壤镍原始数据频数分布

10.3.2　乡镇土壤镍频数分布图

阜平镇土壤镍原始数据频数分布如图 10-3 所示。

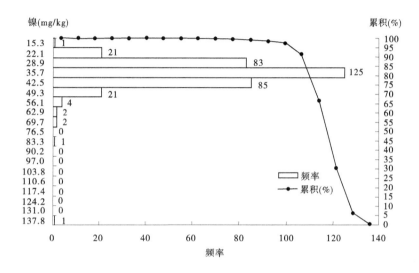

图 10-3　阜平镇土壤镍原始数据频数分布

城南庄镇土壤镍原始数据频数分布如图 10-4 所示。

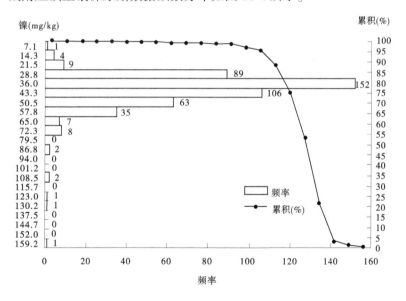

图 10-4　城南庄镇土壤镍原始数据频数分布

北果园乡土壤镍原始数据频数分布如图 10-5 所示。

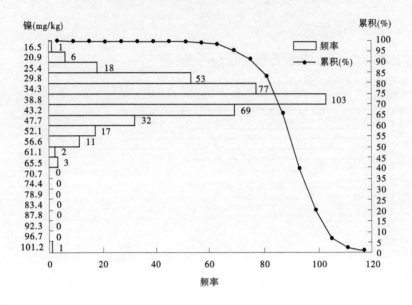

图 10-5　北果园乡土壤镍原始数据频数分布

夏庄乡土壤镍原始数据频数分布如图 10-6 所示。

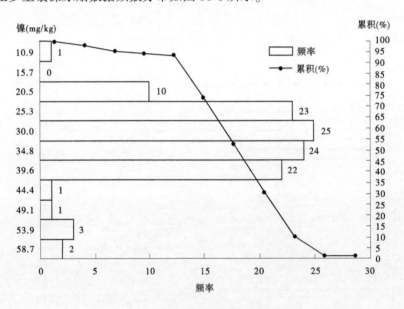

图 10-6　夏庄乡土壤镍原始数据频数分布

天生桥镇土壤镍原始数据频数分布如图 10-7 所示。

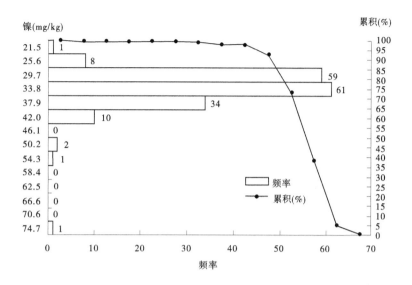

图 10-7　天生桥镇土壤镍原始数据频数分布

龙泉关镇土壤镍原始数据频数分布如图 10-8 所示。

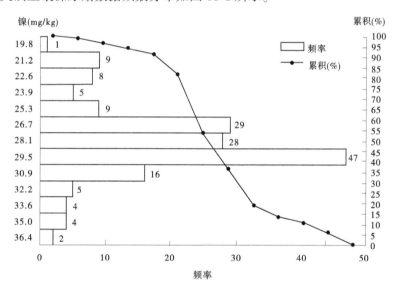

图 10-8　龙泉关镇土壤镍原始数据频数分布

砂窝乡土壤镍原始数据频数分布如图 10-9 所示。

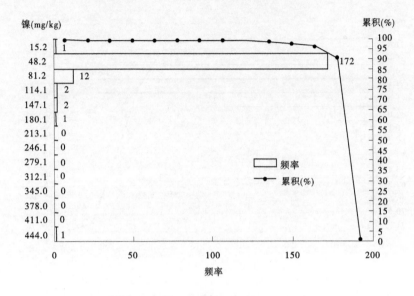

图 10-9　砂窝乡土壤镍原始数据频数分布

吴王口乡土壤镍原始数据频数分布如图 10-10 所示。

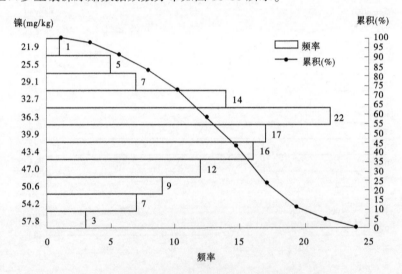

图 10-10　吴王口乡土壤镍原始数据频数分布

平阳镇土壤镍原始数据频数分布如图 10-11 所示。

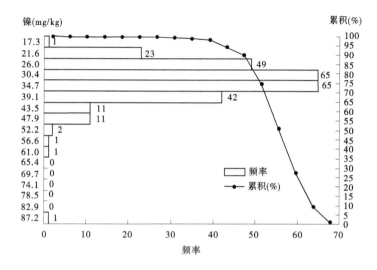

图 10-11　平阳镇土壤镍原始数据频数分布

王林口乡土壤镍原始数据频数分布如图 10-12 所示。

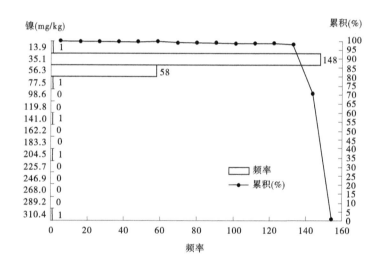

图 10-12　王林口乡土壤镍原始数据频数分布

台峪乡土壤镍原始数据频数分布如图 10-13 所示。

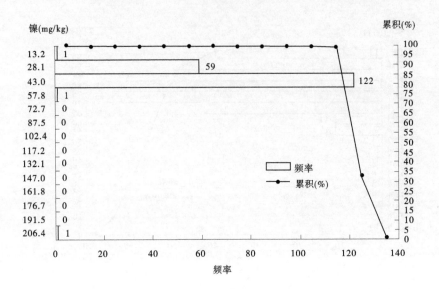

图 10-13　台峪乡土壤镍原始数据频数分布

大台乡土壤镍原始数据频数分布如图 10-14 所示。

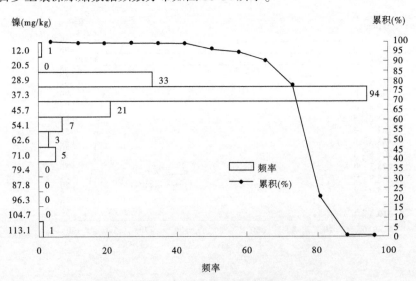

图 10-14　大台乡土壤镍原始数据频数分布

史家寨乡土壤镍原始数据频数分布如图 10-15 所示。

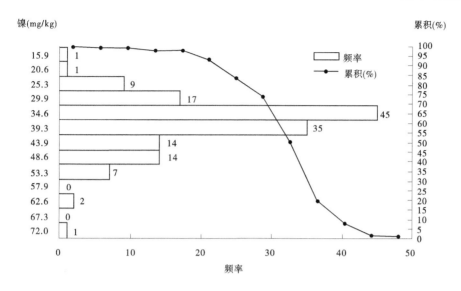

图 10-15　史家寨乡土壤镍原始数据频数分布

10.4　阜平县土壤镍统计量

10.4.1　阜平县土壤镍的统计量

阜平县耕地、林地土壤镍统计分别如表 10-3、表 10-4 所示。

表 10-3　阜平县耕地土壤镍统计　　　　　　　　（单位：mg/kg）

区域	样本数（个）	最小值	最大值	中位值	平均值	标准差	变异系数（%）	5%	95%
阜平县	1 708	7.18	444.00	33.00	34.19	13.20	38.62	23.40	47.73
阜平镇	232	18.00	57.25	33.26	33.64	6.44	19.10	23.40	44.11
城南庄镇	293	7.18	127.20	34.91	36.81	11.80	32.07	23.60	54.89
北果园乡	105	27.97	56.53	36.54	36.48	4.71	12.90	29.65	43.86
夏庄乡	71	17.44	58.70	30.90	32.00	8.19	25.59	22.30	50.05
天生桥镇	132	24.88	47.82	31.22	31.73	3.65	11.49	26.81	37.85
龙泉关镇	120	23.75	36.40	28.37	28.49	2.35	8.23	25.52	33.39
砂窝乡	144	23.38	444.00	33.99	39.85	36.69	92.09	25.66	60.67
吴王口乡	70	23.11	56.18	39.91	40.23	6.41	15.93	31.66	50.85
平阳镇	152	17.25	58.58	33.41	32.75	7.52	22.98	20.04	44.66
王林口乡	85	13.92	44.55	28.50	28.75	7.32	25.45	16.08	39.06

续表 10-3

区域	样本数 (个)	最小值	最大值	中位值	平均值	标准差	变异系数 (%)	5%	95%
台峪乡	122	13.24	46.74	31.56	31.57	4.32	13.69	24.50	37.76
大台乡	95	21.77	68.85	32.53	32.91	5.29	16.06	26.55	38.73
史家寨乡	87	15.94	71.95	35.49	36.20	8.12	22.42	24.34	49.82

表 10-4　阜平县林地土壤镍统计　　　　　　　　　（单位:mg/kg）

区域	样本数 (个)	最小值	最大值	中位值	平均值	标准差	变异系数 (%)	5%	95%
阜平县	1 249	7.06	310.40	31.60	34.48	16.53	47.94	20.80	53.18
阜平镇	113	15.28	137.80	29.80	32.46	14.31	44.10	19.90	51.05
城南庄镇	188	7.06	159.20	36.53	39.11	16.91	43.23	22.39	62.83
北果园乡	288	16.46	101.20	35.93	36.69	9.57	26.07	23.06	52.74
夏庄乡	41	10.93	38.57	26.50	26.60	6.74	25.35	17.32	36.76
天生桥镇	45	21.52	74.74	28.99	31.97	9.12	28.52	23.43	47.29
龙泉关镇	47	19.78	33.23	24.48	24.65	3.38	13.70	20.17	29.27
砂窝乡	47	15.18	168.60	27.63	34.27	25.40	74.12	17.08	61.70
吴王口乡	43	21.94	57.76	33.97	35.43	9.23	26.05	24.58	53.33
平阳镇	120	19.24	87.24	27.25	28.61	7.48	26.13	21.64	37.16
王林口乡	126	18.36	310.40	31.79	36.99	30.78	83.21	22.70	51.05
台峪乡	62	14.80	206.40	25.23	29.23	23.52	80.47	19.00	35.63
大台乡	70	12.04	113.10	36.01	38.10	15.03	39.45	22.00	63.17
史家寨乡	59	21.26	62.18	33.84	35.26	8.02	22.75	25.55	47.43

10.4.2　乡镇区域土壤镍的统计量

10.4.2.1　阜平镇土壤镍

阜平镇耕地、林地土壤镍统计分别如表 10-5、表 10-6 所示。

表 10-5　阜平镇耕地土壤镍统计　　　　　　　　　　（单位：mg/kg）

乡镇	村名	样本数（个）	最小值	最大值	中位值	平均值	标准差	变异系数（%）	5%	95%
阜平镇	阜平镇	232	18.00	57.25	33.26	33.64	6.44	19.10	23.40	44.11
	青沿村	4	25.64	33.45	28.84	29.19	3.22	11.00	26.08	32.80
	城厢村	2	37.63	39.61	38.62	38.62	1.40	3.60	37.73	39.51
	第一山村	1	43.61	43.61	43.61	43.61	—	—	—	—
	照旺台村	5	39.52	54.85	46.50	45.97	5.83	12.70	40.05	53.24
	原种场村	2	39.23	40.55	39.89	39.89	0.93	2.30	39.30	40.48
	白河村	2	38.65	38.76	38.71	38.71	0.08	0.20	38.66	38.75
	大元村	4	33.24	37.09	36.10	35.63	1.74	4.90	33.58	37.03
	石湖村	2	36.46	36.86	36.66	36.66	0.28	0.80	36.48	36.84
	高阜口村	10	29.34	57.25	38.92	38.99	7.75	19.90	29.42	50.57
	大道村	11	30.11	38.85	32.28	33.10	3.13	9.40	30.11	38.43
	小石坊村	5	21.89	27.83	23.05	24.37	2.77	11.40	21.96	27.64
	大石坊村	10	18.00	36.68	27.40	27.21	6.49	23.90	19.20	35.10
	黄岸底村	6	26.20	44.35	36.29	35.62	8.73	24.50	26.33	44.24
	槐树庄村	10	20.37	39.05	26.96	28.52	6.08	21.30	21.75	38.29
	峃路头村	10	23.37	32.83	29.92	29.56	2.92	9.90	25.05	32.73
	海沿村	10	29.84	42.75	35.43	34.60	4.13	11.90	30.04	40.42
	燕头村	10	22.44	45.98	31.56	33.89	8.54	25.20	23.56	45.79
	西沟村	5	36.13	43.87	41.87	40.58	3.18	7.80	36.61	43.60
	各达头村	10	32.83	48.33	36.51	37.57	4.39	11.70	33.45	44.96
	牛栏村	6	36.93	43.91	38.43	39.48	2.61	6.61	37.18	43.25
	苍山村	10	32.81	48.02	37.97	38.08	4.72	12.40	32.91	45.19
	柳树底村	12	30.73	41.02	36.32	35.93	3.35	9.34	30.91	40.68
	土岭村	4	30.55	35.38	30.72	31.84	2.36	7.41	30.57	34.69
	法华村	10	27.56	39.20	33.14	33.11	3.86	11.67	28.00	38.24
	东漕岭村	9	21.07	38.73	29.07	30.12	6.19	20.57	22.35	38.24
	三岭会村	5	18.70	29.67	25.91	25.20	4.01	15.91	20.02	29.03

续表 10-5

乡镇	村名	样本数（个）	最小值	最大值	中位值	平均值	标准差	变异系数（%）	5%	95%
阜平镇	楼房村	6	24.32	35.82	28.12	28.49	3.98	13.97	24.67	34.08
	木匠口村	13	20.98	37.91	32.17	32.22	4.57	14.18	25.05	37.73
	龙门村	26	26.66	48.97	33.63	34.37	5.80	16.87	28.10	47.65
	色岭口村	12	25.52	37.26	30.97	30.93	3.30	10.65	26.23	35.31

表 10-6 阜平镇林地土壤镍统计 （单位:mg/kg）

乡镇	村名	样本数（个）	最小值	最大值	中位值	平均值	标准差	变异系数（%）	5%	95%
阜平镇	阜平镇	113	15.28	137.80	29.80	32.46	14.31	44.10	19.90	51.05
	高阜口村	2	23.54	24.29	23.92	23.92	0.53	2.22	23.58	24.25
	大石坊村	7	15.28	47.48	21.95	24.97	10.47	41.96	16.44	40.96
	小石坊村	6	18.82	36.30	27.45	27.48	6.17	22.47	19.89	35.17
	黄岸底村	6	25.06	63.30	36.00	40.35	14.35	35.57	26.56	60.14
	槐树庄村	3	29.88	39.98	32.32	34.06	5.27	15.47	30.12	39.21
	耑路头村	7	26.95	47.06	33.22	35.09	6.17	17.59	28.74	44.23
	西沟村	2	21.98	22.98	22.48	22.48	0.71	3.15	22.03	22.93
	燕头村	3	26.20	64.46	62.16	50.94	21.46	42.12	29.80	64.23
	各达头村	5	19.88	45.10	30.22	30.60	9.17	29.96	21.36	42.18
	牛栏村	3	23.16	38.34	35.60	32.37	8.09	25.00	24.40	38.07
	海沿村	4	22.61	137.80	52.75	66.48	53.48	80.46	23.47	128.71
	苍山村	3	24.10	31.40	28.58	28.03	3.68	13.14	24.55	31.12
	土岭村	16	22.64	37.14	29.48	29.46	4.65	15.77	23.66	35.75
	楼房村	9	19.32	48.92	26.87	30.21	9.17	30.35	20.38	44.54
	木匠口村	9	18.60	39.69	26.26	27.71	8.39	30.26	19.13	39.02
	龙门村	12	22.42	37.94	25.74	27.61	5.03	18.21	22.73	35.60
	色岭口村	12	22.74	51.61	35.64	36.80	9.07	24.65	24.58	50.94
	三岭会村	4	26.48	39.58	30.38	31.70	5.68	17.92	26.85	38.41

10.4.2.2　城南庄镇土壤镍

城南庄镇耕地、林地土壤镍统计分别如表 10-7、表 10-8 所示。

表 10-7　城南庄镇耕地土壤镍统计　　　　　　　　（单位：mg/kg）

乡镇	村名	样本数（个）	最小值	最大值	中位值	平均值	标准差	变异系数（%）	5%	95%
城南庄镇	城南庄镇	293	7.18	127.20	34.91	36.81	11.80	32.07	23.60	54.89
	岔河村	24	19.68	49.44	28.50	30.47	8.39	27.55	21.22	46.53
	三官村	12	23.02	37.24	31.86	30.74	4.75	15.47	23.81	36.09
	麻棚村	12	14.00	40.10	30.55	29.21	7.81	26.73	18.09	38.74
	大岸底村	18	17.54	39.40	26.82	27.48	6.01	21.87	18.37	38.18
	北桑地村	10	27.07	53.04	35.75	36.33	7.39	20.34	27.76	47.90
	井沟村	18	26.50	127.20	37.33	44.61	27.12	60.80	28.21	109.95
	栗树漕村	30	10.30	63.83	33.71	34.88	8.67	24.87	26.67	44.12
	易家庄村	18	22.58	69.40	46.47	44.10	13.19	29.91	23.80	62.67
	万宝庄村	13	29.30	55.50	42.70	44.25	8.85	20.00	30.82	55.02
	华山村	12	31.51	50.42	38.33	39.63	5.13	12.94	33.03	47.64
	南安村	9	28.18	51.60	36.26	36.39	7.40	20.33	28.71	48.13
	向阳庄村	4	33.07	38.37	34.88	35.30	2.40	6.80	33.17	38.02
	福子峪村	5	30.23	34.40	32.48	32.09	1.68	5.22	30.32	34.05
	宋家沟村	10	28.30	51.24	33.17	36.84	8.47	22.99	28.74	50.50
	石猴村	5	28.64	36.27	31.20	32.12	2.94	9.14	29.07	35.76
	北工村	5	25.19	42.94	35.23	34.12	6.52	19.10	26.42	41.54
	顾家沟村	11	27.74	67.08	40.94	44.71	14.21	31.79	28.58	66.20
	城南庄村	20	7.18	51.20	38.71	37.33	10.06	26.95	28.08	49.28
	谷家庄村	16	27.29	50.48	43.69	40.72	8.29	20.35	27.94	48.88
	后庄村	13	23.73	38.60	32.70	31.95	5.05	15.82	24.73	37.97
	南台村	28	24.67	68.15	38.65	41.03	10.37	25.29	28.26	57.15

表 10-8　城南庄镇林地土壤镍统计　　　　　（单位：mg/kg）

乡镇	村名	样本数（个）	最小值	最大值	中位值	平均值	标准差	变异系数（%）	5%	95%
城南庄镇	城南庄镇	188	7.06	159.20	36.53	39.11	16.91	43.23	22.39	62.83
	三官村	3	31.26	39.08	36.88	35.74	4.03	11.28	31.82	38.86
	岔河村	23	11.19	51.44	33.86	33.00	9.46	28.65	22.40	45.02
	麻棚村	9	20.34	33.09	22.72	23.98	4.09	17.07	20.47	30.72
	大岸底村	3	32.36	33.84	33.36	33.19	0.76	2.28	32.46	33.79
	井沟村	9	35.53	54.78	47.24	45.79	6.10	13.32	36.74	53.44
	栗树漕村	10	21.78	159.20	48.14	63.00	42.84	67.99	24.74	135.17
	南台村	12	7.06	81.22	36.14	39.99	18.69	46.74	16.45	70.70
	后庄村	18	25.38	66.36	34.58	37.23	11.37	30.55	25.51	55.62
	谷家庄村	7	23.80	50.66	28.34	31.65	9.23	29.14	23.85	45.65
	福子峪村	25	24.70	63.22	40.07	40.26	10.81	26.86	26.59	55.08
	向阳庄村	5	32.76	43.76	41.18	39.99	4.25	10.62	34.25	43.41
	南安村	2	23.28	48.67	35.98	35.98	17.95	49.91	24.55	47.40
	城南庄村	4	20.44	23.28	22.15	22.00	1.17	5.33	20.68	23.12
	万宝庄村	8	28.71	48.10	43.69	41.76	6.39	15.30	31.77	47.56
	华山村	2	29.08	37.08	33.08	33.08	5.66	17.10	29.48	36.68
	易家庄村	3	31.34	39.64	33.13	34.70	4.37	12.59	31.52	38.99
	宋家沟村	12	22.74	120.40	30.07	41.49	27.21	65.59	22.74	84.11
	石猴村	5	29.05	47.55	31.81	34.11	7.64	22.39	29.19	44.52
	北工村	18	29.73	71.76	44.11	44.86	12.32	27.46	30.13	71.23
	顾家沟村	10	29.62	61.68	35.23	41.04	13.21	32.18	29.77	61.27

10.4.2.3　北果园乡土壤镍

　　北果园乡耕地、林地土壤镍统计分别如表10-9、表10-10所示。

表 10-9　北果园乡耕地土壤镍统计　　　　（单位：mg/kg）

乡镇	村名	样本数（个）	最小值	最大值	中位值	平均值	标准差	变异系数（%）	5%	95%
北果园乡	北果园乡	105	27.97	56.53	36.54	36.48	4.71	12.90	29.65	43.86
	古洞村	3	33.11	39.45	33.97	35.51	3.44	9.68	33.20	38.90
	魏家峪村	4	27.97	36.91	29.83	31.13	4.08	13.11	28.06	36.04
	水泉村	2	30.46	34.02	32.24	32.24	2.52	7.81	30.64	33.84
	城铺村	2	29.08	34.89	31.99	31.99	4.11	12.84	29.37	34.60
	黄连峪村	2	30.32	34.18	32.25	32.25	2.73	8.46	30.51	33.99
	革新庄村	2	33.82	46.14	39.98	39.98	8.71	21.79	34.44	45.52
	卞家峪村	2	29.54	31.35	30.45	30.45	1.28	4.20	29.63	31.26
	李家庄村	5	30.35	32.45	30.95	31.29	0.88	2.81	30.43	32.35
	下庄村	2	30.36	33.16	31.76	31.76	1.98	6.23	30.50	33.02
	光城村	3	32.60	38.19	33.35	34.71	3.03	8.74	32.68	37.71
	崔家庄村	9	36.74	44.88	39.30	40.25	2.80	6.97	36.98	44.37
	倪家洼村	4	32.59	38.74	35.90	35.78	2.81	7.87	32.85	38.55
	乡细沟村	6	32.11	50.26	36.69	37.80	6.45	17.08	32.47	47.07
	草场口村	3	33.16	39.66	38.07	36.96	3.39	9.17	33.65	39.50
	张家庄村	3	39.08	56.53	45.26	46.96	8.85	18.84	39.70	55.40
	惠民湾村	5	33.08	37.35	36.05	35.77	1.60	4.48	33.66	37.16
	北果园村	9	30.79	39.97	36.81	36.43	2.55	6.99	32.63	39.29
	槐树底村	4	28.11	38.25	32.95	33.07	4.41	13.32	28.56	37.73
	吴家沟村	7	34.81	42.58	36.54	37.49	2.84	7.57	34.98	41.86
	广安村	5	35.84	41.36	40.62	39.80	2.24	5.63	36.76	41.23
	抬头湾村	4	36.82	42.68	38.46	39.11	2.55	6.52	36.98	42.14
	店房村	6	28.39	38.62	36.61	35.40	3.86	10.89	29.79	38.52
	固镇村	6	33.46	42.41	38.48	37.73	3.48	9.22	33.59	41.70
	营岗村	2	42.07	43.92	43.00	43.00	1.31	3.04	42.16	43.83
	半沟村	2	34.73	38.83	36.78	36.78	2.90	7.88	34.94	38.63
	小花沟村	1	30.07	30.07	30.07	30.07	—	—	30.07	30.07
	东山村	2	35.27	36.67	35.97	35.97	0.99	2.75	35.34	36.60

表 10-10　北果园乡林地土壤镍统计　　　　　（单位:mg/kg）

乡镇	村名	样本数（个）	最小值	最大值	中位值	平均值	标准差	变异系数（%）	5%	95%
北果园乡	北果园乡	288	16.46	101.20	35.93	36.69	9.57	26.07	23.06	52.74
	黄连峪村	7	21.56	61.26	39.06	39.71	12.35	31.09	24.52	56.36
	东山村	5	22.18	40.42	30.22	29.96	6.77	22.60	23.02	38.46
	东城铺村	22	19.38	51.00	27.57	29.25	7.81	26.72	21.58	49.21
	革新庄村	20	25.92	48.57	35.89	36.69	6.70	18.26	25.94	47.90
	水泉村	12	20.42	55.53	34.09	33.36	10.31	30.92	20.46	50.83
	古洞村	15	23.76	48.59	30.29	33.80	8.44	24.97	24.84	47.58
	下庄村	11	25.94	49.34	39.55	39.11	8.37	21.40	27.43	49.27
	魏家峪村	10	28.75	45.78	34.79	35.12	5.53	15.73	29.13	43.17
	卞家峪村	26	28.13	46.59	34.88	35.74	4.83	13.52	29.68	45.10
	李家庄村	15	28.30	48.12	33.88	34.77	5.12	14.73	28.76	43.16
	小花沟村	9	31.06	42.04	34.63	35.72	3.48	9.75	31.72	40.83
	半沟村	10	26.24	38.30	33.75	33.60	3.56	10.59	27.75	37.64
	营岗村	7	34.47	47.36	39.15	40.22	4.48	11.13	34.92	46.17
	光城村	3	29.66	34.58	29.83	31.36	2.79	8.91	29.68	34.11
	崔家庄村	9	27.40	49.30	35.69	36.38	6.56	18.03	28.62	46.66
	北果园村	13	31.50	54.52	39.87	41.33	7.35	17.79	31.74	51.44
	槐树底村	8	29.52	46.69	38.94	38.44	5.42	14.11	30.87	45.62
	吴家沟村	18	36.10	55.67	40.22	41.75	5.03	12.05	36.61	48.96
	抬头窝村	6	40.74	64.08	47.68	49.27	8.95	18.17	41.17	61.30
	广安村	5	42.81	53.78	49.64	49.38	4.49	9.09	43.75	53.66
	店房村	12	38.92	65.04	43.01	47.03	9.02	19.18	39.02	62.76
	固镇村	5	37.80	59.64	50.81	49.12	9.37	19.08	38.49	58.92
	倪家洼村	5	36.36	101.20	42.11	53.29	27.08	50.82	36.98	90.42
	细沟村	9	20.20	45.56	38.37	36.94	7.96	21.54	23.69	44.56
	草场口村	4	22.89	31.18	24.49	25.76	3.86	14.97	22.92	30.38
	惠民湾村	14	16.46	35.01	24.63	25.10	4.94	19.69	17.06	31.65
	张家庄村	8	20.80	54.80	29.58	32.30	10.34	32.01	22.65	48.83

10.4.2.4　夏庄乡土壤镍

夏庄乡耕地、林地土壤镍统计分别如表 10-11、表 10-12 所示。

表 10-11　夏庄乡耕地土壤镉统计　　　　　（单位：mg/kg）

乡镇	村名	样本数（个）	最小值	最大值	中位值	平均值	标准差	变异系数（%）	5%	95%
夏庄乡	夏庄乡	71	17.44	58.70	30.90	32.00	8.19	25.59	22.30	50.05
	夏庄村	26	21.14	51.52	34.57	34.56	6.29	18.21	24.81	43.86
	菜池村	22	17.44	30.06	24.55	24.82	3.20	12.89	17.88	29.35
	二道庄村	7	28.08	35.17	34.51	33.14	2.97	8.95	28.55	35.16
	面盆村	13	24.69	58.70	35.67	36.79	11.08	30.13	25.54	56.50
	羊道村	3	32.81	50.54	33.85	39.07	9.95	25.47	32.91	48.87

表 10-12　夏庄乡林地土壤镍统计　　　　　（单位：mg/kg）

乡镇	村名	样本数（个）	最小值	最大值	中位值	平均值	标准差	变异系数（%）	5%	95%
夏庄乡	夏庄乡	41	10.93	38.57	26.50	26.60	6.74	25.35	17.32	36.76
	菜池村	12	16.78	32.76	20.32	22.37	5.44	24.32	17.08	31.65
	夏庄村	8	24.13	37.65	33.05	31.95	4.74	14.82	25.39	37.18
	二道庄村	9	10.93	33.98	26.06	24.44	6.77	27.70	14.01	32.55
	面盆村	7	25.68	38.57	31.50	32.14	4.44	13.81	26.81	38.03
	羊道村	5	17.60	33.08	23.54	24.34	5.60	23.01	18.62	31.42

10.4.2.5　天生桥镇土壤镍

天生桥镇耕地、林地土壤镍统计分别如表 10-13、表 10-14 所示。

表 10-13　天生桥镇耕地土壤镍统计　　　　　（单位：mg/kg）

乡镇	村名	样本数（个）	最小值	最大值	中位值	平均值	标准差	变异系数（%）	5%	95%
天生桥镇	天生桥镇	132	24.88	47.82	31.22	31.73	3.65	11.49	26.81	37.85
	不老树村	18	28.29	34.23	30.51	30.61	1.55	5.07	28.89	33.91
	龙王庙村	22	28.01	36.47	31.55	31.72	2.39	7.55	28.08	35.00
	大车沟村	3	32.38	33.70	33.34	33.14	0.68	2.06	32.48	33.66

续表 10-13

乡镇	村名	样本数（个）	最小值	最大值	中位值	平均值	标准差	变异系数（%）	5%	95%
天生桥镇	南栗元铺村	14	31.38	39.91	35.95	35.73	2.47	6.91	32.07	39.27
	北栗元铺村	15	32.51	41.68	35.39	35.77	2.57	7.19	32.84	40.22
	红草河村	5	34.61	47.82	36.90	38.32	5.42	14.14	34.72	45.68
	罗家庄村	5	27.97	33.61	32.20	31.07	2.45	7.87	28.17	33.40
	东下关村	8	26.33	31.87	28.25	28.42	1.71	6.01	26.42	30.89
	朱家营村	13	25.48	35.02	28.58	29.06	2.39	8.23	26.27	32.39
	沿台村	6	24.88	29.91	27.68	27.62	1.73	6.27	25.35	29.63
	大教厂村	13	25.69	33.14	29.16	29.24	2.03	6.96	26.37	32.07
	西下关村	6	27.51	32.09	30.41	30.32	1.64	5.40	28.09	31.98
	塔沟村	4	29.42	31.80	31.09	30.85	1.15	3.71	29.57	31.79

表 10-14　天生桥镇林地土壤镍统计　　　　　　（单位：mg/kg）

乡镇	村名	样本数（个）	最小值	最大值	中位值	平均值	标准差	变异系数（%）	5%	95%
天生桥镇	天生桥镇	45	21.52	74.74	28.99	31.97	9.12	28.52	23.43	47.29
	不老树村	4	25.36	28.72	26.74	26.89	1.42	5.30	25.50	28.48
	龙王庙村	9	23.87	74.74	32.24	37.20	15.87	42.66	25.36	64.36
	大车沟村	2	21.52	30.03	25.78	25.78	6.02	23.35	21.95	29.60
	北栗元铺村	2	26.29	27.85	27.07	27.07	1.10	4.07	26.37	27.77
	南栗元铺村	2	35.58	51.34	43.46	43.46	11.14	25.64	36.37	50.55
	红草河村	5	22.58	39.18	32.20	31.01	6.10	19.67	23.75	37.88
	天生桥村	2	30.61	32.94	31.78	31.78	1.65	5.19	30.73	32.82
	罗家庄村	3	23.32	26.88	26.58	25.59	1.97	7.71	23.65	26.85
	塔沟村	2	35.16	41.34	38.25	38.25	4.37	11.42	35.47	41.03
	西下关村	2	24.36	31.40	27.88	27.88	4.98	17.86	24.71	31.05
	大教厂村	2	28.94	28.99	28.97	28.97	0.04	0.12	28.94	28.99
	沿台村	2	25.08	41.17	33.13	33.13	11.38	34.35	25.88	40.37
	朱家营村	8	26.88	38.03	29.37	31.47	4.52	14.35	27.16	37.87

10.4.2.6　龙泉关镇土壤镍

龙泉关镇耕地、林地土壤镍统计分别如表 10-15、表 10-16 所示。

表 10-15　龙泉关镇耕地土壤镍统计　　　　（单位：mg/kg）

乡镇	村名	样本数（个）	最小值	最大值	中位值	平均值	标准差	变异系数（%）	5%	95%
龙泉关镇	龙泉关镇	120	23.75	36.40	28.37	28.49	2.35	8.23	25.52	33.39
	骆驼湾村	8	27.59	33.08	29.94	30.19	1.75	5.81	28.09	32.74
	大胡卜村	3	28.33	34.11	29.29	30.58	3.10	10.13	28.43	33.63
	黑林沟村	4	28.78	35.88	30.48	31.41	3.32	10.57	28.81	35.29
	印钞石村	8	25.06	29.59	27.84	27.72	1.59	5.73	25.57	29.42
	黑崖沟村	16	26.45	29.06	27.79	27.69	0.86	3.12	26.47	28.87
	西刘庄村	16	23.75	30.07	26.57	26.84	1.76	6.54	24.19	29.58
	龙泉关村	18	25.35	29.80	28.38	28.00	1.17	4.17	26.22	29.49
	顾家台村	5	29.18	31.45	29.96	30.30	0.91	3.00	29.33	31.36
	青羊沟村	4	29.13	30.01	29.67	29.62	0.46	1.55	29.16	30.01
	北刘庄村	13	25.67	36.40	30.42	30.40	3.33	10.96	25.70	35.24
	八里庄村	13	24.64	29.03	25.95	26.35	1.11	4.23	25.10	27.85
	平石头村	12	27.05	33.91	28.85	29.49	2.28	7.72	27.06	33.61

表 10-16　龙泉关镇林地土壤镍统计　　　　（单位：mg/kg）

乡镇	村名	样本数（个）	最小值	最大值	中位值	平均值	标准差	变异系数（%）	5%	95%
龙泉关镇	龙泉关镇	47	19.78	33.23	24.48	24.65	3.38	13.70	20.17	29.27
	平石头村	6	26.34	33.23	28.91	29.18	2.56	8.78	26.48	32.63
	八里庄村	5	20.73	28.65	28.24	26.62	3.38	12.68	21.96	28.65
	北刘庄村	6	19.78	22.40	20.31	20.80	1.07	5.14	19.87	22.27
	大胡卜村	2	24.32	24.56	24.44	24.44	0.17	0.69	24.33	24.55
	黑林沟村	3	23.73	26.34	23.76	24.61	1.50	6.09	23.73	26.08
	骆驼湾村	6	22.09	28.58	24.19	24.56	2.43	9.91	22.16	27.93
	顾家台村	2	24.85	26.44	25.65	25.65	1.12	4.38	24.93	26.36
	青羊沟村	1	29.03	29.03	29.03	29.03	—	—	29.03	29.03
	龙泉关村	2	25.02	25.36	25.19	25.19	0.24	0.95	25.04	25.34
	西刘庄村	6	19.88	29.26	25.97	25.09	3.91	15.58	20.15	29.08
	黑崖沟村	5	20.24	22.46	21.06	21.21	0.83	3.93	20.35	22.27
	印钞石村	3	22.07	23.56	22.49	22.71	0.77	3.38	22.11	23.45

10.4.2.7　砂窝乡土壤镍

砂窝乡耕地、林地土壤镍统计分别如表 10-17、表 10-18 所示。

表 10-17　砂窝乡耕地土壤镍统计　　　　　（单位:mg/kg）

乡镇	村名	样本数（个）	最小值	最大值	中位值	平均值	标准差	变异系数（%）	5%	95%
砂窝乡	砂窝乡	144	23.38	444.00	33.99	39.85	36.69	92.09	25.66	60.67
	大柳树村	10	24.61	27.01	25.87	25.77	0.89	3.44	24.65	26.86
	下堡村	8	27.79	32.83	31.79	31.20	1.92	6.14	28.11	32.80
	盘龙台村	6	28.43	37.69	31.84	32.23	3.76	11.66	28.60	36.88
	林当沟村	12	27.16	61.28	36.62	39.09	9.77	25.01	29.49	55.51
	上堡村	14	28.97	68.96	41.10	41.57	10.99	26.43	30.37	60.37
	黑印台村	8	32.42	444.00	43.63	93.37	141.80	151.87	35.42	307.54
	碾子沟门村	13	31.78	131.20	44.72	57.97	33.33	57.50	31.84	124.24
	百亩台村	17	23.38	72.26	31.29	35.43	12.27	34.64	23.59	60.21
	龙王庄村	11	24.52	37.92	31.39	31.31	4.42	14.12	25.47	37.13
	砂窝村	11	27.70	42.38	33.80	34.80	4.20	12.08	29.24	41.11
	河彩村	5	33.68	36.19	34.84	34.77	1.07	3.08	33.70	36.03
	龙王沟村	7	29.87	39.53	34.05	34.25	3.49	10.20	30.38	38.91
	仙湾村	6	29.09	36.60	32.61	32.85	2.95	8.97	29.41	36.41
	砂台村	6	30.65	37.38	31.54	33.12	3.05	9.22	30.73	37.20
	全庄村	10	31.50	36.71	35.25	34.69	1.79	5.16	31.59	36.42

表 10-18　砂窝乡林地土壤镍统计　　　　　（单位:mg/kg）

乡镇	村名	样本数（个）	最小值	最大值	中位值	平均值	标准差	变异系数（%）	5%	95%
砂窝乡	砂窝乡	47	15.18	168.60	27.63	34.27	25.40	74.12	17.08	61.70
	下堡村	2	30.94	44.48	37.71	37.71	9.57	25.39	31.62	43.80
	盘龙台村	2	28.40	37.67	33.04	33.04	6.55	19.84	28.86	37.21
	林当沟村	4	28.02	45.69	35.79	36.32	8.77	24.16	28.28	45.12
	上堡村	3	40.49	49.26	42.14	43.96	4.66	10.60	40.66	48.55
	碾子沟门村	3	22.12	40.29	38.49	33.63	10.01	29.77	23.76	40.11
	黑印台村	4	32.54	168.60	86.53	93.55	58.78	62.84	37.43	159.50
	大柳树村	4	22.22	24.74	23.65	23.56	1.08	4.59	22.37	24.64

续表 10-18

乡镇	村名	样本数（个）	最小值	最大值	中位值	平均值	标准差	变异系数（%）	5%	95%
砂窝乡	全庄村	2	23.34	53.61	38.48	38.48	21.40	55.63	24.85	52.10
	百亩台村	2	23.19	24.12	23.66	23.66	0.66	2.78	23.24	24.07
	龙王庄村	2	22.86	27.14	25.00	25.00	3.03	12.11	23.07	26.93
	龙王沟村	4	17.59	31.85	23.91	24.32	6.69	27.50	17.94	31.26
	河彩村	6	15.18	34.36	26.23	24.73	7.70	31.14	15.40	33.36
	砂窝村	5	16.94	26.99	17.91	19.59	4.19	21.38	17.03	25.34
	砂台村	2	17.50	23.62	20.56	20.56	4.33	21.05	17.81	23.31
	仙湾村	2	27.63	36.16	31.90	31.90	6.03	18.91	28.06	35.73

10.4.2.8 吴王口乡土壤镍

吴王口乡耕地、林地土壤镍统计分别如表 10-19、表 10-20 所示。

表 10-19 吴王口乡耕地土壤镍统计 （单位：mg/kg）

乡镇	村名	样本数（个）	最小值	最大值	中位值	平均值	标准差	变异系数（%）	5%	95%
吴王口乡	吴王口乡	70	23.11	56.18	39.91	40.23	6.41	15.93	31.66	50.85
	银河村	3	32.28	38.43	34.59	35.10	3.11	8.85	32.51	38.05
	南辛庄村	1	37.18	37.18	37.18	37.18	—	—	37.18	37.18
	三岔村	1	36.54	36.54	36.54	36.54	—	—	36.54	36.54
	寿长寺村	2	35.48	40.10	37.79	37.79	3.27	8.64	35.71	39.87
	南庄旺村	2	38.69	40.31	39.50	39.50	1.15	2.90	38.77	40.23
	岭东村	11	34.79	56.18	42.19	43.27	6.64	15.36	35.15	53.23
	桃园坪村	10	25.99	52.22	46.41	44.75	7.08	15.83	33.87	50.99
	周家河村	2	31.34	31.35	31.35	31.35	0.01	0.02	31.34	31.35
	不老台村	5	32.32	35.91	35.65	34.95	1.52	4.35	32.85	35.91
	石滩地村	9	36.65	47.17	43.89	42.51	4.06	9.54	36.67	46.74
	邓家庄村	11	23.11	46.35	37.76	36.98	5.88	15.90	27.51	40.71
	吴王口村	6	32.04	51.31	41.61	42.76	7.12	16.66	34.00	51.01
	黄草洼村	7	35.01	53.20	36.80	39.42	6.41	16.25	35.20	49.48

表 10-20　吴王口乡林地土壤镍统计　　　　　(单位:mg/kg)

乡镇	村名	样本数(个)	最小值	最大值	中位值	平均值	标准差	变异系数(%)	5%	95%
	吴王口乡	43	21.94	57.76	33.97	35.43	9.23	26.05	24.58	53.33
	石滩地村	4	36.36	50.78	40.57	42.07	6.72	15.97	36.49	49.75
	邓家庄村	4	28.30	42.06	33.80	34.49	6.30	18.28	28.62	41.33
	吴王口村	2	32.58	35.10	33.84	33.84	1.78	5.27	32.71	34.97
	周家河村	3	27.28	32.85	30.04	30.06	2.79	9.27	27.56	32.57
	不老台村	6	27.12	50.74	36.46	37.07	8.13	21.94	28.27	48.04
吴王口乡	黄草洼村	1	32.36	32.36	32.36	32.36	—	—	32.36	32.36
	岭东村	9	21.94	57.76	30.70	37.69	13.83	36.68	23.81	56.70
	南庄旺村	4	23.50	25.39	24.93	24.69	0.89	3.62	23.65	25.39
	寿长寺村	2	39.92	49.83	44.88	44.88	7.01	15.62	40.42	49.33
	银河村	1	29.68	29.68	29.68	29.68	—	—	29.68	29.68
	南辛庄村	1	35.02	35.02	35.02	35.02	—	—	35.02	35.02
	三岔村	1	36.26	36.26	36.26	36.26	—	—	36.26	36.26
	桃园坪村	5	25.67	51.30	33.97	35.24	9.69	27.49	26.60	48.03

10.4.2.9　平阳镇土壤镍

平阳镇耕地、林地土壤镍统计分别如表 10-21、表 10-22 所示。

表 10-21　平阳镇耕地土壤镍统计　　　　　(单位:mg/kg)

乡镇	村名	样本数(个)	最小值	最大值	中位值	平均值	标准差	变异系数(%)	5%	95%
	平阳镇	152	17.25	58.58	33.41	32.75	7.52	22.98	20.04	44.66
	康家峪村	14	30.80	58.58	36.08	37.74	7.10	18.83	32.39	51.29
	皂火峪村	5	27.55	34.71	32.41	31.18	3.18	10.21	27.66	34.40
	白山村	1	31.24	31.24	31.24	31.24	—	—	31.24	31.24
	北庄村	14	25.54	44.64	38.02	37.18	5.22	14.03	27.13	43.87
	黄岸村	5	32.82	44.31	36.09	37.88	5.05	13.32	33.08	43.86
平阳镇	长角村	3	34.42	35.45	34.97	34.95	0.52	1.47	34.48	35.40
	石湖村	3	38.79	40.50	39.02	39.44	0.93	2.35	38.81	40.35
	车道村	2	39.20	43.20	41.20	41.20	2.83	6.87	39.40	43.00
	东板峪村	8	28.64	39.76	33.86	34.59	3.36	9.73	30.27	39.02
	罗峪村	6	32.34	36.43	33.64	33.78	1.44	4.28	32.42	35.82
	铁岭村	4	31.84	46.53	34.49	36.84	6.76	18.36	31.95	45.01

续表 10-21

乡镇	村名	样本数（个）	最小值	最大值	中位值	平均值	标准差	变异系数（%）	5%	95%
平阳镇	王快村	9	30.50	49.04	40.21	40.13	6.30	15.70	31.70	47.40
	平阳村	11	27.78	46.32	30.55	32.39	5.31	16.39	28.02	41.17
	上平阳村	8	28.94	38.70	35.66	34.84	3.72	10.68	29.54	38.70
	白家峪村	11	30.56	53.94	34.08	36.48	6.83	18.72	31.07	48.82
	立彦头村	10	27.27	38.67	28.74	29.94	3.68	12.30	27.38	36.74
	冯家口村	9	18.78	36.62	25.23	26.90	5.88	21.87	19.92	35.66
	土门村	14	20.75	37.92	22.85	24.64	4.95	20.08	20.82	33.40
	台南村	2	17.25	25.58	21.42	21.42	5.89	27.51	17.67	25.16
	北水峪村	8	17.58	25.97	20.18	20.42	2.51	12.32	17.94	24.16
	山咀头村	3	18.30	20.29	18.81	19.13	1.03	5.40	18.35	20.14
	各老村	2	35.76	36.42	36.09	36.09	0.47	1.29	35.79	36.39

表 10-22　平阳镇林地土壤镍统计　　　　　（单位：mg/kg）

乡镇	村名	样本数（个）	最小值	最大值	中位值	平均值	标准差	变异系数（%）	5%	95%
平阳镇	平阳镇	120	19.24	87.24	27.25	28.61	7.48	26.13	21.64	37.16
	康家峪村	8	21.56	28.13	25.15	25.07	2.55	10.16	21.62	28.09
	石湖村	4	22.30	29.08	27.10	26.39	3.04	11.53	22.84	28.96
	长角村	7	23.54	45.52	25.92	29.64	7.51	25.33	24.15	41.12
	黄岸村	7	26.97	38.54	30.82	31.21	3.91	12.54	27.08	36.95
	车道村	7	22.57	36.40	28.54	29.10	4.86	16.71	23.45	35.22
	东板峪村	5	22.71	29.72	28.46	26.68	3.57	13.38	22.75	29.69
	北庄村	8	21.19	34.86	23.88	25.06	4.51	17.99	21.42	32.06
	皂火峪村	4	21.57	32.90	27.01	27.12	5.91	21.80	21.71	32.69
	白家峪村	6	22.67	32.46	23.66	25.83	4.05	15.68	22.81	31.66
	土门村	6	26.94	44.38	32.88	33.76	5.84	17.29	27.97	41.89
	立彦头村	5	20.67	48.61	23.65	28.31	11.60	40.96	20.87	44.28
	冯家口村	11	19.24	34.86	29.69	28.39	5.47	19.26	20.24	34.60
	罗峪村	4	30.01	87.24	33.66	46.14	27.60	59.81	30.04	79.72
	白山村	6	24.32	33.26	25.67	27.68	4.10	14.82	24.40	33.08
	铁岭村	4	23.96	28.50	27.27	26.75	1.95	7.29	24.44	28.33
	王快村	4	28.42	42.48	30.43	32.94	6.45	19.59	28.62	40.77

续表 10-22

乡镇	村名	样本数（个）	最小值	最大值	中位值	平均值	标准差	变异系数（%）	5%	95%
平阳镇	各老村	6	25.70	30.20	27.18	27.35	1.65	6.02	25.74	29.64
	山咀头村	1	23.40	23.40	23.40	23.40	—	—	23.40	23.40
	台南村	1	23.44	23.44	23.44	23.44	—	—	23.44	23.44
	北水峪村	5	24.02	27.00	26.66	26.18	1.25	4.77	24.46	27.00
	上平阳村	4	23.54	28.93	26.66	26.45	2.45	9.26	23.82	28.78
	平阳村	7	21.80	34.86	29.69	29.55	4.50	15.24	23.29	34.30

10.4.2.10　王林口乡土壤镍

王林口乡耕地、林地土壤镍统计分别如表 10-23、表 10-24 所示。

表 10-23　王林口乡耕地土壤镍统计　　　　　　　　（单位：mg/kg）

乡镇	村名	样本数（个）	最小值	最大值	中位值	平均值	标准差	变异系数（%）	5%	95%
王林口乡	王林口乡	85	13.92	44.55	28.50	28.75	7.32	25.45	16.08	39.06
	五丈湾村	3	15.44	20.21	15.98	17.21	2.61	15.18	15.49	19.79
	马坊村	5	13.92	36.72	16.38	23.01	10.90	47.37	14.16	35.96
	刘家沟村	2	19.45	21.04	20.25	20.25	1.12	5.55	19.53	20.96
	辛庄村	6	16.00	38.18	23.57	25.02	7.54	30.15	17.28	35.55
	南刁窝村	3	25.07	27.23	27.18	26.49	1.23	4.65	25.28	27.23
	马驹石村	6	25.27	40.35	28.02	29.92	5.81	19.42	25.35	38.34
	南湾村	4	19.76	22.57	21.15	21.16	1.35	6.39	19.84	22.49
	上庄村	4	17.04	23.77	22.46	21.43	3.04	14.17	17.76	23.67
	方太口村	7	20.78	25.13	22.48	22.79	1.63	7.17	20.86	24.97
	西庄村	3	33.41	35.73	35.00	34.71	1.19	3.42	33.57	35.66
	东庄村	5	26.65	38.30	31.71	32.75	4.86	14.84	27.33	38.04
	董家口村	6	29.16	38.77	34.22	34.02	4.29	12.62	29.23	38.66
	神台村	5	33.48	37.78	34.16	35.05	1.86	5.31	33.52	37.46
	南峪村	4	26.31	37.41	29.17	30.51	4.82	15.80	26.64	36.27
	寺口村	4	24.33	34.21	30.38	29.83	4.13	13.85	25.13	33.75
	瓦泉沟村	3	34.35	35.07	34.64	34.69	0.36	1.04	34.38	35.03
	东王林口村	2	35.66	44.55	40.11	40.11	6.29	15.67	36.10	44.11
	前岭村	6	24.43	38.53	26.19	28.96	5.74	19.81	24.56	37.28
	西王林口村	5	25.17	39.92	37.92	35.99	6.11	16.99	27.70	39.76
	马沙沟村	2	32.05	39.13	35.59	35.59	5.01	14.07	32.40	38.78

表 10-24　王林口乡林地土壤镍统计 （单位：mg/kg）

乡镇	村名	样本数（个）	最小值	最大值	中位值	平均值	标准差	变异系数（%）	5%	95%
王林口乡	王林口乡	126	18.36	310.40	31.79	36.99	30.78	83.21	22.70	51.05
	刘家沟村	4	29.07	39.66	34.60	34.48	4.38	12.69	29.78	39.02
	马沙沟村	3	27.58	51.92	38.63	39.38	12.19	30.95	28.69	50.59
	南峪村	9	28.67	199.80	42.96	66.37	57.47	86.59	29.56	168.84
	董家口村	6	18.36	30.13	25.86	25.16	4.44	17.65	19.34	29.73
	五丈湾村	9	25.34	41.62	30.85	32.31	6.34	19.63	25.48	41.33
	马坊村	5	26.57	51.52	34.02	36.69	10.32	28.13	27.02	49.73
	东庄村	8	26.22	43.26	30.70	32.05	5.37	16.76	27.13	40.80
	寺口村	4	25.44	43.43	32.29	33.36	7.58	22.72	26.21	42.02
	东王林口村	3	31.18	36.61	33.40	33.73	2.73	8.09	31.40	36.29
	神台村	7	32.90	310.40	36.80	77.45	102.90	132.86	33.28	232.11
	西王林口村	4	18.40	42.74	29.47	30.02	9.96	33.17	20.05	40.76
	前岭村	9	19.43	35.02	27.63	27.14	4.86	17.92	20.80	34.28
	方太口村	4	20.54	45.14	31.83	32.33	10.07	31.15	22.14	43.24
	上庄村	4	23.90	26.71	25.74	25.52	1.35	5.30	24.05	26.69
	南湾村	4	25.68	35.78	31.34	31.04	4.26	13.73	26.34	35.30
	西庄村	4	28.68	41.12	35.80	35.35	5.43	15.35	29.41	40.66
	马驹石村	9	23.92	51.49	31.68	33.05	10.40	31.47	23.96	49.65
	辛庄村	10	23.36	49.40	31.46	32.37	7.38	22.81	24.13	43.59
	瓦泉沟村	10	22.64	37.95	28.44	29.44	5.05	17.17	23.41	36.29
	南刁窝村	10	21.98	58.60	38.08	37.20	10.49	28.20	22.85	52.75

10.4.2.11　台峪乡土壤镍

　　台峪乡耕地、林地土壤镍统计分别如表 10-25、表 10-26 所示。

表 10-25　台峪乡耕地土壤镍统计　　　　　（单位：mg/kg）

乡镇	村名	样本数（个）	最小值	最大值	中位值	平均值	标准差	变异系数（%）	5%	95%
台峪乡	台峪乡	122	13.24	46.74	31.56	31.57	4.32	13.69	24.50	37.76
	井尔沟村	16	13.24	37.47	32.06	30.95	5.99	19.34	20.27	36.56
	台峪村	25	24.49	34.54	30.56	30.68	2.74	8.94	25.51	34.39
	营尔村	14	25.22	34.25	32.30	31.58	2.84	8.99	25.87	34.24
	吴家庄村	14	28.28	46.74	32.22	33.72	4.76	14.12	28.77	42.17
	平房村	22	21.98	41.86	33.09	33.54	4.44	13.25	28.51	39.84
	庄里村	14	22.40	37.87	29.94	30.41	4.17	13.72	24.34	36.64
	王家岸村	7	23.80	37.25	29.36	28.64	4.81	16.80	24.01	35.37
	白石台村	10	26.13	36.64	30.98	31.11	3.43	11.02	26.64	35.97

表 10-26　台峪乡林地土壤镍统计　　　　　（单位：mg/kg）

乡镇	村名	样本数（个）	最小值	最大值	中位值	平均值	标准差	变异系数（%）	5%	95%
台峪乡	台峪乡	62	14.80	206.40	25.23	29.23	23.52	80.47	19.00	35.63
	王家岸村	7	14.80	25.90	19.00	19.54	3.52	18.03	15.66	24.74
	庄里村	6	19.80	35.63	23.49	26.21	6.15	23.47	20.57	34.71
	营尔村	5	20.06	28.55	21.74	22.79	3.35	14.68	20.26	27.35
	吴家庄村	7	20.15	35.60	24.84	26.83	5.51	20.56	21.17	34.88
	平房村	11	20.17	36.13	27.34	29.41	5.38	18.29	22.47	35.75
	井尔沟村	12	21.81	206.40	28.03	43.31	51.63	119.20	22.59	115.23
	白石台村	8	22.47	34.21	26.23	27.08	4.24	15.64	22.82	33.57
	台峪村	6	20.96	33.20	24.86	26.09	4.16	15.96	21.85	31.94

10.4.2.12　大台乡土壤镍

大台乡耕地、林地土壤镍统计分别如表 10-27、表 10-28 所示。

表 10-27　大台乡耕地土壤镍统计　　　　　　　　（单位:mg/kg）

乡镇	村名	样本数（个）	最小值	最大值	中位值	平均值	标准差	变异系数（%）	5%	95%
大台乡	大台乡	95	21.77	68.85	32.53	32.91	5.29	16.06	26.55	38.73
	老路渠村	4	28.99	37.06	32.61	32.82	3.75	11.43	29.21	36.72
	东台村	5	31.95	34.85	34.02	33.59	1.35	4.03	32.03	34.83
	大台村	20	25.17	39.13	31.88	32.31	3.41	10.54	27.89	37.56
	坊里村	7	26.27	38.56	30.50	32.50	4.80	14.75	27.00	38.08
	苇子沟村	4	26.04	36.62	32.71	32.02	4.89	15.29	26.64	36.43
	大连地村	13	28.75	37.34	30.79	32.02	3.01	9.40	28.79	36.29
	柏崖村	18	27.90	42.87	32.97	33.66	3.83	11.38	28.28	41.03
	东板峪店村	18	21.77	68.85	31.83	33.14	10.09	30.44	23.15	47.69
	碳灰铺村	6	32.92	36.40	34.68	34.56	1.27	3.68	33.05	36.11

表 10-28　大台乡林地土壤镍统计　　　　　　　　（单位:mg/kg）

乡镇	村名	样本数（个）	最小值	最大值	中位值	平均值	标准差	变异系数（%）	5%	95%
大台乡	大台乡	70	12.04	113.10	36.01	38.10	15.03	39.45	22.00	63.17
	东板峪店村	14	22.50	63.44	41.40	41.90	9.94	23.71	29.65	56.11
	柏崖村	13	26.94	65.82	39.08	42.77	11.78	27.53	30.02	64.86
	大连地村	9	21.08	62.84	36.76	40.83	13.66	33.44	25.18	60.16
	坊里村	8	21.09	33.44	25.38	26.27	4.01	15.28	21.76	32.24
	苇子沟村	6	31.40	57.44	39.17	40.95	8.88	21.69	32.60	53.67
	东台村	5	12.04	58.72	25.14	33.12	19.30	58.27	14.07	56.48
	老路渠村	4	22.72	31.34	26.92	26.98	3.73	13.84	23.12	30.91
	大台村	7	27.28	113.10	32.22	45.98	30.70	66.76	27.63	94.07
	碳灰铺村	4	21.84	36.82	23.66	26.50	6.95	26.25	22.02	34.94

10.4.2.13　史家寨乡土壤镍

史家寨乡耕地、林地土壤镍统计分别如表 10-29、表 10-30 所示。

表 10-29　史家寨乡耕地土壤镍统计　　　　　　　　（单位:mg/kg）

乡镇	村名	样本数（个）	最小值	最大值	中位值	平均值	标准差	变异系数（%）	5%	95%
史家寨乡	史家寨乡	87	15.94	71.95	35.49	36.20	8.12	22.42	24.34	49.82
	上东漕村	4	32.75	37.73	35.31	35.27	2.68	7.61	32.81	37.69
	定家庄村	6	32.56	35.75	34.49	34.15	1.23	3.59	32.63	35.51
	葛家台村	6	34.84	44.05	36.83	37.74	3.28	8.70	35.10	42.54
	北辛庄村	2	27.22	30.53	28.88	28.88	2.34	8.11	27.39	30.36
	槐场村	17	24.16	58.89	39.29	40.59	9.15	22.54	30.27	51.89
	红土山村	7	29.48	34.95	32.79	32.75	1.85	5.65	30.05	34.75
	董家村	3	30.76	34.14	32.45	32.45	1.69	5.21	30.93	33.97
	史家寨村	13	27.96	43.54	36.03	35.06	3.93	11.21	29.24	40.53
	凹里村	11	25.17	45.23	37.03	36.61	4.72	12.88	29.70	42.18
	段庄村	9	15.94	71.95	40.59	39.43	16.34	41.44	17.75	62.26
	铁岭口村	4	24.16	51.84	40.05	39.02	11.83	30.32	25.94	50.68
	口子头村	1	24.76	24.76	24.76	24.76	—	—	24.76	24.76
	厂坊村	2	23.91	24.97	24.44	24.44	0.75	3.07	23.96	24.92
	草垛沟村	2	28.77	30.28	29.53	29.53	1.07	3.62	28.85	30.20

表 10-30　史家寨乡林地土壤镍统计　　　　　　　　（单位:mg/kg）

乡镇	村名	样本数（个）	最小值	最大值	中位值	平均值	标准差	变异系数（%）	5%	95%
史家寨乡	史家寨乡	59	21.26	62.18	33.84	35.26	8.02	22.75	25.55	47.43
	上东漕村	2	34.24	34.90	34.57	34.57	0.47	1.35	34.27	34.87
	定家庄村	3	31.72	45.38	43.52	40.21	7.41	18.43	32.90	45.19
	葛家台村	2	29.67	31.58	30.63	30.63	1.35	4.41	29.77	31.48
	北辛庄村	2	32.04	34.70	33.37	33.37	1.88	5.64	32.17	34.57
	槐场村	6	33.84	62.18	39.90	42.68	9.88	23.16	35.20	56.88
	凹里村	12	26.64	49.68	38.74	38.36	8.17	21.30	26.81	48.31
	史家寨村	11	21.26	35.56	29.42	29.03	4.00	13.78	22.81	34.08

续表 10-30

乡镇	村名	样本数（个）	最小值	最大值	中位值	平均值	标准差	变异系数（%）	5%	95%
史家寨乡	红土山村	5	23.28	46.44	29.30	31.69	9.04	28.52	23.86	43.80
	董家村	2	26.77	30.60	28.69	28.69	2.71	9.44	26.96	30.41
	厂坊村	2	41.04	45.98	43.51	43.51	3.49	8.03	41.29	45.73
	口子头村	2	31.43	36.44	33.94	33.94	3.54	10.44	31.68	36.19
	段庄村	3	25.95	31.82	27.28	28.35	3.08	10.86	26.08	31.37
	铁岭口村	5	32.47	50.96	36.48	39.32	7.56	19.23	32.79	49.29
	草垛沟村	2	29.98	44.55	37.27	37.27	10.30	27.65	30.71	43.82

第 11 章　土壤铬

11.1　土壤中铬背景值及主要来源

11.1.1　背景值总体情况

铬在地壳中的丰度为 $110×10^{-6}$。铬在地壳中的含量范围为 $80\sim200$ mg/kg,平均为 125 mg/kg,比 Co、Zn、Cu、Pb、Ni 和 Cd 的含量高。世界土壤中铬含量范围为 $5\sim1\,500$ mg/kg,中值为 70 mg/kg。自然土壤中源于岩石分化进入的铬大多为三价铬,含量因成土母岩的不同而差异很大,一般为超基性岩>基性岩>中性岩>酸性岩。在各土壤系列中,铬元素的背景含量差异也较大,如铬在森林土壤系列中的含量由南向北逐渐增高,至黄棕壤出现峰值,然后又逐渐降低。我国铬元素背景值区域分布规律和分布特征总趋势:东部地区中间高、东部和北部偏低;青藏高原的东部和南部偏高;松嫩平原、辽河平原、华北平原、黄土高原和青藏高原北部等区域,背景值处于中间水平。

11.1.2　耕地土壤铬背景值分布规律

我国耕地土壤分布差异较大,以秦岭—淮河一线为界,以南水稻土为主,以北旱作土壤为主,其土壤铬元素背景值分布规律见表 11-1。我国土壤及河北省土壤铬背景值统计量见表 11-2。

表 11-1　我国耕地土壤铬元素背景值分布规律　　　　（单位:mg/kg）

(引自中国环境监测总站,1990)

土类名称	水稻土	潮土	墣土	绵土	黑垆土	绿洲土
背景值含量范围	17.2~94.6	40.2~73.8	40.2~73.9	57.3~73.9	40.2~94.6	57.3~94.6

表 11-2　我国土壤及河北省土壤铬背景值统计量　　　　（单位:mg/kg）

(引自中国环境监测总站,1990)

土壤层	区域	统计量				
		范围	中位值	算术平均值	几何平均值	95%范围值
A 层	全国	2.20~1 209	57.3	61.0±31.07	53.9±1.67	19.3~150.2
	河北省	35.4~217.0	63.9	68.3±22.35	65.4±1.33	—
C 层	全国	1.00~924	57.3	60.8±32.43	52.8±1.74	17.5~159.5
	河北省	15.9~520.0	64.4	72.6±29.78	67.8±1.43	—

11.1.3　铬背景值主要影响因子

铬背景值主要影响因子排序为土壤类型、母质母岩、pH、地形等。

11.1.4　土壤中铬的主要来源

自然土壤中铬主要来源于成土岩石,岩石中的铬通过风化、地震、火山爆发、生物转化等自然现象而进入环境。大气中重金属铬的沉降是土壤中铬污染的主要来源之一,如制革电镀等工业排到大气中的铬尘粒,经过扩散沉降进入土壤,造成污染;农药化肥和塑料薄膜的使用也会造成污染,如磷肥的大量使用;污水灌溉,含铬灌溉用水中85%~95%的铬累积在土壤中造成污染;其他如冶炼废渣、矿渣堆放等也加剧了土壤中重金属铬的大量累积。

11.2　铬空间分布图

阜平县耕地土壤铬空间分布如图 11-1 所示。

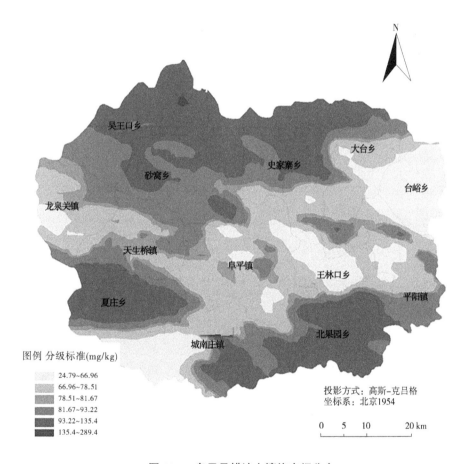

图例 分级标准(mg/kg)

24.79~66.96
66.96~78.51
78.51~81.67
81.67~93.22
93.22~135.4
135.4~289.4

投影方式:高斯-克吕格
坐标系:北京1954

0　5　10　20 km

图 11-1　阜平县耕地土壤铬空间分布

铬分布特征:阜平县耕地土壤中铬空间格局呈现中部低、南北高的趋势,相对较高含量铬主要分布在阜平县北部吴王口乡、砂窝乡、史家寨乡,南部的夏庄乡、城南庄镇及北果园乡,呈大片状分布,总体含量不高,含量最高区域在吴王口乡西北部,面积不大。总体来说,研究区域中铬空间分布特征非常明显,其空间变异主要来自于土壤母质,也在一定程度上受到区域内丰富的辉绿岩、闪长岩、铁矿等矿产资源的影响。

11.3 铬频数分布图

11.3.1 阜平县土壤铬频数分布图

阜平县耕地土壤铬原始数据频数分布如图 11-2 所示。

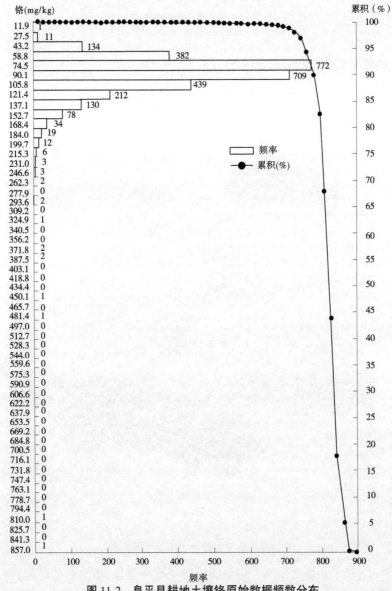

图 11-2 阜平县耕地土壤铬原始数据频数分布

11.3.2　乡镇土壤铬频数分布图

阜平镇土壤铬原始数据频数分布如图 11-3 所示。

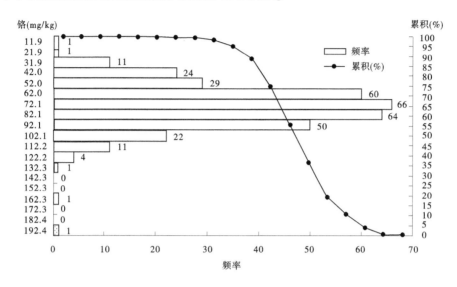

图 11-3　阜平镇土壤铬原始数据频数分布

城南庄镇土壤铬原始数据频数分布如图 11-4 所示。

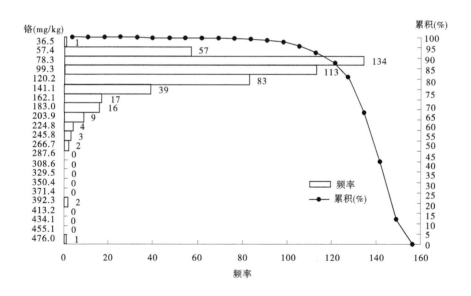

图 11-4　城南庄镇土壤铬原始数据频数分布

北果园乡土壤铬原始数据频数分布如图 11-5 所示。

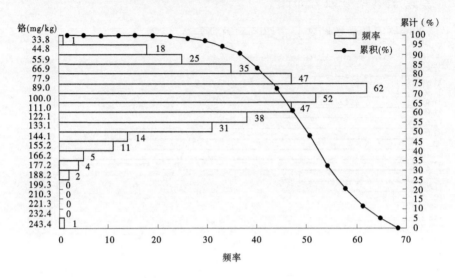

图 11-5　北果元乡土壤铬原始数据频数分布

夏庄乡土壤铬原始数据频数分布如图 11-6 所示。

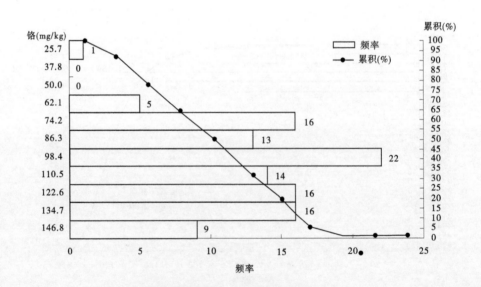

图 11-6　夏庄乡土壤铬原始数据频数分布

天生桥镇土壤铬原始数据频数分布如图 11-7 所示。

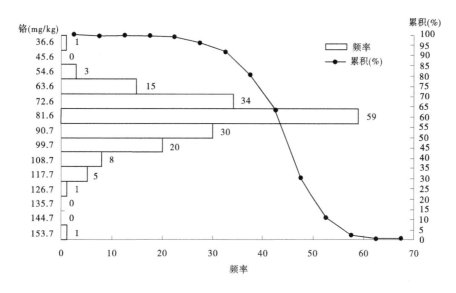

图 11-7　天生桥镇土壤铬原始数据频数分布

龙泉关镇土壤铬原始数据频数分布如图 11-8 所示。

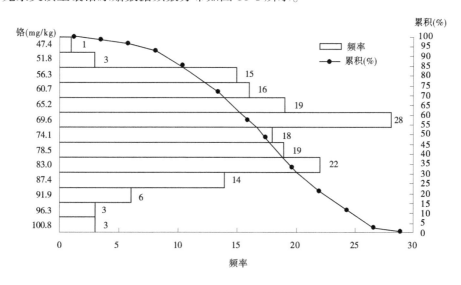

图 11-8　龙泉关镇土壤铬原始数据频数分布

砂窝乡土壤铬原始数据频数分布如图 11-9 所示。

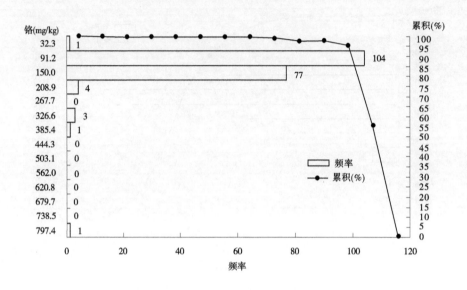

图 11-9　砂窝乡土壤铬原始数据频数分布

吴王口乡土壤铬原始数据频数分布如图 11-10 所示。

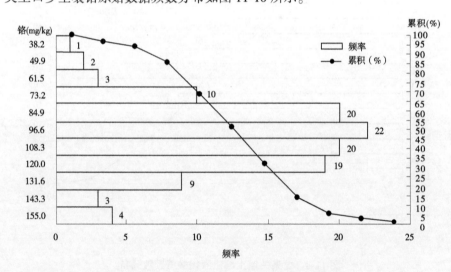

图 11-10　吴王口乡土壤铬原始数据频数分布

平阳镇土壤铬原始数据频数分布如图 11-11 所示。

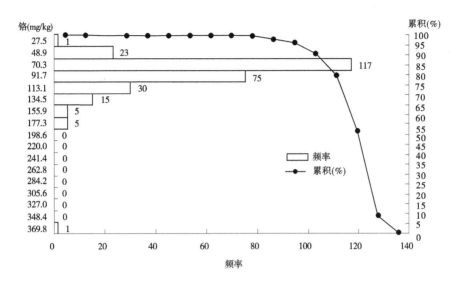

图 11-11   平阳镇土壤铬原始数据频数分布

王林口乡土壤铬原始数据频数分布如图 11-12 所示。

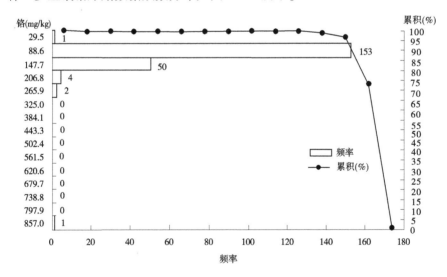

图 11-12   王林口乡土壤铬原始数据频数分布

台峪乡土壤铬原始数据频数分布如图 11-13 所示。

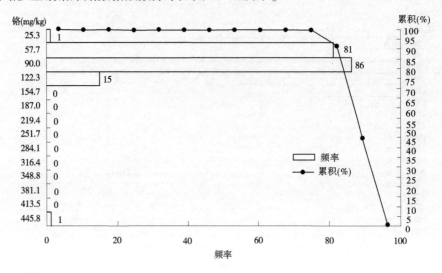

图 11-13　台峪乡土壤铬原始数据频数分布

大台乡土壤铬原始数据频数分布如图 11-14 所示。

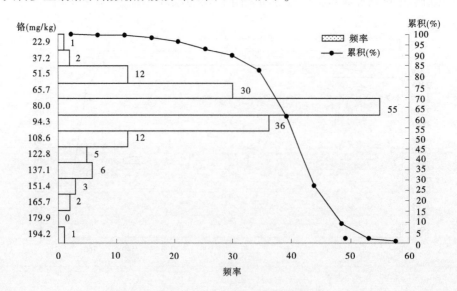

图 11-14　大台乡土壤铬原始数据频数分布

史家寨乡土壤铬原始数据频数分布如图 11-15 所示。

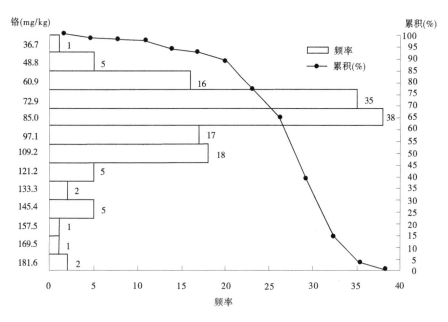

图 11-15 史家寨乡土壤铬原始数据频数分布

11.4 阜平县土壤铬统计量

11.4.1 阜平县土壤铬的统计量

阜平县耕地、林地土壤铬统计分别如表 11-3、表 11-4 所示。

表 11-3 阜平县耕地土壤铬统计 (单位:mg/kg)

区域	样本数（个）	最小值	最大值	中位值	平均值	标准差	变异系数（%）	5%	95%
阜平县	1 708	24.79	797.40	78.76	83.96	34.09	40.60	46.81	134.25
阜平镇	232	24.79	112.10	71.35	71.84	15.93	22.20	48.21	95.64
城南庄镇	293	40.49	378.10	87.32	94.80	43.33	45.70	46.68	171.08
北果园乡	105	60.71	172.00	113.20	112.96	22.26	19.70	79.38	148.14
夏庄乡	71	61.10	146.80	109.60	106.69	22.93	21.49	64.97	142.35
天生桥镇	132	63.12	112.80	79.04	81.67	10.65	13.04	68.00	102.59
龙泉关镇	120	52.18	100.80	75.19	74.96	10.11	13.48	58.85	91.75
砂窝乡	144	32.34	797.40	90.06	98.57	67.04	68.02	59.34	139.39
吴王口乡	70	62.49	155.00	102.20	105.37	19.89	18.87	78.08	144.91
平阳镇	152	42.40	170.60	71.98	75.25	18.78	24.95	51.74	104.69
王林口乡	85	29.99	143.30	67.08	64.62	17.56	27.18	35.29	87.29
台峪乡	122	25.31	96.74	55.45	56.73	16.14	28.44	31.77	80.86
大台乡	95	39.16	144.50	75.42	75.27	16.62	22.08	50.82	95.80
史家寨乡	87	36.74	181.60	77.29	82.47	23.38	28.35	58.40	124.50

表 11-4　阜平县林地土壤铬统计　　　　　　（单位：mg/kg）

区域	样本数（个）	最小值	最大值	中位值	平均值	标准差	变异系数（%）	5%	95%
阜平县	1 249	11.88	857.00	76.68	84.32	43.93	52.10	40.39	149.30
阜平镇	113	11.88	192.40	63.08	64.27	29.24	45.49	27.37	113.68
城南庄镇	188	36.48	476.00	87.79	99.48	48.24	48.49	49.88	178.30
北果园乡	288	33.81	243.40	82.70	86.33	30.25	35.04	43.09	142.66
夏庄乡	41	25.74	124.80	81.12	85.36	23.18	27.16	57.64	122.80
天生桥镇	45	36.61	153.70	67.76	74.37	21.63	29.08	51.72	114.30
龙泉关镇	47	47.36	81.72	58.46	60.66	7.82	12.89	51.17	74.45
砂窝乡	47	52.85	366.10	86.46	102.08	59.24	58.04	58.31	182.17
吴王口乡	43	38.17	129.30	80.41	81.71	21.74	26.60	46.28	112.75
平阳镇	120	27.49	369.80	63.32	76.67	42.25	55.11	33.46	149.46
王林口乡	126	29.50	857.00	82.16	93.60	76.70	81.95	39.61	161.43
台峪乡	62	37.41	445.80	69.66	76.66	51.43	67.09	42.49	104.68
大台乡	70	22.91	194.20	74.99	84.89	33.50	39.47	41.09	145.46
史家寨乡	59	36.72	173.60	74.60	81.18	27.67	34.08	46.14	140.83

11.4.2　乡镇区域土壤铬的统计量

11.4.2.1　阜平镇土壤铬

阜平县耕地、林地土壤铬统计分别如表 11-5、表 11-6 所示。

表 11-5　阜平镇耕地土壤铬统计　　　　　　（单位：mg/kg）

乡镇	村名	样本数（个）	最小值	最大值	中位值	平均值	标准差	变异系数（%）	5%	95%
阜平镇	阜平镇	232	24.79	112.10	71.35	71.84	15.93	22.20	48.21	95.64
	青沿村	4	61.40	71.40	63.57	64.99	4.46	6.90	61.59	70.37
	城厢村	2	78.90	79.57	79.24	79.24	0.47	0.60	78.93	79.54
	第一山村	1	76.72	76.72	76.72	76.72	—	—	—	—
	照旺台村	5	78.55	95.58	80.67	83.71	7.17	8.60	78.55	93.51
	原种场村	2	93.47	96.74	95.11	95.11	2.31	2.40	93.63	96.58
	白河村	2	93.46	93.98	93.72	93.72	0.37	0.40	93.49	93.95
	大元村	4	103.20	112.10	107.90	107.78	5.00	4.60	103.28	112.10
	石湖村	2	46.35	107.70	77.03	77.03	43.38	56.30	49.42	104.63
	高阜口村	10	51.34	94.24	82.59	79.92	12.68	15.90	57.33	92.14
	大道村	11	53.78	109.60	88.12	84.24	16.31	19.40	54.19	101.12
	小石坊村	5	52.02	65.05	58.28	58.79	4.70	8.00	53.25	64.12
	大石坊村	10	73.66	92.76	83.82	82.16	5.77	7.00	74.29	89.40

续表 11-5

乡镇	村名	样本数（个）	最小值	最大值	中位值	平均值	标准差	变异系数（%）	5%	95%
阜平镇	黄岸底村	6	48.85	94.92	81.58	76.32	19.40	25.40	51.44	94.13
	槐树庄村	10	46.67	91.46	66.35	68.18	15.71	23.00	49.40	90.70
	崞路头村	10	24.79	82.26	54.87	55.61	14.58	26.20	35.46	74.66
	海沿村	10	39.72	95.72	61.21	65.13	16.75	25.70	43.57	89.06
	燕头村	10	49.28	95.56	74.19	70.95	13.68	19.30	49.90	88.07
	西沟村	5	67.33	74.72	72.94	72.04	2.94	4.10	68.12	74.57
	各达头村	10	56.75	108.00	71.41	78.85	17.35	22.00	60.67	106.02
	牛栏村	6	64.14	73.13	69.68	69.16	3.94	5.69	64.43	73.10
	苍山村	10	60.48	86.28	65.64	69.07	9.02	13.06	60.75	83.42
	柳树底村	12	55.59	72.14	62.58	63.06	4.88	7.73	56.83	70.45
	土岭村	4	52.21	90.42	58.36	64.84	17.30	26.69	53.08	85.67
	法华村	10	36.80	58.14	48.98	48.92	8.08	16.52	37.94	58.06
	东漕岭村	9	32.81	97.00	57.72	59.52	21.75	36.54	32.93	92.44
	三岭会村	5	57.97	93.78	82.62	79.39	15.08	19.00	60.50	93.41
	楼房村	6	53.92	72.42	59.41	61.84	7.14	11.54	54.74	71.48
	木匠口村	13	55.26	93.66	79.99	79.60	10.53	13.23	63.97	91.69
	龙门村	26	57.42	96.46	75.35	75.01	11.86	15.81	57.76	92.68
	色岭口村	12	58.94	80.16	70.62	70.34	5.69	8.09	61.20	79.19

表 11-6　阜平镇林地土壤铬统计　　　　　（单位:mg/kg）

乡镇	村名	样本数（个）	最小值	最大值	中位值	平均值	标准差	变异系数（%）	5%	95%
阜平镇	阜平镇	113	11.88	192.40	63.08	64.27	29.24	45.49	27.37	113.68
	高阜口村	2	73.87	74.68	74.28	74.28	0.57	0.77	73.91	74.64
	大石坊村	7	35.08	84.23	72.38	68.93	16.41	23.81	43.48	83.19
	小石坊村	6	54.02	113.20	69.09	77.20	22.67	29.37	55.99	108.88
	黄岸底村	6	68.07	116.20	85.14	87.56	18.55	21.19	68.58	112.33
	槐树庄村	3	72.76	83.61	79.52	78.63	5.48	6.97	73.44	83.20
	崞路头村	7	46.62	93.35	72.62	71.62	13.82	19.30	53.00	88.02
	西沟村	2	52.17	62.58	57.38	57.38	7.36	12.83	52.69	62.06
	燕头村	3	35.13	160.70	122.80	106.21	64.41	60.64	43.90	156.91
	各达头村	5	45.84	88.40	51.56	62.58	19.06	30.46	46.61	86.20

续表 11-6

乡镇	村名	样本数（个）	最小值	最大值	中位值	平均值	标准差	变异系数（%）	5%	95%
阜平镇	牛栏村	3	31.44	75.54	57.71	54.90	22.18	40.41	34.07	73.76
	海沿村	4	18.60	192.40	85.30	95.40	75.73	79.38	24.24	180.70
	苍山村	3	42.10	50.66	42.52	45.09	4.83	10.70	42.14	49.85
	土岭村	16	11.88	89.54	44.70	47.67	19.22	40.33	23.33	72.07
	楼房村	9	23.92	108.40	51.11	60.58	29.92	49.39	27.87	101.27
	木匠口村	9	26.13	92.88	72.22	62.76	28.28	45.06	29.00	91.62
	龙门村	12	26.59	73.44	46.23	48.00	18.41	38.35	27.10	72.36
	色岭口村	12	31.09	120.60	67.86	70.58	32.79	46.46	31.33	114.33
	三岭会村	4	40.70	52.20	44.80	45.63	5.34	11.71	40.88	51.53

11.4.2.2 城南庄镇土壤铬

城南庄镇耕地、林地土壤铬统计分别如表 11-7、表 11-8 所示。

表 11-7　城南庄镇耕地土壤铬统计　　　　　（单位:mg/kg）

乡镇	村名	样本数（个）	最小值	最大值	中位值	平均值	标准差	变异系数（%）	5%	95%
城南庄镇	城南庄镇	293	40.49	378.10	87.32	94.80	43.33	45.70	46.68	171.08
	岔河村	24	40.55	75.52	55.55	56.34	11.61	20.61	42.95	73.64
	三官村	12	41.37	52.82	47.15	46.78	3.57	7.64	41.73	51.58
	麻棚村	12	46.06	138.00	55.33	64.69	26.40	40.80	48.04	114.70
	大岸底村	18	40.49	175.10	67.07	80.16	31.95	39.86	53.33	139.83
	北桑地村	10	65.13	231.70	112.70	133.61	60.22	45.07	66.33	228.96
	井沟村	18	70.95	378.10	103.60	145.87	96.33	66.04	73.73	376.32
	栗树漕村	30	41.04	162.60	95.78	98.89	24.30	24.57	69.01	141.43
	易家庄村	18	55.68	199.40	107.55	115.17	43.54	37.81	66.44	188.61
	万宝庄村	13	69.30	120.00	86.98	89.06	15.04	16.89	69.31	116.04
	华山村	12	62.12	107.90	88.28	86.86	13.57	15.63	67.19	105.43
	南安村	9	63.47	108.70	72.35	76.06	14.52	19.09	63.72	99.94
	向阳庄村	4	77.56	88.50	87.09	85.06	5.16	6.07	78.79	88.49
	福子峪村	5	69.86	89.50	73.06	76.17	7.99	10.49	70.09	87.08
	宋家沟村	10	70.25	112.90	77.15	88.08	17.75	20.15	70.99	112.00
	石猴村	5	91.80	127.80	100.10	107.34	15.29	14.25	93.04	126.04
	北工村	5	85.52	116.20	103.00	101.35	11.21	11.06	87.86	113.92
	顾家沟村	11	62.40	144.70	100.10	100.60	27.57	27.40	64.73	140.75
	城南庄村	20	68.96	204.20	82.46	95.49	36.69	38.42	70.37	170.19
	谷家庄村	16	63.28	103.50	79.41	82.29	13.69	16.63	65.70	102.38
	后庄村	13	102.20	126.90	118.80	114.96	8.23	7.16	103.28	124.50
	南台村	28	51.22	217.20	101.65	117.32	44.76	38.15	63.87	204.72

表 11-8　城南庄镇林地土壤铬统计 （单位:mg/kg）

乡镇	村名	样本数（个）	最小值	最大值	中位值	平均值	标准差	变异系数（%）	5%	95%
	城南庄镇	188	36.48	476.00	87.79	99.48	48.24	48.49	49.88	178.30
	三官村	3	68.99	107.20	73.94	83.38	20.78	24.92	69.49	103.87
	岔河村	23	36.48	190.00	111.80	109.93	39.38	35.82	62.85	173.34
	麻棚村	9	36.51	181.80	67.12	75.49	42.89	56.82	40.97	142.86
	大岸底村	3	65.54	102.40	81.34	83.09	18.49	22.26	67.12	100.29
	井沟村	9	73.56	190.50	105.60	115.80	44.40	38.35	74.31	183.90
	栗树漕村	10	36.96	476.00	151.30	175.43	127.82	72.86	51.39	377.45
	南台村	12	65.40	155.00	88.04	96.83	28.61	29.54	67.99	146.75
	后庄村	18	62.84	208.00	96.95	99.81	35.42	35.48	62.84	140.85
	谷家庄村	7	48.50	138.40	88.56	88.56	32.18	36.33	51.51	132.13
城南庄镇	福子峪村	25	61.52	190.30	96.94	109.09	37.89	34.73	63.95	166.36
	向阳庄村	5	73.06	115.10	89.96	91.61	16.68	18.21	74.39	112.12
	南安村	2	68.00	139.60	103.80	103.80	50.63	48.78	71.58	136.02
	城南庄村	4	48.48	60.49	59.45	56.97	5.73	10.05	49.99	60.47
	万宝庄村	8	50.77	96.15	75.58	72.94	17.66	24.21	50.95	93.54
	华山村	2	65.44	83.55	74.50	74.50	12.81	17.19	66.35	82.64
	易家庄村	3	52.22	62.98	62.20	59.13	6.00	10.15	53.22	62.90
	宋家沟村	12	42.16	180.40	71.68	80.71	42.89	53.14	44.26	159.78
	石猴村	5	51.90	123.30	63.52	76.57	29.78	38.89	52.64	116.35
	北工村	18	62.95	171.40	92.63	98.32	32.39	32.94	65.12	156.27
	顾家沟村	10	66.21	127.30	98.10	96.76	21.81	22.54	66.66	124.51

11.4.2.3　北果园乡土壤铬

北果园乡耕地、林地土壤铬统计分别如表 11-9、表 11-10 所示。

表 11-9　北果园乡耕地土壤铬统计　　　　　(单位:mg/kg)

乡镇	村名	样本数(个)	最小值	最大值	中位值	平均值	标准差	变异系数(%)	5%	95%
	北果园乡	105	60.71	172.00	113.20	112.96	22.26	19.70	79.38	148.14
	古洞村	3	72.52	96.74	84.70	84.65	12.11	14.31	73.74	95.54
	魏家峪村	4	70.52	102.00	87.50	86.88	17.06	19.63	71.01	101.88
	水泉村	2	99.32	112.00	105.66	105.66	8.97	8.49	99.95	111.37
	城铺村	2	95.94	119.20	107.57	107.57	16.45	15.29	97.10	118.04
	黄连峪村	2	102.40	169.80	136.10	136.10	47.66	35.02	105.77	166.43
	革新庄村	2	101.80	156.80	129.30	129.30	38.89	30.08	104.55	154.05
	卜家峪村	2	113.00	113.20	113.10	113.10	0.14	0.13	113.01	113.19
	李家庄村	5	91.93	110.30	98.62	99.85	7.92	7.93	92.15	109.32
	下庄村	2	95.00	109.60	102.30	102.30	10.32	10.09	95.73	108.87
	光城村	3	109.80	125.90	122.80	119.50	8.54	7.15	111.10	125.59
	崔家庄村	9	113.40	172.00	123.70	129.27	19.71	15.24	113.88	164.00
	倪家洼村	4	86.96	127.60	110.30	108.79	16.79	15.43	90.12	125.35
北果园乡	乡细沟村	6	95.14	136.00	108.00	109.67	15.39	14.04	95.43	130.65
	草场口村	3	89.98	104.20	101.80	98.66	7.61	7.72	91.16	103.96
	张家庄村	3	89.68	124.40	110.60	108.23	17.48	16.15	91.77	123.02
	惠民湾村	5	78.98	89.32	82.73	83.93	4.19	4.99	79.50	88.86
	北果园村	9	60.71	121.60	84.00	87.54	17.52	20.01	67.30	115.92
	槐树底村	4	106.60	145.40	112.70	119.35	17.63	14.77	107.35	140.66
	吴家沟村	7	120.60	132.80	126.60	126.37	4.03	3.19	121.08	131.42
	广安村	5	138.40	148.40	146.90	144.12	4.65	3.22	138.68	148.14
	抬头湾村	4	123.40	139.20	133.60	132.45	7.75	5.85	124.18	139.11
	店房村	6	84.56	133.60	126.10	117.23	19.98	17.04	88.72	133.15
	固镇村	6	107.60	139.00	125.80	123.10	12.78	10.38	107.75	137.30
	营岗村	2	141.80	157.60	149.70	149.70	11.17	7.46	142.59	156.81
	半沟村	2	114.60	130.70	122.65	122.65	11.38	9.28	115.41	129.90
	小花沟村	1	99.30	99.30	99.30	99.30	—	—	99.30	99.30
	东山村	2	115.00	115.80	115.40	115.40	0.57	0.49	115.04	115.76

表 11-10　北果园乡林地土壤铬统计　　　　　　（单位：mg/kg）

乡镇	村名	样本数（个）	最小值	最大值	中位值	平均值	标准差	变异系数（%）	5%	95%
北果园乡	北果园乡	288	33.81	243.40	82.70	86.33	30.25	35.04	43.09	142.66
	黄连峪村	7	93.46	187.70	138.20	132.87	30.05	22.62	97.82	173.84
	东山村	5	64.32	126.20	90.08	94.63	22.95	24.26	68.89	122.04
	东城铺村	22	54.54	142.80	88.20	92.12	21.85	23.72	66.77	124.79
	革新庄村	20	87.36	169.10	105.60	110.36	21.23	19.24	87.38	146.59
	水泉村	12	67.53	243.40	120.40	131.77	49.88	37.86	78.15	207.32
	古洞村	15	74.42	158.30	106.90	110.67	29.72	26.85	77.46	157.67
	下庄村	11	81.18	151.80	110.40	107.70	21.39	19.86	82.59	138.15
	魏家峪村	10	76.68	105.50	95.25	91.45	11.64	12.73	77.42	105.19
	卞家峪村	26	62.46	158.60	84.86	89.58	20.30	22.66	65.59	118.05
	李家庄村	15	66.06	146.20	84.88	89.34	21.87	24.48	66.36	130.38
	小花沟村	9	52.36	99.60	77.96	73.65	15.14	20.56	54.26	93.86
	半沟村	10	40.04	74.50	67.37	63.92	10.73	16.79	46.23	74.19
	营岗村	7	36.89	92.32	73.77	74.20	20.72	27.92	43.74	92.28
	光城村	3	37.28	50.63	43.43	43.78	6.68	15.26	37.90	49.91
	崔家庄村	9	36.48	116.60	53.36	64.27	27.01	42.03	36.85	106.48
	北果园村	13	33.81	108.70	70.64	69.38	22.45	32.35	38.35	104.44
	槐树底村	8	46.72	88.21	70.05	67.94	15.00	22.07	49.46	87.14
	吴家沟村	18	34.03	114.00	54.48	58.46	19.38	33.15	38.97	86.77
	抬头窝村	6	42.03	106.80	72.64	74.28	22.33	30.06	47.46	102.06
	广安村	5	43.88	81.65	75.96	68.78	16.04	23.32	47.45	81.46
	店房村	12	44.50	129.90	71.44	81.34	27.31	33.57	51.40	122.37
	固镇村	5	58.61	125.00	109.90	96.60	29.00	30.02	61.52	123.26
	倪家洼村	5	36.30	75.12	52.52	54.70	15.24	27.86	38.16	72.89
	细沟村	9	41.58	62.48	51.66	53.00	7.11	13.41	43.08	62.22
	草场口村	4	55.81	102.40	68.24	73.67	22.12	30.02	55.95	99.00
	惠民湾村	14	53.19	116.60	81.77	83.49	20.62	24.70	56.04	112.31
	张家庄村	8	76.71	109.80	90.14	90.64	12.60	13.90	76.93	107.77

11.4.2.4　夏庄乡土壤铬

夏庄乡耕地、林地土壤铬统计分别如表 11-11、表 11-12 所示。

表 11-11　　夏庄乡耕地土壤铬统计　　　　　　　　（单位：mg/kg）

乡镇	村名	样本数（个）	最小值	最大值	中位值	平均值	标准差	变异系数（%）	5%	95%
夏庄乡	夏庄乡	71	61.10	146.80	109.60	106.69	22.93	21.49	64.97	142.35
	夏庄村	26	63.92	144.90	116.55	112.61	23.50	20.87	68.70	143.00
	菜池村	22	61.10	134.60	94.62	100.77	20.38	20.22	74.99	127.93
	二道庄村	7	92.96	114.00	110.20	106.59	9.13	8.56	93.45	114.14
	面盆村	13	62.70	142.90	104.40	101.19	28.96	28.62	64.25	141.40
	羊道村	3	109.60	146.80	112.00	122.80	20.82	16.95	109.84	143.32

表 11-12　　夏庄乡林地土壤铬统计　　　　　　　　（单位：mg/kg）

乡镇	村名	样本数（个）	最小值	最大值	中位值	平均值	标准差	变异系数（%）	5%	95%
夏庄乡	夏庄乡	41	25.74	124.80	81.12	85.36	23.18	27.16	57.64	122.80
	菜池村	12	57.18	96.64	68.42	72.37	13.27	18.34	58.41	95.52
	夏庄村	8	93.72	122.40	113.95	109.32	11.85	10.84	93.94	121.28
	二道庄村	9	25.74	102.60	70.32	73.80	22.65	30.69	42.52	100.98
	面盆村	7	63.68	124.60	101.90	95.18	24.48	25.72	65.59	124.06
	羊道村	5	57.64	124.80	81.12	85.27	24.36	28.57	62.32	116.20

11.4.2.5　天生桥镇土壤铬

天生桥镇耕地、林地土壤铬统计分别如表 11-13、表 11-14 所示。

表 11-13　　天生桥镇耕地土壤铬统计　　　　　　　　（单位：mg/kg）

乡镇	村名	样本数（个）	最小值	最大值	中位值	平均值	标准差	变异系数（%）	5%	95%
天生桥镇	天生桥镇	132	63.12	112.80	79.04	81.67	10.65	13.04	68.00	102.59
	不老树村	18	76.19	100.60	85.02	85.46	7.45	8.72	76.62	98.99
	龙王庙村	22	68.68	92.58	78.11	77.48	5.73	7.39	69.50	87.52
	大车沟村	3	90.66	103.80	95.78	96.75	6.62	6.85	91.17	103.00
	南栗元铺村	14	70.28	112.80	81.32	88.01	14.92	16.95	70.54	108.77
	北栗元铺村	15	67.38	109.40	80.54	83.03	11.47	13.81	69.31	99.01
	红草河村	5	71.87	94.36	76.03	78.58	9.02	11.48	72.29	90.82
	罗家庄村	5	63.12	91.32	71.94	75.80	13.00	17.15	63.48	90.59
	东下关村	8	80.20	109.00	86.04	88.50	8.95	10.11	81.36	102.65
	朱家营村	13	69.88	110.70	86.28	86.59	10.92	12.61	73.90	103.45
	沿台村	6	67.72	87.04	71.01	75.11	9.00	11.98	67.78	86.76
	大教厂村	13	64.60	89.20	73.65	74.88	7.37	9.85	66.27	87.51
	西下关村	6	69.12	78.97	76.42	75.15	3.54	4.71	70.08	78.49
	塔沟村	4	70.62	73.60	72.52	72.31	1.30	1.80	70.83	73.51

表 11-14　天生桥镇林地土壤铬统计　　　　　　（单位：mg/kg）

乡镇	村名	样本数（个）	最小值	最大值	中位值	平均值	标准差	变异系数（%）	5%	95%
天生桥镇	天生桥镇	45	36.61	153.70	67.76	74.37	21.63	29.08	51.72	114.30
	不老树村	4	59.06	61.50	59.96	60.12	1.04	1.73	59.15	61.31
	龙王庙村	9	51.56	153.70	67.04	76.94	31.93	41.50	52.87	128.24
	大车沟村	2	55.02	77.18	66.10	66.10	15.67	23.71	56.13	76.07
	北栗元铺村	2	60.42	67.28	63.85	63.85	4.85	7.60	60.76	66.94
	南栗元铺村	2	80.43	121.40	100.92	100.92	28.97	28.71	82.48	119.35
	红草河村	5	49.56	96.76	61.71	65.45	18.84	28.78	50.12	90.78
	天生桥村	2	70.99	71.10	71.05	71.05	0.08	0.11	71.00	71.09
	罗家庄村	3	55.95	65.42	62.34	61.24	4.83	7.89	56.59	65.11
	塔沟村	2	87.36	101.90	94.63	94.63	10.28	10.86	88.09	101.17
	西下关村	2	36.61	62.44	49.53	49.53	18.26	36.88	37.90	61.15
	大教厂村	2	62.48	71.99	67.24	67.24	6.72	10.00	62.96	71.51
	沿台村	2	72.68	117.40	95.04	95.04	31.62	33.27	74.92	115.16
	朱家营村	8	69.47	101.40	84.57	85.74	10.28	11.99	72.86	99.43

11.4.2.6　龙泉关镇土壤铬

龙泉关镇耕地、林地土壤铬统计分别如表 11-15、表 11-16 所示。

表 11-15　龙泉关镇耕地土壤铬统计　　　　　　（单位：mg/kg）

乡镇	村名	样本数（个）	最小值	最大值	中位值	平均值	标准差	变异系数（%）	5%	95%
龙泉关镇	龙泉关镇	120	52.18	100.80	75.19	74.96	10.11	13.48	58.85	91.75
	骆驼湾村	8	57.75	73.29	67.21	65.95	6.25	9.48	58.35	73.02
	大胡卜村	3	57.14	73.32	61.35	63.94	8.39	13.13	57.56	72.12
	黑林沟村	4	60.78	76.52	64.60	66.63	7.22	10.84	60.93	75.16
	印钞石村	8	52.18	68.28	60.29	60.04	5.74	9.56	53.19	67.73
	黑崖沟村	16	64.06	89.48	69.80	71.33	5.79	8.11	66.33	79.19
	西刘庄村	16	74.52	100.80	83.14	84.59	7.28	8.60	75.84	97.50
	龙泉关村	18	68.37	88.12	80.54	79.58	5.45	6.85	71.49	87.61
	顾家台村	5	58.48	82.32	67.60	68.48	10.36	15.12	58.56	80.88
	青羊沟村	4	64.12	81.28	74.56	73.63	7.43	10.09	65.28	80.68
	北刘庄村	13	61.62	100.30	77.84	80.13	10.32	12.88	64.40	97.49
	八里庄村	13	67.46	91.60	79.09	78.64	8.03	10.21	67.68	90.08
	平石头村	12	61.74	94.62	71.83	75.09	9.61	12.80	64.94	89.63

表 11-16　龙泉关镇林地土壤铬统计　　（单位：mg/kg）

乡镇	村名	样本数（个）	最小值	最大值	中位值	平均值	标准差	变异系数（%）	5%	95%
龙泉关镇	龙泉关镇	47	47.36	81.72	58.46	60.66	7.82	12.89	51.17	74.45
	平石头村	6	61.07	81.72	69.52	71.08	7.88	11.09	62.31	80.94
	八里庄村	5	54.34	64.28	63.06	60.69	4.52	7.44	54.98	64.28
	北刘庄村	6	47.36	70.65	62.17	60.40	8.44	13.98	49.00	69.52
	大胡卜村	2	53.49	72.34	62.92	62.92	13.33	21.19	54.43	71.40
	黑林沟村	3	56.04	75.35	58.46	63.28	10.52	16.62	56.28	73.66
	骆驼湾村	6	56.22	69.52	60.87	61.49	4.89	7.95	56.55	68.13
	顾家台村	2	56.02	68.46	62.24	62.24	8.80	14.13	56.64	67.84
	青羊沟村	1	64.85	64.85	64.85	64.85	—	—	64.85	64.85
	龙泉关村	2	51.62	54.42	53.02	53.02	1.98	3.73	51.76	54.28
	西刘庄村	6	49.58	67.40	52.78	55.26	6.42	11.61	50.19	64.81
	黑崖沟村	5	52.60	61.42	56.45	56.41	3.52	6.24	52.81	60.72
	印钞石村	3	50.97	57.62	56.64	55.08	3.59	6.52	51.54	57.52

11.4.2.7　砂窝乡土壤铬

砂窝乡耕地、林地土壤铬统计分别如表 11-17、表 11-18 所示。

表 11-17　砂窝乡耕地土壤铬统计　　（单位：mg/kg）

乡镇	村名	样本数（个）	最小值	最大值	中位值	平均值	标准差	变异系数（%）	5%	95%
砂窝乡	砂窝乡	144	32.34	797.40	90.06	98.57	67.04	68.02	59.34	139.39
	大柳树村	10	63.34	112.30	87.57	86.90	20.09	23.12	63.66	110.46
	下堡村	8	70.32	93.92	83.13	82.22	8.06	9.80	71.59	92.06
	盘龙台村	6	58.80	104.20	84.32	83.88	16.41	19.56	62.61	102.55
	林当沟村	12	60.95	142.00	83.11	95.08	33.53	35.27	62.77	139.86
	上堡村	14	50.42	139.60	91.39	95.69	31.37	32.78	50.48	136.68
	黑印台村	8	63.00	797.40	121.85	202.81	241.49	119.07	81.20	568.92
	碾子沟门村	13	63.04	289.40	109.20	130.86	74.39	56.85	63.63	282.56
	百亩台村	17	32.34	143.30	77.19	82.05	28.83	35.14	41.03	130.18
	龙王庄村	11	70.00	112.20	87.12	86.14	13.76	15.98	70.55	107.05
	砂窝村	11	65.50	123.00	83.06	83.81	15.21	18.15	68.07	106.86
	河彩村	5	78.24	92.46	89.59	87.13	5.71	6.55	79.56	92.07
	龙王沟村	7	59.28	99.55	93.66	85.58	16.99	19.85	60.64	99.30
	仙湾村	6	75.75	108.90	87.08	90.23	13.81	15.30	76.26	107.88
	砂台村	6	87.54	110.80	93.61	96.16	8.28	8.61	88.54	108.07
	全庄村	10	86.94	99.68	94.40	94.20	3.82	4.06	88.83	99.41

表 11-18　砂窝乡林地土壌铬统计　　　　　　　（单位：mg/kg）

乡镇	村名	样本数（个）	最小值	最大值	中位值	平均值	标准差	变异系数（%）	5%	95%
砂窝乡	砂窝乡	47	52.85	366.10	86.46	102.08	59.24	58.04	58.31	182.17
	下堡村	2	89.47	127.00	108.24	108.24	26.54	24.52	91.35	125.12
	盘龙台村	2	89.76	97.54	93.65	93.65	5.50	5.87	90.15	97.15
	林当沟村	4	86.44	102.40	93.06	93.74	8.49	9.06	86.44	101.99
	上堡村	3	137.60	150.60	147.50	145.23	6.79	4.68	138.59	150.29
	碾子沟门村	3	86.60	137.40	134.10	119.37	28.42	23.81	91.35	137.07
	黑印台村	4	64.70	366.10	253.35	234.38	133.55	56.98	84.35	357.84
	大柳树村	4	76.06	131.20	89.48	96.55	23.95	24.80	78.05	124.96
	全庄村	2	82.61	150.60	116.41	116.41	47.79	41.06	85.99	146.82
	百亩台村	2	68.67	74.90	71.79	71.79	4.41	6.14	68.98	74.59
	龙王庄村	2	75.91	83.86	79.89	79.89	5.62	7.04	76.31	83.46
	龙王沟村	4	57.99	94.26	80.06	78.09	18.54	23.75	59.29	94.14
	河彩村	6	52.85	64.98	59.14	58.62	4.03	6.87	53.67	63.60
	砂窝村	5	67.18	94.04	75.38	77.76	10.42	13.39	68.01	91.41
	砂台村	2	64.57	77.92	71.25	71.25	9.44	13.25	65.24	77.25
	仙湾村	2	76.17	93.70	84.94	84.94	12.40	14.59	77.05	92.82

11.4.2.8　吴王口乡土壌铬

吴王口乡耕地、林地土壌铬统计分别如表 11-19、表 11-20 所示。

表 11-19　吴王口乡耕地土壌铬统计　　　　　　　（单位：mg/kg）

乡镇	村名	样本数（个）	最小值	最大值	中位值	平均值	标准差	变异系数（%）	5%	95%
吴王口乡	吴王口乡	70	62.49	155.00	102.20	105.37	19.89	18.87	78.08	144.91
	银河村	3	79.14	86.17	83.78	83.03	3.57	4.31	79.60	85.93
	南辛庄村	1	95.32	95.32	95.32	95.32	—	—	95.32	95.32
	三岔村	1	93.12	93.12	93.12	93.12	—	—	93.12	93.12
	寿长寺村	2	88.02	98.82	93.42	93.42	7.64	8.17	88.56	98.28
	南庄旺村	2	92.44	92.97	92.71	92.71	0.37	0.40	92.47	92.94
	岭东村	11	77.21	131.60	93.68	97.10	15.52	15.98	78.62	121.55
	桃园坪村	10	62.49	115.20	97.69	97.14	14.07	14.48	76.69	113.13
	周家河村	2	98.82	104.80	101.81	101.81	4.23	4.15	99.12	104.50
	不老台村	5	104.80	112.20	110.60	109.82	2.99	2.73	105.76	112.14
	石滩地村	9	106.40	155.00	131.10	132.60	14.79	11.15	110.95	152.13
	邓家庄村	11	73.50	148.10	109.80	112.82	19.17	17.00	86.24	127.34
	吴王口村	6	84.60	146.80	106.30	114.48	24.89	21.74	88.53	145.75
	黄草洼村	7	68.35	116.90	95.90	93.26	16.95	18.17	71.88	114.89

表 11-20　吴王口乡林地土壤铬统计　　　　　（单位:mg/kg）

乡镇	村名	样本数（个）	最小值	最大值	中位值	平均值	标准差	变异系数（%）	5%	95%
吴王口乡	吴王口乡	43	38.17	129.30	80.41	81.71	21.74	26.60	46.28	112.75
	石滩地村	4	68.69	109.70	103.30	96.25	18.79	19.52	73.42	109.21
	邓家庄村	4	66.08	129.30	77.32	87.50	29.07	33.23	66.59	122.68
	吴王口村	2	55.46	63.64	59.55	59.55	5.78	9.71	55.87	63.23
	周家河村	3	76.44	82.98	81.70	80.37	3.47	4.31	76.97	82.85
	不老台村	6	77.70	103.50	86.77	89.71	9.68	10.78	79.41	102.38
	黄草洼村	1	83.29	83.29	83.29	83.29	—	—	83.29	83.29
	岭东村	9	55.71	112.30	75.06	83.00	23.01	27.72	57.66	112.02
	南庄旺村	4	38.17	77.50	56.36	57.10	21.78	38.14	38.20	77.03
	寿长寺村	2	90.21	127.60	108.91	108.91	26.44	24.28	92.08	125.73
	银河村	1	45.26	45.26	45.26	45.26	—	—	45.26	45.26
	南辛庄村	1	82.78	82.78	82.78	82.78	—	—	82.78	82.78
	三岔村	1	62.26	62.26	62.26	62.26	—	—	62.26	62.26
	桃园坪村	5	61.54	112.80	79.90	82.67	18.59	22.5	64.97	106.32

11.4.2.9　平阳镇土壤铬

平阳镇耕地、林地土壤铬统计分别如表 11-21、表 11-22 所示。

表 11-21　平阳镇耕地土壤铬统计　　　　　（单位:mg/kg）

乡镇	村名	样本数（个）	最小值	最大值	中位值	平均值	标准差	变异系数（%）	5%	95%
平阳镇	平阳镇	152	42.40	170.60	71.98	75.25	18.78	24.95	51.74	104.69
	康家峪村	14	68.10	170.60	91.22	95.87	25.16	26.24	72.02	140.96
	皂火峪村	5	51.98	72.40	63.63	63.04	8.35	13.24	53.14	71.81
	白山村	1	57.06	57.06	57.06	57.06	—	—	57.06	57.06
	北庄村	14	42.40	74.96	55.20	57.23	8.77	15.32	46.42	70.07
	黄岸村	5	65.26	73.32	67.06	67.85	3.20	4.72	65.39	72.20
	长角村	3	67.52	70.90	68.90	69.11	1.70	2.46	67.66	70.70
	石湖村	3	67.34	74.64	67.60	69.86	4.14	5.93	67.37	73.94
	车道村	2	72.00	74.66	73.33	73.33	1.88	2.56	72.13	74.53
	东板峪村	8	49.40	88.43	60.38	65.69	13.61	20.71	51.47	85.12
	罗峪村	6	68.24	78.62	72.52	72.37	3.86	5.33	68.29	77.44
	铁岭村	4	70.66	85.17	77.78	77.85	7.59	9.76	70.86	84.93

续表 11-21

乡镇	村名	样本数（个）	最小值	最大值	中位值	平均值	标准差	变异系数（%）	5%	95%
平阳镇	王快村	9	68.32	101.60	89.92	87.72	11.52	13.14	71.98	100.68
	平阳村	11	58.27	96.47	62.32	66.66	10.74	16.11	59.01	84.47
	上平阳村	8	46.57	69.76	59.53	59.29	7.63	12.87	48.86	68.68
	白家峪村	11	47.90	104.60	59.20	66.04	18.96	28.70	49.39	98.50
	立彦头村	10	71.68	114.20	86.19	90.91	13.88	15.27	74.65	113.48
	冯家口村	9	66.48	118.80	91.90	88.36	17.82	20.17	68.23	113.20
	土门村	14	62.39	128.60	67.90	76.44	18.74	24.52	63.11	110.53
	台南村	2	64.30	78.77	71.54	71.54	10.23	14.30	65.02	78.05
	北水峪村	8	64.56	92.75	80.46	80.37	9.75	12.13	67.33	91.69
	山咀头村	3	81.00	82.72	81.80	81.84	0.86	1.05	81.08	82.63
	各老村	2	81.58	136.90	109.24	109.24	39.12	35.81	84.35	134.13

表 11-22　平阳镇林地土壤铬统计　　　　　　　　（单位:mg/kg）

乡镇	村名	样本数（个）	最小值	最大值	中位值	平均值	标准差	变异系数（%）	5%	95%
平阳镇	平阳镇	120	27.49	369.80	63.32	76.67	42.25	55.11	33.46	149.46
	康家峪村	8	76.58	129.00	92.20	97.42	19.86	20.38	78.00	127.39
	石湖村	4	74.29	99.04	82.12	84.39	11.20	13.28	74.72	97.25
	长角村	7	87.64	164.40	102.60	109.80	26.79	24.40	89.01	152.04
	黄岸村	7	118.20	158.80	144.60	143.13	14.20	9.92	122.40	158.14
	车道村	7	89.62	152.40	121.40	118.59	22.01	18.56	90.73	146.16
	东板峪村	5	52.20	164.40	66.26	81.88	46.67	57.00	53.09	145.50
	北庄村	8	31.40	79.44	49.47	51.10	16.33	31.96	32.14	75.19
	皂火峪村	4	51.63	72.08	60.17	61.01	10.82	17.73	51.66	71.54
	白家峪村	6	28.48	66.60	32.28	37.24	14.50	38.94	28.90	58.36
	土门村	6	57.42	116.90	72.18	75.37	21.50	28.52	58.05	106.07
	立彦头村	5	44.17	87.26	50.53	56.64	17.74	31.31	44.41	80.98
	冯家口村	11	27.49	79.09	49.54	52.00	14.89	28.65	31.08	75.13
	罗峪村	4	74.67	369.80	98.26	160.25	140.69	87.79	75.94	331.34
	白山村	6	54.56	79.64	59.08	64.00	10.94	17.09	54.82	78.74
	铁岭村	4	49.41	56.36	50.37	51.63	3.26	6.32	49.43	55.59
	王快村	4	54.44	111.80	59.49	71.31	27.39	38.41	54.47	104.68
	各老村	6	58.41	68.87	62.04	63.02	3.71	5.89	59.06	68.09
	山咀头村	1	54.11	54.11	54.11	54.11	—	—	54.11	54.11
	台南村	1	56.18	56.18	56.18	56.18	—	—	56.18	56.18
	北水峪村	5	52.00	66.24	57.86	58.14	5.32	9.15	52.65	64.86
	上平阳村	4	43.08	67.76	57.39	56.40	10.35	18.34	44.85	66.58
	平阳村	7	42.71	61.36	54.09	52.62	7.74	14.71	42.95	61.05

11.4.2.10　王林口乡土壤铬

王林口乡耕地、林地土壤铬统计如表 11-23、表 11-24 所示。

表 11-23　王林口乡耕地土壤铬统计　　　　（单位:mg/kg）

乡镇	村名	样本数（个）	最小值	最大值	中位值	平均值	标准差	变异系数（%）	5%	95%
王林口乡	王林口乡	85	29.99	143.30	67.08	64.62	17.56	27.18	35.29	87.29
	五丈湾村	3	73.46	85.00	80.98	79.81	5.86	7.34	74.21	84.60
	马坊村	5	65.91	143.30	72.66	86.32	32.19	37.30	66.89	130.42
	刘家沟村	2	71.84	71.93	71.89	71.89	0.06	0.09	71.84	71.93
	辛庄村	6	29.99	98.82	51.65	56.93	26.80	47.08	30.97	93.00
	南刁窝村	3	63.39	74.44	67.08	68.30	5.63	8.24	63.76	73.70
	马驹石村	6	36.66	75.08	61.11	57.00	17.16	30.11	36.89	73.93
	南湾村	4	47.22	64.48	59.35	57.60	7.42	12.88	48.83	63.92
	上庄村	4	61.36	79.33	69.63	69.99	7.54	10.77	62.29	78.18
	方太口村	7	65.14	76.73	70.08	71.14	4.03	5.67	66.22	76.09
	西庄村	3	72.39	87.50	82.48	80.79	7.70	9.53	73.40	87.00
	东庄村	5	69.68	89.54	77.08	78.22	8.37	10.70	69.99	88.35
	董家口村	6	44.22	81.59	63.16	61.42	14.99	24.40	44.55	78.92
	神台村	5	33.28	70.12	66.53	57.79	15.85	27.42	36.68	69.84
	南峪村	4	38.08	64.63	61.04	56.20	12.35	21.97	41.17	64.45
	寺口村	4	34.95	63.40	47.34	48.26	11.96	24.77	36.33	61.47
	瓦泉沟村	3	49.41	66.88	53.14	56.48	9.20	16.29	49.78	65.51
	东王林口村	2	66.51	68.02	67.27	67.27	1.07	1.59	66.59	67.94
	前岭村	6	32.66	86.44	52.21	54.75	17.95	32.79	35.96	79.61
	西王林口村	5	39.56	92.36	62.66	65.23	21.88	33.54	41.60	90.25
	马沙沟村	2	45.74	67.92	56.83	56.83	15.68	27.60	46.85	66.81

表 11-24　王林口乡林地土壤铬统计　　　　（单位:mg/kg）

乡镇	村名	样本数（个）	最小值	最大值	中位值	平均值	标准差	变异系数（%）	5%	95%
王林口乡	王林口乡	126	29.50	857.00	82.16	93.60	76.70	81.95	39.61	161.43
	刘家沟村	4	46.06	72.87	52.47	55.97	12.75	22.79	46.08	70.76
	马沙沟村	3	47.13	78.84	59.14	61.70	16.01	25.95	48.33	76.87
	南峪村	9	34.19	214.80	66.00	91.74	64.07	69.84	41.79	204.56
	董家口村	6	30.76	78.70	52.25	50.96	17.55	34.44	31.47	73.58
	五丈湾村	9	43.30	95.79	67.50	71.62	19.07	26.63	48.03	93.77
	马坊村	5	77.05	177.70	99.01	111.79	40.32	36.07	78.64	166.20
	东庄村	8	64.56	124.80	81.45	84.19	19.00	22.57	64.97	112.77
	寺口村	4	65.40	125.20	87.36	91.33	24.86	27.22	68.51	119.70

续表 11-24

乡镇	村名	样本数（个）	最小值	最大值	中位值	平均值	标准差	变异系数（%）	5%	95%
王林口乡	东王林口村	3	79.82	109.00	94.30	94.37	14.59	15.46	81.27	107.53
	神台村	7	77.22	857.00	96.70	212.54	285.52	134.34	77.82	643.04
	西王林口村	4	63.14	167.30	91.06	103.14	45.57	44.19	65.75	157.45
	前岭村	9	45.53	116.00	83.80	81.56	21.63	26.52	50.49	111.52
	方太口村	4	80.46	189.90	126.50	130.84	45.18	34.53	86.54	181.22
	上庄村	4	66.41	80.70	77.15	75.35	6.20	8.23	67.97	80.22
	南湾村	4	69.59	108.20	74.61	81.75	18.23	22.30	69.61	103.90
	西庄村	4	92.62	123.60	110.15	109.13	12.80	11.73	94.96	121.88
	马驹石村	9	34.72	220.40	75.12	84.22	58.58	69.56	36.06	173.60
	辛庄村	10	50.10	136.00	93.15	90.44	23.20	25.65	57.75	123.27
	瓦泉沟村	10	61.19	119.60	93.87	92.50	16.93	18.30	67.70	113.89
	南刁窝村	10	29.50	141.60	91.25	91.73	29.23	31.86	50.12	130.94

11.4.2.11　台峪乡土壤铬

台峪乡耕地、林地土壤铬统计分别如表 11-25、表 11-26 所示。

表 11-25　台峪乡耕地土壤铬统计　　　　（单位：mg/kg）

乡镇	村名	样本数（个）	最小值	最大值	中位值	平均值	标准差	变异系数（%）	5%	95%
台峪乡	台峪乡	122	25.31	96.74	55.45	56.73	16.14	28.44	31.77	80.86
	井尔沟村	16	31.32	91.40	61.73	58.76	19.25	32.76	32.53	87.83
	台峪村	25	28.12	74.22	55.76	56.11	14.03	25.00	30.56	72.28
	营尔村	14	25.31	80.14	57.59	54.01	17.43	32.28	29.50	77.57
	吴家庄村	14	31.16	91.87	55.37	57.30	19.33	33.74	33.24	84.74
	平房村	22	31.98	82.96	54.10	57.49	14.06	24.45	36.79	75.78
	庄里村	14	32.84	79.46	67.42	61.12	15.50	25.36	36.48	79.22
	王家岸村	7	31.98	69.77	47.73	47.11	11.73	24.91	34.60	63.80
	白石台村	10	41.50	96.74	48.90	56.99	18.85	33.08	42.50	90.17

表 11-26　台峪乡林地土壤铬统计　　　　　（单位：mg/kg）

乡镇	村名	样本数（个）	最小值	最大值	中位值	平均值	标准差	变异系数（%）	5%	95%
台峪乡	台峪乡	62	37.41	445.80	69.66	76.66	51.43	67.09	42.49	104.68
	王家岸村	7	54.31	92.28	66.56	68.05	13.07	19.20	54.90	87.60
	庄里村	6	42.48	104.30	79.84	78.17	23.77	30.41	47.51	103.21
	营尔村	5	55.26	67.92	63.34	62.01	5.13	8.28	55.88	67.37
	吴家庄村	7	44.02	104.70	81.30	78.09	19.37	24.81	51.69	101.32
	平房村	11	37.41	121.80	68.92	68.94	26.29	38.13	40.72	107.61
	井尔沟村	12	42.27	445.80	71.49	104.01	109.38	105.17	46.18	263.48
	白石台村	8	42.42	92.76	71.49	66.11	18.58	28.10	42.53	87.99
	台峪村	6	48.60	98.20	69.21	69.24	18.57	26.82	49.25	93.41

11.4.2.12　大台乡土壤铬

大台乡耕地、林地土壤铬统计分别如表 11-27、表 11-28 所示。

表 11-27　大台乡耕地土壤铬统计　　　　　（单位：mg/kg）

乡镇	村名	样本数（个）	最小值	最大值	中位值	平均值	标准差	变异系数（%）	5%	95%
大台乡	大台乡	95	39.16	144.50	75.42	75.27	16.62	22.08	50.82	95.80
	老路渠村	4	44.46	72.58	58.43	58.48	11.50	19.66	46.44	70.58
	东台村	5	53.22	78.35	68.47	65.44	10.27	15.70	53.95	76.74
	大台村	20	39.16	84.99	58.50	62.34	13.00	20.86	49.77	83.50
	坊里村	7	63.35	92.88	72.19	79.36	12.26	15.45	65.87	92.53
	苇子沟村	4	61.13	81.90	74.51	73.01	9.49	13.00	62.42	81.51
	大连地村	13	67.86	84.32	75.42	75.99	5.31	6.99	69.36	83.58
	柏崖村	18	65.77	113.80	79.78	83.61	12.58	15.04	67.51	105.98
	东板峪店村	18	43.82	144.50	84.41	84.39	23.10	27.38	57.49	131.33
	碳灰铺村	6	62.81	93.57	81.13	80.51	11.42	14.19	65.65	92.73

表 11-28　大台乡林地土壤铬统计　　　　　　　　　　（单位:mg/kg）

乡镇	村名	样本数（个）	最小值	最大值	中位值	平均值	标准差	变异系数（%）	5%	95%
大台乡	大台乡	70	22.91	194.20	74.99	84.89	33.50	39.47	41.09	145.46
	东板峪店村	14	22.91	139.90	80.30	86.78	30.90	35.61	49.48	135.29
	柏崖村	13	36.78	132.10	70.11	75.53	31.89	42.22	38.42	126.40
	大连地村	9	46.08	134.90	63.45	84.41	35.50	42.06	49.14	132.62
	坊里村	8	49.18	104.00	61.35	67.26	18.52	27.54	49.36	96.64
	苇子沟村	6	72.04	164.40	96.93	105.74	32.35	30.59	76.16	152.20
	东台村	5	31.31	194.20	61.13	93.50	66.34	70.95	36.02	180.56
	老路渠村	4	70.48	101.40	80.90	83.42	13.60	16.31	71.28	99.09
	大台村	7	73.77	154.30	84.76	103.33	34.73	33.61	73.86	153.01
	碳灰铺村	4	69.68	77.68	70.79	72.24	3.67	5.08	69.84	76.65

11.4.2.13　史家寨乡土壤铬

史家寨乡耕地、林地土壤铬统计分别如表 11-29、表 11-30 所示。

表 11-29　史家寨乡耕地土壤铬统计　　　　　　　　　　（单位:mg/kg）

乡镇	村名	样本数（个）	最小值	最大值	中位值	平均值	标准差	变异系数（%）	5%	95%
史家寨乡	史家寨乡	87	36.74	181.60	77.29	82.47	23.38	28.35	58.40	124.50
	上东漕村	4	62.00	90.74	75.78	76.07	11.97	15.74	63.63	88.93
	定家庄村	6	59.56	91.18	76.91	75.89	12.34	16.25	60.81	89.95
	葛家台村	6	70.98	122.40	76.92	83.97	19.10	22.74	72.15	112.04
	北辛庄村	2	58.16	65.06	61.61	61.61	4.88	7.92	58.51	64.72
	槐场村	17	51.06	133.60	85.56	84.82	21.40	25.23	61.52	116.24
	红土山村	7	54.34	70.16	63.88	63.79	4.96	7.77	56.70	69.37
	董家村	3	58.95	69.29	63.16	63.80	5.20	8.15	59.37	68.68
	史家寨村	13	60.24	125.40	76.46	78.90	16.35	20.72	61.03	101.94
	凹里村	11	66.66	97.20	76.91	79.61	9.85	12.38	67.50	96.10
	段庄村	9	36.74	181.60	80.70	98.43	49.95	50.75	41.49	172.80
	铁岭口村	4	82.29	116.60	93.83	96.64	15.00	15.52	83.24	113.97
	口子头村	1	101.70	101.70	101.70	101.70	—	—	101.70	101.70
	厂坊村	2	97.14	101.20	99.17	99.17	2.87	2.89	97.34	101.00
	草垛沟村	2	114.00	120.60	117.30	117.30	4.67	3.98	114.33	120.27

表 11-30　史家寨乡林地土壤铬统计　　　　　　（单位：mg/kg）

乡镇	村名	样本数（个）	最小值	最大值	中位值	平均值	标准差	变异系数（%）	5%	95%
史家寨乡	史家寨乡	59	36.72	173.60	74.60	81.18	27.67	34.08	46.14	140.83
	上东漕村	2	88.16	105.50	96.83	96.83	12.26	12.66	89.03	104.63
	定家庄村	3	91.92	142.90	135.00	123.27	27.44	22.26	96.23	142.11
	葛家台村	2	97.16	102.80	99.98	99.98	3.99	3.99	97.44	102.52
	北辛庄村	2	94.90	99.32	97.11	97.11	3.13	3.22	95.12	99.10
	槐场村	6	62.42	173.60	75.92	89.24	41.97	47.02	63.20	150.71
	凹里村	12	36.72	108.60	75.48	74.07	25.37	34.26	39.35	106.84
	史家寨村	11	46.60	82.35	60.42	62.92	10.25	16.29	49.78	77.77
	红土山村	5	41.97	98.59	66.04	66.30	20.61	31.08	45.24	92.18
	董家村	2	59.70	66.82	63.26	63.26	5.03	7.96	60.06	66.46
	厂坊村	2	87.40	140.60	114.00	114.00	37.62	33.00	90.06	137.94
	口子头村	2	77.92	97.64	87.78	87.78	13.94	15.89	78.91	96.65
	段庄村	3	62.82	67.45	66.85	65.71	2.52	3.83	63.22	67.39
	铁岭口村	5	71.62	151.20	86.06	94.49	32.54	34.44	72.22	138.76
	草垛沟村	2	73.70	110.50	92.10	92.10	26.02	28.25	75.54	108.66

第 12 章　土壤汞

12.1　土壤中汞背景值及主要来源

12.1.1　背景值总体情况

汞是构成地壳的物质,在自然界中分布比较广泛。汞在地壳中的丰度为 0.089×10^{-6},世界土壤中汞含量范围为 $0.01 \sim 0.5$ mg/kg,中值为 0.06 mg/kg。从总体上来说,我国南方土壤汞的含量较低,为 $0.032 \sim 0.05$ mg/kg,北方土壤汞含量较高,为 $0.17 \sim 0.24$ mg/kg。不同土壤汞的含量差别很大,不同土地利用类型土壤中汞的含量也不同,土壤对汞有较强的吸持能力,大气、水体中的汞进入土壤后,经土壤固定,很难向下迁移,土壤中的汞垂直分布有明显的表土富集现象。汞在土壤中主要以金属汞、无机化合态汞和有机化合态汞的形式存在。我国汞元素背景值区域分布规律和分布特征总趋势为:东南高西部低;松辽平原和华北平原接近于全国平均水平;广西、广东、湖南、贵州、四川等省(自治区)属高背景值区;新疆、甘肃、内蒙古西部、西藏西部等属低背景值区。

12.1.2　耕地土壤汞背景值分布规律

我国耕地土壤分布差异较大,以秦岭—淮河一线为界,以南水稻土为主,以北旱作土壤为主,其土壤汞元素背景值分布规律见表 12-1。我国土壤及河北省土壤汞背景值统计量见表 12-2。

表 12-1　我国耕地土壤汞元素背景值分布规律　　　　　（单位:mg/kg）

（引自中国环境监测总站,1990）

土类名称	水稻土	潮土	塿土	绵土	黑垆土	绿洲土
背景值含量范围	$0.012 \sim 0.150$	$0.020 \sim 0.040$	$0.012 \sim 0.040$	$0.012 \sim 0.020$	$0.009 \sim 0.020$	$0.020 \sim 0.040$

表 12-2　我国土壤及河北省土壤汞背景值统计量　　　　　（单位:mg/kg）

（引自中国环境监测总站,1990）

土壤层	区域	统计量				
		范围	中位值	算术平均值	几何平均值	95%范围值
A 层	全国	$0.001 \sim 45.9$	0.038	0.065 ± 0.080	0.040 ± 2.602	$0.006 \sim 0.272$
	河南省	$0.014 \sim 0.115$	0.030	$0.034 \pm 0.017\ 2$	$0.030\ 8 \pm 1.546\ 0$	—

续表 12-2

土壤层	区域	统计量				
		范围	中位值	算术平均值	几何平均值	95%范围值
C 层	全国	0.001~267	0.025	0.044±0.057	0.026±2.65	0.002~0.187
	河南省	0.012~0.072	0.023	0.025±0.010 7	0.023 5±1.461 3	—

12.1.3　汞背景值主要影响因子

汞背景值主要影响因子排序为土壤类型、母质母岩、pH、植被等。

12.1.4　土壤中汞的主要来源

土壤中汞污染有自然来源和人为来源两部分。

(1)自然来源包括火山活动、岩石分化、植被释放,最主要的来源为成土岩石风化,据估计全球每年至少有 8 000 t 的汞随自然风化从岩石中释放出来,其中一部分进入土壤而使局部地区土壤含汞量较高。

(2)人为来源主要是人类活动。

①工业上,以汞为原料的金属冶炼(矿石含汞)、氯碱(含汞废水)、电子产品、塑料等工业生产过程中产生的含汞废水、废气和废渣,造成的汞污染问题十分严重。

②农业上,含汞农药(杀虫剂、杀菌剂、防霉剂和选种剂)、化肥的使用是造成大面积农田土壤含汞量普遍增加的一个原因,虽然现在包括中国在内的许多国家已经停止了含汞农药的施用,但是已经受到汞污染的土壤对生态系统的影响将是长期的。

③生活中,洗涤用品、含汞电器、温度计、中药(如朱砂)、含汞化妆品等的使用也是土壤中汞的主要来源。

12.2　汞空间分布图

阜平县耕地土壤汞空间分布如图 12-1 所示。

汞分布特征:阜平县耕地土壤中 Hg 空间格局呈现中部低、周围高的趋势,相对较高含量 Hg 主要分布在阜平县西北部吴王口乡、南部的城南庄镇、西部的台峪乡,呈片状分布,总体含量不高,含量最高区域在吴王口乡和台峪乡,面积不大,呈斑状分布。总体来说,研究区域中 Hg 空间分布特征非常明显,其空间变异主要来自于土壤母质,其斑状分布可能与研究区域的历史矿产开发的点源污染有关。这些区域铁矿、金矿资源丰富,历史上曾经持有金矿探矿证、铁矿探矿证。

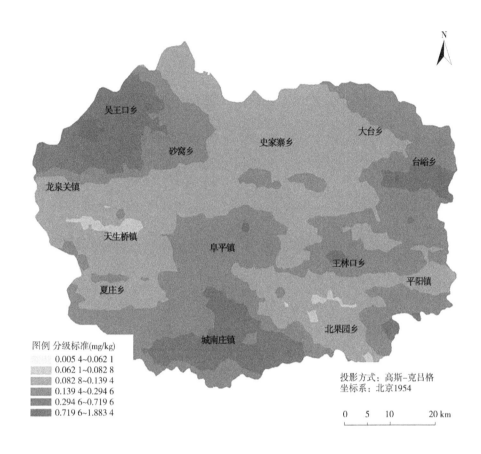

图 12-1 阜平县耕地土壤汞空间分布

12.3 汞频数分布图

12.3.1 阜平县土壤汞频数分布

阜平县耕地土壤汞原始数据频数分布如图 12-2 所示。

12.3.2 乡镇土壤汞频数分布图

阜平镇土壤汞原始数据频数分布如图 12-3 所示。

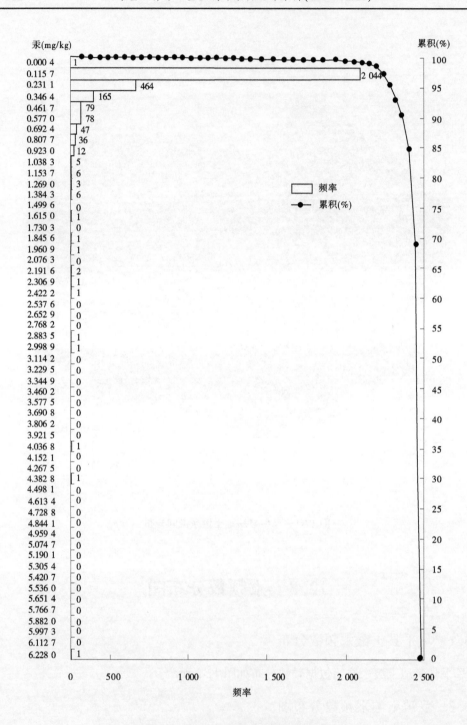

图 12-2　阜平县土壤汞原始数据频数分布

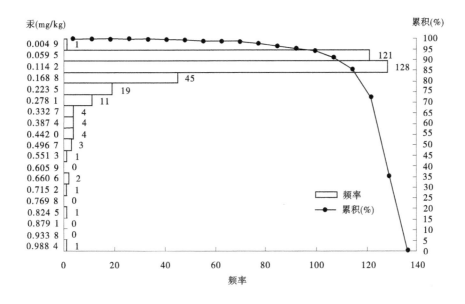

图 12-3　阜平镇土壤汞原始数据频数分布

城南庄镇土壤汞原始数据频数分布如图 12-4 所示。

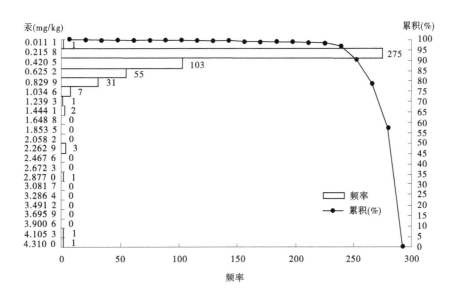

图 12-4　城南庄镇土壤汞原始数据频数分布

北果园乡土壤汞原始数据频数分布如图 12-5 所示。

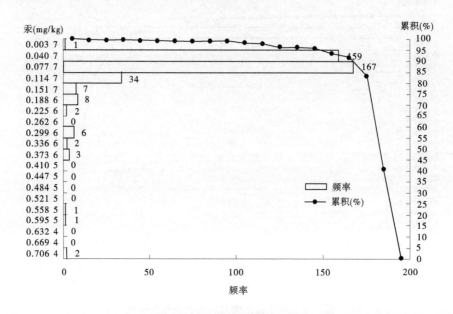

图 12-5　北果园乡土壤汞原始数据频数分布

夏庄乡土壤汞原始数据频数分布如图 12-6 所示。

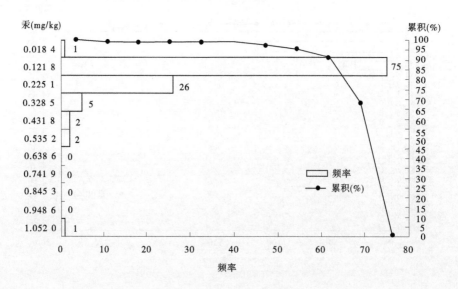

图 12-6　夏庄乡土壤汞原始数据频数分布

天生桥镇土壤汞原始数据频数分布如图 12-7 所示。

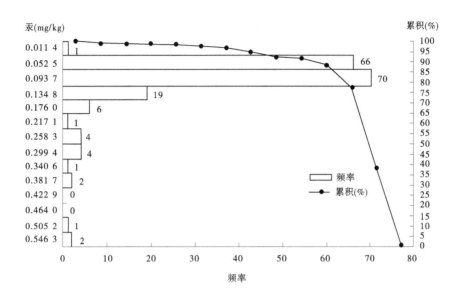

图 12-7　天生桥镇土壤汞原始数据频数分布

龙泉关镇土壤汞原始数据频数分布如图 12-8 所示。

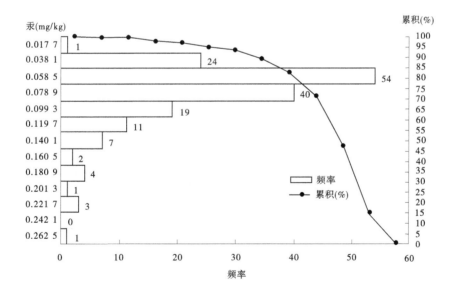

图 12-8　龙泉关镇土壤汞原始数据频数分布

砂窝乡土壤汞原始数据频数分布如图 12-9 所示。

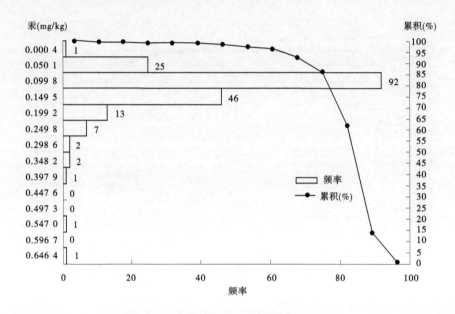

图 12-9　砂窝乡土壤汞原始数据频数分布

吴王口乡土壤汞原始数据频数分布如图 12-10 所示。

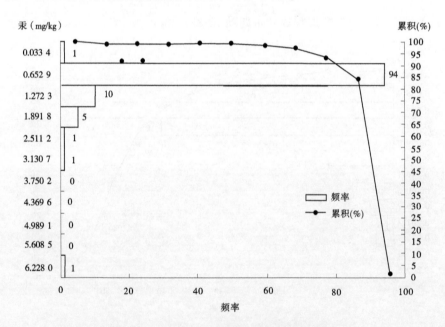

图 12-10　吴王口乡土壤汞原始数据频数分布

平阳镇土壤汞原始数据频数分布如图 12-11 所示。

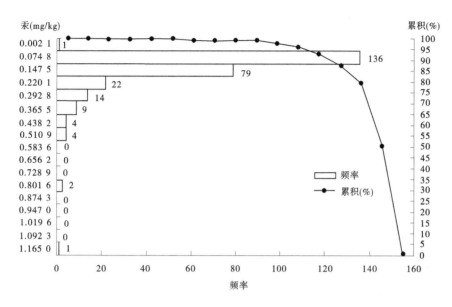

图 12-11　平阳镇土壤汞原始数据频数分布

王林口乡土壤汞原始数据频数分布如图 12-12 所示。

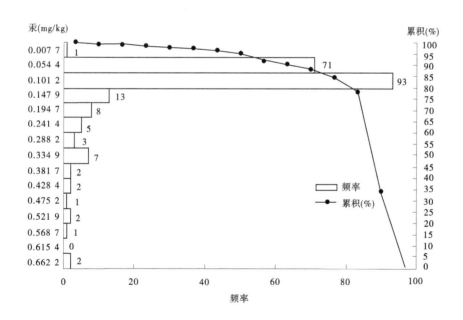

图 12-12　王林口乡土壤汞原始数据频数分布

台峪乡土壤汞原始数据频数分布如图 12-13 所示。

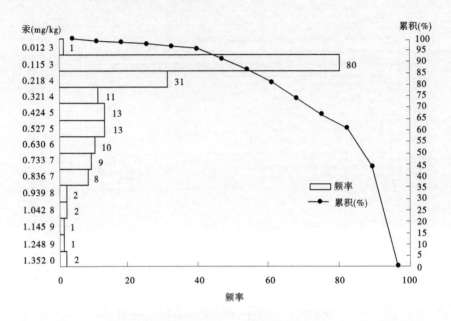

图 12-13　台峪乡土壤汞原始数据频数分布

大台乡土壤汞原始数据频数分布如图 12-14 所示。

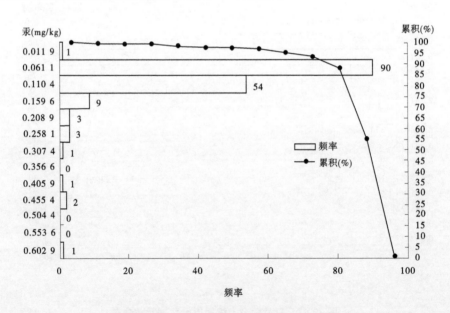

图 12-14　大台乡土壤汞原始数据频数分布

史家寨乡土壤汞原始数据频数分布如图 12-15 所示。

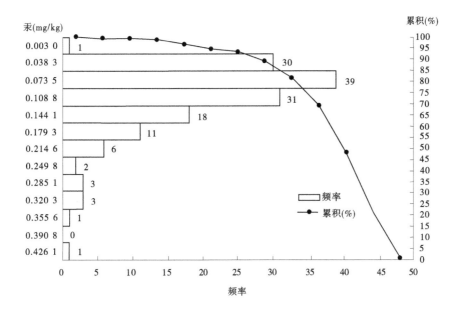

图 12-15　史家寨乡土壤汞原始数据频数分布

12.4　阜平县土壤汞统计量

12.4.1　阜平县土壤汞的统计量

阜平县耕地、林地土壤汞统计分别如表 12-3、表 12-4 所示。

表 12-3　阜平县耕地土壤汞统计　　　　　　　　　　　（单位：mg/kg）

区域	样本数（个）	最小值	最大值	中位值	平均值	标准差	变异系数（%）	5%	95%
阜平县	1 708	0.000 4	3.966 0	0.101 1	0.179 1	0.236 2	131.846 8	0.039 4	0.591 8
阜平镇	232	0.005 4	0.988 4	0.093 9	0.130 9	0.121 7	93.000 0	0.040 2	0.374 8
城南庄镇	293	0.012 4	3.966 0	0.233 4	0.340 0	0.387 5	113.959 9	0.067 4	0.785 2
北果园乡	105	0.012 5	0.706 4	0.061 6	0.106 2	0.128 6	121.190 8	0.028 6	0.331 2
夏庄乡	71	0.048 2	0.331 6	0.102 5	0.120 7	0.060 2	49.852 9	0.060 4	0.261 2
天生桥镇	132	0.011 4	0.546 3	0.071 9	0.101 0	0.093 7	92.840 1	0.029 5	0.290 5
龙泉关镇	120	0.023 7	0.211 2	0.063 7	0.074 4	0.037 3	50.120 5	0.036 9	0.144 5
砂窝乡	144	0.000 4	0.646 4	0.091 5	0.112 5	0.085 2	75.669 5	0.036 7	0.247 0
吴王口乡	70	0.049 6	1.883 4	0.134 2	0.324 1	0.413 5	127.604 2	0.059 5	1.350 7

续表 12-3

区域	样本数（个）	最小值	最大值	中位值	平均值	标准差	变异系数（%）	5%	95%
平阳镇	152	0.040 2	0.755 4	0.108 2	0.153 6	0.122 8	79.939 7	0.051 4	0.417 1
王林口乡	85	0.028 8	0.662 2	0.100 4	0.165 8	0.141 5	85.342 8	0.044 8	0.482 5
台峪乡	122	0.021 2	1.296 0	0.179 6	0.317 7	0.291 6	91.784 1	0.042 4	0.868 8
大台乡	95	0.019 6	0.435 5	0.073 6	0.091 9	0.071 8	78.178 5	0.038 0	0.2329
史家寨乡	87	0.032 4	0.426 1	0.101 6	0.116 8	0.069 6	59.578 4	0.046 5	0.246 8

表 12-4　阜平县林地土壤汞统计　　　　　　　　　　　　（单位:mg/kg）

区域	样本数（个）	最小值	最大值	中位值	平均值	标准差	变异系数（%）	5%	95%
阜平县	1 249	0.002 1	6.228 0	0.051 1	0.106 0	0.277 7	261.935 3	0.019 9	0.382 8
阜平镇	113	0.004 9	0.671 2	0.046 6	0.066 4	0.086 0	129.545 0	0.017 7	0.129 6
城南庄镇	188	0.011 1	4.310 0	0.075 8	0.184 0	0.371 1	201.720 9	0.024 0	0.718 8
北果园乡	288	0.003 7	0.351 5	0.041 7	0.049 6	0.038 7	78.126 3	0.018 4	0.107 8
夏庄乡	41	0.018 4	1.052 0	0.087 5	0.133 9	0.174 3	130.096 4	0.038 3	0.433 8
天生桥镇	45	0.017 0	0.120 4	0.038 9	0.046 5	0.023 4	50.330 0	0.023 6	0.089 4
龙泉关镇	47	0.017 7	0.262 5	0.045 5	0.063 9	0.0485	75.942 7	0.021 7	0.163 5
砂窝乡	47	0.034 8	0.233 8	0.062 2	0.072 9	0.034 1	46.838 8	0.042 7	0.124 9
吴王口乡	43	0.033 4	6.228 0	0.327 0	0.632 0	1.051 1	166.320 9	0.062 3	2.268 1
平阳镇	120	0.002 1	1.165 0	0.045 6	0.064 0	0.109 6	171.358 0	0.022 1	0.103 2
王林口乡	126	0.007 7	0.205 9	0.055 5	0.058 4	0.028 3	48.426 2	0.021 6	0.098 6
台峪乡	62	0.012 3	1.352 0	0.100 8	0.201 7	0.236 7	117.354 6	0.027 2	0.595 3
大台乡	70	0.011 9	0.602 9	0.037 9	0.053 3	0.073 7	138.344 0	0.020 2	0.120 1
史家寨乡	59	0.003 0	0.309 4	0.037 5	0.060 9	0.066 8	109.665 5	0.012 8	0.232 3

12.4.2　乡镇区域土壤汞的统计量

12.4.2.1　阜平镇土壤汞

阜平镇耕地、林地土壤汞统计分别如表 12-5、表 12-6 所示。

表 12-5 阜平镇耕地土壤汞统计 （单位：mg/kg）

乡镇	村名	样本数（个）	最小值	最大值	中位值	平均值	标准差	变异系数（%）	5%	95%
	阜平镇	232	0.005 4	0.988 4	0.093 9	0.130 9	0.121 7	93.0	0.040 2	0.374 8
	青沿村	4	0.039 5	0.128 2	0.040 9	0.062 4	0.043 9	70.3	0.039 5	0.115 3
	城厢村	2	0.089 1	0.103 2	0.096 1	0.096 1	0.010 0	10.4	0.089 8	0.102 5
	第一山村	1	0.170 0	0.170 0	0.170 0	0.170 0	—	—	—	—
	照旺台村	5	0.050 8	0.409 2	0.224 0	0.215 6	0.137 1	63.6	0.066 1	0.380 8
	原种场村	2	0.094 6	0.135 6	0.115 1	0.115 1	0.029 0	25.2	0.096 7	0.133 6
	白河村	2	0.167 7	0.197 4	0.182 6	0.182 6	0.021 0	11.5	0.169 2	0.195 9
	大元村	4	0.194 4	0.268 0	0.226 0	0.228 6	0.030 7	13.4	0.198 1	0.262 8
	石湖村	2	0.088 3	0.157 2	0.122 7	0.122 7	0.048 7	39.7	0.091 7	0.153 8
	高阜口村	10	0.062 2	0.142 0	0.100 4	0.101 7	0.026 2	25.8	0.067 0	0.138 3
	大道村	11	0.062 6	0.460 6	0.146 1	0.179 3	0.123 8	69.1	0.063 7	0.392 2
	小石坊村	5	0.053 2	0.112 8	0.070 7	0.073 7	0.023 4	31.8	0.054 2	0.105 0
	大石坊村	10	0.054 5	0.170 0	0.076 0	0.083 7	0.033 2	39.7	0.056 7	0.135 7
	黄岸底村	6	0.005 4	0.196 4	0.050 5	0.066 8	0.067 3	100.8	0.011 5	0.164 3
	槐树庄村	10	0.032 4	0.214 2	0.053 9	0.071 2	0.053 5	75.2	0.034 0	0.158 3
阜平镇	崗路头村	10	0.037 5	0.078 1	0.058 3	0.056 3	0.012 2	21.7	0.039 0	0.073 3
	海沿村	10	0.043 5	0.432 8	0.056 5	0.104 3	0.118 0	113.1	0.046 6	0.291 3
	燕头村	10	0.051 9	0.288 5	0.107 6	0.138 7	0.082 4	59.4	0.055 7	0.271 5
	西沟村	5	0.045 7	0.081 1	0.051 3	0.059 2	0.014 7	24.9	0.046 6	0.078 4
	各达头村	10	0.025 2	0.170 0	0.053 6	0.067 4	0.045 0	66.8	0.027 9	0.148 9
	牛栏村	6	0.048 1	0.087 7	0.061 3	0.063 0	0.013 2	20.9	0.050 5	0.081 3
	苍山村	10	0.068 4	0.144 8	0.092 8	0.098 1	0.027 2	27.7	0.070 3	0.143 3
	柳树底村	12	0.045 2	0.253 9	0.068 0	0.083 0	0.055 7	67.0	0.049 5	0.167 2
	土岭村	4	0.057 0	0.081 1	0.060 7	0.065 0	0.011 3	17.3	0.057 3	0.078 7
	法华村	10	0.077 4	0.205 4	0.108 6	0.128 3	0.054 1	42.2	0.077 9	0.205 3
	东漕岭村	9	0.073 9	0.628 0	0.185 9	0.233 1	0.176 4	75.6	0.079 5	0.530 3
	三岭会村	5	0.065 9	0.613 2	0.158 8	0.267 3	0.223 9	83.8	0.079 0	0.564 0
	楼房村	6	0.071 0	0.773 2	0.106 5	0.212 6	0.275 6	129.6	0.073 5	0.614 3
	木匠口村	13	0.075 8	0.134 4	0.112 8	0.114 0	0.017 4	15.3	0.085 2	0.133 9
	龙门村	26	0.036 8	0.988 4	0.121 6	0.184 4	0.195 8	106.2	0.040 1	0.459 3
	色岭口村	12	0.127 2	0.537 6	0.175 9	0.229 5	0.127 3	55.5	0.128 2	0.463 1

表 12-6　阜平镇林地土壤汞统计　　　　　　　　　（单位:mg/kg）

乡镇	村名	样本数（个）	最小值	最大值	中位值	平均值	标准差	变异系数（%）	5%	95%
阜平镇	阜平镇	113	0.004 9	0.671 2	0.046 6	0.066 4	0.086 0	129.5	0.017 7	0.129 6
	高阜口村	2	0.042 2	0.070 4	0.056 3	0.056 3	0.020 0	35.4	0.043 6	0.069 0
	大石坊村	7	0.025 8	0.082 7	0.059 5	0.055 1	0.020 7	37.5	0.029 2	0.079 6
	小石坊村	6	0.006 1	0.076 2	0.029 4	0.034 9	0.025 2	72.2	0.008 9	0.069 9
	黄岸底村	6	0.015 5	0.064 7	0.031 9	0.037 2	0.017 9	48.0	0.018 5	0.061 5
	槐树庄村	3	0.038 8	0.115 4	0.041 2	0.065 1	0.043 6	66.9	0.039 0	0.108 0
	峁路头村	7	0.018 2	0.482 2	0.071 5	0.121 2	0.161 0	132.9	0.027 3	0.366 6
	西沟村	2	0.030 5	0.038 5	0.034 5	0.034 5	0.005 6	16.2	0.030 9	0.038 0
	燕头村	3	0.021 8	0.063 3	0.034 8	0.040 0	0.021 2	53.0	0.023 1	0.060 4
	各达头村	5	0.026 6	0.369 0	0.046 6	0.122 4	0.144 9	118.4	0.027 9	0.322 6
	牛栏村	3	0.018 1	0.060 9	0.051 2	0.043 4	0.022 5	51.7	0.021 4	0.060 0
	海沿村	4	0.014 8	0.373 4	0.032 2	0.113 1	0.173 8	153.6	0.016 5	0.323 1
	苍山村	3	0.029 6	0.065 2	0.039 1	0.044 6	0.018 5	41.4	0.030 5	0.062 6
	土岭村	16	0.004 9	0.104 4	0.042 1	0.044 8	0.027 7	61.8	0.006 6	0.098 0
	楼房村	9	0.044 4	0.142 4	0.071 2	0.081 1	0.033 4	41.2	0.047 8	0.135 4
	木匠口村	9	0.018 9	0.066 6	0.052 5	0.048 2	0.015 7	32.6	0.025 3	0.065 6
	龙门村	12	0.024 5	0.090 8	0.040 7	0.047 5	0.022 1	46.6	0.026 4	0.087 1
	色岭口村	12	0.036 4	0.671 2	0.068 8	0.117 7	0.175 4	149.1	0.040 5	0.363 4
	三岭会村	4	0.021 2	0.052 8	0.034 6	0.035 8	0.013 5	37.8	0.022 5	0.050 8

12.4.2.2　城南庄镇土壤汞

城南庄耕地、林地土壤汞统计分别如表 12-7、表 12-8 所示。

表 12-7　城南庄镇耕地土壤汞统计　　　　　　　　　（单位:mg/kg）

乡镇	村名	样本数（个）	最小值	最大值	中位值	平均值	标准差	变异系数（%）	5%	95%
城南庄镇	城南庄镇	293	0.012 4	3.966 0	0.233 4	0.340 0	0.387 5	114.0	0.067 4	0.785 2
	岔河村	24	0.111 4	0.694 8	0.213 8	0.307 7	0.175 6	57.1	0.119 9	0.678 8
	三官村	12	0.139 0	0.271 0	0.177 5	0.184 9	0.035 0	18.9	0.146 0	0.248 1
	麻棚村	12	0.101 4	0.374 8	0.247 6	0.241 2	0.075 4	31.3	0.108 1	0.342 5
	大岸底村	18	0.025 4	0.869 2	0.254 2	0.296 4	0.220 2	74.3	0.056 9	0.804 6
	北桑地村	10	0.020 2	0.474 7	0.142 5	0.198 1	0.143 6	72.5	0.047 4	0.422 9
	井沟村	18	0.012 4	0.711 4	0.210 5	0.273 7	0.236 2	86.3	0.014 6	0.650 2

续表 12-7

乡镇	村名	样本数（个）	最小值	最大值	中位值	平均值	标准差	变异系数（%）	5%	95%
城南庄镇	栗树漕村	30	0.089 4	2.262 0	0.439 5	0.519 5	0.415 3	79.9	0.117 5	1.110 2
	易家庄村	18	0.071 4	2.191 2	0.298 9	0.536 0	0.641 6	119.7	0.091 2	2.152 8
	万宝庄村	13	0.174 0	0.746 6	0.282 4	0.364 6	0.184 9	50.7	0.185 0	0.693 6
	华山村	12	0.065 9	0.840 5	0.618 7	0.572 1	0.225 9	39.5	0.189 4	0.813 1
	南安村	9	0.045 5	0.446 8	0.315 2	0.264 5	0.135 0	51.0	0.082 3	0.430 7
	向阳庄村	4	0.094 8	0.114 4	0.098 0	0.101 3	0.009 0	8.9	0.095 0	0.112 2
	福子峪村	5	0.066 3	0.166 4	0.068 1	0.093 7	0.043 2	46.1	0.066 4	0.153 3
	宋家沟村	10	0.043 5	0.374 8	0.233 5	0.187 9	0.115 3	61.3	0.049 5	0.339 4
	石猴村	5	0.080 3	0.461 8	0.168 4	0.216 3	0.145 0	67.0	0.096 6	0.411 3
	北工村	5	0.069 4	0.113 6	0.073 7	0.081 3	0.018 6	22.9	0.069 4	0.106 9
	顾家沟村	11	0.068 2	0.763 0	0.257 0	0.322 9	0.245 8	76.1	0.084 5	0.680 1
	城南庄村	20	0.077 8	0.564 6	0.148 3	0.199 3	0.137 3	68.9	0.083 1	0.469 4
	谷家庄村	16	0.061 0	0.943 4	0.410 3	0.412 0	0.276 1	67.0	0.079 0	0.870 4
	后庄村	13	0.078 1	0.282 3	0.158 4	0.162 3	0.061 8	38.1	0.078 4	0.246 0
	南台村	28	0.095 4	3.966 0	0.264 2	0.542 2	0.845 3	155.9	0.104 3	2.108 9

表 12-8　城南庄镇林地土壤汞统计　　　　　　　　　（单位：mg/kg）

乡镇	村名	样本数（个）	最小值	最大值	中位值	平均值	标准差	变异系数（%）	5%	95%
城南庄镇	城南庄镇	188	0.011 1	4.310 0	0.075 8	0.184 0	0.371 1	201.7	0.024 0	0.718 8
	三官村	3	0.075 8	0.102 6	0.093 2	0.090 5	0.013 6	15.0	0.077 5	0.101 7
	岔河村	23	0.013 5	0.885 5	0.161 8	0.270 7	0.244 5	90.3	0.036 6	0.742 0
	麻棚村	9	0.011 6	0.522 2	0.041 8	0.101 3	0.161 7	159.6	0.019 4	0.367 3
	大岸底村	3	0.021 2	0.383 4	0.116 6	0.173 7	0.187 7	108.1	0.030 7	0.356 7
	井沟村	9	0.046 2	0.761 6	0.167 4	0.314 0	0.262 5	83.6	0.063 0	0.710 7
	栗树漕村	10	0.035 7	0.568 8	0.049 9	0.141 9	0.171 1	120.5	0.037 8	0.428 5
	南台村	12	0.019 5	0.827 4	0.067 7	0.133 5	0.221 8	166.1	0.022 8	0.443 8
	后庄村	18	0.022 0	4.310 0	0.059 3	0.315 3	0.998 3	316.6	0.026 2	0.819 0
	谷家庄村	7	0.053 8	1.276 0	0.104 2	0.344 5	0.480 1	139.4	0.056 4	1.116 2
	福子峪村	25	0.025 9	1.046 0	0.095 9	0.219 2	0.288 5	131.6	0.027 7	0.811 5
	向阳庄村	5	0.043 8	0.696 4	0.080 5	0.193 5	0.282 2	145.8	0.044 1	0.577 5
	南安村	2	0.033 1	0.077 6	0.055 4	0.055 4	0.031 4	56.8	0.035 4	0.075 3

续表 12-8

乡镇	村名	样本数（个）	最小值	最大值	中位值	平均值	标准差	变异系数（%）	5%	95%
城南庄镇	城南庄村	4	0.030 6	0.075 8	0.042 7	0.047 9	0.019 5	40.7	0.032 1	0.071 1
	万宝庄村	8	0.050 4	0.447 3	0.097 2	0.175 2	0.159 2	90.9	0.050 9	0.424 4
	华山村	2	0.041 0	0.068 4	0.054 7	0.054 7	0.019 4	35.5	0.042 4	0.067 1
	易家庄村	3	0.042 4	0.272 9	0.075 7	0.130 3	0.124 6	95.6	0.045 7	0.253 2
	宋家沟村	12	0.035 0	0.274 0	0.058 6	0.077 6	0.064 3	82.9	0.039 4	0.173 8
	石猴村	5	0.046 7	0.237 3	0.061 6	0.092 9	0.081 3	87.6	0.047 1	0.203 8
	北工村	18	0.011 1	0.345 8	0.036 4	0.088 8	0.103 3	116.3	0.014 1	0.282 6
	顾家沟村	10	0.025 5	0.480 1	0.067 5	0.107 3	0.135 3	126.1	0.028 4	0.316 5

12.4.2.3　北果园乡土壤汞

北果园乡耕地、林地土壤汞统计分别如表 12-9、表 12-10 所示。

表 12-9　北果园乡耕地土壤汞统计　　　　　　　　　（单位：mg/kg）

乡镇	村名	样本数（个）	最小值	最大值	中位值	平均值	标准差	变异系数（%）	5%	95%
北果园乡	北果园乡	105	0.012 5	0.706 4	0.061 6	0.106 2	0.128 6	121.2	0.028 6	0.331 2
	古洞村	3	0.524 1	0.706 4	0.592 0	0.607 5	0.092 1	15.2	0.530 9	0.695 0
	魏家峪村	4	0.085 9	0.706 2	0.102 1	0.249 0	0.304 9	122.4	0.087 6	0.616 2
	水泉村	2	0.102 9	0.333 0	0.218 0	0.218 0	0.162 7	74.7	0.114 4	0.321 5
	城铺村	2	0.066 6	0.081 9	0.074 2	0.074 2	0.010 8	14.6	0.067 3	0.081 1
	黄连峪村	2	0.068 8	0.077 4	0.073 1	0.073 1	0.006 1	8.4	0.069 2	0.077 0
	革新庄村	2	0.075 9	0.079 0	0.077 5	0.077 5	0.002 2	2.9	0.076 1	0.078 9
	卞家峪村	2	0.012 5	0.022 7	0.017 6	0.017 6	0.007 2	41.1	0.013 0	0.022 2
	李家庄村	5	0.035 9	0.159 2	0.038 7	0.063 8	0.053 5	83.8	0.036 4	0.136 7
	下庄村	2	0.035 4	0.324 0	0.179 7	0.179 7	0.204 1	113.6	0.049 8	0.309 6
	光城村	3	0.033 1	0.050 3	0.039 6	0.041 0	0.008 7	21.2	0.033 8	0.049 2
	崔家庄村	9	0.030 5	0.076 8	0.049 0	0.048 8	0.016 6	34.0	0.031 4	0.074 6
	倪家洼村	4	0.026 0	0.153 0	0.042 1	0.065 8	0.059 7	90.7	0.026 4	0.138 4
	乡细沟村	6	0.038 6	0.066 3	0.056 0	0.053 7	0.010 8	20.0	0.039 7	0.065 3
	草场口村	3	0.024 7	0.079 2	0.040 7	0.048 2	0.028 0	58.1	0.026 3	0.075 3
	张家庄村	3	0.046 3	0.105 0	0.055 4	0.068 9	0.031 6	45.9	0.047 2	0.100 0
	惠民湾村	5	0.093 7	0.348 2	0.220 4	0.206 0	0.110 1	53.5	0.094 7	0.332 4
	北果园村	9	0.024 9	0.091 1	0.048 0	0.051 1	0.020 5	40.2	0.026 7	0.082 4

续表 12-9

乡镇	村名	样本数（个）	最小值	最大值	中位值	平均值	标准差	变异系数（%）	5%	95%
北果园乡	槐树底村	4	0.037 5	0.051 6	0.045 7	0.045 1	0.006 5	14.5	0.038 1	0.051 2
	吴家沟村	7	0.041 8	0.078 9	0.054 1	0.061 5	0.016 3	26.6	0.043 0	0.078 7
	广安村	5	0.061 8	0.288 7	0.143 2	0.181 8	0.101 5	55.9	0.075 1	0.288 4
	抬头湾村	4	0.061 6	0.268 9	0.149 8	0.157 5	0.100 2	63.6	0.065 1	0.260 8
	店房村	6	0.037 7	0.283 9	0.081 8	0.119 8	0.0979	81.8	0.039 8	0.259 7
	固镇村	6	0.038 5	0.130 6	0.068 9	0.072 8	0.033 4	45.9	0.039 8	0.119 4
	营岗村	2	0.081 6	0.083 3	0.082 4	0.082 4	0.001 2	1.4	0.081 7	0.083 2
	半沟村	2	0.044 3	0.057 9	0.051 1	0.051 1	0.009 6	18.8	0.045 0	0.057 2
	小花沟村	1	0.042 4	0.042 4	0.042 4	0.042 4	——	——	0.042 4	0.042 4
	东山村	2	0.057 3	0.067 5	0.062 4	0.062 4	0.0072	11.6	0.057 8	0.067 0

表 12-10　北果园乡林地土壤汞统计　　　　（单位：mg/kg）

乡镇	村名	样本数（个）	最小值	最大值	中位值	平均值	标准差	变异系数（%）	5%	95%
北果园乡	北果园乡	288	0.003 7	0.351 5	0.041 7	0.049 6	0.038 7	78.1	0.018 4	0.107 8
	黄连峪村	7	0.019 7	0.069 3	0.036 6	0.040 3	0.015 3	38.1	0.023 9	0.063 1
	东山村	5	0.020 0	0.074 1	0.025 2	0.034 4	0.022 6	65.9	0.020 3	0.065 5
	东城铺村	22	0.016 4	0.062 1	0.033 7	0.036 7	0.013 7	37.2	0.016 7	0.055 9
	革新庄村	20	0.023 2	0.059 5	0.033 8	0.036 5	0.010 8	29.6	0.025 1	0.057 3
	水泉村	12	0.016 2	0.063 8	0.041 9	0.043 4	0.013 4	30.9	0.026 4	0.062 3
	古洞村	15	0.018 7	0.351 5	0.047 5	0.067 7	0.079 3	117.0	0.033 5	0.151 6
	下庄村	11	0.010 0	0.068 4	0.027 1	0.031 6	0.015 8	49.9	0.015 4	0.058 8
	魏家峪村	10	0.022 9	0.077 3	0.034 6	0.039 7	0.015 9	40.0	0.024 2	0.066 7
	卞家峪村	26	0.022 9	0.109 2	0.035 5	0.040 8	0.017 0	41.7	0.028 7	0.063 5
	李家庄村	15	0.034 4	0.079 0	0.047 7	0.050 6	0.011 1	22.0	0.038 2	0.068 3
	小花沟村	9	0.041 6	0.060 4	0.054 3	0.053 8	0.007 1	13.2	0.042 5	0.060 2
	半沟村	10	0.045 8	0.105 6	0.051 5	0.063 8	0.022 5	35.3	0.047 0	0.100 2
	营岗村	7	0.047 7	0.065 7	0.055 5	0.055 5	0.005 4	9.7	0.049 2	0.062 8
	光城村	3	0.045 2	0.055 7	0.052 1	0.051 0	0.005 3	10.5	0.045 9	0.055 3
	崔家庄村	9	0.012 8	0.185 6	0.064 3	0.091 8	0.058 1	63.2	0.029 1	0.173 6
	北果园村	13	0.003 7	0.112 8	0.028 6	0.035 7	0.027 3	76.5	0.010 8	0.079 1
	槐树底村	8	0.006 0	0.026 7	0.020 3	0.019 4	0.006 4	33.1	0.009 4	0.026 3

续表 12-10

乡镇	村名	样本数（个）	最小值	最大值	中位值	平均值	标准差	变异系数（%）	5%	95%
北果园乡	吴家沟村	18	0.013 5	0.099 8	0.037 4	0.039 8	0.020 9	52.6	0.014 7	0.075 1
	抬头窝村	6	0.032 4	0.051 9	0.050 0	0.045 2	0.008 9	19.7	0.033 1	0.051 9
	广安村	5	0.034 5	0.336 8	0.067 2	0.124 3	0.124 6	100.3	0.037 5	0.296 1
	店房村	12	0.025 3	0.155 1	0.041 1	0.059 7	0.040 4	67.6	0.028 5	0.133 8
	固镇村	5	0.031 1	0.123 3	0.055 0	0.067 8	0.034 8	51.4	0.035 6	0.113 8
	倪家洼村	5	0.022 5	0.109 0	0.063 1	0.062 0	0.037 4	60.3	0.023 6	0.104 7
	细沟村	9	0.034 6	0.115 4	0.037 7	0.054 1	0.030 8	57.0	0.035 0	0.108 8
	草场口村	4	0.027 9	0.077 4	0.035 0	0.043 8	0.022 9	52.2	0.028 3	0.071 6
	惠民湾村	14	0.034 8	0.290 7	0.061 0	0.078 6	0.063 2	80.3	0.043 8	0.159 3
	张家庄村	8	0.012 2	0.178 3	0.026 5	0.042 3	0.055 3	130.7	0.012 9	0.126 7

12.4.2.4　夏庄乡土壤汞

夏庄乡耕地、林地土壤汞统计分别如表 12-11、表 12-12 所示。

表 12-11　夏庄乡耕地土壤汞统计　　　　（单位：mg/kg）

乡镇	村名	样本数（个）	最小值	最大值	中位值	平均值	标准差	变异系数（%）	5%	95%
夏庄乡	夏庄乡	71	0.048 2	0.331 6	0.102 5	0.120 7	0.060 2	49.9	0.060 4	0.261 2
	夏庄村	26	0.054 9	0.206 4	0.099 7	0.102 3	0.033 5	32.8	0.059 9	0.149 9
	菜池村	22	0.076 3	0.272 4	0.131 5	0.140 4	0.056 7	40.4	0.079 7	0.248 8
	二道庄村	7	0.067 3	0.128 2	0.087 5	0.092 1	0.024 0	26.1	0.068 1	0.126 0
	面盆村	13	0.057 4	0.331 6	0.107 2	0.150 5	0.096 5	64.1	0.063 3	0.317 0
	羊道村	3	0.048 2	0.104 6	0.069 1	0.073 9	0.028 5	38.6	0.050 3	0.101 0

表 12-12　夏庄乡林地土壤汞统计　　　　（单位：mg/kg）

乡镇	村名	样本数（个）	最小值	最大值	中位值	平均值	标准差	变异系数（%）	5%	95%
夏庄乡	夏庄乡	41	0.018 4	1.052 0	0.087 5	0.133 9	0.174 3	130.1	0.038 3	0.433 8
	菜池村	12	0.031 2	0.433 8	0.112 6	0.145 9	0.120 3	82.5	0.047 7	0.381 2
	夏庄村	8	0.072 7	0.182 4	0.086 0	0.098 7	0.036 7	37.2	0.073 1	0.157 0
	二道庄村	9	0.018 4	0.122 0	0.090 7	0.078 6	0.036 3	46.2	0.027 9	0.119 6
	面盆村	7	0.038 3	1.052 0	0.071 1	0.216 2	0.369 5	170.9	0.046 4	0.774 9
	羊道村	5	0.053 2	0.464 7	0.055 8	0.146 0	0.179 3	122.8	0.053 6	0.391 9

12.4.2.5　天生桥镇土壤汞

天生桥镇耕地、林地土壤汞统计分别如表 12-13、表 12-14 所示。

表 12-13　天生桥镇耕地土壤汞统计　　　　　　　　（单位：mg/kg）

乡镇	村名	样本数（个）	最小值	最大值	中位值	平均值	标准差	变异系数（%）	5%	95%
天生桥镇	天生桥镇	132	0.011 4	0.546 3	0.071 9	0.101 0	0.093 7	92.8	0.029 5	0.290 5
	不老树村	18	0.071 9	0.546 3	0.229 1	0.242 1	0.137 5	56.8	0.072 0	0.498 3
	龙王庙村	22	0.046 6	0.176 2	0.076 4	0.079 4	0.028 6	36.0	0.052 2	0.132 2
	大车沟村	3	0.050 9	0.059 1	0.056 0	0.055 3	0.004 2	7.5	0.051 4	0.058 8
	南栗元铺村	14	0.065 8	0.277 4	0.090 3	0.107 8	0.054 2	50.3	0.070 5	0.197 1
	北栗元铺村	15	0.052 3	0.122 2	0.079 6	0.083 9	0.021 1	25.2	0.056 5	0.114 1
	红草河村	5	0.060 4	0.162 9	0.114 7	0.106 9	0.041 6	38.9	0.062 7	0.155 3
	罗家庄村	5	0.051 1	0.079 0	0.062 2	0.062 8	0.010 9	17.4	0.051 9	0.076 6
	东下关村	8	0.029 3	0.065 0	0.057 6	0.050 8	0.014 1	27.8	0.031 6	0.064 0
	朱家营村	13	0.011 4	0.046 8	0.031 4	0.032 2	0.009 0	27.8	0.020 6	0.044 3
	沿台村	6	0.026 8	0.039 5	0.030 9	0.032 2	0.005 4	16.7	0.026 9	0.039 1
	大教厂村	13	0.044 5	0.532 6	0.082 3	0.129 9	0.131 4	101.1	0.046 4	0.351 3
	西下关村	6	0.050 7	0.070 0	0.058 9	0.058 3	0.007 1	12.3	0.050 7	0.067 5
	塔沟村	4	0.037 6	0.250 4	0.048 1	0.096 1	0.103 0	107.3	0.039 2	0.220 1

表 12-14　天生桥镇林地土壤汞统计　　　　　　　　（单位：mg/kg）

乡镇	村名	样本数（个）	最小值	最大值	中位值	平均值	标准差	变异系数（%）	5%	95%
天生桥镇	天生桥镇	45	0.017 0	0.120 4	0.038 9	0.046 5	0.023 4	50.3	0.023 6	0.089 4
	不老树村	4	0.021 6	0.064 9	0.033 7	0.038 5	0.019 8	51.5	0.022 1	0.061 5
	龙王庙村	9	0.028 4	0.048 4	0.034 4	0.036 2	0.007 2	19.8	0.029 3	0.047 8
	大车沟村	2	0.046 4	0.069 3	0.057 8	0.057 8	0.016 2	27.9	0.047 6	0.068 1
	北栗元铺村	2	0.023 4	0.029 5	0.026 5	0.026 5	0.004 3	16.4	0.023 7	0.029 2
	南栗元铺村	2	0.048 5	0.120 4	0.084 5	0.084 5	0.050 8	60.2	0.052 1	0.116 8
	红草河村	5	0.025 7	0.037 7	0.029 1	0.030 4	0.004 9	16.2	0.025 9	0.036 8
	天生桥村	2	0.064 9	0.096 5	0.080 7	0.080 7	0.022 4	27.7	0.066 5	0.094 9
	罗家庄村	3	0.017 0	0.027 0	0.024 0	0.022 9	0.005 2	22.9	0.017 7	0.026 7
	塔沟村	2	0.025 2	0.033 7	0.029 4	0.029 4	0.006 0	20.5	0.025 6	0.033 3
	西下关村	2	0.033 2	0.089 1	0.061 2	0.061 2	0.039 5	64.6	0.036 0	0.086 3
	大教厂村	2	0.068 3	0.082 9	0.075 6	0.075 6	0.010 3	13.6	0.069 0	0.082 1
	沿台村	2	0.024 2	0.046 6	0.035 4	0.035 4	0.015 9	44.7	0.025 3	0.045 5
	朱家营村	8	0.041 8	0.089 5	0.061 0	0.061 0	0.016 5	27.1	0.042 3	0.083 5

12.4.2.6　龙泉关镇土壤汞

龙泉关镇耕地、林地土壤汞统计分别如表 12-15、表 12-16 所示。

表 12-15　龙泉关镇耕地土壤汞统计　　　　　（单位：mg/kg）

乡镇	村名	样本数（个）	最小值	最大值	中位值	平均值	标准差	变异系数（%）	5%	95%
龙泉关镇	龙泉关镇	120	0.023 7	0.211 2	0.063 7	0.074 4	0.037 3	50.1	0.036 9	0.144 5
	骆驼湾村	8	0.034 9	0.090 2	0.052 5	0.060 6	0.022 9	37.9	0.037 2	0.090 2
	大胡卜村	3	0.037 2	0.077 1	0.043 9	0.052 7	0.021 3	40.5	0.037 9	0.073 8
	黑林沟村	4	0.037 0	0.180 6	0.066 4	0.087 6	0.063 5	72.5	0.041 4	0.163 5
	印钞石村	8	0.037 8	0.095 6	0.059 0	0.064 6	0.018 2	28.2	0.043 5	0.091 0
	黑崖沟村	16	0.023 7	0.142 9	0.060 2	0.064 4	0.025 7	39.9	0.036 6	0.093 9
	西刘庄村	16	0.027 0	0.125 0	0.059 6	0.066 4	0.025 1	37.8	0.041 6	0.115 0
	龙泉关村	18	0.042 9	0.211 2	0.086 4	0.094 4	0.045 9	48.6	0.047 3	0.177 7
	顾家台村	5	0.053 8	0.207 7	0.109 3	0.115 9	0.060 2	51.9	0.057 8	0.193 2
	青羊沟村	4	0.041 9	0.095 6	0.064 2	0.066 4	0.026 7	40.2	0.042 4	0.093 9
	北刘庄村	13	0.033 5	0.207 0	0.055 5	0.079 0	0.049 8	63.0	0.034 8	0.165 8
	八里庄村	13	0.032 2	0.092 6	0.049 2	0.054 9	0.016 5	30.0	0.036 5	0.079 9
	平石头村	12	0.049 1	0.165 1	0.078 7	0.087 0	0.032 4	37.3	0.054 9	0.144 4

表 12-16　龙泉关镇林地土壤汞统计　　　　　（单位：mg/kg）

乡镇	村名	样本数（个）	最小值	最大值	中位值	平均值	标准差	变异系数（%）	5%	95%
龙泉关镇	龙泉关镇	47	0.017 7	0.262 5	0.045 5	0.063 9	0.048 5	75.9	0.021 7	0.163 5
	平石头村	6	0.019 2	0.084 7	0.050 0	0.052 9	0.024 1	45.6	0.024 3	0.082 1
	八里庄村	5	0.017 7	0.052 1	0.036 9	0.038 3	0.013 6	35.6	0.021 7	0.051 5
	北刘庄村	6	0.027 2	0.102 4	0.050 8	0.058 6	0.032 5	55.4	0.028 1	0.099 2
	大胡卜村	2	0.036 1	0.040 7	0.038 4	0.038 4	0.003 3	8.5	0.036 4	0.040 5
	黑林沟村	3	0.073 0	0.102 5	0.082 7	0.086 1	0.015 0	17.4	0.074 0	0.100 5
	骆驼湾村	6	0.026 0	0.058 7	0.040 9	0.040 9	0.011 5	28.1	0.027 8	0.055 4
	顾家台村	2	0.042 5	0.059 3	0.050 9	0.050 9	0.011 9	23.5	0.043 3	0.058 5
	青羊沟村	1	0.174 4	0.174 4	0.174 4	0.174 4	—	—	0.174 4	0.174 4
	龙泉关村	2	0.128 3	0.262 5	0.195 4	0.195 4	0.094 9	48.6	0.135 0	0.255 8
	西刘庄村	6	0.020 4	0.056 3	0.039 7	0.038 7	0.013 6	35.2	0.022 0	0.054 5
	黑崖沟村	5	0.024 8	0.188 9	0.042 1	0.084 6	0.074 4	88.0	0.025 7	0.178 7
	印钞石村	3	0.056 2	0.115 9	0.067 5	0.079 9	0.031 7	39.7	0.057 3	0.111 1

12.4.2.7　砂窝乡土壤汞

砂窝乡耕地、林地土壤汞统计分别如表 12-17、表 12-18 所示。

表 12-17　砂窝乡耕地土壤汞统计　　　　　　（单位：mg/kg）

乡镇	村名	样本数（个）	最小值	最大值	中位值	平均值	标准差	变异系数（%）	5%	95%
砂窝乡	砂窝乡	144	0.000 4	0.646 4	0.091 5	0.112 5	0.085 2	75.7	0.036 7	0.247 0
	大柳树村	10	0.040 9	0.246 8	0.080 0	0.101 7	0.063 5	62.4	0.046 1	0.216 2
	下堡村	8	0.049 5	0.113 4	0.061 3	0.066 6	0.020 7	31.0	0.049 9	0.100 0
	盘龙台村	6	0.042 6	0.087 0	0.056 3	0.060 8	0.017 0	27.9	0.044 0	0.083 9
	林当沟村	12	0.052 8	0.198 4	0.081 9	0.098 5	0.047 8	48.6	0.054 0	0.182 9
	上堡村	14	0.013 2	0.646 4	0.073 8	0.115 1	0.160 0	138.9	0.015 4	0.348 3
	黑印台村	8	0.066 0	0.141 4	0.074 8	0.083 9	0.024 6	29.3	0.066 8	0.124 0
	碾子沟门村	13	0.036 0	0.520 8	0.087 0	0.138 9	0.135 2	97.3	0.054 4	0.405 2
	百亩台村	17	0.000 4	0.247 0	0.097 7	0.101 9	0.055 5	54.5	0.004 4	0.180 5
	龙王庄村	11	0.105 2	0.298 0	0.135 2	0.158 7	0.056 6	35.7	0.108 8	0.254 9
	砂窝村	11	0.094 9	0.391 9	0.147 4	0.177 3	0.089 7	50.6	0.103 6	0.342 0
	河彩村	5	0.114 4	0.161 4	0.131 4	0.133 6	0.018 7	14.0	0.115 4	0.157 4
	龙王沟村	7	0.056 5	0.324 6	0.149 8	0.159 8	0.089 2	55.8	0.067 8	0.289 6
	仙湾村	6	0.054 7	0.128 6	0.085 7	0.088 2	0.029 9	33.9	0.057 3	0.123 8
	砂台村	6	0.059 1	0.142 6	0.112 9	0.106 8	0.031 8	29.8	0.064 3	0.140 3
	全庄村	10	0.032 0	0.209 4	0.045 0	0.063 5	0.052 8	83.3	0.033 1	0.149 3

表 12-18　砂窝乡林地土壤汞统计　　　　　　（单位：mg/kg）

乡镇	村名	样本数（个）	最小值	最大值	中位值	平均值	标准差	变异系数（%）	5%	95%
砂窝乡	砂窝乡	47	0.034 8	0.233 8	0.062 2	0.072 9	0.034 1	46.8	0.042 7	0.124 9
	下堡村	2	0.034 8	0.048 6	0.041 7	0.041 7	0.009 8	23.5	0.035 5	0.047 9
	盘龙台村	2	0.042 2	0.048 6	0.045 4	0.045 4	0.004 5	9.9	0.042 5	0.048 3
	林当沟村	4	0.041 8	0.062 3	0.049 4	0.050 7	0.008 9	17.5	0.042 4	0.060 8
	上堡村	3	0.058 0	0.086 4	0.076 8	0.073 7	0.014 4	19.6	0.059 9	0.085 4
	碾子沟门村	3	0.044 1	0.123 4	0.064 3	0.077 3	0.041 2	53.3	0.046 1	0.117 5
	黑印台村	4	0.051 8	0.093 2	0.055 1	0.063 8	0.019 9	31.1	0.051 8	0.088 0
	大柳树村	4	0.043 8	0.062 2	0.054 7	0.053 9	0.008 2	15.2	0.044 9	0.061 7
	全庄村	2	0.052 9	0.066 8	0.059 8	0.059 8	0.009 8	16.4	0.053 6	0.066 1
	百亩台村	2	0.053 3	0.069 2	0.061 2	0.061 2	0.011 2	18.3	0.054 1	0.0684
	龙王庄村	2	0.065 1	0.102 2	0.083 6	0.083 6	0.026 3	31.4	0.066 9	0.100 3
	龙王沟村	4	0.053 7	0.118 4	0.076 7	0.081 0	0.029 9	36.8	0.054 8	0.114 5
	河彩村	6	0.054 6	0.125 6	0.062 9	0.076 6	0.029 0	37.8	0.054 9	0.118 8
	砂窝村	5	0.077 4	0.132 6	0.085 7	0.098 0	0.024 1	24.6	0.078 0	0.128 8
	砂台村	2	0.054 0	0.071 0	0.062 7	0.062 7	0.012 3	19.6	0.054 9	0.070 5
	仙湾村	2	0.081 8	0.233 8	0.157 8	0.157 8	0.107 5	68.1	0.089 4	0.226 2

12.4.2.8　吴王口乡土壤汞

吴王口乡耕地、林地土壤汞统计分别如表 12-19、表 12-20 所示。

表 12-19　吴王口乡耕地土壤汞统计　　　　　　（单位：mg/kg）

乡镇	村名	样本数（个）	最小值	最大值	中位值	平均值	标准差	变异系数（%）	5%	95%
吴王口乡	吴王口乡	70	0.049 6	1.883 4	0.134 2	0.324 1	0.413 5	127.6	0.059 5	1.350 7
	银河村	3	0.266 0	1.350 0	0.566 4	0.727 5	0.559 7	76.9	0.296 0	1.271 6
	南辛庄村	1	0.601 7	0.601 7	0.601 7	0.601 7	—	—	0.601 7	0.601 7
	三岔村	1	0.632 4	0.632 4	0.632 4	0.632 4	—	—	0.632 4	0.632 4
	寿长寺村	2	0.121 8	0.278 4	0.200 1	0.200 1	0.110 7	55.3	0.129 6	0.270 6
	南庄旺村	2	1.080 0	1.883 4	1.481 7	1.481 7	0.568 1	38.3	1.120 2	1.843 2
	岭东村	11	0.089 2	1.830 0	0.385 6	0.550 3	0.558 2	101.4	0.092 5	1.590 7
	桃园坪村	10	0.139 4	0.591 5	0.395 1	0.356 7	0.178 1	49.9	0.139 9	0.563 8
	周家河村	2	0.061 9	0.090 7	0.076 3	0.076 3	0.020 4	26.7	0.063 3	0.089 2
	不老台村	5	0.049 6	0.439 0	0.221 0	0.238 8	0.156 5	65.5	0.067 2	0.420 5
	石滩地村	9	0.053 8	0.166 2	0.079 0	0.092 8	0.036 9	39.8	0.055 7	0.150 6
	邓家庄村	11	0.056 8	0.122 2	0.076 6	0.078 3	0.017 8	22.7	0.060 5	0.109 4
	吴王口村	6	0.059 9	0.174 0	0.074 3	0.087 7	0.043 3	49.3	0.059 9	0.151 5
	黄草洼村	7	0.086 1	1.513 0	0.132 6	0.387 8	0.532 5	137.3	0.088 7	1.248 3

表 12-20　吴王口乡林地土壤汞统计　　　　　　（单位：mg/kg）

乡镇	村名	样本数（个）	最小值	最大值	中位值	平均值	标准差	变异系数（%）	5%	95%
吴王口乡	吴王口乡	43	0.033 4	6.228 0	0.327 0	0.632 0	1.051 1	166.3	0.062 3	2.268 1
	石滩地村	4	0.033 4	0.760 6	0.301 5	0.349 2	0.350 8	100.5	0.040 8	0.724 5
	邓家庄村	4	0.062 2	0.270 3	0.088 5	0.127 4	0.097 0	76.1	0.063 7	0.245 4
	吴王口村	2	0.093 6	0.130 5	0.112 1	0.112 1	0.026 1	23.3	0.095 5	0.128 7
	周家河村	3	0.143 5	0.334 8	0.327 0	0.268 4	0.108 3	40.3	0.161 9	0.334 0
	不老台村	6	0.063 1	0.498 8	0.131 5	0.201 3	0.172 0	85.4	0.064 6	0.452 6
	黄草洼村	1	0.293 6	0.293 6	0.293 6	0.293 6	—	—	0.293 6	0.293 6
	岭东村	9	0.523 6	2.916 0	0.861 0	1.053 9	0.738 5	70.1	0.527 6	2.225 2
	南庄旺村	4	0.245 6	6.228 0	1.500 1	2.368 5	2.737 8	115.6	0.300 6	5.652 0

续表 12-20

乡镇	村名	样本数（个）	最小值	最大值	中位值	平均值	标准差	变异系数（%）	5%	95%
吴王口乡	寿长寺村	2	0.077 5	1.094 0	0.585 8	0.585 8	0.718 7	122.7	0.128 4	1.043 2
	银河村	1	0.047 3	0.047 3	0.047 3	0.047 3	—	—	0.047 3	0.047 3
	南辛庄村	1	0.097 7	0.097 7	0.097 7	0.097 7	—	—	0.097 7	0.097 7
	三岔村	1	0.068 2	0.068 2	0.068 2	0.068 2	—	—	0.068 2	0.068 2
	桃园坪村	5	0.084 6	0.743 3	0.519 0	0.478 7	0.240 3	50.2	0.170 8	0.700 9

12.4.2.9　平阳镇土壤汞

平阳镇耕地、林地土壤汞统计分别如表 12-21、表 12-22 所示。

表 12-21　平阳镇耕地土壤汞统计　　　　（单位：mg/kg）

乡镇	村名	样本数（个）	最小值	最大值	中位值	平均值	标准差	变异系数（%）	5%	95%
平阳镇	平阳镇	152	0.040 2	0.755 4	0.108 2	0.153 6	0.122 8	79.9	0.051 4	0.417 1
	康家峪村	14	0.059 8	0.505 9	0.194 5	0.235 4	0.145 2	61.7	0.079 5	0.484 4
	皂火峪村	5	0.077 2	0.233 2	0.086 8	0.123 0	0.066 8	54.3	0.077 4	0.214 6
	白山村	1	0.107 1	0.107 1	0.107 1	0.107 1	—	—	0.107 1	0.107 1
	北庄村	14	0.072 7	0.416 0	0.184 5	0.209 7	0.108 0	51.5	0.099 7	0.403 4
	黄岸村	5	0.053 5	0.735 6	0.259 2	0.321 7	0.294 9	91.7	0.054 7	0.688 6
	长角村	3	0.085 9	0.248 6	0.199 0	0.177 8	0.083 4	46.9	0.097 2	0.243 6
	石湖村	3	0.091 5	0.139 4	0.119 8	0.116 9	0.024 1	20.6	0.094 4	0.137 5
	车道村	2	0.074 6	0.133 3	0.104 0	0.104 0	0.041 5	39.9	0.077 5	0.130 4
	东板峪村	8	0.040 2	0.154 0	0.056 9	0.081 4	0.043 8	53.8	0.043 2	0.145 6
	罗峪村	6	0.085 8	0.755 4	0.255 8	0.309 6	0.258 8	83.6	0.085 9	0.671 2
	铁岭村	4	0.050 3	0.163 9	0.089 8	0.098 5	0.049 3	50.1	0.053 8	0.155 3
	王快村	9	0.108 0	0.294 4	0.147 6	0.187 4	0.070 4	37.5	0.111 5	0.278 4
	平阳村	11	0.048 5	0.160 8	0.100 4	0.099 1	0.038 3	38.6	0.052 8	0.160 6
	上平阳村	8	0.054 8	0.157 4	0.080 6	0.084 9	0.033 2	39.2	0.055 5	0.136 2
	白家峪村	11	0.055 9	0.464 6	0.119 9	0.172 9	0.126 0	72.9	0.063 1	0.381 4
	立彦头村	10	0.044 8	0.169 9	0.082 1	0.092 4	0.032 8	35.5	0.060 1	0.146 1
	冯家口村	9	0.046 6	0.351 4	0.164 5	0.179 7	0.112 0	62.3	0.050 0	0.337 9
	土门村	14	0.048 8	0.283 0	0.089 3	0.097 3	0.056 9	58.4	0.057 5	0.174 7
	台南村	2	0.050 4	0.083 4	0.066 9	0.066 9	0.023 3	34.9	0.052 1	0.081 8
	北水峪村	8	0.071 2	0.249 9	0.094 7	0.111 3	0.058 1	52.2	0.074 1	0.204 8

续表 12-21

乡镇	村名	样本数 （个）	最小值	最大值	中位值	平均值	标准差	变异系数 （%）	5%	95%
平阳镇	山咀头村	3	0.056 0	0.107 2	0.084 2	0.082 5	0.025 6	31.1	0.058 8	0.104 9
	各老村	2	0.108 0	0.156 0	0.132 0	0.132 0	0.033 9	25.7	0.110 4	0.153 6

表 12-22　平阳镇林地土壤汞统计　　　　　　　（单位：mg/kg）

乡镇	村名	样本数 （个）	最小值	最大值	中位值	平均值	标准差	变异系数 （%）	5%	95%
平阳镇	平阳镇	120	0.002 1	1.165 0	0.045 6	0.064 0	0.109 6	171.4	0.022 1	0.103 2
	康家峪村	8	0.026 3	0.183 6	0.043 8	0.068 4	0.054 4	79.6	0.026 6	0.155 2
	石湖村	4	0.028 3	0.046 5	0.037 4	0.037 4	0.007 6	20.2	0.029 4	0.045 4
	长角村	7	0.038 5	0.096 0	0.051 0	0.054 8	0.019 6	35.7	0.038 5	0.084 6
	黄岸村	7	0.019 2	0.081 9	0.040 8	0.047 8	0.022 2	46.4	0.023 2	0.079 2
	车道村	7	0.031 4	0.083 5	0.047 8	0.050 7	0.018 8	37.1	0.032 7	0.078 8
	东板峪村	5	0.035 4	0.057 0	0.047 2	0.047 1	0.008 1	17.1	0.037 2	0.055 9
	北庄村	8	0.030 8	0.069 7	0.038 8	0.041 6	0.012 1	29.1	0.031 9	0.060 9
	皂火峪村	4	0.054 1	0.364 2	0.081 6	0.145 4	0.147 2	101.3	0.055 5	0.324 5
	白家峪村	6	0.045 3	0.078 2	0.061 9	0.060 4	0.011 1	18.3	0.047 2	0.074 3
	土门村	6	0.040 2	0.066 7	0.054 3	0.053 8	0.008 7	16.2	0.042 8	0.064 2
	立彦头村	5	0.037 7	0.065 2	0.060 2	0.057 1	0.011 2	19.7	0.041 8	0.065 0
	冯家口村	11	0.044 4	0.069 2	0.056 1	0.055 9	0.009 7	17.3	0.044 5	0.068 9
	罗峪村	4	0.002 1	0.086 8	0.060 3	0.052 4	0.035 8	68.3	0.010 7	0.083 0
	白山村	6	0.006 7	0.249 6	0.038 5	0.067 4	0.090 8	134.7	0.009 6	0.200 5
	铁岭村	4	0.016 6	0.041 2	0.033 0	0.030 9	0.010 9	35.3	0.018 4	0.040 6
	王快村	4	0.021 8	0.090 8	0.042 5	0.049 4	0.029 3	59.3	0.024 8	0.083 6
	各老村	6	0.027 8	1.165 0	0.048 8	0.240 7	0.453 9	188.6	0.029 8	0.903 2
	山咀头村	1	0.023 7	0.023 7	0.023 7	0.023 7	—	—	0.023 7	0.023 7
	台南村	1	0.022 1	0.022 1	0.022 1	0.022 1	—	—	0.022 1	0.022 1
	北水峪村	5	0.035 6	0.083 2	0.043 3	0.048 8	0.019 7	40.4	0.035 8	0.075 7
	上平阳村	4	0.027 5	0.146 4	0.033 3	0.060 4	0.057 6	95.4	0.027 5	0.130 4
	平阳村	7	0.026 2	0.060 0	0.033 9	0.037 3	0.011 1	29.7	0.027 7	0.054 7

12.4.2.10　王林口乡土壤汞

王林口乡耕地、林地土壤汞统计分别如表 12-23、表 12-24 所示。

表 12-23　王林口乡耕地土壤汞统计　　　　　　（单位:mg/kg）

乡镇	村名	样本数（个）	最小值	最大值	中位值	平均值	标准差	变异系数（%）	5%	95%
王林口乡	王林口乡	85	0.028 8	0.662 2	0.100 4	0.165 8	0.141 5	85.3	0.044 8	0.482 5
	五丈湾村	3	0.075 6	0.137 6	0.101 1	0.104 8	0.031 2	29.7	0.078 1	0.134 0
	马坊村	5	0.081 2	0.397 5	0.092 1	0.164 2	0.135 0	82.2	0.081 9	0.351 1
	刘家沟村	2	0.100 4	0.105 7	0.103 1	0.103 1	0.003 7	3.6	0.100 7	0.105 4
	辛庄村	6	0.053 9	0.347 7	0.177 9	0.192 4	0.120 6	62.7	0.061 1	0.339 4
	南刁窝村	3	0.088 3	0.202 0	0.096 5	0.128 9	0.063 4	49.2	0.089 1	0.191 5
	马驹石村	6	0.052 6	0.107 2	0.066 0	0.072 0	0.019 9	27.7	0.054 0	0.101 0
	南湾村	4	0.036 4	0.126 2	0.059 1	0.070 2	0.041 2	58.7	0.037 3	0.118 7
	上庄村	4	0.070 2	0.354 8	0.187 6	0.200 0	0.148 1	74.0	0.071 2	0.346 4
	方太口村	7	0.057 9	0.494 4	0.111 2	0.159 0	0.153 9	96.8	0.060 6	0.402 1
	西庄村	3	0.094 6	0.170 6	0.146 2	0.137 1	0.038 8	28.3	0.099 8	0.168 2
	东庄村	5	0.044 8	0.434 8	0.138 0	0.185 3	0.156 0	84.2	0.051 8	0.393 7
	董家口村	6	0.056 5	0.126 4	0.078 5	0.082 3	0.023 8	28.9	0.059 6	0.116 0
	神台村	5	0.063 7	0.163 0	0.092 6	0.103 5	0.037 5	36.2	0.068 2	0.152 8
	南峪村	4	0.053 6	0.265 2	0.127 6	0.143 5	0.091 7	63.9	0.060 2	0.249 1
	寺口村	4	0.083 0	0.308 1	0.265 0	0.230 3	0.105 8	45.9	0.104 1	0.307 8
	瓦泉沟村	3	0.418 6	0.662 2	0.541 2	0.540 7	0.121 8	22.5	0.430 9	0.650 1
	东王林口村	2	0.060 4	0.305 0	0.182 7	0.182 7	0.173 0	94.7	0.072 6	0.292 8
	前岭村	6	0.028 8	0.302 5	0.050 3	0.126 4	0.128 7	101.9	0.032 8	0.297 3
	西王林口村	5	0.042 8	0.617 4	0.300 7	0.344 7	0.222 1	64.4	0.087 2	0.593 5
	马沙沟村	2	0.084 2	0.190 9	0.137 5	0.137 5	0.075 5	54.9	0.089 5	0.185 6

表 12-24　王林口乡林地土壤汞统计　　　　　　（单位:mg/kg）

乡镇	村名	样本数（个）	最小值	最大值	中位值	平均值	标准差	变异系数（%）	5%	95%
王林口乡	王林口乡	126	0.007 7	0.205 9	0.055 5	0.058 4	0.028 3	48.4	0.021 6	0.098 6
	刘家沟村	4	0.039 1	0.065 4	0.052 7	0.052 5	0.011 8	22.5	0.040 3	0.064 4
	马沙沟村	3	0.042 8	0.205 9	0.044 2	0.097 6	0.093 8	96.0	0.043 0	0.189 7
	南峪村	9	0.007 7	0.151 8	0.023 3	0.042 5	0.045 3	106.6	0.008 5	0.117 1
	董家口村	6	0.018 0	0.057 1	0.041 2	0.039 6	0.013 9	35.1	0.021 6	0.054 7

续表 12-24

乡镇	村名	样本数（个）	最小值	最大值	中位值	平均值	标准差	变异系数（%）	5%	95%
	五丈湾村	9	0.028 5	0.080 5	0.045 5	0.049 4	0.017 6	35.7	0.029 9	0.073 5
	马坊村	5	0.035 8	0.088 3	0.065 5	0.066 4	0.019 8	29.8	0.041 5	0.086 3
	东庄村	8	0.027 6	0.079 1	0.050 5	0.051 9	0.016 7	32.2	0.031 3	0.075 4
	寺口村	4	0.039 7	0.073 6	0.055 1	0.055 9	0.014 1	25.3	0.041 5	0.071 3
	东王林口村	3	0.061 0	0.076 3	0.061 1	0.066 1	0.008 8	13.3	0.061 0	0.074 8
	神台村	7	0.046 1	0.163 4	0.053 7	0.072 6	0.041 6	57.3	0.046 9	0.136 3
	西王林口村	4	0.042 6	0.093 2	0.048 8	0.058 3	0.023 5	40.3	0.043 1	0.086 9
王林口乡	前岭村	9	0.033 9	0.086 3	0.051 1	0.054 1	0.017 2	31.8	0.035 9	0.080 7
	方太口村	4	0.063 1	0.090 2	0.073 6	0.075 1	0.012 3	16.4	0.063 7	0.088 7
	上庄村	4	0.055 0	0.100 3	0.087 7	0.082 7	0.021 6	26.1	0.058 2	0.100 2
	南湾村	4	0.062 1	0.085 6	0.067 5	0.070 7	0.010 7	15.1	0.062 4	0.083 4
	西庄村	4	0.052 8	0.136 6	0.075 7	0.085 2	0.036 0	42.2	0.055 9	0.127 8
	马驹石村	9	0.037 3	0.096 0	0.067 5	0.062 7	0.016 9	26.9	0.042 2	0.085 6
	辛庄村	10	0.051 7	0.080 3	0.063 5	0.064 8	0.008 5	13.1	0.054 5	0.078 0
	瓦泉沟村	10	0.019 4	0.101 6	0.033 4	0.047 7	0.031 2	65.3	0.020 8	0.098 9
	南刁窝村	10	0.018 2	0.078 1	0.042 0	0.044 6	0.017 3	38.7	0.024 1	0.073 2

12.4.2.11　台峪乡土壤汞

台峪乡耕地、林地土壤汞统计分别如表 12-25、表 12-26 所示。

表 12-25　台峪乡耕地土壤汞统计　　　　（单位：mg/kg）

乡镇	村名	样本数（个）	最小值	最大值	中位值	平均值	标准差	变异系数（%）	5%	95%
	台峪乡	122	0.021 2	1.296 0	0.179 6	0.317 7	0.291 6	91.8	0.042 4	0.868 8
	井尔沟村	16	0.046 6	0.772 6	0.167 2	0.274 4	0.249 3	90.9	0.060 9	0.709 2
	台峪村	25	0.100 4	1.170 0	0.400 8	0.445 6	0.321 8	72.2	0.112 6	0.876 3
	营尔村	14	0.021 2	1.064 0	0.342 5	0.355 8	0.286 0	80.4	0.051 3	0.838 5
台峪乡	吴家庄村	14	0.034 6	1.296 0	0.178 1	0.369 6	0.412 5	111.6	0.035 7	1.094 2
	平房村	22	0.042 4	0.776 8	0.139 5	0.240 8	0.220 8	91.7	0.046 3	0.579 6
	庄里村	14	0.025 8	1.011 0	0.258 7	0.315 3	0.278 7	88.4	0.034 6	0.735 9
	王家岸村	7	0.060 3	0.872 4	0.109 2	0.228 5	0.296 4	129.7	0.062 9	0.702 3
	白石台村	10	0.042 7	0.459 3	0.122 5	0.176 0	0.128 6	73.1	0.056 0	0.390 1

表 12-26　台峪乡林地土壤汞统计　　　　　　　　（单位：mg/kg）

乡镇	村名	样本数（个）	最小值	最大值	中位值	平均值	标准差	变异系数（%）	5%	95%
台峪乡	台峪乡	62	0.012 3	1.352 0	0.100 8	0.201 7	0.236 7	117.4	0.027 2	0.595 3
	王家岸村	7	0.012 3	0.165 2	0.061 6	0.080 0	0.059 9	74.9	0.015 3	0.162 1
	庄里村	6	0.106 6	0.669 8	0.240 5	0.297 1	0.222 4	74.9	0.106 9	0.606 7
	营尔村	5	0.027 1	0.488 4	0.073 2	0.159 3	0.192 0	120.5	0.029 7	0.424 2
	吴家庄村	7	0.026 8	0.555 7	0.058 0	0.142 2	0.188 6	132.6	0.032 2	0.440 7
	平房村	11	0.055 7	0.496 2	0.140 9	0.195 4	0.160 7	82.3	0.059 1	0.467 9
	井尔沟村	12	0.030 0	0.513 2	0.066 4	0.112 4	0.135 7	120.7	0.035 1	0.349 9
	白石台村	8	0.036 8	1.352 0	0.206 7	0.368 5	0.442 3	120.0	0.043 6	1.068 0
	台峪村	6	0.055 4	0.708 5	0.223 1	0.320 8	0.269 1	83.9	0.071 0	0.680 7

12.4.2.12　大台乡土壤汞

大台乡耕地、林地土壤汞统计分别如表 12-27、表 12-28 所示。

表 12-27　大台乡耕地土壤汞统计　　　　　　　　（单位：mg/kg）

乡镇	村名	样本数（个）	最小值	最大值	中位值	平均值	标准差	变异系数（%）	5%	95%
大台乡	大台乡	95	0.019 6	0.435 5	0.073 6	0.091 9	0.071 8	78.2	0.038 0	0.232 9
	老路渠村	4	0.044 2	0.129 4	0.077 9	0.082 3	0.036 9	44.8	0.047 2	0.123 7
	东台村	5	0.034 4	0.080 7	0.050 3	0.051 2	0.018 4	36.0	0.034 9	0.075 3
	大台村	20	0.019 6	0.102 2	0.059 2	0.060 3	0.022 7	37.7	0.026 1	0.095 0
	坊里村	7	0.038 4	0.130 9	0.094 1	0.087 7	0.035 4	40.3	0.044 0	0.126 6
	苇子沟村	4	0.054 2	0.126 1	0.075 1	0.082 6	0.030 6	37.1	0.057 2	0.118 6
	大连地村	13	0.045 5	0.225 6	0.078 3	0.091 6	0.056 6	61.8	0.049 1	0.212 5
	柏崖村	18	0.040 1	0.104 1	0.071 8	0.072 4	0.018 8	26.0	0.044 8	0.101 0
	东板峪店村	18	0.052 9	0.435 5	0.100 5	0.161 3	0.127 1	78.8	0.053 0	0.421 0
	碳灰铺村	6	0.051 0	0.212 8	0.078 4	0.099 0	0.058 4	59.0	0.055 5	0.185 7

表 12-28　大台乡林地土壤汞统计　　　　　　（单位：mg/kg）

乡镇	村名	样本数（个）	最小值	最大值	中位值	平均值	标准差	变异系数（%）	5%	95%
	大台乡	70	0.011 9	0.602 9	0.037 9	0.053 3	0.073 7	138.3	0.020 2	0.120 1
	东板峪店村	14	0.023 7	0.092 6	0.049 1	0.050 5	0.015 5	30.7	0.034 1	0.072 2
	柏崖村	13	0.021 3	0.142 6	0.051 7	0.056 8	0.030 9	54.4	0.023 7	0.106 0
	大连地村	9	0.011 9	0.050 7	0.028 3	0.028 3	0.010 7	38.0	0.014 6	0.043 7
大台乡	坊里村	8	0.021 4	0.045 8	0.034 3	0.033 1	0.008 6	26.0	0.022 1	0.043 8
	苇子沟村	6	0.020 1	0.035 5	0.031 2	0.030 4	0.005 7	18.8	0.022 3	0.035 5
	东台村	5	0.020 3	0.602 9	0.049 4	0.151 0	0.253 1	167.7	0.021 4	0.493 6
	老路渠村	4	0.019 7	0.038 0	0.023 1	0.026 0	0.008 2	31.6	0.020 1	0.035 9
	大台村	7	0.023 7	0.036 1	0.029 6	0.029 7	0.004 0	13.6	0.024 7	0.035 0
	碳灰铺村	4	0.058 9	0.189 4	0.134 9	0.129 5	0.064 2	49.6	0.063 8	0.187 7

12.4.2.13　史家寨乡土壤汞

史家寨乡耕地、林地土壤汞统计分别如表 12-29、表 12-30 所示。

表 12-29　史家寨乡耕地土壤汞统计　　　　　　（单位：mg/kg）

乡镇	村名	样本数（个）	最小值	最大值	中位值	平均值	标准差	变异系数（%）	5%	95%
	史家寨乡	87	0.032 4	0.426 1	0.101 6	0.116 8	0.069 6	59.6	0.046 5	0.246 8
	上东漕村	4	0.080 7	0.122 0	0.089 5	0.095 4	0.018 4	19.3	0.081 5	0.117 7
	定家庄村	6	0.088 6	0.305 8	0.122 8	0.167 0	0.091 7	54.9	0.092 1	0.294 2
	葛家台村	6	0.077 5	0.125 0	0.104 5	0.102 4	0.017 9	17.5	0.079 7	0.122 9
	北辛庄村	2	0.135 6	0.145 6	0.140 6	0.140 6	0.007 1	5.0	0.136 1	0.145 1
	槐场村	17	0.047 4	0.426 1	0.073 6	0.101 5	0.091 8	90.5	0.047 7	0.231 2
	红土山村	7	0.083 3	0.294 4	0.190 5	0.183 5	0.067 0	36.5	0.099 3	0.271 4
史家寨乡	董家村	3	0.086 5	0.131 5	0.105 4	0.107 8	0.022 6	21.0	0.088 4	0.128 9
	史家寨村	13	0.046 2	0.178 4	0.107 5	0.115 8	0.040 1	34.6	0.064 2	0.173 6
	凹里村	11	0.032 4	0.204 0	0.063 7	0.078 3	0.051 5	65.8	0.037 6	0.170 9
	段庄村	9	0.047 1	0.321 6	0.060 0	0.126 5	0.096 5	76.2	0.049 3	0.277 4
	铁岭口村	4	0.058 5	0.148 2	0.112 5	0.107 9	0.042 2	39.1	0.062 9	0.146 6
	口子头村	1	0.065 3	0.065 3	0.065 3	0.065 3	—	—	0.065 3	0.065 3
	厂坊村	2	0.090 3	0.204 0	0.147 1	0.147 1	0.080 4	54.6	0.096 0	0.198 3
	草垛沟村	2	0.124 2	0.128 4	0.126 3	0.126 3	0.003 0	2.4	0.124 4	0.128 2

表 12-30　史家寨乡林地土壤汞统计　　　　（单位:mg/kg）

乡镇	村名	样本数（个）	最小值	最大值	中位值	平均值	标准差	变异系数（%）	5%	95%
史家寨乡	史家寨乡	59	0.003 0	0.309 4	0.037 5	0.060 9	0.066 8	109.7	0.012 8	0.232 3
	上东漕村	2	0.036 4	0.044 9	0.040 6	0.040 6	0.006 0	14.9	0.036 8	0.044 5
	定家庄村	3	0.042 5	0.064 0	0.046 4	0.051 0	0.011 4	22.4	0.042 9	0.062 2
	葛家台村	2	0.029 3	0.095 3	0.062 3	0.062 3	0.046 7	74.9	0.032 6	0.092 0
	北辛庄村	2	0.034 5	0.039 4	0.037 0	0.037 0	0.003 4	9.3	0.034 8	0.039 1
	槐场村	6	0.019 9	0.161 6	0.039 4	0.061 5	0.054 3	88.3	0.020 8	0.142 6
	凹里村	12	0.003 0	0.280 7	0.022 1	0.041 7	0.075 9	182.2	0.005 3	0.146 1
	史家寨村	11	0.019 3	0.126 6	0.041 8	0.047 9	0.030 7	64.1	0.019 9	0.099 4
	红土山村	5	0.015 8	0.284 2	0.027 8	0.083 2	0.114 0	137.0	0.017 3	0.240 4
	董家村	2	0.019 2	0.036 4	0.027 8	0.027 8	0.012 1	43.7	0.020 0	0.035 5
	厂坊村	2	0.031 4	0.037 5	0.034 4	0.034 4	0.004 4	12.6	0.031 7	0.037 2
	口子头村	2	0.029 3	0.309 4	0.169 3	0.169 3	0.198 1	117.0	0.043 3	0.295 4
	段庄村	3	0.054 5	0.123 4	0.087 4	0.088 4	0.034 5	39.0	0.057 8	0.119 8
	铁岭口村	5	0.026 6	0.226 9	0.075 5	0.101 4	0.078 7	77.6	0.032 1	0.206 3
	草垛沟村	2	0.030 7	0.081 7	0.056 2	0.056 2	0.036 0	64.2	0.033 2	0.079 1

第 13 章　土壤砷

13.1　土壤中砷背景值及主要来源

13.1.1　背景值总体情况

砷在地壳中的丰度为 2.2×10^{-6}。世界土壤中砷含量为 $0.1 \sim 40$ mg/kg,中值为 6 mg/kg。自然土体中的砷含量为 $0.2 \sim 400$ mg/kg,平均浓度为 5 mg/kg,我国土壤砷的平均含量为 9.29 mg/kg。虽然土壤中砷含量水平存在区域间的差异,但除一些特殊的富砷地区外,非污染土壤中砷含量通常为 $1 \sim 40$ mg/kg,一般不会超过 15 mg/kg。我国表层土壤中砷含量的分布呈现出从西南到东北递减的趋势,高海拔地区土壤砷含量高于低海拔地区的,海拔较高的土壤砷含量高于海拔较低的土壤的。我国砷元素背景值区域分布规律和分布特征总趋势为:在我国秦岭以南的广大区域,由东向西,从沿海到青藏高原,砷元素背景值由低向高逐渐变化;北方广大地区处于中等水平。

13.1.2　耕地土壤砷背景值分布规律

我国耕地土壤分布差异较大,以秦岭—淮河一线为界,以南水稻土为主,以北旱作土壤为主,其土壤砷元素背景值分布规律见表 13-1。我国土壤及河北省土壤砷背景值统计量见表 13-2。

表 13-1　我国耕地土壤砷元素背景值分布规律　　　　（单位:mg/kg）

（引自中国环境监测总站,1990）

土类名称	水稻土	潮土	娄土	绵土	黑垆土	绿洲土
背景值含量范围	3.5~20.2	6.2~13.7	6.2~13.7	9.6~13.7	9.6~13.7	6.2~13.7

表 13-2　我国土壤及河北省土壤砷背景值统计量　　　　（单位:mg/kg）

（引自中国环境监测总站,1990）

土壤层	区域	统计量				
		范围	中位值	算术平均值	几何平均值	95%范围值
A 层	全国	0.01~626	9.6	11.2±7.86	9.2±1.91	2.5~33.5
	河北省	0.01~31.7	12.1	13.6±5.11	12.8±1.44	—

续表 13-2

土壤层	区域	统计量				
		范围	中位值	算术平均值	几何平均值	95%范围值
C 层	全国	0.03～4 441	9.9	11.5±8.41	9.2±1.98	2.4～36.1
	河北省	0.01～48.8	13.1	14.2±5.08	13.3±1.44	—

13.1.3　砷背景值主要影响因子

砷背景值主要影响因子排序为土壤类型、母质母岩、地形、土地利用。

13.1.4　土壤中砷的主要来源

土壤中砷的来源主要有两个方面,一方面来自自然因素,另一方面由人为因素导致。

(1)自然因素。主要是土壤的成土母质中所含的砷元素,除个别富砷地区外,绝大多数的土壤中本底砷含量一般小于 15 mg/kg。土壤中富集砷造成的污染主要源于人为因素。

(2)人为因素。人类各种活动如开采、冶炼和产品制造等,都有可能使砷通过排气、排尘、排渣及最终产品的应用进入土壤中,这是造成砷污染的重要因素。林业上用于木材保护的砷化物及农业上利用砷化物所生产的毒鼠剂、杀虫剂、消毒液、杀菌剂和除草剂等都会引起相应的砷污染。我国农田土壤砷污染主要来自大气降沉、污水灌溉和含砷农药的喷洒等。另外,磷肥、家畜粪便等肥料的使用也会造成土壤砷的污染。

13.2　砷空间分布图

阜平县耕地土壤砷空间分布如图 13-1 所示。

砷分布特征:阜平县耕地土壤中砷的空间格局呈现北部和东部低、南部和西部高的趋势,相对较高含量砷主要分布在阜平县西南部龙泉关镇、天生桥镇、夏庄乡及东南部的城南庄镇和北果园乡,呈大片状分布,总体含量不高。总的来说,砷空间分布特征比较明显,其空间变异一方面来自于土壤母质,另一方面来自于含砷肥料、农药的使用等人类活动,其大片状分布与研究区域的矿产资源分布有关。

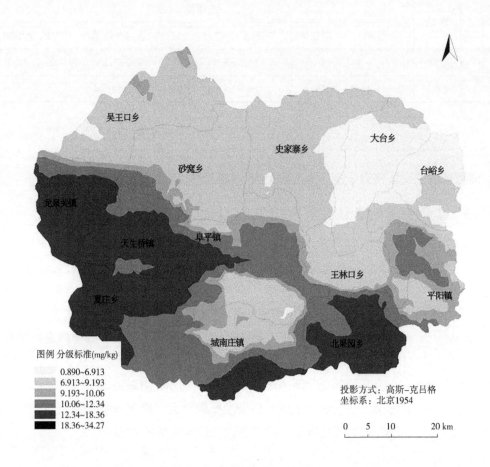

图 13-1　阜平县耕地土壤砷空间分布

13.3　砷频数分布图

13.3.1　阜平县土壤砷频数分布图

阜平县土壤砷原始数据频数分布如图 13-2 所示。

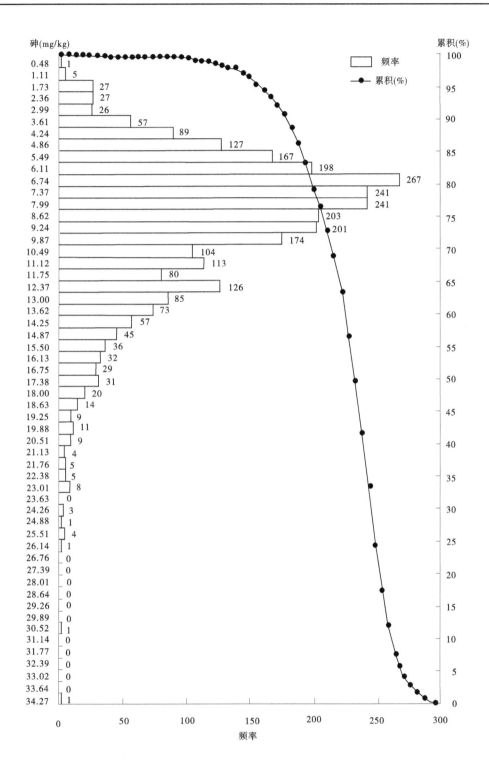

图 13-2　阜平县耕地土壤砷原始数据频数分布

13.3.2　乡镇土壤砷频数分布图

阜平镇土壤砷原始数据频数分布如图 13-3 所示。

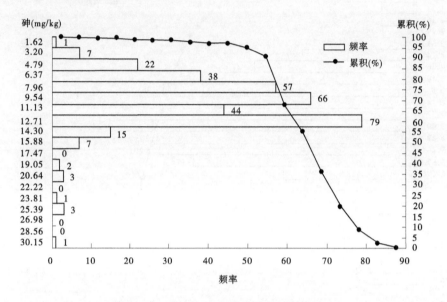

图 13-3　阜平镇土壤砷原始数据频数分布

城南庄镇土壤砷原始数据频数分布如图 13-4 所示。

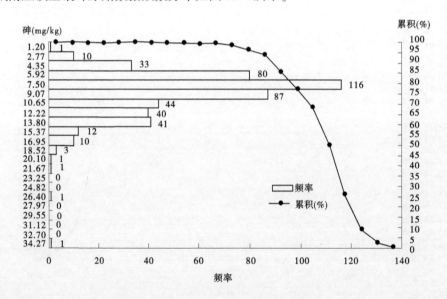

图 13-4　城南庄镇土壤砷原始数据频数分布

北果园乡土壤砷原始数据频数分布如图 13-5 所示。

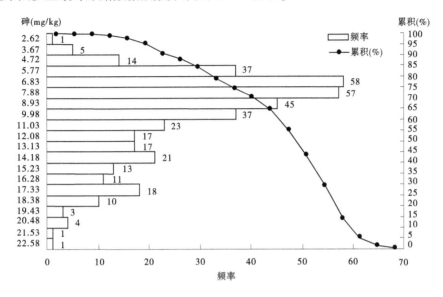

图 13-5　北果园乡土壤砷原始数据频数分布

夏庄乡土壤砷原始数据频数分布如图 13-6 所示。

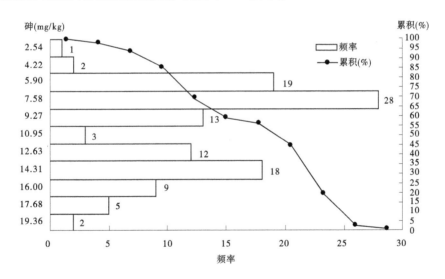

图 13-6　夏庄乡土壤砷原始数据频数分布

天生桥镇土壤砷原始数据频数分布如图 13-7 所示。

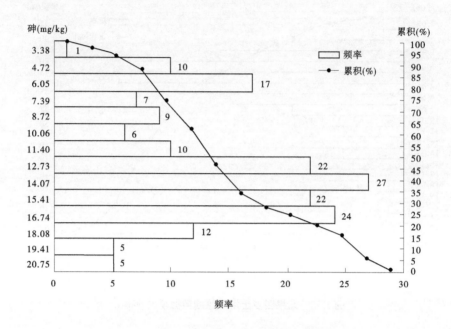

图 13-7　天生桥镇土壤砷原始数据频数分布

龙泉关镇土壤砷原始数据频数分布如图 13-8 所示。

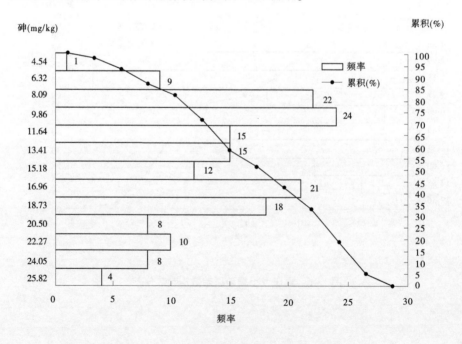

图 13-8　龙泉关镇土壤砷原始数据频数分布

砂窝乡土壤砷原始数据频数分布如图 13-9 所示。

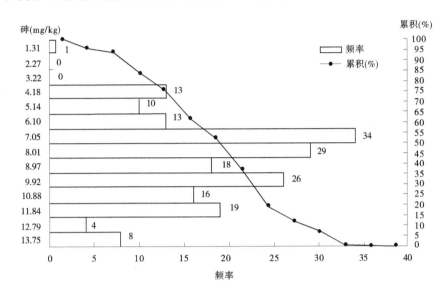

图 13-9　砂窝乡土壤砷原始数据频数分布

吴王口乡土壤砷原始数据频数分布如图 13-10 所示。

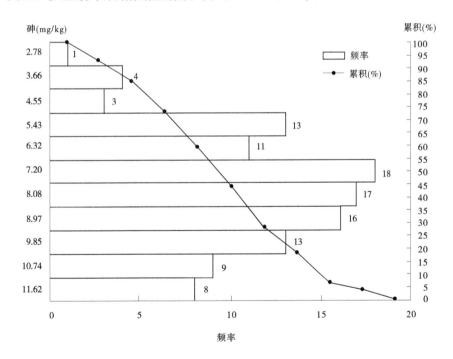

图 13-10　吴王口乡土壤砷原始数据频数分布

平阳镇土壤砷原始数据频数分布如图 13-11 所示。

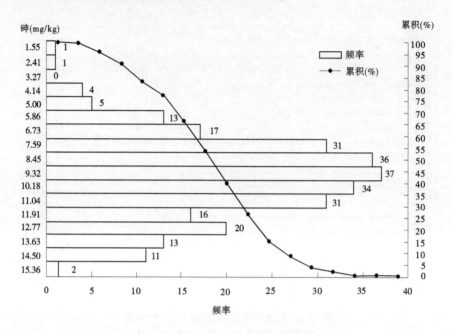

图 13-11　平阳镇土壤砷原始数据频数分布

王林口乡土壤砷原始数据频数分布如图 13-12 所示。

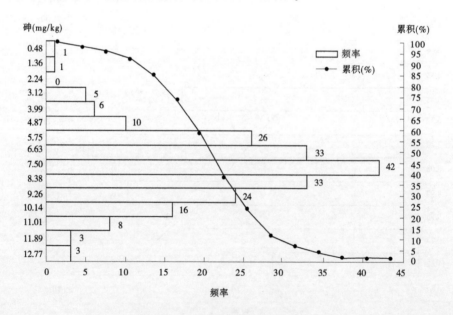

图 13-12　王林口乡土壤砷原始数据频数分布

台峪乡土壤砷原始数据频数分布如图 13-13 所示。

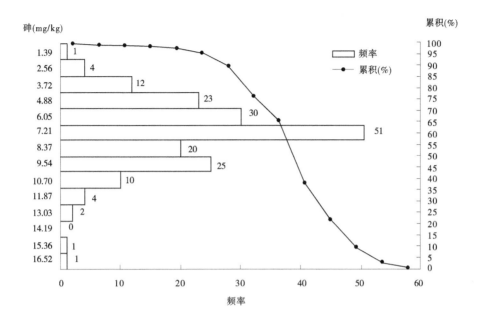

图 13-13 台峪乡土壤砷原始数据频数分布

大台乡土壤砷原始数据频数分布如图 13-14 所示。

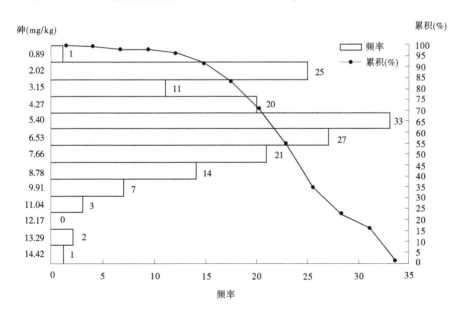

图 13-14 大台乡土壤砷原始数据频数分布

史家寨乡土壤砷原始数据频数分布如图 13-15 所示。

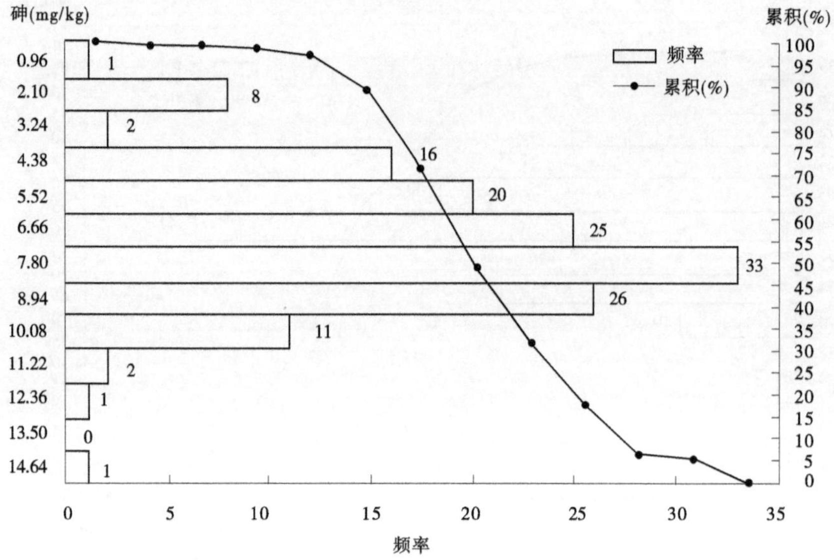

图 13-15　史家寨乡土壤砷原始数据频数分布

13.4　阜平县土壤砷统计量

13.4.1　阜平县土壤砷的统计量

阜平县耕地、林地土壤砷统计分别如表 13-3、表 13-4 所示。

表 13-3　阜平县耕地土壤砷统计　　　　　　　（单位:mg/kg）

区域	样本数（个）	最小值	最大值	中位值	平均值	标准差	变异系数（%）	5%	95%
阜平县	1 708	0.89	34.27	9.36	10.04	4.32	43.03	4.12	17.68
阜平镇	232	1.91	30.15	10.14	10.19	3.84	37.70	4.45	15.30
城南庄镇	293	1.21	34.27	8.78	9.18	4.03	43.86	4.04	15.78
北果园乡	105	5.90	22.58	14.70	14.73	3.16	21.48	9.12	19.81
夏庄乡	71	2.54	19.36	12.34	11.45	3.96	34.55	5.15	16.89
天生桥镇	132	8.57	20.75	14.26	14.34	2.56	17.84	10.64	19.29
龙泉关镇	120	4.67	25.82	15.88	15.77	4.61	29.26	8.97	22.96
砂窝乡	144	3.28	13.75	8.68	8.74	2.24	25.66	5.35	12.75

续表 13-3

区域	样本数 (个)	最小值	最大值	中位值	平均值	标准差	变异系数 (%)	5%	95%
吴王口乡	70	2.78	11.33	8.27	7.98	2.13	26.67	3.52	10.90
平阳镇	152	1.55	15.36	10.33	10.23	2.41	23.54	5.97	14.06
王林口乡	85	5.20	11.39	7.64	7.73	1.42	18.41	5.44	10.23
台峪乡	122	1.39	16.52	6.21	6.34	2.44	38.49	2.86	9.89
大台乡	95	0.89	14.42	5.77	5.46	2.76	50.54	1.19	8.90
史家寨乡	87	1.72	14.64	7.40	7.28	1.94	26.60	4.60	9.65

表 13-4　阜平县林地土壤砷统计　　　　　　　　　　　（单位：mg/kg）

区域	样本数 (个)	最小值	最大值	中位值	平均值	标准差	变异系数 (%)	5%	95%
阜平县	1 249	0.48	15.93	6.88	7.00	2.33	33.31	3.41	11.13
阜平镇	113	1.62	13.68	7.68	7.76	2.70	34.75	3.62	12.14
城南庄镇	188	1.20	13.64	6.74	6.78	2.16	31.90	3.60	10.25
北果园乡	288	2.62	13.72	7.41	7.65	2.19	28.58	4.45	11.70
夏庄乡	41	4.24	11.39	6.34	6.36	1.53	24.14	4.42	8.21
天生桥镇	45	3.38	10.27	5.71	6.05	1.68	27.76	3.88	8.89
龙泉关镇	47	4.54	15.93	7.72	8.02	2.04	25.41	5.02	10.58
砂窝乡	47	1.31	12.86	5.96	6.16	2.30	37.35	3.47	10.54
吴王口乡	43	4.19	11.62	6.60	6.80	1.77	26.08	4.57	9.96
平阳镇	120	1.73	13.22	7.92	7.93	2.02	25.45	4.38	11.17
王林口乡	126	0.48	12.77	6.66	6.72	2.23	33.14	3.09	10.46
台峪乡	62	1.77	12.12	7.08	7.30	2.09	28.60	3.77	10.62
大台乡	70	1.29	10.84	4.54	4.96	2.37	47.79	1.92	9.21
史家寨乡	59	0.96	10.16	4.89	5.16	2.05	39.63	2.01	8.53

13.4.2　乡镇区域土壤砷的统计量

13.4.2.1　阜平镇土壤砷

阜平镇耕地、林地土壤砷统计分别如表 13-5、表 13-6 所示。

表 13-5　阜平镇耕地土壤砷统计　　　　　　　（单位：mg/kg）

乡镇	村名	样本数（个）	最小值	最大值	中位值	平均值	标准差	变异系数（%）	5%	95%
阜平镇	阜平镇	232	1.91	30.15	10.14	10.19	3.84	37.70	4.45	15.30
	青沿村	4	12.26	12.44	12.33	12.34	0.08	0.60	12.27	12.43
	城厢村	2	11.04	11.38	11.21	11.21	0.24	2.10	11.06	11.36
	第一山村	1	11.99	11.99	11.99	11.99	—	—	—	—
	照旺台村	5	11.82	12.58	12.45	12.31	0.32	2.60	11.89	12.57
	原种场村	2	11.85	12.01	11.93	11.93	0.11	0.90	11.86	12.00
	白河村	2	11.67	12.44	12.06	12.06	0.54	4.50	11.71	12.40
	大元村	4	12.02	12.58	12.29	12.30	0.24	2.00	12.05	12.55
	石湖村	2	11.92	12.22	12.07	12.07	0.21	1.80	11.94	12.21
	高阜口村	10	10.84	12.36	12.13	11.97	0.46	3.80	11.24	12.34
	大道村	11	8.59	12.48	11.98	11.22	1.42	12.70	8.98	12.47
	小石坊村	5	11.53	12.68	12.62	12.41	0.49	4.00	11.73	12.68
	大石坊村	10	10.53	12.62	11.88	11.70	0.78	6.60	10.60	12.50
	黄岸底村	6	8.11	12.54	10.54	10.45	2.17	20.80	8.22	12.50
	槐树庄村	10	4.99	10.46	8.64	8.35	1.48	17.70	6.11	9.98
	崞路头村	10	6.04	9.92	8.18	8.11	1.09	13.40	6.55	9.56
阜平镇	海沿村	10	3.92	9.67	7.97	7.32	2.04	27.80	4.34	9.61
	燕头村	10	5.33	7.30	6.01	6.11	0.52	8.50	5.51	6.90
	西沟村	5	6.74	8.10	7.34	7.41	0.64	8.60	6.76	8.09
	各达头村	10	2.28	8.86	5.64	5.70	2.33	40.90	2.80	8.58
	牛栏村	6	6.04	9.74	8.70	8.33	1.41	16.90	6.40	9.64
	苍山村	10	7.61	10.37	8.49	8.74	0.98	11.25	7.68	10.14
	柳树底村	12	8.97	12.51	10.65	10.79	1.14	10.56	9.38	12.48
	土岭村	4	10.24	11.73	10.80	10.89	0.66	6.06	10.28	11.63
	法华村	10	7.34	13.16	11.58	11.07	2.12	19.16	7.38	13.16
	东漕岭村	9	5.12	15.29	10.68	10.73	3.25	30.29	6.42	14.96
	三岭会村	5	6.72	15.34	10.21	10.55	3.24	30.67	7.14	14.60
	楼房村	6	7.47	14.72	13.19	12.71	2.68	21.07	8.86	14.70
	木匠口村	13	1.91	14.31	4.63	6.20	3.87	62.37	2.56	13.42
	龙门村	26	4.12	30.15	12.78	14.08	7.02	49.83	6.51	24.34
	色岭口村	12	5.14	20.08	10.32	10.47	3.74	35.72	6.29	16.31

表 13-6　阜平镇林地土壤砷统计　　　　　　　　（单位：mg/kg）

乡镇	村名	样本数（个）	最小值	最大值	中位值	平均值	标准差	变异系数（%）	5%	95%
阜平镇	阜平镇	113	1.62	13.68	7.68	7.76	2.70	34.8	3.62	12.14
	高阜口村	2	7.55	8.47	8.01	8.01	0.65	8.1	7.60	8.42
	大石坊村	7	7.29	9.47	8.80	8.45	0.85	10.1	7.30	9.32
	小石坊村	6	7.26	10.35	7.96	8.36	1.08	12.9	7.42	9.95
	黄岸底村	6	1.62	12.20	9.06	7.65	3.91	51.1	2.29	11.57
	槐树庄村	3	4.75	5.76	5.20	5.23	0.51	9.7	4.79	5.70
	峝路头村	7	4.07	9.48	5.21	5.98	1.80	30.2	4.31	8.71
	西沟村	2	5.20	8.13	6.66	6.66	2.08	31.2	5.34	7.99
	燕头村	3	3.99	7.06	4.72	5.26	1.60	30.5	4.06	6.83
	各达头村	5	5.09	9.31	7.68	7.50	1.52	20.3	5.58	9.03
	牛栏村	3	5.07	9.49	5.99	6.85	2.33	34.1	5.16	9.14
	海沿村	4	6.28	10.42	6.69	7.52	1.96	26.1	6.29	9.91
	苍山村	3	6.54	9.14	8.92	8.20	1.44	17.6	6.77	9.12
	土岭村	16	1.89	13.44	7.46	7.86	3.17	40.3	3.17	12.80
	楼房村	9	3.02	12.07	7.14	6.94	2.48	35.8	3.80	10.43
	木匠口村	9	2.88	10.09	6.64	6.60	2.55	38.7	3.19	9.72
	龙门村	12	1.96	13.68	11.56	9.89	3.97	40.2	3.22	13.53
	色岭口村	12	5.66	12.08	8.77	8.99	2.25	25.1	5.82	11.85
	三岭会村	4	5.02	10.36	8.53	8.11	2.49	30.7	5.34	10.29

13.4.2.2　城南庄镇土壤砷

城南庄镇耕地、林地土壤砷统计分别如表 13-7、表 13-8 所示。

表 13-7　城南庄镇耕地土壤砷统计　　　　　　（单位：mg/kg）

乡镇	村名	样本数（个）	最小值	最大值	中位值	平均值	标准差	变异系数（%）	5%	95%
城南庄镇	城南庄镇	293	1.21	34.27	8.78	9.18	4.03	43.86	4.04	15.78
	岔河村	24	5.62	15.36	9.68	9.58	2.72	28.44	5.94	14.39
	三官村	12	8.78	17.36	12.64	13.13	2.36	17.99	9.99	17.07
	麻棚村	12	5.00	16.27	13.64	12.78	3.80	29.71	5.14	16.09
	大岸底村	18	4.07	15.90	6.77	8.88	3.92	44.14	4.69	14.12
	北桑地村	10	4.77	12.26	6.61	6.75	2.12	31.36	4.83	9.97
	井沟村	18	1.45	12.87	6.19	6.44	3.53	54.74	1.70	12.29

续表 13-7

乡镇	村名	样本数（个）	最小值	最大值	中位值	平均值	标准差	变异系数（%）	5%	95%
城南庄镇	栗树漕村	30	1.21	16.10	8.54	8.29	3.09	37.30	3.62	13.49
	易家庄村	18	4.34	9.25	6.34	6.44	1.35	20.96	4.70	9.02
	万宝庄村	13	2.70	8.26	5.54	5.84	1.84	31.58	2.85	8.15
	华山村	12	4.71	13.68	10.05	9.29	3.19	34.36	5.04	13.19
	南安村	9	4.78	13.55	9.54	9.34	3.11	33.33	5.19	13.01
	向阳庄村	4	7.68	11.01	9.57	9.46	1.38	14.56	7.93	10.83
	福子峪村	5	5.61	11.30	9.04	8.91	2.49	27.89	5.96	11.30
	宋家沟村	10	2.36	12.82	9.02	8.77	3.67	41.82	2.41	12.56
	石猴村	5	6.11	11.43	9.01	8.83	2.08	23.61	6.40	11.16
	北工村	5	6.07	11.70	6.39	8.21	2.68	32.63	6.13	11.46
	顾家沟村	11	7.48	12.52	10.14	9.83	1.43	14.59	7.97	11.68
	城南庄村	20	2.97	12.92	8.78	8.75	2.60	29.68	4.29	12.14
	谷家庄村	16	3.31	13.92	10.73	9.65	3.83	39.64	4.17	13.83
	后庄村	13	12.02	16.24	13.08	13.33	1.17	8.78	12.12	15.47
	南台村	28	2.11	34.27	6.87	10.87	7.56	69.53	4.79	23.58

表 13-8　城南庄镇林地土壤砷统计　（单位：mg/kg）

乡镇	村名	样本数（个）	最小值	最大值	中位值	平均值	标准差	变异系数（%）	5%	95%
城南庄镇	城南庄镇	188	1.20	13.64	6.74	6.78	2.16	31.90	3.60	10.25
	三官村	3	6.50	8.57	7.78	7.62	1.05	13.76	6.62	8.49
	岔河村	23	4.28	13.64	6.54	7.01	2.14	30.57	4.36	10.27
	麻棚村	9	4.67	9.05	6.13	6.35	1.28	20.12	4.94	8.45
	大岸底村	3	3.10	8.96	7.28	6.45	3.01	46.77	3.52	8.79
	井沟村	9	5.58	9.06	7.43	7.39	1.18	15.96	5.86	8.98
	栗树漕村	10	1.20	9.83	5.03	5.32	2.31	43.39	2.47	8.50
	南台村	12	2.50	11.50	8.49	7.39	3.01	40.70	3.14	11.09
	后庄村	18	3.04	8.49	4.68	5.45	1.70	31.23	3.49	8.19
	谷家庄村	7	5.14	9.45	6.88	7.33	1.58	21.54	5.38	9.28
	福子峪村	25	2.80	13.37	7.08	6.70	2.43	36.26	3.15	9.57
	向阳庄村	5	4.02	12.40	4.70	6.84	3.64	53.15	4.09	11.66
	南安村	2	4.33	7.06	5.70	5.70	1.93	33.92	4.47	6.93

续表 13-8

乡镇	村名	样本数（个）	最小值	最大值	中位值	平均值	标准差	变异系数（%）	5%	95%
城南庄镇	城南庄村	4	7.96	9.04	8.38	8.44	0.48	5.71	7.99	8.97
	万宝庄村	8	3.02	11.93	6.78	7.00	2.59	37.04	3.93	10.85
	华山村	2	5.57	7.00	6.28	6.28	1.01	16.08	5.64	6.93
	易家庄村	3	6.13	6.83	6.67	6.55	0.37	5.62	6.19	6.82
	宋家沟村	12	4.19	11.87	8.18	8.03	2.18	27.19	4.77	11.21
	石猴村	5	4.61	9.06	8.16	7.73	1.79	23.21	5.30	9.00
	北工村	18	3.53	8.33	6.00	6.09	1.36	22.28	3.83	8.25
	顾家沟村	10	4.16	12.02	7.67	7.73	2.38	30.80	4.45	11.01

13.4.2.3　北果园乡土壤砷

北果园乡耕地、林地土壤砷统计分别如表 13-9、表 13-10 所示。

表 13-9　北果园乡耕地土壤砷统计　　　　　　（单位：mg/kg）

乡镇	村名	样本数（个）	最小值	最大值	中位值	平均值	标准差	变异系数（%）	5%	95%
北果园乡	北果园乡	105	5.90	22.58	14.70	14.73	3.16	21.48	9.12	19.81
	古洞村	3	15.09	22.58	17.16	18.28	3.87	21.16	15.30	22.04
	魏家峪村	4	16.40	19.24	16.90	17.36	1.33	7.65	16.41	18.96
	水泉村	2	17.02	17.85	17.44	17.44	0.59	3.37	17.06	17.81
	城铺村	2	17.75	18.18	17.97	17.97	0.30	1.69	17.77	18.16
	黄连峪村	2	16.78	18.48	17.63	17.63	1.20	6.82	16.87	18.40
	革新庄村	2	13.48	16.96	15.22	15.22	2.46	16.17	13.65	16.79
	卞家峪村	2	17.06	17.44	17.25	17.25	0.27	1.56	17.08	17.42
	李家庄村	5	11.86	17.26	15.28	14.94	2.03	13.59	12.35	17.01
	下庄村	2	14.56	15.46	15.01	15.01	0.64	4.24	14.61	15.42
	光城村	3	12.36	17.70	16.77	15.61	2.85	18.28	12.80	17.61
	崔家庄村	9	8.46	17.24	13.99	13.70	2.31	16.88	10.29	16.26
	倪家洼村	4	13.54	18.98	16.10	16.18	2.25	13.88	13.86	18.61
	乡细沟村	6	8.64	17.92	16.86	15.44	3.50	22.67	10.18	17.83
	草场口村	3	13.76	19.95	15.23	16.31	3.23	19.82	13.91	19.48
	张家庄村	3	14.30	16.58	15.30	15.39	1.14	7.42	14.40	16.45
	惠民湾村	5	5.90	9.34	7.17	7.69	1.51	19.67	6.09	9.31
	北果园村	9	11.89	15.28	14.16	13.74	1.41	10.28	11.92	15.27

续表 13-9

乡镇	村名	样本数（个）	最小值	最大值	中位值	平均值	标准差	变异系数（%）	5%	95%
北果园乡	槐树底村	4	11.03	14.58	13.16	12.98	1.47	11.36	11.32	14.40
	吴家沟村	7	9.11	13.72	11.71	11.16	1.73	15.53	9.18	13.27
	广安村	5	9.81	14.54	12.86	12.44	1.88	15.13	10.11	14.36
	抬头湾村	4	12.06	14.70	13.13	13.26	1.37	10.37	12.07	14.62
	店房村	6	13.68	20.35	15.87	16.35	2.55	15.58	13.78	19.82
	固镇村	6	13.49	18.30	16.77	16.41	1.62	9.88	14.13	18.01
	营岗村	2	13.19	13.83	13.51	13.51	0.45	3.35	13.22	13.80
	半沟村	2	13.68	20.31	17.00	17.00	4.69	27.59	14.01	19.98
	小花沟村	1	21.50	21.50	21.50	21.50	——	——	21.50	21.50
	东山村	2	17.28	20.16	18.72	18.72	2.04	10.88	17.42	20.02

表 13-10　北果园乡林地土壤砷统计　　　　　　（单位：mg/kg）

乡镇	村名	样本数（个）	最小值	最大值	中位值	平均值	标准差	变异系数（%）	5%	95%
北果园乡	北果园乡	288	2.62	13.72	7.41	7.65	2.19	28.58	4.45	11.70
	黄连峪村	7	6.09	9.76	7.33	7.53	1.12	14.89	6.38	9.18
	东山村	5	7.92	11.44	9.64	9.37	1.43	15.25	7.96	11.10
	东城铺村	22	6.34	11.82	9.62	9.55	1.38	14.48	7.58	11.79
	革新庄村	20	3.80	11.29	7.48	7.86	1.84	23.37	5.77	10.33
	水泉村	12	2.62	12.47	7.62	7.51	3.04	40.48	2.95	11.66
	古洞村	15	5.09	12.48	9.20	8.74	2.26	25.85	5.93	12.48
	下庄村	11	4.04	12.32	9.12	8.84	2.30	26.05	5.39	11.50
	魏家峪村	10	7.60	13.31	9.55	10.27	2.13	20.73	7.94	12.99
	卞家峪村	26	5.20	13.02	7.33	8.02	2.15	26.76	5.32	11.15
	李家庄村	15	3.56	7.76	5.30	5.36	1.14	21.27	3.85	7.19
	小花沟村	9	4.06	6.49	5.30	5.19	0.90	17.32	4.09	6.35
	半沟村	10	4.15	7.94	6.11	6.20	1.13	18.22	4.57	7.93
	营岗村	7	5.68	7.31	6.27	6.29	0.57	9.07	5.70	7.11
	光城村	3	5.24	7.84	6.52	6.53	1.30	19.95	5.36	7.71
	崔家庄村	9	2.91	8.55	7.24	6.53	1.91	29.27	3.61	8.40
	北果园村	13	3.28	12.59	8.59	8.54	2.50	29.22	4.44	11.93
	槐树底村	8	5.88	13.72	11.18	10.37	3.03	29.21	5.93	13.65

续表 13-10

乡镇	村名	样本数（个）	最小值	最大值	中位值	平均值	标准差	变异系数（%）	5%	95%
北果园乡	吴家沟村	18	4.70	9.57	7.75	7.62	1.32	17.38	5.28	9.50
	抬头窝村	6	7.28	8.98	8.14	8.19	0.59	7.23	7.45	8.90
	广安村	5	4.77	6.73	5.86	5.91	0.77	13.04	4.95	6.68
	店房村	12	3.38	7.50	5.33	5.41	1.08	20.02	3.95	7.15
	固镇村	5	5.10	7.29	5.41	5.95	0.93	15.67	5.16	7.14
	倪家洼村	5	5.76	8.77	7.25	7.26	1.30	17.92	5.85	8.68
	细沟村	9	5.98	8.41	7.20	7.24	0.84	11.65	6.12	8.41
	草场口村	4	6.88	10.28	8.86	8.72	1.50	17.15	7.08	10.16
	惠民湾村	14	4.75	9.58	7.22	7.25	1.24	17.05	5.70	8.90
	张家庄村	8	5.11	7.61	6.64	6.45	0.85	13.25	5.17	7.43

13.4.2.4　夏庄乡土壤砷

夏庄乡耕地、林地土壤砷统计分别如表 13-11、表 13-12 所示。

表 13-11　夏庄乡耕地土壤砷统计　　　　　　　　　　（单位：mg/kg）

乡镇	村名	样本数（个）	最小值	最大值	中位值	平均值	标准差	变异系数（%）	5%	95%
夏庄乡	夏庄乡	71	2.54	19.36	12.34	11.45	3.96	34.55	5.15	16.89
	夏庄村	26	2.54	19.36	14.13	13.22	4.31	32.62	4.43	18.80
	菜池村	22	4.62	15.82	8.28	9.69	3.28	33.90	5.99	14.41
	二道庄村	7	9.15	15.74	12.20	11.95	2.41	20.19	9.32	15.04
	面盆村	13	3.63	14.09	12.22	10.31	4.00	38.78	4.86	14.01
	羊道村	3	11.56	14.24	13.08	12.96	1.34	10.37	11.71	14.12

表 13-12　　夏庄乡林地土壤砷统计　　　　（单位：mg/kg）

乡镇	村名	样本数（个）	最小值	最大值	中位值	平均值	标准差	变异系数（%）	5%	95%
夏庄乡	夏庄乡	41	4.24	11.39	6.34	6.36	1.53	24.14	4.42	8.21
	菜池村	12	4.81	7.65	6.28	6.30	1.13	18.01	4.89	7.63
	夏庄村	8	5.28	6.97	6.35	6.12	0.66	10.80	5.30	6.85
	二道庄村	9	4.86	11.39	6.79	7.57	2.21	29.17	5.22	11.19
	面盆村	7	4.24	6.01	4.76	4.94	0.74	15.06	4.27	5.99
	羊道村	5	5.16	8.21	6.34	6.67	1.27	18.98	5.31	8.11

13.4.2.5　天生桥镇土壤砷

天生桥镇耕地、林地土壤砷统计分别如表 13-13、表 13-14 所示。

表 13-13　　天生桥镇耕地土壤砷统计　　　　（单位：mg/kg）

乡镇	村名	样本数（个）	最小值	最大值	中位值	平均值	标准差	变异系数（%）	5%	95%
天生桥镇	天生桥镇	132	8.57	20.75	14.26	14.34	2.56	17.84	10.64	19.29
	不老树村	18	13.38	20.07	16.34	16.23	1.56	9.58	14.22	18.40
	龙王庙村	22	10.89	19.38	14.88	14.93	2.19	14.67	12.35	19.29
	大车沟村	3	15.86	19.94	19.22	18.34	2.18	11.87	16.20	19.87
	南栗元铺村	14	9.01	14.13	12.31	12.27	1.21	9.88	10.66	14.06
	北栗元铺村	15	11.41	16.31	13.28	13.43	1.50	11.16	11.68	15.80
	红草河村	5	12.68	18.42	15.86	15.86	2.18	13.73	13.17	18.17
	罗家庄村	5	8.57	13.94	10.76	10.93	1.92	17.61	8.97	13.31
	东下关村	8	9.98	14.24	12.96	12.75	1.41	11.03	10.67	14.14
	朱家营村	13	8.71	20.75	12.40	13.47	3.97	29.46	8.97	20.08
	沿台村	6	13.88	17.50	15.32	15.39	1.26	8.21	14.02	17.10
	大教厂村	13	10.98	20.63	13.82	14.25	2.64	18.51	11.05	18.04
	西下关村	6	13.41	16.12	15.35	15.24	0.98	6.46	13.84	16.11
	塔沟村	4	14.50	17.37	16.30	16.12	1.43	8.90	14.62	17.36

表 13-14　天生桥镇林地土壤砷统计　　　　　（单位：mg/kg）

乡镇	村名	样本数（个）	最小值	最大值	中位值	平均值	标准差	变异系数（％）	5%	95%
天生桥镇	天生桥镇	45	3.38	10.27	5.71	6.05	1.68	27.76	3.88	8.89
	不老树村	4	3.38	8.58	7.64	6.81	2.42	35.50	3.90	8.56
	龙王庙村	9	3.83	7.28	4.99	5.37	1.23	22.90	4.04	7.22
	大车沟村	2	5.90	7.98	6.94	6.94	1.47	21.18	6.01	7.88
	北栗元铺村	2	4.01	9.10	6.55	6.55	3.60	54.96	4.26	8.84
	南栗元铺村	2	5.12	5.31	5.21	5.21	0.14	2.67	5.12	5.30
	红草河村	5	3.87	7.19	4.91	5.35	1.30	24.33	4.03	6.97
	天生桥村	2	7.56	8.10	7.83	7.83	0.38	4.85	7.59	8.07
	罗家庄村	3	8.72	10.27	8.94	9.31	0.84	9.04	8.74	10.14
	塔沟村	2	5.16	5.63	5.39	5.39	0.33	6.16	5.18	5.60
	西下关村	2	3.92	5.71	4.81	4.81	1.27	26.32	4.01	5.62
	大教厂村	2	4.95	6.45	5.70	5.70	1.06	18.59	5.03	6.38
	沿台村	2	5.45	6.04	5.75	5.75	0.42	7.31	5.48	6.01
	朱家营村	8	4.02	8.02	5.69	5.70	1.31	23.07	4.07	7.58

13.4.2.6　龙泉关镇土壤砷

龙泉关镇耕地、林地土壤砷统计分别如表 13-15、表 13-16 所示。

表 13-15　龙泉关镇耕地土壤砷统计　　　　　（单位：mg/kg）

乡镇	村名	样本数（个）	最小值	最大值	中位值	平均值	标准差	变异系数（％）	5%	95%
龙泉关镇	龙泉关镇	120	4.67	25.82	15.88	15.77	4.61	29.26	8.97	22.96
	骆驼湾村	8	15.66	20.90	17.09	17.40	1.64	9.43	15.86	19.89
	大胡卜村	3	7.53	17.73	15.08	13.45	5.29	39.34	8.29	17.47
	黑林沟村	4	12.22	18.92	14.76	15.16	3.11	20.53	12.34	18.55
	印钞石村	8	11.08	21.78	14.62	14.88	3.60	24.18	11.24	20.30
	黑崖沟村	16	11.96	23.70	16.21	16.80	3.29	19.58	11.96	21.51
	西刘庄村	16	7.77	22.97	16.17	16.77	4.59	27.39	10.63	22.96
	龙泉关村	18	4.67	25.82	21.35	19.15	5.79	30.22	10.94	25.41
	顾家台村	5	12.64	18.72	16.67	15.79	2.84	17.99	12.70	18.58
	青羊沟村	4	15.51	22.41	17.55	18.26	3.02	16.53	15.69	21.81
	北刘庄村	13	12.90	22.47	18.04	17.65	2.82	15.97	13.44	22.10
	八里庄村	13	7.59	17.54	9.69	11.53	3.46	30.01	8.42	17.31
	平石头村	12	8.47	12.29	10.00	10.04	1.00	10.01	8.73	11.39

表 13-16　龙泉关镇林地土壤砷统计　　　　　（单位：mg/kg）

乡镇	村名	样本数（个）	最小值	最大值	中位值	平均值	标准差	变异系数（%）	5%	95%
龙泉关镇	龙泉关镇	47	4.54	15.93	7.72	8.02	2.04	25.41	5.02	10.58
	平石头村	6	5.97	9.65	7.35	7.63	1.72	22.49	6.00	9.58
	八里庄村	5	6.42	11.00	9.49	9.01	1.92	21.29	6.67	10.89
	北刘庄村	6	4.61	9.22	7.25	7.19	1.66	23.08	5.07	9.01
	大胡卜村	2	6.22	6.79	6.51	6.51	0.41	6.23	6.25	6.76
	黑林沟村	3	4.54	7.85	4.77	5.72	1.85	32.28	4.57	7.54
	骆驼湾村	6	6.77	10.64	7.63	8.03	1.38	17.20	6.87	10.07
	顾家台村	2	9.86	10.28	10.07	10.07	0.30	2.98	9.88	10.26
	青羊沟村	1	7.50	7.50	7.50	7.50	—	—	7.50	7.50
	龙泉关村	2	6.85	15.93	11.39	11.39	6.42	56.40	7.30	15.48
	西刘庄村	6	5.62	10.30	8.67	8.45	1.72	20.38	6.14	10.15
	黑崖沟村	5	7.51	9.97	8.71	8.62	1.06	12.27	7.53	9.83
	印钞石村	3	5.97	8.00	6.60	6.86	1.04	15.14	6.03	7.86

13.4.2.7　砂窝乡土壤砷

砂窝乡耕地、林地土壤砷统计分别如表 13-17、表 13-18 所示。

表 13-17　砂窝乡耕地土壤砷统计　　　　　（单位：mg/kg）

乡镇	村名	样本数（个）	最小值	最大值	中位值	平均值	标准差	变异系数（%）	5%	95%
砂窝乡	砂窝乡	144	3.28	13.75	8.68	8.74	2.24	25.66	5.35	12.75
	大柳树村	10	7.21	13.44	10.12	10.88	2.15	19.76	8.16	13.44
	下堡村	8	7.41	11.89	10.00	9.91	1.62	16.33	7.77	11.74
	盘龙台村	6	8.66	11.26	10.15	10.03	1.09	10.88	8.71	11.22
	林当沟村	12	5.10	12.37	9.63	9.25	2.17	23.48	5.92	12.05
	上堡村	14	5.15	11.29	8.14	8.25	1.94	23.55	5.68	11.28
	黑印台村	8	6.34	13.73	6.78	7.86	2.56	32.51	6.37	12.18
	碾子沟门村	13	3.91	13.75	7.86	8.46	3.05	36.08	4.76	13.46
	百亩台村	17	5.97	10.81	7.97	8.14	1.43	17.59	6.34	9.99
	龙王庄村	11	6.52	12.64	8.05	8.60	1.88	21.91	6.65	11.71
	砂窝村	11	7.07	11.58	8.17	8.68	1.62	18.63	7.16	11.34
	河彩村	5	6.86	11.00	7.27	7.94	1.72	21.69	6.92	10.29
	龙王沟村	7	4.48	11.02	7.99	8.05	2.31	28.66	5.00	10.80
	仙湾村	6	6.82	13.22	8.62	9.35	2.61	27.91	6.87	12.87
	砂台村	6	9.46	11.14	10.46	10.43	0.57	5.43	9.67	11.05
	全庄村	10	3.28	11.68	6.19	6.80	2.81	41.33	3.87	11.53

表 13-18 砂窝乡林地土壤砷统计 （单位:mg/kg）

乡镇	村名	样本数（个）	最小值	最大值	中位值	平均值	标准差	变异系数（%）	5%	95%
砂窝乡	砂窝乡	47	1.31	12.86	5.96	6.16	2.30	37.35	3.47	10.54
	下堡村	2	6.49	6.95	6.72	6.72	0.33	4.86	6.52	6.93
	盘龙台村	2	4.93	8.08	6.50	6.50	2.23	34.34	5.08	7.93
	林当沟村	4	5.77	9.44	6.69	7.15	1.61	22.45	5.87	9.07
	上堡村	3	7.56	8.08	7.68	7.77	0.27	3.49	7.57	8.04
	碾子沟门村	3	3.58	4.06	3.61	3.75	0.27	7.12	3.59	4.02
	黑印台村	4	3.35	11.01	5.74	6.46	3.35	51.94	3.55	10.38
	大柳树村	4	4.93	7.78	5.24	5.80	1.34	23.06	4.96	7.43
	全庄村	2	1.31	4.07	2.69	2.69	1.95	72.52	1.45	3.93
	百亩台村	2	3.99	6.12	5.05	5.05	1.50	29.75	4.10	6.01
	龙王庄村	2	4.18	4.53	4.35	4.35	0.25	5.81	4.19	4.52
	龙王沟村	4	3.42	5.73	3.84	4.21	1.05	24.90	3.45	5.48
	河彩村	6	7.37	12.86	9.17	9.60	2.14	22.34	7.44	12.49
	砂窝村	5	3.89	6.67	5.73	5.59	1.05	18.79	4.21	6.57
	砂台村	2	4.77	6.76	5.77	5.77	1.41	24.43	4.87	6.66
	仙湾村	2	5.96	6.89	6.42	6.42	0.66	10.29	6.00	6.85

13.4.2.8 吴王口乡土壤砷

吴王口乡耕地、林地土壤砷统计分别如表 13-19、表 13-20 所示。

表 13-19 吴王口乡耕地土壤砷统计 （单位:mg/kg）

乡镇	村名	样本数（个）	最小值	最大值	中位值	平均值	标准差	变异系数（%）	5%	95%
吴王口乡	吴王口乡	70	2.78	11.33	8.27	7.98	2.13	26.67	3.52	10.90
	银河村	3	3.18	9.66	5.92	6.25	3.25	52.02	3.45	9.28
	南辛庄村	1	8.73	8.73	8.73	8.73	—	—	8.73	8.73
	三岔村	1	7.11	7.11	7.11	7.11	—	—	7.11	7.11
	寿长寺村	2	7.50	8.62	8.06	8.06	0.79	9.80	7.56	8.56
	南庄旺村	2	7.16	7.63	7.40	7.40	0.33	4.48	7.19	7.61
	岭东村	11	3.27	11.08	6.37	6.80	3.03	44.50	3.35	10.91
	桃园坪村	10	4.94	10.07	7.60	7.61	1.69	22.26	5.09	9.76
	周家河村	2	9.28	11.02	10.15	10.15	1.23	12.14	9.36	10.93
	不老台村	5	7.52	10.37	8.51	8.85	1.24	14.00	7.61	10.28

续表 13-19

乡镇	村名	样本数（个）	最小值	最大值	中位值	平均值	标准差	变异系数（%）	5%	95%
吴王口乡	石滩地村	9	7.18	11.28	8.20	8.73	1.49	17.05	7.30	11.02
	邓家庄村	11	6.56	10.75	8.66	8.40	1.38	16.4	6.65	10.32
	吴王口村	6	6.32	10.18	8.02	8.21	1.47	17.93	6.53	10.02
	黄草洼村	7	2.78	11.33	9.73	8.23	3.41	41.41	3.11	11.01

表 13-20　吴王口乡林地土壤砷统计　　　　　（单位：mg/kg）

乡镇	村名	样本数（个）	最小值	最大值	中位值	平均值	标准差	变异系数（%）	5%	95%
吴王口乡	吴王口乡	43	4.19	11.62	6.60	6.80	1.77	26.08	4.57	9.96
	石滩地村	4	5.58	6.64	5.82	5.96	0.48	8.12	5.59	6.54
	邓家庄村	4	4.56	6.73	5.67	5.66	1.05	18.48	4.62	6.67
	吴王口村	2	4.19	8.01	6.10	6.10	2.70	44.28	4.38	7.82
	周家河村	3	4.33	6.15	5.18	5.22	0.91	17.38	4.42	6.05
	不老台村	6	4.97	8.44	5.38	5.94	1.29	21.77	5.04	7.89
	黄草洼村	1	6.60	6.60	6.60	6.60	—	—	6.60	6.60
	岭东村	9	4.67	11.62	7.25	7.37	2.23	30.24	4.71	10.60
	南庄旺村	4	6.94	8.64	7.88	7.83	0.70	8.98	7.06	8.54
	寿长寺村	2	6.83	6.87	6.85	6.85	0.03	0.41	6.83	6.87
	银河村	1	11.12	11.12	11.12	11.12	—	—	11.12	11.12
	南辛庄村	1	8.92	8.92	8.92	8.92	—	—	8.92	8.92
	三岔村	1	7.85	7.85	7.85	7.85	—	—	7.85	7.85
	桃园坪村	5	5.64	10.06	6.16	7.32	2.00	27.30	5.69	9.81

13.4.2.9　平阳镇土壤砷

平阳镇耕地、林地土壤砷统计分别如表 13-21、表 13-22 所示。

表 13-21 平阳镇耕地土壤砷统计 （单位：mg/kg）

乡镇	村名	样本数（个）	最小值	最大值	中位值	平均值	标准差	变异系数（%）	5%	95%
	平阳镇	152	1.55	15.36	10.33	10.23	2.41	23.54	5.97	14.06
	康家峪村	14	9.49	14.34	11.39	11.70	1.68	14.32	9.56	14.33
	皂火峪村	5	8.70	12.40	10.42	10.26	1.42	13.89	8.81	12.02
	白山村	1	13.72	13.72	13.72	13.72	—	—	13.72	13.72
	北庄村	14	6.45	12.55	10.12	10.18	1.48	14.58	8.23	12.07
	黄岸村	5	9.52	13.21	12.17	11.94	1.45	12.10	10.01	13.14
	长角村	3	9.56	14.68	9.71	11.32	2.91	25.73	9.58	14.18
	石湖村	3	7.12	9.26	8.00	8.13	1.08	13.25	7.21	9.13
	车道村	2	7.55	8.45	8.00	8.00	0.63	7.92	7.59	8.40
	东板峪村	8	8.73	13.44	10.48	10.48	1.65	15.72	8.75	12.92
	罗峪村	6	10.31	12.70	12.07	11.71	1.06	9.06	10.37	12.66
平阳镇	铁岭村	4	1.55	12.33	7.34	7.14	4.70	65.77	2.12	11.88
	王快村	9	5.79	10.45	7.78	7.95	1.60	20.12	5.90	10.09
	平阳村	11	7.84	15.36	12.81	12.42	2.21	17.78	8.54	14.89
	上平阳村	8	9.48	13.15	12.02	11.63	1.14	9.84	9.89	12.85
	白家峪村	11	4.85	14.42	13.76	10.88	3.81	35.03	5.29	14.26
	立彦头村	10	6.33	11.47	9.63	9.04	1.89	20.93	6.55	11.26
	冯家口村	9	5.79	11.52	9.11	9.00	1.95	21.62	6.05	11.52
	土门村	14	5.86	12.20	8.88	9.01	1.55	17.23	6.81	11.06
	台南村	2	9.05	10.93	9.99	9.99	1.33	13.31	9.14	10.84
	北水峪村	8	5.85	12.96	11.28	10.77	2.41	22.36	6.92	12.92
	山咀头村	3	8.32	9.16	9.02	8.83	0.45	5.09	8.39	9.15
	各老村	2	7.75	8.05	7.90	7.90	0.21	2.67	7.77	8.04

表 13-22　平阳镇林地土壤砷统计　　　　（单位：mg/kg）

乡镇	村名	样本数（个）	最小值	最大值	中位值	平均值	标准差	变异系数（%）	5%	95%
平阳镇	平阳镇	120	1.73	13.22	7.92	7.93	2.02	25.45	4.38	11.17
	康家峪村	8	6.11	10.60	8.21	8.33	1.60	19.16	6.29	10.44
	石湖村	4	3.73	8.09	4.99	5.45	2.04	37.39	3.76	7.78
	长角村	7	4.38	8.71	6.02	6.41	1.60	24.99	4.65	8.63
	黄岸村	7	3.73	10.02	7.41	6.95	2.20	31.70	3.99	9.62
	车道村	7	1.73	7.55	6.28	5.81	1.94	33.34	2.86	7.37
	东板峪村	5	7.47	10.64	8.38	8.70	1.32	15.19	7.50	10.39
	北庄村	8	7.36	13.22	8.48	9.26	1.90	20.49	7.59	12.32
	皂火峪村	4	3.76	9.43	7.88	7.24	2.54	35.11	4.24	9.33
	白家峪村	6	9.48	11.94	11.26	11.07	0.95	8.61	9.76	11.92
	土门村	6	5.91	9.69	7.48	7.63	1.26	16.58	6.18	9.32
	立彦头村	5	4.49	11.14	9.50	9.11	2.71	29.73	5.47	11.12
	冯家口村	11	6.43	13.16	8.63	9.28	2.16	23.33	6.44	12.87
	罗峪村	4	5.42	9.32	7.16	7.26	1.69	23.26	5.58	9.10
	白山村	6	6.30	9.83	8.30	8.01	1.30	16.17	6.41	9.53
	铁岭村	4	5.79	7.19	6.71	6.60	0.60	9.02	5.91	7.14
	王快村	4	4.31	7.39	6.56	6.21	1.46	23.50	4.54	7.38
	各老村	6	7.58	9.88	9.07	8.81	1.03	11.67	7.58	9.82
	山咀头村	1	7.38	7.38	7.38	7.38	—	—	7.38	7.38
	台南村	1	7.06	7.06	7.06	7.06	—	—	7.06	7.06
	北水峪村	5	7.11	8.69	7.85	7.84	0.58	7.43	7.20	8.55
	上平阳村	4	8.10	8.72	8.36	8.38	0.26	3.10	8.13	8.67
	平阳村	7	6.88	8.63	7.74	7.73	0.64	8.32	6.91	8.51

13.4.2.10　王林口乡土壤砷

王林口乡耕地、林地土壤砷统计分别如表 13-23、表 13-24 所示。

表 13-23　王林口乡耕地土壤砷统计　　　　　（单位：mg/kg）

乡镇	村名	样本数（个）	最小值	最大值	中位值	平均值	标准差	变异系数（%）	5%	95%
	王林口乡	85	5.20	11.39	7.64	7.73	1.42	18.41	5.44	10.23
	五丈湾村	3	6.87	8.15	7.89	7.64	0.67	8.83	6.98	8.13
	马坊村	5	7.01	8.99	7.70	7.71	0.80	10.42	7.02	8.75
	刘家沟村	2	9.40	10.36	9.88	9.88	0.68	6.84	9.45	10.31
	辛庄村	6	5.22	9.41	6.52	6.99	1.79	25.67	5.29	9.25
	南刁窝村	3	8.21	10.85	10.43	9.83	1.42	14.41	8.44	10.81
	马驹石村	6	7.34	9.02	7.84	8.09	0.68	8.39	7.43	8.97
	南湾村	4	8.42	9.41	8.96	8.94	0.44	4.94	8.47	9.37
	上庄村	4	7.47	9.30	7.84	8.11	0.82	10.07	7.50	9.10
	方太口村	7	6.52	9.50	7.45	7.74	1.04	13.47	6.60	9.19
王林口乡	西庄村	3	7.29	9.69	7.54	8.17	1.32	16.17	7.31	9.48
	东庄村	5	5.33	10.82	7.59	7.47	2.23	29.86	5.37	10.27
	董家口村	6	6.97	11.39	7.83	8.49	1.66	19.55	7.08	10.91
	神台村	5	5.20	6.74	6.44	6.10	0.64	10.50	5.30	6.68
	南峪村	4	6.72	7.61	7.54	7.35	0.42	5.73	6.84	7.60
	寺口村	4	5.93	7.83	6.49	6.69	0.81	12.11	6.00	7.64
	瓦泉沟村	3	5.43	5.95	5.63	5.67	0.26	4.61	5.45	5.91
	东王林口村	2	5.39	6.30	5.85	5.85	0.64	10.92	5.44	6.25
	前岭村	6	6.46	9.52	9.03	8.46	1.30	15.36	6.65	9.51
	西王林口村	5	6.49	9.06	8.10	7.76	1.11	14.37	6.53	8.94
	马沙沟村	2	7.26	8.52	7.89	7.89	0.89	11.31	7.32	8.46

表 13-24　王林口乡林地土壤砷统计　　　　　（单位：mg/kg）

乡镇	村名	样本数（个）	最小值	最大值	中位值	平均值	标准差	变异系数（%）	5%	95%
	王林口乡	126	0.48	12.77	6.66	6.72	2.23	33.14	3.09	10.46
	刘家沟村	4	7.05	9.04	7.72	7.89	0.84	10.64	7.14	8.86
	马沙沟村	3	4.66	10.09	5.24	6.66	2.98	44.74	4.72	9.61
王林口乡	南峪村	9	5.91	10.38	7.70	7.99	1.55	19.38	6.15	10.26
	董家口村	6	5.40	8.71	7.30	7.13	1.41	19.78	5.45	8.65
	五丈湾村	9	3.99	10.49	6.66	7.11	2.07	29.20	4.57	10.19
	马坊村	5	6.67	11.92	9.37	9.20	2.23	24.26	6.79	11.68

续表 13-24

乡镇	村名	样本数（个）	最小值	最大值	中位值	平均值	标准差	变异系数（%）	5%	95%
王林口乡	东庄村	8	2.99	12.50	5.61	6.14	2.82	45.97	3.52	10.40
	寺口村	4	3.58	9.45	6.99	6.75	2.61	38.68	3.91	9.26
	东王林口村	3	4.82	6.52	6.29	5.88	0.92	15.73	4.97	6.50
	神台村	7	4.48	7.44	6.46	6.35	0.96	15.10	4.93	7.32
	西王林口村	4	6.19	8.34	6.98	7.12	0.91	12.80	6.27	8.17
	前岭村	9	2.35	11.29	4.93	5.70	2.83	49.60	2.61	9.93
	方太口村	4	5.06	10.28	8.70	8.19	2.22	27.05	5.59	10.07
	上庄村	4	3.04	8.59	7.19	6.50	2.41	37.07	3.62	8.42
	南湾村	4	5.09	7.12	6.68	6.39	0.91	14.17	5.30	7.08
	西庄村	4	5.43	7.76	6.42	6.50	0.96	14.79	5.56	7.58
	马驹石村	9	0.48	11.04	5.47	5.18	2.83	54.69	1.58	9.24
	辛庄村	10	2.84	12.77	5.45	6.05	3.00	49.66	3.04	11.05
	瓦泉沟村	10	4.97	9.40	6.73	7.22	1.59	22.01	5.23	9.32
	南刁窝村	10	1.09	9.60	6.93	6.23	2.39	38.38	2.50	9.02

13.4.2.11　台峪乡土壤砷

台峪乡耕地、林地土壤砷统计分别如表 13-25、表 13-26 所示。

表 13-25　台峪乡耕地土壤砷统计　　（单位:mg/kg）

乡镇	村名	样本数（个）	最小值	最大值	中位值	平均值	标准差	变异系数（%）	5%	95%
台峪乡	台峪乡	122	1.39	16.52	6.21	6.34	2.44	38.49	2.86	9.89
	井尔沟村	16	2.56	9.87	6.49	6.56	2.17	33.15	3.29	9.74
	台峪村	25	2.26	12.26	6.85	6.86	2.63	38.40	2.64	10.94
	营尔村	14	1.39	9.35	6.44	6.23	2.17	34.83	2.72	8.78
	吴家庄村	14	3.36	11.46	6.35	6.92	2.29	33.08	4.17	10.34
	平房村	22	3.97	7.61	5.98	5.98	0.94	15.70	4.91	7.18
	庄里村	14	1.76	16.52	5.50	6.97	4.31	61.89	2.69	15.19
	王家岸村	7	2.86	5.59	4.19	4.30	1.15	26.78	2.88	5.53
	白石台村	10	2.83	8.94	5.12	5.40	1.75	32.45	3.41	8.01

表 13-26　台峪乡林地土壤砷统计　　　　　　　（单位：mg/kg）

乡镇	村名	样本数（个）	最小值	最大值	中位值	平均值	标准差	变异系数（%）	5%	95%
台峪乡	台峪乡	62	1.77	12.12	7.08	7.30	2.09	28.60	3.77	10.62
	王家岸村	7	5.39	9.52	6.12	6.71	1.52	22.62	5.46	9.08
	庄里村	6	4.48	10.23	8.12	7.97	2.12	26.65	5.12	10.13
	营尔村	5	6.56	8.77	8.31	7.99	0.87	10.90	6.81	8.72
	吴家庄村	7	6.07	10.64	7.10	7.74	1.74	22.48	6.10	10.12
	平房村	11	6.24	12.12	7.51	8.08	1.73	21.45	6.30	10.89
	井尔沟村	12	1.77	11.59	7.93	7.68	2.85	37.14	2.79	11.20
	白石台村	8	3.31	9.53	6.54	6.67	1.97	29.54	4.00	9.33
	台峪村	6	3.76	6.33	4.53	4.91	1.18	24.05	3.82	6.33

13.4.2.12　大台乡土壤砷

大台乡耕地、林地土壤砷统计分别如表 13-27、表 13-28 所示。

表 13-27　大台乡耕地土壤砷统计　　　　　　　（单位：mg/kg）

乡镇	村名	样本数（个）	最小值	最大值	中位值	平均值	标准差	变异系数（%）	5%	95%
大台乡	大台乡	95	0.89	14.42	5.77	5.46	2.76	50.54	1.19	8.90
	老路渠村	4	1.63	4.92	4.03	3.65	1.41	38.73	1.98	4.79
	东台村	5	4.74	6.74	5.82	5.78	0.89	15.41	4.80	6.70
	大台村	20	0.89	2.06	1.35	1.38	0.30	21.82	0.94	1.82
	坊里村	7	4.08	7.65	5.26	5.58	1.26	22.63	4.15	7.31
	苇子沟村	4	5.13	7.17	5.82	5.99	0.89	14.94	5.18	7.02
	大连地村	13	4.95	6.50	5.63	5.64	0.55	9.71	4.95	6.45
	柏崖村	18	3.88	8.55	6.24	6.37	1.17	18.38	4.71	8.15
	东板峪店村	18	5.75	14.42	8.70	8.87	2.19	24.69	6.76	12.82
	碳灰铺村	6	5.04	8.78	5.94	6.23	1.39	22.27	5.09	8.19

表 13-28　大台乡林地土壤砷统计　　　　　（单位：mg/kg）

乡镇	村名	样本数（个）	最小值	最大值	中位值	平均值	标准差	变异系数（%）	5%	95%
大台乡	大台乡	70	1.29	10.84	4.54	4.96	2.37	47.79	1.92	9.21
	东板峪店村	14	1.92	8.76	5.17	5.52	1.98	35.95	2.66	8.73
	柏崖村	13	2.76	10.43	4.27	4.75	2.19	46.07	2.80	8.68
	大连地村	9	1.91	10.70	3.65	4.84	2.73	56.34	2.50	9.46
	坊里村	8	4.10	8.93	5.73	5.86	1.74	29.67	4.10	8.39
	苇子沟村	6	1.67	7.00	3.92	3.96	1.84	46.50	1.90	6.42
	东台村	5	1.62	2.54	2.21	2.20	0.35	16.05	1.74	2.52
	老路渠村	4	1.29	5.12	3.37	3.29	1.70	51.63	1.48	4.98
	大台村	7	1.99	8.33	4.34	4.79	2.27	47.49	2.35	7.99
	碳灰铺村	4	7.38	10.84	9.06	9.09	1.44	15.90	7.58	10.63

13.4.2.13　史家寨乡土壤砷

史家寨乡耕地、林地土壤砷统计分别如表 13-29、表 13-30 所示。

表 13-29　史家寨乡耕地土壤砷统计　　　　　（单位：mg/kg）

乡镇	村名	样本数（个）	最小值	最大值	中位值	平均值	标准差	变异系数（%）	5%	95%
史家寨乡	史家寨乡	87	1.72	14.64	7.40	7.28	1.94	26.60	4.60	9.65
	上东漕村	4	4.74	7.02	5.59	5.74	1.15	20.07	4.75	6.93
	定家庄村	6	5.22	7.00	6.07	6.10	0.60	9.89	5.37	6.84
	葛家台村	6	5.43	8.14	6.60	6.71	1.07	16.02	5.52	8.03
	北辛庄村	2	9.21	9.66	9.44	9.44	0.32	3.35	9.24	9.64
	槐场村	17	1.72	11.24	7.49	7.23	2.34	32.32	3.84	9.80
	红土山村	7	6.99	8.39	7.94	7.77	0.51	6.54	7.05	8.33
	董家村	3	8.86	10.90	9.60	9.79	1.03	10.55	8.93	10.77
	史家寨村	13	4.63	8.64	7.32	7.30	1.02	14.00	5.79	8.58
	凹里村	11	4.72	8.19	7.40	6.95	1.23	17.76	4.90	8.17
	段庄村	9	1.77	9.70	7.54	6.57	2.86	43.61	1.88	9.58
	铁岭口村	4	6.95	14.64	8.76	9.78	3.43	35.06	7.09	13.89
	口子头村	1	8.88	8.88	8.88	8.88	—	—	8.88	8.88
	厂坊村	2	7.89	9.62	8.75	8.75	1.23	14.01	7.97	9.53
	草垛沟村	2	5.83	6.64	6.24	6.24	0.57	9.17	5.87	6.60

表 13-30　史家寨乡林地土壤砷统计　　　　　　（单位：mg/kg）

乡镇	村名	样本数（个）	最小值	最大值	中位值	平均值	标准差	变异系数（%）	5%	95%
史家寨乡	史家寨乡	59	0.96	10.16	4.89	5.16	2.05	39.63	2.01	8.53
	上东漕村	2	4.27	6.63	5.45	5.45	1.66	30.55	4.39	6.51
	定家庄村	3	3.94	5.89	5.71	5.18	1.08	20.82	4.11	5.87
	葛家台村	2	6.45	8.53	7.49	7.49	1.47	19.59	6.56	8.42
	北辛庄村	2	5.57	6.09	5.83	5.83	0.37	6.35	5.60	6.07
	槐场村	6	1.93	7.39	3.70	3.94	2.03	51.67	1.96	6.75
	凹里村	12	0.96	8.36	3.49	3.84	2.31	60.26	1.53	8.09
	史家寨村	11	3.53	7.98	4.89	4.91	1.38	28.22	3.59	7.25
	红土山村	5	3.14	8.34	6.64	6.25	2.04	32.67	3.61	8.20
	董家村	2	4.72	6.95	5.84	5.84	1.57	26.98	4.83	6.84
	厂坊村	2	3.72	4.62	4.17	4.17	0.64	15.28	3.76	4.57
	口子头村	2	3.46	4.72	4.09	4.09	0.89	21.70	3.53	4.66
	段庄村	3	4.99	8.54	6.85	6.80	1.78	26.14	5.18	8.37
	铁岭口村	5	3.24	10.16	6.78	7.03	2.63	37.32	3.85	9.87
	草垛沟村	2	6.21	6.54	6.37	6.37	0.23	3.63	6.23	6.52

参 考 文 献

［1］中国环境保护局,中国环境监测总站.中国土壤元素背景值［M］.北京:中国环境科学出版社,1990.

［2］中国环境保护局,中国环境监测总站.中华人民共和国土壤环境背景值图集［M］.北京:中国环境科学出版社,1994.

［3］熊毅,李庆奎.中国土壤［M］.北京:中国科学出版社,1987.

［4］黄昌勇.土壤学［M］.北京:中国农业出版社,2001.

［5］龚子同.中国土壤地理［M］.北京:科学出版社,2014.

［6］中华人民共和国生态环境部.土壤和沉积物　铜、锌、铅、镍、铬的测定　火焰原子吸收分光光度法:HJ 491—2019［S］.北京:中国标准出版社,2019.

［7］中华人民共和国国家环境保护总局.土壤质量　镍的测定　火焰原子吸收分光光度法:GB/T 17139—1997［S］.北京:中国标准出版社,1997.

［8］中华人民共和国国家质量监督检验检疫总局,中国国家标准化管理委员会.土壤质量　总汞、总砷、总铅的测定　原子荧光法　第1部分:土壤中总汞的测定:GB/T 22105.1—2008［S］.北京:中国标准出版社,2008.

［9］中华人民共和国国家质量监督检验检疫总局,中国国家标准化管理委员会.土壤质量　总汞、总砷、总铅的测定　原子荧光法　第2部分:土壤中总砷的测定:GB/T 22105.2—2008［S］.北京:中国标准出版社,2008.

［10］中华人民共和国国家环境保护局,国家技术监督局.土壤质量　铜、锌的测定　火焰原子吸收分光光度法:GB/T 17138—1997［S］.北京:中国标准出版社,1997.

［11］中华人民共和国国家环境保护总局.土壤　干物质和水分的测定　重量法:HJ 613—2011［S］.北京:中国标准出版社,2011.

［12］中华人民共和国农业部.土壤检测　第2部分　pH的测定:NY/T 1121.2—2006［S］.北京:中国标准出版社,2006.

［13］中华人民共和国环境保护部.固体废物　22种金属元素的测定　电感耦合等离子体原子发射光谱法:HJ 781—2016［S］.北京:中国标准出版社,2016.

［14］中华人民共和国国家环境保护总局.土壤质量　铅、镉的测定　石墨炉原子吸收分光光度法:GB/T 17141—1997［S］.北京:中国标准出版社,1997.

［15］中华人民共和国国家环境保护总局.土壤　总铬的测定　火焰原子吸收分光光度法:HJ 491—2009［S］.北京:中国标准出版社,2009.

［16］中华人民共和国农业部.绿色食品　产地环境质量:NY/T 391—2013［S］.北京:中国标准出版社,2013.